U0309418

航天科技图书出版基金资助出版

固体推进剂原材料
理化性能数据手册

庞爱民　黄志萍　主　编
马新刚　谭利敏　黎小平　副主编

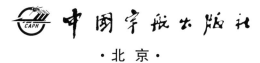

中国宇航出版社

·北京·

图书在版编目（CIP）数据

固体推进剂原材料理化性能数据手册 / 庞爱民，黄志萍主编 . -- 北京：中国宇航出版社，2021.10

ISBN 978 - 7 - 5159 - 1978 - 2

Ⅰ.①固…　Ⅱ.①庞…　②黄…　Ⅲ.①固体推进剂－原材料－物理性能－手册②固体推进剂－原材料－化学性能－手册　Ⅳ.①V512 - 62

中国版本图书馆 CIP 数据核字(2021)第 200668 号

责任编辑　臧程程　　　　**封面设计**　宇星文化

出　版
发　行　中国宇航出版社

社　址　北京市阜成路 8 号　**邮　编**　100830
　　　　　(010)60286808　　(010)68768548

网　址　www.caphbook.com

经　销　新华书店

发行部　(010)60286888　　(010)68371900
　　　　　(010)60286887　　(010)60286804(传真)

零售店　读者服务部　　(010)68371105

承　印　天津画中画印刷有限公司

版　次　2021 年 10 月第 1 版
　　　　　2021 年 10 月第 1 次印刷

规　格　787×1092

开　本　1/16

印　张　23.5

字　数　572 千字

书　号　ISBN 978 - 7 - 5159 - 1978 - 2

定　价　140.00 元

航天科技图书出版基金简介

航天科技图书出版基金是由中国航天科技集团公司于 2007 年设立的，旨在鼓励航天科技人员著书立说，不断积累和传承航天科技知识，为航天事业提供知识储备和技术支持，繁荣航天科技图书出版工作，促进航天事业又好又快地发展。基金资助项目由航天科技图书出版基金评审委员会审定，由中国宇航出版社出版。

申请出版基金资助的项目包括航天基础理论著作，航天工程技术著作，航天科技工具书，航天型号管理经验与管理思想集萃，世界航天各学科前沿技术发展译著以及有代表性的科研生产、经营管理译著，向社会公众普及航天知识、宣传航天文化的优秀读物等。出版基金每年评审 1～2 次，资助 20～30 项。

欢迎广大作者积极申请航天科技图书出版基金。可以登录中国宇航出版社网站，点击"出版基金"专栏查询详情并下载基金申请表；也可以通过电话、信函索取申报指南和基金申请表。

网址：http://www.caphbook.com

电话：(010) 68767205，68768904

序 一

　　固体推进剂是由粘合剂、氧化剂、金属燃料、增塑剂及功能助剂等十余种材料组成的一种粘弹性含能复合材料，是固体火箭发动机的核心技术。固体推进剂主要原材料的物理性质、化学性质、理化性能指标等信息是推进剂配方设计、研究必不可少的基础数据，由于多方面原因，长期以来国内技术与管理人员一直缺乏系统、有效的工具书。《固体推进剂原材料理化性能数据手册》编者单位湖北航天化学技术研究所成立于 1965 年，是固体推进剂专业研究所，有 50 多年的历史，这段历史也是我国固体推进剂发展壮大的历史。它见证了从第一代聚硫推进剂到现在广泛应用的 HTPB 推进剂、NEPE 高能推进剂的研究发展过程。自我国第一颗人造卫星"东方红一号"上天，多种高新武器应用，一直到"神舟"载人飞船上天，湖北航天化学技术研究所功不可没。近十年来，该研究所主持研制多项国家 973 计划项目及其他国家重点项目，在新型含能材料和推进剂研究、火箭发动机表界面性能研究方面进一步取得可喜成就。由该所研究团队编写的《固体推进剂原材料理化性能数据手册》，凝聚了该所几代固体推进剂研究人员的心血。

　　《固体推进剂原材料理化性能数据手册》系统介绍了固体推进剂原材料的物理性质、化学性质、理化性能指标等信息，该书是一本在国防科学技术领域中，学术水平高、收录齐全、居领先地位的基础科学大型工具书，填补了目前我国科技领域空白，具有军事应用价值。该书的出版将为武器装备、航天动力系统的固体推进剂及其相关衬层、绝热层配方的设计、研究、制造、应用和管理等领域以及含能复合材料、普通高分子复合材料的科研人员和工程技术人员提供重要参考。

中国工程院院士

2021 年 10 月

序　二

　　固体推进剂现已广泛应用于航天运载、战略战术导弹和多类辅助动力系统发动机中，是运载火箭、导弹武器装备发展的重要基础。从技术功能属性上看，固体推进剂是一种能源功能材料，为应用系统提供能量来源，同时固体推进剂还是一种复合结构材料，需满足应用系统全寿命周期复杂的结构完整性等要求。固体推进技术的研发与应用涉及多学科的综合集成，是一个风险大、耗时长的过程。固体推进剂的设计、开发和应用离不开各种原材料，首先需要全面掌握各种原材料的物理、化学等性能，建立较为完备的性能数据库。如前所述，由于固体推进剂应用场景的特殊性，几十年来其原材料数据资料很多都没有公开发表，能查阅到的专业文献和数据十分有限，也比较零散，数据的准确性更需要仔细甄别。固体推进剂研制单位为满足自身需要，通过不断积累，也有少量原材料性能手册和资料汇编，但相对来说，要么原材料种类偏少不够完整齐全，要么所列性能数据较为简单专一不够综合全面，且仅供研究单位内部使用而没有公开出版。《固体推进剂原材料理化性能数据手册》总结汇编了固体推进剂（更确切地说是复合固体推进剂）曾经应用、正在应用和将来可能应用的一些原材料的理化性能等相关数据，涉及固体推进剂粘合剂、固化剂、交联剂、扩链剂、燃料、氧化剂或炸药、增塑剂等 7 大类共计 100 余种主要原材料，全面收集、反复甄别、精心整理了每种原材料包括物理性质、化学性质、理化指标和检验方法、制备方法、贮存、运输和应用、毒性与防护、理化分析图谱在内的数据和资料。手册中的大部分内容已在编者单位（湖北航天化学技术研究所）内部发布、使用多年，方便了该所研究人员查阅和应用。

　　编辑出版学科技术与工程工具性手册，是一项需要长期积累、要求较高、费时费力、具有重要价值的基础性工作，应该得到更多的重视和关注，行业内主要研究机构也应该承担更多的责任和义务。该手册内容系统完整、全面，数据资料筛选甄别严谨、可靠，学术技术水平和实用价值较高，填补了我国固体推进剂研制和应用领域的一项空白。我相信，该手册将成为更多从事固体推进剂及相关领域研制的科技人员不可多得的基础性工具书，成为他们的好帮手。期待未来有更多基础性、专业性的著作出版。

2021 年 10 月

前　言

固体推进剂可应用于大到运载火箭发动机、战略导弹发动机、火箭姿态控制发动机，小到战术导弹发动机、子弹推进动力源。固体推进剂在我国尽管只有 50 余年的发展历史，但是已应用了大量原材料，积累了许多宝贵的经验。早在 2010 年"十五"结束时，编写团队就开始着手收集相关资料，希望将现有经验归纳总结，编写一部全面涵盖推进剂原材料理化性能的数据手册。但因固体推进剂涉及国家安全，许多资料不能公开发表，因而能查到的专业文献十分有限。经过十多年的积累，并将数据手册初稿在编者单位湖北航天化学技术研究所内网发布，不断增删、完善，加上最近十年分析设备更加先进，国内外开展相关研究更加广泛，信息来源更加丰富，在 2020 年年底完成送审稿。经过进一步修订，在这具有历史纪念意义的、庆祝建党百年的 2021 年，《固体推进剂原材料理化性能数据手册》终于与读者见面了，我们既深感自豪和荣耀，又有一种强烈的历史使命感。

《固体推进剂原材料理化性能数据手册》是一部系统介绍固体推进剂原材料的物理性质、化学性质、理化指标和检验方法、制备方法、贮存、运输和应用、毒性与防护、理化分析谱图的大型工具书。包括固体推进剂粘合剂、固化剂、交联剂、扩链剂、燃料、氧化剂或炸药、增塑剂等，这些是推进剂及其相关研究工作者十分关注并常使用的试剂。本手册是为便于广大研究人员的查索而编撰的。本手册的出版，将为武器装备、航天动力系统固体推进剂的设计、研究、制造、应用和管理等领域的科学研究人员和工程技术人员提供一部不可多得的大型工具书。

数据中的红外光谱图除了注明是石蜡糊法的谱图，均为溴化钾压片或涂片法采集谱图。热分析谱图中 DSC 谱图均为向上放热，向下吸热，升温速度 10 ℃/min，核磁共振谱图除注明固体法外，均为液体核磁共振法。由于每种材料均有专门参考文献，故未在正文中引用。

在本手册编写过程中，得到很多相关单位和人员的大力支持和热情帮助，他们提出了许多宝贵意见，在此表示衷心感谢。

由于编者水平所限，遗漏和错误之处在所难免，敬请广大读者批评指正，以便修改和补充。

编　者

2021 年 7 月

目 录

第1章　粘合剂

黄志萍　谭利敏　安百强

固体推进剂主要有复合固体推进剂、双基推进剂、燃气发生剂等。其中复合固体推进剂是一种非均质推进剂，主要应用于运载火箭发动机、战略导弹发动机、战术导弹发动机等推进动力源。双基推进剂是一种均质推进剂，主要应用于战术导弹和子弹推进发动机动力源。燃气发生剂也是一种非均质推进剂，其燃气温度一般较复合固体推进剂低，主要应用于姿态控制发动机动力源。粘合剂是构成推进剂的弹性基体，是影响推进剂综合性能最重要的组分。在固体推进剂配方中，有热塑性和热固性两种粘合剂。热固性复合固体推进剂的制造工艺主要是利用具有活性官能团的高分子粘合剂预聚物在一定温度下，通过与交联剂、固化剂等的化学反应形成交联网络结构，包裹颗粒状的固体氧化剂和金属燃料，从而形成具有粘弹特性的结构材料。粘合剂活性官能团可以是巯基、羧基、环氧基或羟基。根据粘合剂的活性官能团类型选择固化剂。如对于羧基封端的预聚物，可以使用含环氧官能团的固化剂。如果预聚物具有羟基，异氰酸酯官能团的固化剂是最易加工和加工效率最高的。热塑性粘合剂不用化学固化，如最早用的沥青、聚氯乙烯以及改性双基推进剂用的硝化纤维素。通常复合固体推进剂的更新换代以粘合剂种类进行命名，如聚硫推进剂（第一代）、丁羧推进剂（第二代）、丁羟推进剂（第三代）、NEPE推进剂（硝酸酯增塑聚醚推进剂）（第四代）。为了实现推进剂的增材制造（3D打印），含能热塑性粘合剂将成为研究的热点，不同品种推进剂材料和工艺技术亦逐步交叉融合。当今粘合剂的发展方向是含能、钝感、低特征信号、绿色环保、加工便捷。

1.1　液态聚硫橡胶

中文名称：**液态聚硫橡胶**

英文名称：liquid polysulfide polymer

中文别称：聚硫粘合剂，聚硫

英文别称：thiokol，thiokol polymer，TM

相对分子质量：数均相对分子质量 500～7 500

结构式：如图

$$HS-\left[C_2H_4OCH_2OC_2H_4-SS\right]_nC_2H_4OCH_2OC_2H_4-SH$$

CAS 登记号：63148 - 67 - 4

1. 物理性质

棕褐色粘稠液体，有特殊臭味，密度 1.320 g/cm³（25 ℃），折光率 1.578 0（20 ℃），玻璃化温度低于 −50 ℃，脆化温度 −65～−55 ℃。遇冷凝固，其粘度随温度变化较大。可溶于苯、甲苯、苯乙烯、二氯乙烷、三氯甲烷、四氢呋喃、吡啶、二甲基甲酰胺、二甲亚砜、环己酮等，不溶于醇类及脂肪烃类、石油醚、乙酸乙酯、乙腈、水等溶剂。

2. 化学性质

液态聚硫橡胶是一种主链含有硫元素、末端为 SH 基的聚醚低聚物。闪点 235 ℃。作为复合固体推进剂粘合剂，其主要反应是与各种类型固化剂的固化反应。聚硫粘合剂的固化是基于其链端巯基被氧化生成双硫键来实现的。由于粘合剂中含有三官能度支化分子，所以固化时既有扩链又有交联，最终形成网络结构。

为使聚硫推进剂药柱减少收缩，具有更好的强度和耐冲击性，实际使用的聚硫粘合剂是由液态聚硫橡胶与少量环氧树脂（约占 5%）双组分构成的。固化时，聚硫橡胶不仅与固化剂反应，还与环氧树脂发生共聚，同时亦与环氧树脂的固化剂顺丁烯二酸酐反应，固化反应相当复杂。

可用作聚硫粘合剂固化剂的化合物主要有无机氧化物、无机过氧化物、无机盐类、有机氧化物、有机过氧化物等。此外，醌、糠醛、二异氰酸酯和活性苯酚等均可作为聚硫粘合剂固化剂。固化剂的品种虽多，但常用的只有 PbO₂、MnO₂ 和对苯醌二肟等少数几种。相同条件下，PbO₂ 固化速度要比对苯醌二肟快 10 倍左右。固化时一般加入促进剂促进硫化。

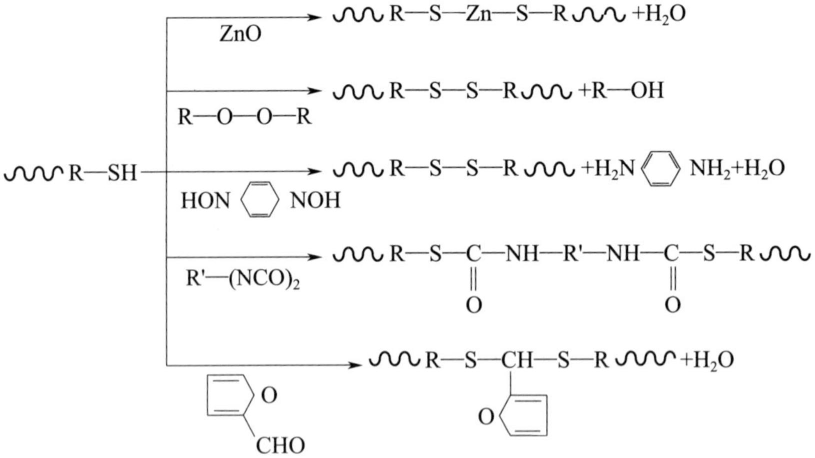

3. 理化指标和检验方法

固体推进剂用液态聚硫粘合剂的理化指标和检验方法列于表 1－1 中。GJB 1969A—2017《液态聚硫橡胶规范》规定的航空、航天、舰船及汽车用密封材料用液态聚硫橡胶的理化指标列于表 1－2 中。

表 1-1　液态聚硫粘合剂理化指标和检验方法

项目	指　　标					检验方法
	LP-62	LP-31	LP-32	LP-33	LP-2	
相对分子质量	4 000	7 500	4 000	1 000	4 000	蒸气压渗透法
粘度/Pa·s(25 ℃)	17~15(40 ℃)	110	40	1.5	40	旋转粘度计法
密度/(g/cm³)	1.32	1.31	1.27	1.27	1.27	密度瓶法
总硫量（%）	35~40	—	—	—	—	氧瓶燃烧法
pH 值	6~8	5~6	6~8	5~6	6~8	酸度计法
折光率（20 ℃）	1.574	1.570	1.560	1.560	1.560	折光率计
水分（%）	≤0.1	0.2	0.1~0.2	0.1	0.1~0.2	丁斯达尔水分测定仪法
杂质（%）	0.2~0.3	—	—	—	—	重量法
灰分（%）	0.15~0.20	—	—	—	—	重量法
铁含量（%）	≤0.05	—	—	—	—	分光光度法
三氯丙烷（%）	2	0.5	0.5	0.5	2	GC 法
游离硫（%）	≤0.3	—	—	—	—	溶解重量法
玻璃化温度/℃	-48	—	—	—	—	DSC 法
闪点/℃	—	235.0	235.0	221.1	232.2	开口杯法
燃点/℃	—	248.9	248.9	237.8	246.1	DSC-TG 法

表 1-2　液态聚硫橡胶理化指标

项目	指　　标						
	JLY-121	JLY-124B	JLY-124C	JLY-1225B	JLY-155C	JLY-115	JLY-215
硫醇基含量(%)	5.90~7.70	1.47~1.89	1.57~1.74	2.54~3.00	1.10~1.65	1.20~1.47	1.16~1.47
水分(%)≤	0.1	0.1	0.1	0.1	0.1	0.1	0.1
pH 值	6.0~8.0	6.0~8.0	6.0~8.0	6.0~8.0	6.0~8.0	6.0~8.0	6.0~8.0
杂质(%)≤	0.5	0.3	0.3	0.3	0.3	0.3	0.3
游离硫(%)≤	—	0.1	0.1	0.1	0.1	0.1	0.1
粘度/Pa·s	—	50~120	55~100	13~27	70~150	—	80~200
总硫量(%)	—	—	37~40	—	—	—	—
密度/(g/cm³)	—	—	1.29±0.03	—	—	—	—
灰分(%)≤	—	—	0.2	—	—	—	—
铁含量(%)≤	—	—	0.05	—	—	—	—

4. 制备方法

以二氯乙基缩甲醛与多硫化钠反应制得。合成过程一般包括缩合、脱硫、裂解和凝聚四个步骤。缩合反应在乳液体系中进行，在 90～95 ℃ 条件下反应 2 h。乳化体系由分散剂氯化镁、乳化剂松香皂和保护剂白明胶水溶液配制而成。为使聚硫粘合剂含有一定量的支化分子，缩合过程需加一定量三氯丙烷。脱硫温度亦为 90～95 ℃，反应 2 h。裂解在 80 ℃ 进行，约 0.5 h。然后冷却到 35 ℃，用 20% H_2SO_4 或 HCl 水溶液，将所得物料多次洗涤，使胶体凝聚。将胶体用清水洗至 pH 值 6～7，在 60～65 ℃ 条件下减压干燥即得到液态聚硫橡胶产品。

（1）缩合

$$n\,ClCH_2CH_2OCH_2OCH_2CH_2Cl + n\,Na_2S_4 \xrightarrow[\text{2 h}]{\text{90～95 ℃}}$$

$$\underset{\underset{S}{\parallel}\ \underset{S}{\parallel}}{\left[CH_2CH_2OCH_2OCH_2CH_2\!-\!S\!-\!S \right]}_{\!n} + 2n\,NaCl$$

（2）脱硫

$$\underset{\underset{S}{\parallel}\ \underset{S}{\parallel}}{\left[CH_2CH_2OCH_2OCH_2CH_2\!-\!S\!-\!S \right]}_{\!n} + NaOH \xrightarrow[\text{2 h}]{\text{90～95 ℃}}$$

$$\left[CH_2CH_2OCH_2OCH_2CH_2\!-\!S\!-\!S \right]_{\!n} + Na_2SO_3 + NaS_x \quad (x=1\sim5)$$

（3）裂解

$$\left[CH_2CH_2OCH_2OCH_2CH_2\!-\!S\!-\!S \right]_{\!n} + Na_2SO_3 + NaSH \xrightarrow[\text{0.5 h}]{\text{80 ℃}}$$

$$\left[CH_2CH_2OCH_2OCH_2CH_2\!-\!S\!-\!S \right]_{\!n-m-1} CH_2CH_2OCH_2OCH_2CH_2\!-\!SH\ +$$

$$\left[CH_2CH_2OCH_2OCH_2CH_2\!-\!S\!-\!S \right]_{\!m-1} CH_2CH_2OCH_2OCH_2CH_2\!-\!SNa + Na_2S_2O_3$$

（4）凝聚

$$\left[CH_2CH_2OCH_2OCH_2CH_2\!-\!S\!-\!S \right]_{\!m-1} CH_2CH_2OCH_2OCH_2CH_2\!-\!SNa + H_2SO_4$$

$$\xrightarrow{\text{35 ℃}} \left[CH_2CH_2OCH_2OCH_2CH_2\!-\!S\!-\!S \right]_{\!m-1} CH_2CH_2OCH_2OCH_2CH_2\!-\!SH + Na_2SO_4$$

5. 贮存、运输和应用

贮存于阴凉、通风、干燥的库房内，注意远离火源，按一般非危险品运输。

用作复合固体推进剂粘合剂，硫化前易于加工，硫化后具有良好的力学性能和粘合强度。聚硫推进剂能量较低。亦可用于航空、航天、舰船及汽车用密封材料，用于制造各种耐油橡胶制品、橡胶腻子。此外，还用于建筑构件、杠架密封粘合、皮革的浸渍、船舶的甲板涂料等。

6. 毒性与防护

毒性很小，有强烈的臭味，其毒性表现主要是游离单体可刺激皮肤，导致接触性皮炎。使用时注意不要直接与皮肤接触。

7. 理化分析谱图

（1）红外光谱图

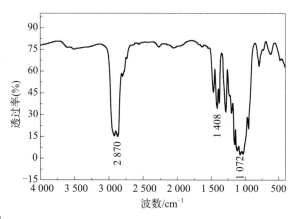

（2）热分析谱图

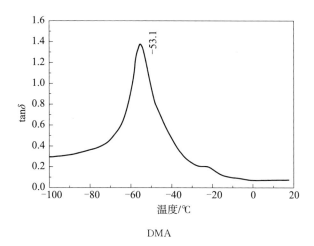

DMA

参 考 文 献

［1］　庞爱民. 固体火箭推进剂理论与工程 ［M］. 北京：中国宇航出版社，2014.

［2］　侯林法. 复合固体推进剂 ［M］. 北京：宇航出版社，1994.

［3］　张杏芬. 国外火炸药原材料性能手册 ［M］. 北京：兵器工业出版社，1991.

［4］　郭钟福，郭玉瑛. 合成材料手册 ［M］. 上海：上海科学技术出版社，1986.

［5］　张继新，陈腾芳，黄春娟. 聚硫橡胶研制与工艺方法的研究 ［J］. 上海航天，2000（6）：26 - 33.

［6］　A 达维纳. 固体火箭推进剂技术 ［M］. 张德雄，等译. 北京：宇航出版社，1997.

［7］　刘鹏，谭琛，李岩，等. 液态聚硫橡胶规范：GJB 1969A—2017 ［S］. 北京：中央军委装备发展部，2017.

［8］　车廷璋. 复合固体推进剂装药安全技术 ［M］. 西安：中国航天科技集团公司第四研究院，2004.

［9］　蒋芸. 复合固体推进剂原材料毒性与防护 ［M］. 乌鲁木齐：新疆科技卫生出版社，1996.

[10]　C 赫普伯恩 . 聚氨酯弹性体［M］. 高景晨，等译 . 北京：烃加工出版社，1987.
[11]　王福坤 . 聚硫橡胶的现状［J］. 世界橡胶工业，2000，27（6）：47 - 51.
[12]　王绍民，朱佳虹 . 国内外液态聚硫橡胶生产现状及应用进展［J］. 化工新型材料，2000（8）：10 - 12.
[13]　吕洪久，译 . 聚硫橡胶的最近动态［J］. 化工新型材料，1995（5）：33 - 35.
[14]　SUTTON E S. 从聚硫到丁羧：固体推进剂粘合剂化学的主要变化［J］. 王文俊，译 . 固体火箭技术，1985（3）：13 - 24.

1.2　聚新戊二醇壬二酸酯

中文名称：聚新戊二醇壬二酸酯

英文名称：poly（neopentyl glycol nonyl diacetate）

中文别称：聚酯二醇，聚酯粘合剂

英文别称：polyneopentylene glycol azelate，NPGN，PNPGA，NPGA

相对分子质量：数均相对分子质量 1 700～2 700

结构式：如图

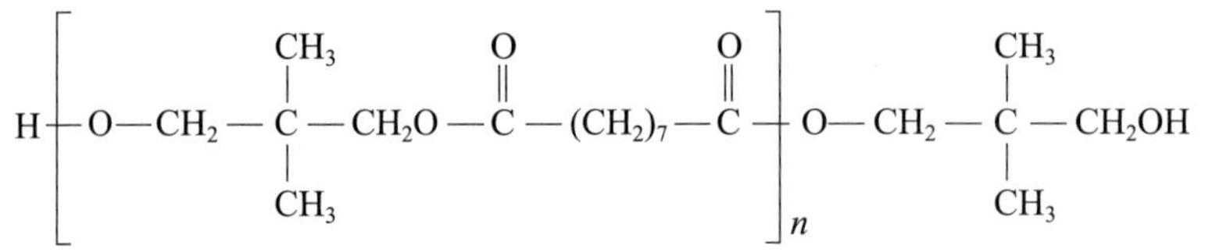

$$H\left[O-CH_2-\underset{CH_3}{\overset{CH_3}{C}}-CH_2O-\underset{O}{\overset{O}{C}}-(CH_2)_7-\underset{O}{\overset{O}{C}}\right]_n O-CH_2-\underset{CH_3}{\overset{CH_3}{C}}-CH_2OH$$

1. 物理性质

浅黄色粘稠液体，密度 1.044 g/cm³（20 ℃），折射率 1.477，平均比热容 1.84 kJ/（kg·K）。可溶于卤代烃、丙酮、乙酸乙酯、二甲基甲酰胺，不溶于水和非极性溶剂。

2. 化学性质

标准生成热－3 807.0 kJ/kg。主要含伯羟基，很容易与多异氰酸酯中的－ NCO 基发生定量反应而固化。受热、氧等因素影响易断链降解，在碱性条件下易水解，此外，还可以发生酸解、酯交换、环化和脱羧反应。

3. 理化指标和检验方法

聚酯粘合剂规格和检验方法列于表 1 - 3 中。

表 1 - 3　聚酯粘合剂规格和检验方法

项目	指　　标				检验方法
	JZ - 4	J2 - 11	JZ - 15	三官能度胶	
数均相对分子质量 M_n	1 840	1 820	1 724	2 700	VPO 法
羟值/（mmol/g）	0.969	1.079	0.938	1.124	化学法

续表

项目	指　　标				检验方法
	JZ－4	J2－11	JZ－15	三官能度胶	
酸值/(mg KOH/g)	1.51	0.56	1.28	1.09	化学法
数均官能度 F_n	1.78	1.96	1.62	3.03	计算结果
水分（%）	0.089	0.06	≤0.03	0.09	卡尔·费休法

4. 制备方法

由物质的量比例大于 1 的新戊二醇与壬二酸反应制得。第一阶段将新戊二醇与壬二酸在 140～200 ℃进行酯化和缩聚反应，控制分馏塔顶温度在 100～102 ℃，常压蒸除生成的绝大部分的副产物水后，在 200～230 ℃保温 1～2 h。第二阶段抽真空，并逐步提高真空度，减压除去微量水和多余的新戊二醇，使反应向生成低酸值聚酯多元醇的方向进行，可称为"真空熔融法"。也可持续通入氮气等惰性气体以带出水，称为"载气熔融法"。也可以在反应体系中加入甲苯等共沸溶剂，在甲苯回流时用分水器将生成的水缓慢带出，此法称为"共沸蒸馏法"。反应式如下：

$$(n+1)HOCH_2-\overset{\overset{\displaystyle CH_3}{|}}{\underset{\underset{\displaystyle CH_3}{|}}{C}}-CH_2OH + n\,OH-\overset{\overset{\displaystyle O}{\|}}{C}-(CH_2)_7-\overset{\overset{\displaystyle O}{\|}}{C}-OH \xrightarrow{\triangle}$$

$$H\left[O-CH_2-\overset{\overset{\displaystyle CH_3}{|}}{\underset{\underset{\displaystyle CH_3}{|}}{C}}-CH_2O-\overset{\overset{\displaystyle O}{\|}}{C}-(CH_2)_7-\overset{\overset{\displaystyle O}{\|}}{C}\right]_n OCH_2-\overset{\overset{\displaystyle CH_3}{|}}{\underset{\underset{\displaystyle CH_3}{|}}{C}}-CH_2OH + 2nH_2O$$

5. 贮存、运输和应用

用碳钢、铝、不锈钢以及聚乙烯或聚丙烯桶包装贮运。

用作固体推进剂的聚酯粘合剂。聚酯制备的推进剂并不理想，因为：1）聚酯推进剂比冲低于聚醚或 HTPB 推进剂；2）聚酯粘度较高，工艺性能和低温性能不好，常与聚醚二醇配合使用。聚酯多元醇是聚酯型聚氨酯的主要原料之一，民用上广泛用于聚氨酯合成革、弹性体、涂敷料、鞋底等。还用于涂料工业的醇酸树脂，作为聚氯乙烯和橡胶的永久型增塑剂。

6. 毒性与防护

毒性很低，其毒性主要取决于样品中可挥发低分子副产物。在生产使用过程中应注意和防护副产物的危害。

7. 理化分析谱图

（1）红外光谱图

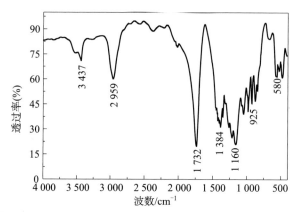

（2）热分析谱图

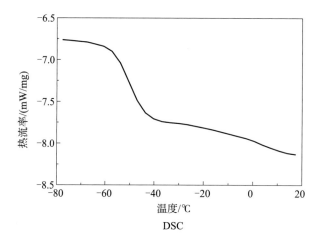

DSC

参 考 文 献

［1］ 503 教研室. 复合固体推进剂：上册［M］. 长沙：中国人民解放军国防科学技术大学，1979.

［2］ 侯林法. 复合固体推进剂［M］. 北京：宇航出版社，1994.

［3］ 益军. 聚氨酯原料及助剂手册［M］. 北京：化学工业出版社，2013：125.

［4］ 田德余，赵凤起，刘剑洪. 含能材料及相关物手册［M］. 北京：国防工业出版社，2011：143.

［5］ 单青，王秀英，邓炳樵，等. 聚酯多元醇规格：HG/T 2707—1995［S］. 北京：中华人民共和国化学工业部技术监督司，1995.

1.3　端羧基聚丁二烯

中文名称：端羧基聚丁二烯

英文名称：carboxyl terminated polybutadiene（CTPB）

中文别称：丁羧胶，遥爪丁羧，丁羧

相对分子质量：数均相对分子质量 3 500～5 000

结构式：如图

$$HOOC(CH_2)_5 — (CH_2CH{=}CHCH_2)_n — (CH_2)_5COOH$$

CAS 登记号：68891－79－2

1. 物理性质

棕黄色或淡黄色透明液体，有微芳香味，密度 0.903 g/cm³ （25 ℃），折光率 1.515 9 （20 ℃），玻璃化温度－70～－80 ℃。可溶于石油醚、环己烷、苯、甲苯、四氯化碳、二氯甲烷、三氯甲烷、乙酸乙酯、吡啶、加氢汽油等，不溶于甲醇、乙醇、丙酮、二甲亚砜、二甲基甲酰胺、水等。

2. 化学性质

CTPB 生成热为－79.9 kJ/mol （25 ℃），具有羧基化合物的一般化学性质，在推进剂制造过程中，CTPB 的主要反应为其羧基与各种固化剂的固化反应。CTPB 的固化剂类型较多，但从推进剂使用要求考虑，仅环氧和氮丙啶两类较为常用。这两类固化剂亦存在某些不足之处。环氧类固化剂反应速度慢，后固化现象较明显，推进剂贮存时会变硬、变脆。氮丙啶固化剂制药工艺性能、推进剂力学性能虽好，但 P－N 键易断裂，会导致药柱老化过程中变软、力学性能下降。为克服单一固化剂产生的缺点，实际应用时，通常采用两种或两种以上固化剂并用。较常用的固化剂体系为环氧与三－1－（2－甲基氮丙啶）氧化膦（MAPO）并用。

1）与环氧固化剂的固化反应：

主反应：

$$HOOC \sim\!\!\sim COOH + \triangledown\!\!-\!R\!-\!\triangledown \longrightarrow \sim\!\!\sim \underset{\underset{O}{\|}}{C}\!-\!OCH_2CH\!-\!\underset{\underset{OH}{|}}{R}\!-\!CHCH_2\!-\!O\!-\!\underset{\underset{O}{\|}}{C}\sim\!\!\sim$$

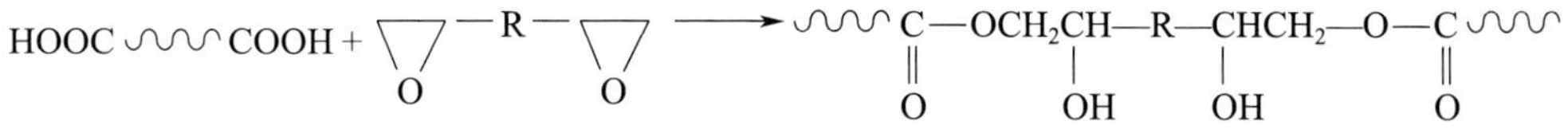

副反应：主反应生成的大分子链上的－OH 能与－COOH 反应生成水，水又能引起环氧开环水解生成二醇，或使大分子发生断链等。

2）与氮丙啶固化剂的固化反应：

主反应：

$$HOOC \sim\!\!\sim COOH + R\!-\!(N\underset{CH_2}{\overset{CH-R'}{\big\langle}})_2 \longrightarrow$$

$$\sim\!\!\sim \underset{\underset{O}{\|}}{C}\!-\!OCH_2\underset{\underset{R'}{|}}{CH}\!-\!NH\!-\!R\!-\!NH\!-\!\underset{\underset{R'}{|}}{CH}CH_2\!-\!O\!-\!\underset{\underset{O}{\|}}{C}\sim\!\!\sim$$

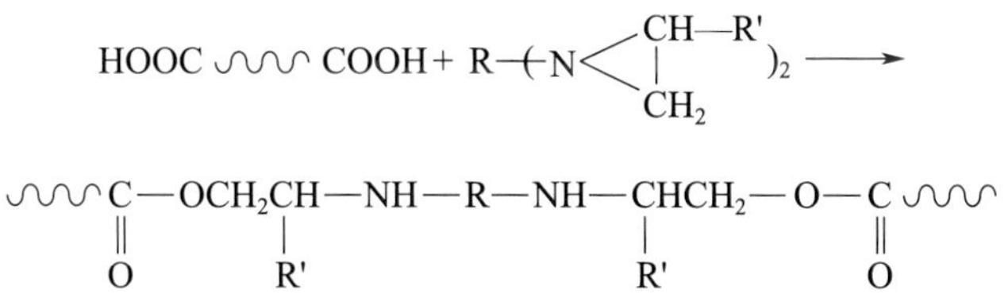

副反应：在酸性条件下，MAPO 等氮丙啶类固化剂会发生分子自聚或重排，固化产物在偏高温度贮存时，还可能发生断链现象。

3）与金属氧化物、二胺类、二异氰酸酯、二醇类、烯酮亚胺、金属有机盐等固化剂的固化反应。

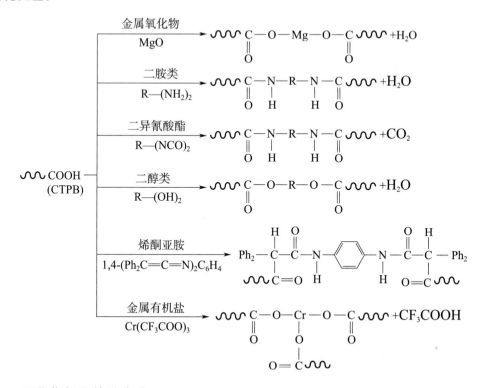

3. 理化指标和检验方法

表 1-4 为 GJB 5178—2003《端羧基聚丁二烯规范》、美国聚硫橡胶公司、日本橡胶合成公司的 CTPB 理化指标和检验方法。

表 1-4 CTPB 理化指标和检验方法

项目	指标				检验方法
	Ⅰ 型	Ⅱ 型	日本 JSR-S-18	美国 HC-434	
合成方法	自由基聚合	自由基聚合	阴离子聚合	自由基聚合	—
羧基值/（mmol/g）	0.33～0.42	0.43～0.52	2.25%	2.45%	化学分析法
数均相对分子质量	4 000～5 000	3 500～4 500	4 000	3 670	VPO 法
粘度/Pa·s（40 ℃）≤	25	20	22.4	28.5	旋转粘度计
水质量分数（%）≤	0.05	0.05	0.05	0.05	卡尔·费休法
挥发分（%）	—	—	0.3	—	重量法
防老剂（%）	—	—	1.5	1.1～1.2	LC 法
密度/（g/cm³）	—	—	0.906	0.909	密度计
玻璃化温度/℃	—70～—80		—58	—72	DMA

4. 制备方法

CTPB 粘合剂的制备，除日本采用阴离子聚合法外，世界多数国家主要采用自由基聚合法。自由基聚合法又分为溶液聚合法和乳液聚合法两种。自由基乳液聚合法制备 CTPB，通常以过氧化环己酮为引发剂，以硫酸亚铁为还原剂，以对苯二酚为终止剂。聚合反应在 20 ℃、40～53.3 kPa 条件下进行，聚合反应时间为 3.5～4 h。国产 CTPB 合成路线如下：

（1）引发剂分解

$$\text{重排} \longrightarrow HOOC(CH_2)_4CH_2\cdot$$

（2）链引发

$$HOOC(CH_2)_4CH_2\cdot + CH_2{=}CH{-}CH{=}CH_2 \longrightarrow HOOC(CH_2)_5CH_2CH{=}CHCH_2\cdot$$

（3）链增长

$$HOOC(CH_2)_5CH_2CH{=}CHCH_2\cdot + (n{-}2)/2\,CH_2{=}CH{-}CH{=}CH_2 \longrightarrow$$

$$HOOC(CH_2)_5 \!\!\left[\!\!-CH_2CH{=}CHCH_2\!-\!\!\right]_{(n-2)/2} \!\!CH_2CH{=}CHCH_2\cdot \quad \text{（以下用 M·表示）}$$

（4）链终止

$$2M\cdot \longrightarrow HOOC(CH_2)_5 \!\!\left[\!\!-CH_2CH{=}CHCH_2\!-\!\!\right]_{n} \!\!(CH_2)_5COOH$$

5. 运输、贮存和应用

采用白色聚乙烯桶包装，按国家关于一般化学品运输规定运输。运输过程中应防水、防晒。密闭贮存在通风、干燥的库房内，贮存温度低于 38 ℃。

CTPB 是复合固体推进剂用主要粘合剂品种之一，由 CTPB 制备的推进剂与聚硫、聚酯推进剂相比，比冲较高，装药工艺稳定，力学性能良好。民用可作环氧树脂胶粘剂和密封剂的增韧剂，也用于制造密封材料。

6. 毒性与防护

经口毒性极微，对皮肤粘膜有轻微刺激性，未见对人的皮肤刺激和致敏反应。加强通风排毒、生产环境管理及个人防护。

7. 理化分析谱图

（1）红外光谱图

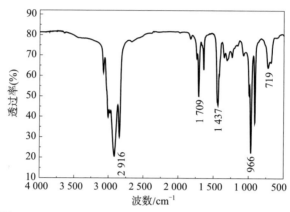

（2）核磁共振谱图

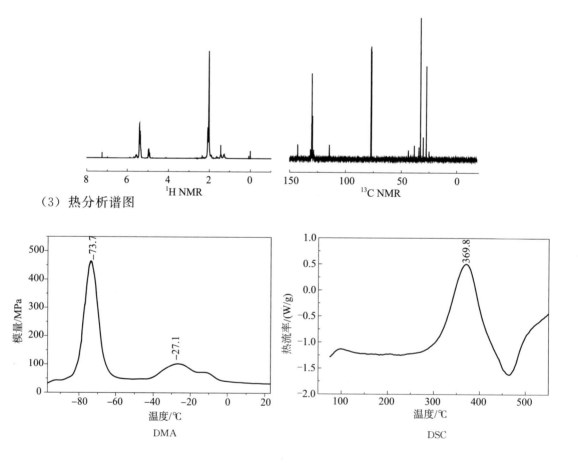

（3）热分析谱图

参 考 文 献

[1]　庞爱民 . 固体火箭推进剂理论与工程 ［M］. 北京：中国宇航出版社，2014.

[2]　侯林法 . 复合固体推进剂 ［M］. 北京：宇航出版社，1994.

[3]　张杏芳 . 国外火炸药原材料性能手册 ［M］. 北京：兵器工业出版社，1991.

[4]　田德余，刘剑洪 . 化学推进剂计量能量学 ［M］. 郑州：河南科学技术出版社，1999.

[5]　郭钟福，郭玉瑛 . 合成材料手册 ［M］. 上海：上海科学技术出版社，1986.

[6]　A 达维纳 . 固体火箭推进剂技术 ［M］. 张德雄，等译 . 北京：宇航出版社，1997.

[7]　车廷璋 . 复合固体推进剂装药安全技术 ［M］. 西安：中国航天科技集团公司第四研究院，2004.

[8]　蒋芸 . 复合固体推进剂原材料毒性与防护 ［M］. 乌鲁木齐：新疆科技卫生出版社，1996.

[9]　C 赫普伯恩 . 聚氨酯弹性体 ［M］. 高景晨，等译 . 北京：烃加工出版社，1987.

[10]　邓康清，马新刚，石玉婷，等 . 端羧基聚丁二烯规范：GJB 5178—2003 ［S］. 北京：国防科学技术工业委员会，2003.

[11]　刘云飞，刘继华，罗秉和 . AP/ DHG/CTPB 燃气发生剂的研究 ［J］. 火炸药学报，2000，（3）：25 - 27.

[12]　SUTTON E S. 从聚硫到丁羧：固体推进剂粘合剂化学的主要变化 ［J］. 王文俊，译 . 固体火箭技术，1985（3）：13 - 24.

1.4　端羧基聚丁二烯丙烯腈

中文名称：端羧基聚丁二烯丙烯腈

英文名称：carboxyl - terminated polybutadiene acrylonitrile（CTBN）

中文别称：丁腈羧胶，丁腈胶

相对分子质量：数均相对分子质量 2 000～3 000

结构式：如图

$$HOOCCH_2CH_2 - [CH_2CH=CHCH_2]_m - [CH_2-\underset{\underset{CN}{|}}{CH}]_n - CH_2CH_2COOH$$

CAS 登记号：25265 - 19 - 4

1. 物理性质

CTBN 为琥珀色粘稠液体，有微芳香味，密度 0.929 g/cm³（25 ℃），折光率 1.515 1（20 ℃），玻璃化温度在 -60 ℃ 以下，可溶于甲苯、环己烷、三氯甲烷、乙酸乙酯、四氢呋喃、吡啶等，不溶于石油醚、丙酮、甲醇、乙腈、二甲基甲酰胺、二甲基亚砜、水等。

2. 化学性质

CTBN 为端羧基聚丁二烯类粘合剂，与 CTPB 一样，在推进剂制造过程中，其主要化学反应为其羧基与各种固化剂的反应。两者所用固化剂体系大体相同，主要使用环氧和氮丙啶两类固化剂。此外，还有胺类、醇类、异氰酸酯类及某些金属盐类等。由于 CTBN 数均官能度小于 2，为形成完整的固化网格，通常加入适量三官能度交联剂。

3. 理化指标和检验方法

CTBN 理化指标和检验方法列于表 1-5。

表 1-5　CTBN 理化指标和检验方法

项目	指标					检验方法
	CN-10	CN-10-1	CN-15	CN-20	CN-25	
粘度/Pa·s(40 ℃)	7～12	7～8	27～33	57～63	80～90(70 ℃)	旋转粘度法
羧基含量/(mol/kg)	0.580～0.650	0.580～0.650	0.430～0.500	0.430～0.500	0.430～0.500	酸碱滴定法
丙烯腈含量（%）	8.0～12.0	8.0～12.0	12.1～18.0	18.1～22.0	22.1～27.0	甲醛定氮法 红外光谱法
数均相对分子质量（×10³）	2.7～3.0	2.6～3.0	2.5～2.8	2.3～2.6	2.1～2.4	VPO 法
水分（%）≤	0.05	0.05	0.05	0.05	0.05	库仑电量法
挥发分（%）≤	2.0	2.0	2.0	2.0	2.0	干燥法
外观	琥珀色粘稠液体，无肉眼可见杂质					目视法

4. 制备方法

CTBN 采用自由基溶液聚合工艺制备。

（1）自由基生成

$$[HOOC-CH_2CH_2COO]_2 \longrightarrow 2HOOCCH_2CH_2-C\underset{O^-}{\overset{O}{\big\langle}} \longrightarrow 2HOOC-CH_2CH_2 \cdot + 2CO_2$$

（2）链引发

$$HOOC-CH_2CH_2 \cdot + CH_2CH=CHCH_2 \longrightarrow HOOC-CH_2CH_2-CH_2CH=CHCH_2 \cdot$$

（3）链增长

$$HOOC-CH_2CH_2-CH_2CH=CHCH_2 \cdot + (m-1)/2CH_2CH=CHCH_2 + n/2CH_2=\underset{CN}{\overset{|}{CH}}$$

$$\longrightarrow HOOC-CH_2CH_2 \underset{(m-1)/2}{\overline{\left[CH_2CH=CHCH_2 \right]}} \underset{n/2}{\left[CH_2-\underset{CN}{\overset{|}{CH}} \right]} -CH_2CH=CHCH_2 \cdot$$

（4）链终止

$$2M \cdot \longrightarrow HOOCCH_2CH_2-[CH_2CH=CHCH_2]_m-[CH_2-\underset{CN}{\overset{|}{CH}}]_n-CH_2CH_2COOH$$

5. 运输、贮存和应用

CTBN 应按国家关于无毒，非易燃、易爆化学品的运输规定运输，可用汽车、火车、飞机或轮船运输，运输过程中应防水、防晒，密闭贮存于通风干燥的库房内，贮存温度应低于 40 ℃。

CTBN 可用作固体火箭发动机推进剂、绝热层、衬层粘合剂和其他胶粘剂等，工业上主要用来改性体型树脂，其中最主要的是用来增韧环氧树脂、酚醛树脂和聚酯树脂等。

6. 毒性与防护

CTBN 为高聚物，自身毒性很低，其毒性主要取决于样品中可挥发低分子或单体。在生产使用过程中应注意和防护单体和杂质的危害。

7. 理化分析谱图

（1）红外光谱图

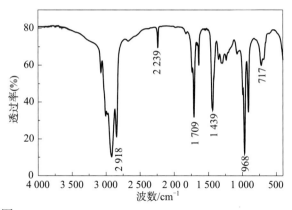

（2）核磁共振谱图

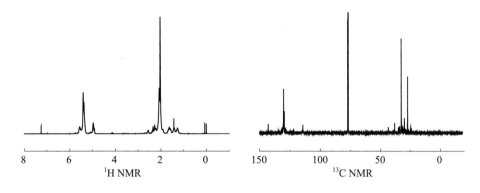

（3）热分析谱图

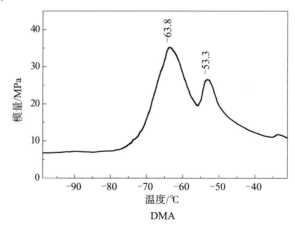

DMA

参 考 文 献

［1］　侯林法. 复合固体推进剂［M］. 北京：宇航出版社，1994.

［2］　张杏芬. 国外火炸药原材料性能手册［M］. 北京：兵器工业出版社，1991.

［3］　郭钟福，郭玉瑛. 合成材料手册［M］. 上海：上海科学技术出版社，1986.

［4］　A 达维纳. 固体火箭推进剂技术［M］. 张德雄，等译. 北京：宇航出版社，1997.

［5］　车廷璋. 复合固体推进剂装药安全技术［M］. 西安：中国航天科技集团公司第四研究院，2004.

［6］　蒋芸. 复合固体推进剂原材料毒性与防护［M］. 乌鲁木齐：新疆科技卫生出版社，1996.

［7］　C 赫普伯恩. 聚氨酯弹性体［M］. 高景晨，等译. 北京：烃加工出版社，1987.

［8］　李荣庆. 端羧基聚丁二烯丙烯腈规范：GJB 2050—1994［S］. 北京：国防科学技术工业委员会，1994.

［9］　罗延铃，史广全. 端羧基丁腈液体橡胶合成研究［J］. 兰化科技，1992，10（3）：157 - 161.

［10］　孙以实，赵世琦，李永德，等. 端羧基液体丁腈橡胶［J］. 合成橡胶工业，1982，5（4）：313 - 317.

［11］　曹香珠. 端羧基液体丁腈橡胶［J］. 河南化工，1997（1）：11 - 13.

［12］　秦椿华，蒋芸，彭德慧，等. 丁腈羧胶亚慢性毒性及致突变作用研究［J］. 解放军医学情报，1994（10）：274.

［13］　SUTTON E S. 从聚硫到丁羧：固体推进剂粘合剂化学的主要变化［J］. 王文俊，译. 固体火箭技术，1985（3）：13 - 24.

1.5　端羟基聚丁二烯

中文名称：端羟基聚丁二烯

英文名称：hydroxyl - terminated polybutyldiene（HTPB）

中文别称：丁羟胶，丁羟

相对分子质量：数均相对分子质量 2 500～5 000

结构式：如图

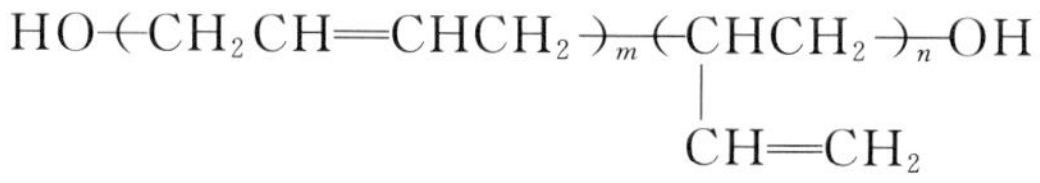

$$HO\{CH_2CH=CHCH_2\}_m\{CHCH_2\}_nOH$$
$$\underset{CH=CH_2}{|}$$

CAS 登记号：69102 - 90 - 5

1. 物理性质

无色或淡黄色透明粘稠液体，有刺鼻气味，密度约 0.905 g/cm³，折光率为 1.514 4，玻璃化温度为 -70～-80 ℃。可溶于吡啶、苯、甲苯、石油醚、环己烷、四氯化碳、三氯甲烷、四氢呋喃、加氢汽油等，不溶于水、乙醇、二甲基亚砜、二甲基乙酰胺等。

2. 化学性质

HTPB 主链由以下三种链节组成：

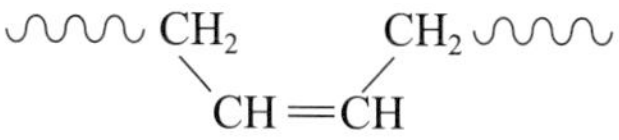

顺式1，4加成链节

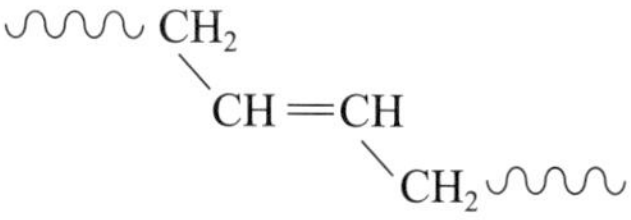

反式1，4加成链节

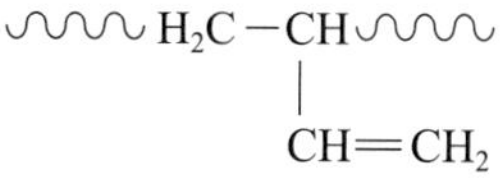

1，2加成链节

HTPB 的端羟基因与其相连的主链链节结构不同，亦有三种不同类型：

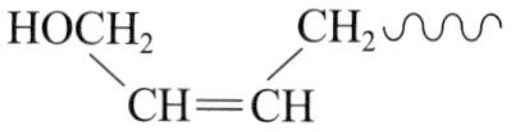

顺式烯丙基伯羟基

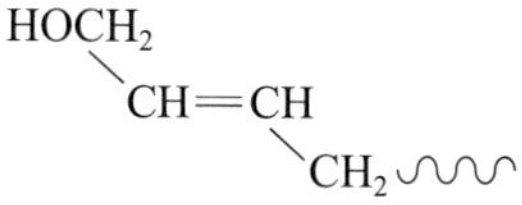

反式烯丙基伯羟基

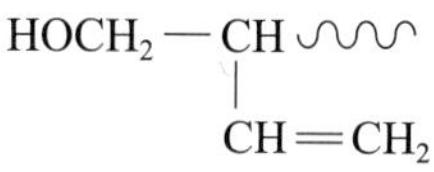

α-乙烯基伯羟基

HTPB 的生成焓为 -20.9 kJ/kg，燃烧热为 45 000 kJ/kg，HTPB 的活性官能团为 —OH。在推进剂中，HTPB 的主要化学反应为 —OH 与 TDI、MDI、IPDI 等异氰酸酯之间的固化反应。羟基类型不同，与异氰酸酯反应活性亦不同。顺、反式烯丙基伯羟基活性相近，均为乙烯基式伯羟基的 3～5 倍，α-乙烯基伯羟基的活性则与普通伯羟基相近。此外，—OH 还可与环氧化合物和有机酸反应，相应生成多羟基聚醚、聚酯等。HTPB 的双键一般情况下较为稳定，但其 α 位置上的氢原子有一定反应活性，尤其在温度偏高条件下，还能与异氰酸酯反应形成交联。在长期贮存过程中光照、加热、$HClO_4$（为 NH_4ClO_4 的水解或低温热分解产物）或初生态氧存在等条件下，也可发生部分双键的环氧化反应或断裂自聚反应。反应式如下：

$$OH-R'-OH + OCN-R-NCO \longrightarrow \sim\sim\sim -OR'-\overset{O}{\overset{\|}{O}}C-NH-R-NH-\overset{O}{\overset{\|}{C}}\sim\sim\sim$$

$$2\,OH\sim\sim OH + \underset{O}{\triangle}-R-\underset{O}{\triangle} \longrightarrow \sim\sim\sim OCH_2CHRCHCH_2O\sim\sim\sim$$
$$\qquad\qquad\qquad\qquad\qquad\qquad\qquad\qquad\quad \overset{}{OH}\ \ \overset{}{OH}$$

$$OH-R'-OH + HOOC-R-COOH \xrightarrow{-H_2O} \sim\sim\sim OR'O\overset{O}{\overset{\|}{C}}-R-\overset{O}{\overset{\|}{C}}\sim\sim\sim$$

3. 理化指标和检验方法

GJB 1327A—2003《端羟基聚丁二烯规范》规定了推进剂用 HTPB 的理化指标和检验方法，列于表 1-6。表 1-7 列出了日本、美国几种 HTPB 商品的理化性能数据。

表 1-6　HTPB 的理化指标和检验方法

项目	指　标					检验方法
	Ⅰ 型	Ⅰ 型一改	Ⅱ 型	Ⅲ 型	Ⅳ 型	
羟值/(mmol/g)	0.47~0.53		0.54~0.64	0.65~0.70	0.71~0.80	乙酰化法
水质量分数（%）	≤0.050					卡尔·费休法
过氧化物质量分数（以 H_2O_2 计）（%）≤	0.040			0.050		碘量法
粘度/Pa·s (40 ℃)≤	9.5		8.5	4.0	3.5	旋转粘度法
数均相对分子质量（×10³）	3.80~4.60	4.00~4.60	3.30~4.10	3.00~3.60	2.70~3.30	VPO/GPC 法
挥发物质量分数（%）≤	0.5			0.65		真空恒重法

表 1-7　国外不同 HTPB 商品的理化性能数据

项目		指　标				
		日本橡胶合成公司	美国 ARCO 化学公司			
		JSR	R45M	R45M392	R15HT	FR
合成方法		阴离子活性聚合	自由基聚合			
粘度/Pa·s(25 ℃)		5.5	5(30 ℃)	6.1	5(30 ℃)	4~6
羟值/(mmol/g)		0.63	0.75~0.80	0.75	0.70	0.80
数均相对分子质量		3 160	2 670	3 274	2 800	2 500
数均官能度		2.0	2.2~2.5	—	—	2.5
密度/(g/cm³)		0.9	0.9	0.902	0.9	—
化学结构（%）	顺式	23.7	20	19.00	20	
	反式	20.7	60	58.12	60	
	乙烯基	48.5	20	22.88	20	
燃烧热/(kJ/kg)		—	—	—	190.0	42 258

续表

项目	指标				
	日本橡胶合成公司	美国 ARCO 化学公司			
	JSR	R45M	R45M392	R15HT	FR
水分（％）	—	0.038	—	—	—
过氧化物（％）	—	0.064	—	—	—
铁（％）	—	≤0.01	—	—	—

除国军标规定的项目外，HTPB 还进行以下特殊表征项目。

（1）相对分子质量分布

相对分子质量分布是指样品中不同相对分子质量组分所占的质量分数。自由基聚合法制备的 HTPB，由于受歧化和各种形式链转移副反应的影响，其相对分子质量具有很大的分散性，相对分子质量分布较宽，阴离子聚合法制备的 HTPB 相对分子质量分布则窄得多。HTPB 相对分子质量分布可用其相对分子质量分布曲线表示，亦可用相对分子质量分散度指数 D 值（重均相对分子质量与数均相对分子质量之比）表示。相对分子质量分布的测定方法有凝胶渗透色谱法（GJB 1965—1994《端羟基聚丁二烯分子量及分子量分布的测定凝胶渗透色谱法》）、凝胶渗透色谱-激光光散射法。

（2）官能度分布

官能度分布是指样品中各种官能度组分的相对比例。自由基聚合法制备的 HTPB，其数均官能度略高于 2（国产 HTPB 一般为 2.0～2.4），但分布较宽，除含有大量二官能度组分和一定量三官能度组分外，还含有 0、1 和大于 3 官能度的组分。官能度测定方法有双检测器（紫外检测器/折光检测器）凝胶渗透色谱法、柱色谱法和薄层色谱法等。

（3）环氧基团含量

HTPB 由于受热氧化和光作用影响，链段中的双键会产生微量的环氧化反应，形成顺式、反式两种环氧基团。当环氧基团含量大于 4％时，推进剂力学性能则随之下降。国产 HTPB 环氧基团含量一般低于 3％。环氧基团含量测定采用核磁共振法。

4. 制备方法

（1）自由基聚合法

应用自由基聚合反应，用分子中带羟基的引发剂，分解后产生两个带羟基的自由基引发单体聚合，经过链增长和链偶合终止，生成预期的聚合物。反应中可能出现歧化反应产生一个或两个以上带羟基的自由基，因而 HTPB 的官能度分布较宽。推进剂用 HTPB，一般用 H_2O_2 和 C_2H_5OH 作为催化引发剂，在加热加压条件下制备。

$$(m+n)CH_2=CH-CH=CH_2 \xrightarrow[117℃/1.96MPa/2.5h]{H_2O_2/C_2H_5OH} OH-(CH_2CH=CHCH_2)_m-(CHCH_2)_n-OH$$
$$\underset{\qquad\qquad\qquad\qquad CH=CH_2}{|}$$

对于 H_2O_2 引发，自由基聚合制备的 HTPB，三种链节的相对含量分别为：顺 1，4 加成链节，约 27％；反 1，4 加成链节，约 53％；1，2 加成链节，约 20％。聚合物主链微观结构随所用催化剂和聚合方法而不同，HTPB分子中1，2加成链节（乙烯基）含量可在20％～80％范围内变化。乙烯基含量增多会使HTPB粘度和玻璃化温度变高。目前应用于推进剂的预聚物中，乙烯基含量平均在30％以下。三种羟基的相对含量分别为：顺式烯丙基伯羟基，约15％～20％；反式烯丙基伯羟基，约50％～55％；α-乙烯基伯羟基，约25％～35％。

（2）阴离子聚合法

用阴离子聚合制得活性聚合物，然后用环氧乙烷或甲醛反应引入羟基。这种方法需要无水和很纯的试剂。

$$(m+n)CH_2=CH-CH=CH_2 \xrightarrow{Li(CH_2)_4Li} Li-(CH_2CH=CHCH_2)_m-(CH_2)_4-(CH_2CH=CHCH_2)_n-Li$$

$$\xrightarrow{\triangle O} \sim\sim CH_2CH_2CH_2OLi \longrightarrow \sim\sim CH_2CH_2CH_2OH$$

5. 运输、贮存和应用

HTPB采用白色聚乙烯桶包装，可用汽车、火车、飞机或轮船运输，运输过程中应防水、防晒。HTPB合成时已加入抗氧剂2，2′-亚甲基-双（4-甲基-6-叔丁基苯酚）（2246）或2，6-二叔丁基-4-甲基苯酚（264），在常温下（−20～38 ℃）通风干燥库房内贮存。

HTPB是复合固体推进剂使用的主要粘合剂品种，具有粘度低，工艺性能好，所制推进剂固体含量高、弹道性能良好、力学性能和贮存性能良好等一系列优点。HTPB作为民用高级聚氨酯的粘合剂应用亦很广泛。

6. 毒性与防护

HTPB属微毒类物质。对皮肤和粘膜无刺激性，但有强的致敏作用。长期接触可患接触性皮炎，并可能有失眠、记忆力减退、食欲不振等神经系统症状。女性比男性敏感。应加强通风，穿工作服，戴口罩，以防止污染皮肤。

7. 理化分析谱图

（1）红外光谱图

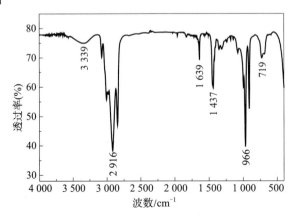

（2）核磁共振谱图

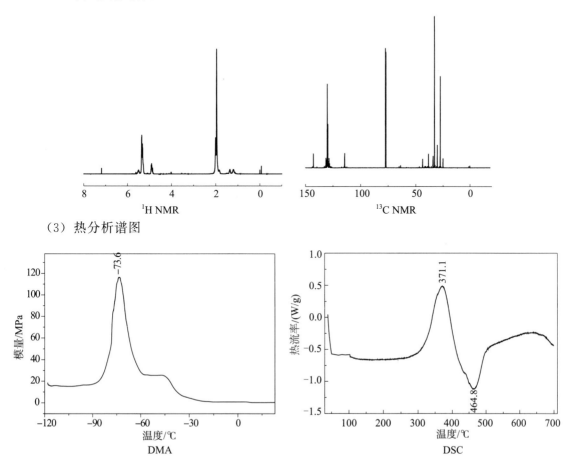

（3）热分析谱图

参 考 文 献

［1］　侯林法. 复合固体推进剂［M］. 北京：宇航出版社，1994.

［2］　张杏芳. 国外火炸药原材料性能手册［M］. 北京：兵器工业出版社，1991.

［3］　蒋芸. 复合固体推进剂原材料毒性与防护［M］. 乌鲁木齐：新疆科技卫生出版社，1996.

［4］　C 赫普伯恩. 聚氨酯弹性体［M］. 高景晨，等译. 北京：烃加工出版社，1987.

［5］　芦明. 端羟基聚丁二烯的特殊表征方法［J］. 固体火箭技术，1989（4）：57－72.

［6］　芦明. 端羟基聚丁二烯的表征和规格化研究方法［J］. 固体火箭技术，1993（2）：55－61.

［7］　芦明，黄志萍，宋永莱. 端羟基聚丁二烯的羟基类型分布［J］. 固体火箭技术，1995，18（3）：
　　　 28－34.

［8］　杨志英，贾红斌，王新德，等. 端羟基聚丁二烯规范：GJB 1327A—2003［S］. 北京：国防科学技
　　　 术工业委员会，2000.

［9］　沙翰臣，黄志平，刘迎春，等. 端羟基聚丁二烯分子量及分子量分布的测定凝胶渗透色谱法：
　　　 GJB 1965—1994［S］. 北京：国防科学技术工业委员会，1994.

［10］　芦明，宋永莱，袁其风，等. 测定端羟基聚丁二烯羟值的乙酐-对甲苯磺酸法改进研究［J］. 固体
　　　 火箭技术，1992（1）：38.

[11] 刘忠纯. 端羟基聚丁二烯中防老剂测定方法：Q/G 41—1992 [S]. 西安：中国航天科技集团公司第四研究院，1992.

[12] 史广全，罗延铃. 端羟基聚丁二烯液体橡胶的研制 [J]. 兰化科技，1992，10（2）：103 - 107.

[13] 曹勇，金关泰. 丁羟胶的研究及开发概况 [J]. 弹性体，1996，6（3）：29 - 37.

[14] 董松，王新，高丽萍，等. 端羟基聚丁二烯的应用、合成方法及表征手段 [J]. 弹性体，2003，13（3）：53 - 60.

[15] 曹勇，金关泰. 丁羟胶的表征和应用 [J]. 弹性体，1996，6（4）：34 - 40.

[16] 沈春晖，沈景春，吕锡元，等. 端羟基液体聚丁二烯的合成 [J]. 青岛化工学院学报，1998，19（4）：399 - 402.

[17] 马新刚. 丁羟推进剂用主要原材料质量控制项目分析测试方法评述 [J]. 固体火箭技术，2005，28（增刊）：234 - 239.

[18] SUTTON E S. 从聚硫到丁羧：固体推进剂粘合剂化学的主要变化 [J]. 王文俊，译. 固体火箭技术，1985（3）：13 - 24.

1.6　聚丁二烯丙烯酸

中文名称：聚丁二烯丙烯酸
英文名称：polybutadiene acrylic acid（PBAA）
中文别称：丙烯酸聚丁二烯
分子式：$(C_4H_6)_m(C_3H_4O_2)_n$
相对分子质量：数均相对分子质量 1 500～4 000
结构式：如图

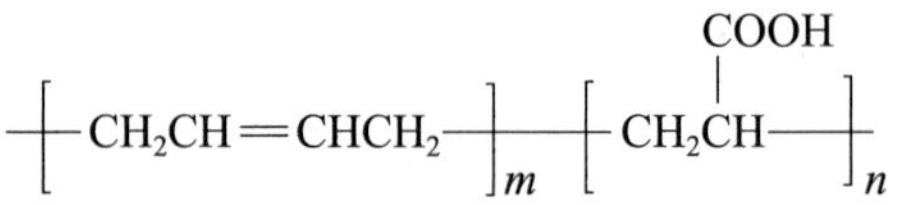

$$\left[CH_2CH=CHCH_2\right]_m\left[CH_2\overset{\displaystyle COOH}{\underset{|}{CH}}\right]_n$$

CAS 登记号：308077 - 38 - 5

1. 物理性质

密度 0.90～0.92g/cm³。粘度 27.5～32.5Pa·s。可溶于水、乙醇、丙酮，不溶于芳香烃。

2. 化学性质

活化能 142.26 kJ/mol。分解热 8 158.8 kJ/kg。燃烧热 42 676 kJ/kg。主要化学反应为其羧基与各种固化剂的反应。固化体系包含亚胺（MAPO）和环氧（ERL - 0500）（3：1）。少量的辛酸铬（0.02%）可以催化环氧-羧基反应，并消除性能随时间的变化。

3. 理化指标和检验方法

PBAA 理化指标和检验方法列于表 1 - 8。

表 1 - 8 PBAA 理化指标和检验方法

项目	指标	检验方法
数均相对分子质量	1 500～4 000	VPO 法
丙烯酸(%)	9.0～9.5	化学法
水分(%)	≤0.60	卡尔・费休法
密度/(g/cm³)	0.90～0.92	密度瓶法
粘度/Pa・s	27.5～32.5	旋转粘度法

4. 制备方法

使用自由基引发的乳液聚合方法制备。丁二烯与丙烯酸的质量比约为 9 : 1，催化剂是异丙苯过氧化氢或偶氮二异丁腈（AIBN），引发剂是抗坏血酸，约为单体质量的 0.16%～0.2%，乳化剂是十六烷基二甲基苄氯化铵。加入 10% 左右的丙烯腈，则生成改性的聚丁二烯丙烯酸丙烯腈（PBAN）。

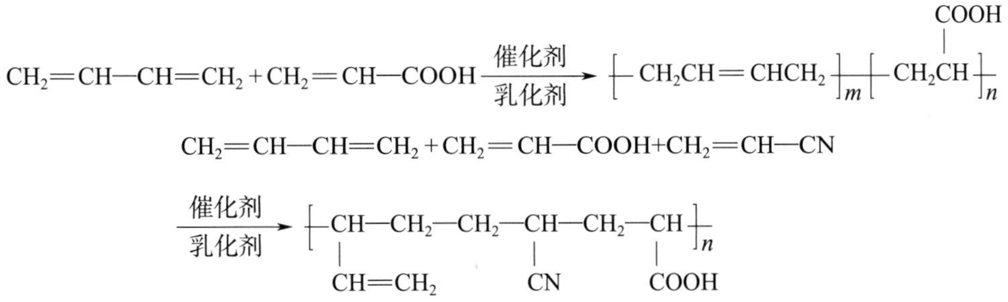

$$CH_2=CH-CH=CH_2 + CH_2=CH-COOH \xrightarrow[\text{乳化剂}]{\text{催化剂}} [CH_2CH=CHCH_2]_m [CH_2CH(COOH)]_n$$

$$CH_2=CH-CH=CH_2 + CH_2=CH-COOH + CH_2=CH-CN$$

$$\xrightarrow[\text{乳化剂}]{\text{催化剂}} [CH(CH=CH_2)-CH_2-CH_2-CH(CN)-CH_2-CH(COOH)]_n$$

5. 贮存、运输和应用

应密闭贮存于通风干燥的库房内，贮存温度应低于 40 ℃。

作为固体推进剂粘合剂预聚体。液体 PBAA 的粘度低，和其他粘合剂相比，推进剂固体含量较高。由于其官能团沿链是混乱分布的，官能团间距和分布重复性不佳，使其力学性能差，存放时易发生后固化，现已不用这种粘合剂，由 PBAN 等其他品种的聚丁二烯推进剂所替代。在混合炸药中也可用 PBAA 做粘合剂。

6. 毒性与防护

自身毒性很低，其毒性主要取决于样品中可挥发低分子或单体。在生产使用过程中应注意和防护单体和杂质的危害。

7. 理化分析谱图

（1）红外光谱图

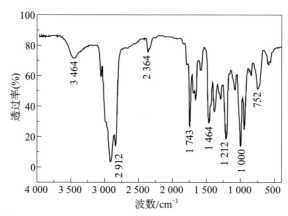

（2）核磁共振谱图

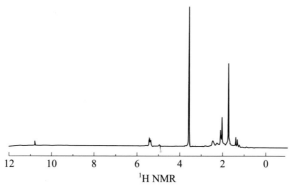

（3）热分析谱图

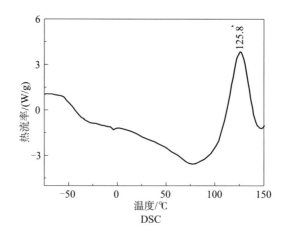

参 考 文 献

[1] 张杏芬. 国外火炸药原材料性能手册 [M]. 北京：兵器工业出版社，1991：168 - 169.

[2] SUTTON E S. 从聚硫到丁羟：固体推进剂粘合剂化学的主要变化 [J]. 王文俊，译. 固体火箭技术，1985（3）：13 - 24.

[3] F FERRERO, G MALUCELLI. Synthesis of polybutadiene - acrylates and properties of the photocured films [J]. Progress in Organic Coatings，2005，54（4）：337 - 343.

1.7　聚乙二醇

中文名称：聚乙二醇

英文名称：polyethylene glycol（PEG）

中文别称：聚氧乙烯醚

分子式：$HO(C_2H_4O)_nH$

相对分子质量：数均相对分子质量 10 000 左右

结构式：如图

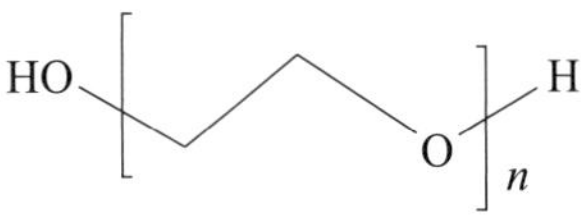

CAS 登记号：25322 - 68 - 3

1. 物理性质

PEG 随着相对分子质量的不同，物理性质也有差异。低相对分子质量 PEG（$M <$ 1 000）为无色无臭粘稠液体，高相对分子质量 PEG 为白色蜡状固体，随着相对分子质量的增大，PEG 的熔点也略有升高。推进剂粘合剂用 PEG 为片状或粒状物，熔点为 61～63 ℃，密度为 1.117 ～1.212 g/cm^3，玻璃化温度－20～－28 ℃。PEG 可溶于甲醇、乙醇、二氯甲烷、氯仿、乙腈、四氢呋喃，不溶于石油醚、甲苯、二甲基甲酰胺等。由于 PEG 部分以结晶状态存在，加热可促进其溶解。

2. 化学性质

PEG 与许多化学品不起作用，不水解、不变质。在推进剂中，PEG 的主要反应为与 TDI、IPDI、N - 100、PAPI 等异氰酸酯之间的固化反应。由于 PEG 为二官能度粘合剂预聚体，通常选用 N - 100 等高官能度异氰酸酯作为固化剂，其固化反应如下：

$$nHO{-}R{-}OH + m \begin{array}{l} O{=}C{=}N{-}(CH_2)_6{-}N\underset{H}{C}{-}\overset{O}{\overset{\|}{C}} \\ O{=}C{=}N{-}(CH_2)_6{-}\underset{H}{N}{-}\underset{\underset{O}{\|}}{C} \end{array} N{-}(CH_2)_6{-}N{=}C{=}O$$

$$\longrightarrow \begin{array}{l} \sim\!\!\sim\!\!ORO{-}\overset{O}{\overset{\|}{C}}{-}\underset{H}{N}{-}(CH_2)_6{-}\underset{H}{N}{-}\underset{\underset{O}{\|}}{C} \\ \sim\!\!\sim\!\!ORO{-}\underset{\underset{O}{\|}}{C}{-}\underset{H}{N}{-}(CH_2)_6{-}N{-}\overset{O}{\overset{\|}{C}} \end{array} N{-}(CH_2)_6{-}\underset{H}{N}{-}\overset{R{-}O\sim\!\!\sim}{\overset{\overset{O}{\|}}{C}}{=}O$$

PEG 亦具有端羟基聚合物的其他化学特性，可与环氧化合物、有机酸和酸酐反应生成多羟基聚醚、聚酯。

3. 理化指标和检验方法

PEG 理化指标和检验方法列于表 1-9。

表 1-9　PEG 理化指标和检验方法

项目	指标		检验方法
	A 类	B 类	
数均相对分子质量 $(\overline{M_n})/\times 10^4$	0.9～1.0	1.0～1.2	GPC 法
分散指数 (D)	≤1.2		GPC 法
羟值/(mmol/g)	0.24～0.20	0.21～0.17	苯酐酰化法
酸值/(mg KOH/g)	≤0.050		酸碱滴定法
水质量分数（%）	≤0.60		卡尔·费休法

4. 制备方法

由环氧乙烷在含有两个羟基活性氢原子的引发剂（如乙二醇或低相对分子质量聚乙二醇等）存在条件下开环聚合制得，主要有三种催化聚合方法：1）碱催化阴离子聚合；2）酸催化阳离子聚合；3）烷基金属催化配位阴离子聚合。鉴于酸催化阳离子聚合副反应多，配位阴离子聚合适于超高相对分子质量 PEG 制备，固体推进剂用 PEG 的制备多采用碱催化阴离子聚合法。常用碱性催化剂有碱金属及其化合物、碱土金属氢氧化物及其碳酸盐等。工业上常用的催化剂为 NaOH 及 KOH，其反应方程式如下：

（1）催化剂促进引发剂离解

$$HO{-}CH_2CH_2{-}OH \xrightarrow{\text{碱}} HO{-}CH_2CH_2{-}O^- + H^+$$

（2）链引发

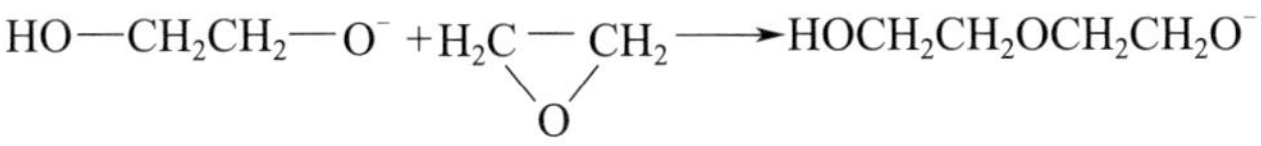

$$HO—CH_2CH_2—O^- + H_2C\overset{O}{\diagup\!\!\!\diagdown}CH_2 \longrightarrow HOCH_2CH_2OCH_2CH_2O^-$$

（3）链增长

$$HOCH_2CH_2OCH_2CH_2O^- + (n-2)H_2C\overset{O}{\diagup\!\!\!\diagdown}CH_2 \longrightarrow HO(CH_2CH_2O)_{n-1}CH_2CH_2O^-$$

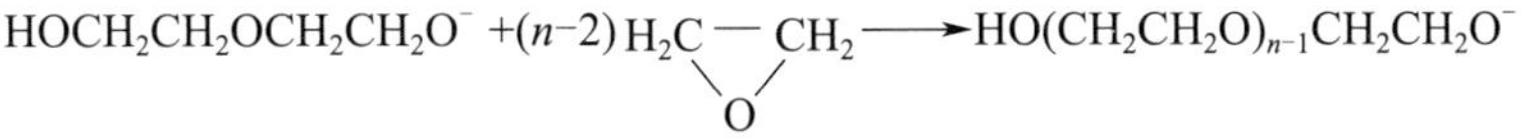

（4）链终止

$$HO—(CH_2CH_2O)_{n-1}CH_2CH_2O^- + H^+ \longrightarrow HO(CH_2CH_2O)_n—H$$

采用碱金属氢氧化物催化剂难以一步聚合制备较高相对分子质量 PEG。如制备较高相对分子质量 PEG，可选用较低相对分子质量 PEG 为起始剂分段制备。

5. 贮存、运输和应用

按国家关于一般化学品运输规定运输，可在通风干燥条件下室温贮存。

在复合固体推进剂中用作粘合剂，在民用中可用作增塑剂、软化剂、增湿剂、润滑剂，并可用于制造某些化工品和药物。

6. 毒性与防护

属微毒类物质，其经口毒性随着相对分子质量的增大而降低，对眼和皮肤无刺激作用。由于蒸气压低，在常温下不易经呼吸道吸入，故工业生产中实际不危害健康。美国 ACGIG（政府工业卫生学者会议）制订其 TLV – TWA（蒸气时间加权平均浓度上限）为 50×10^{-6}（127 mg/m³）。

7. 理化分析谱图

（1）红外光谱图

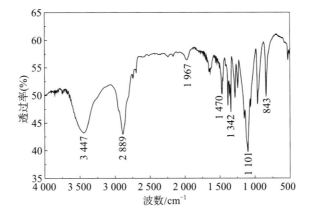

（2）核磁共振谱图

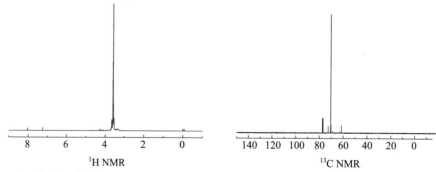

^1H NMR　　　　　　　　　　^{13}C NMR

（3）X 射线衍射谱图

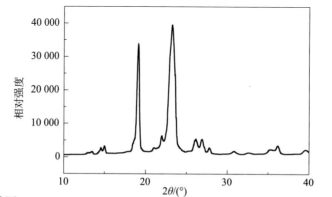

（4）热分析谱图

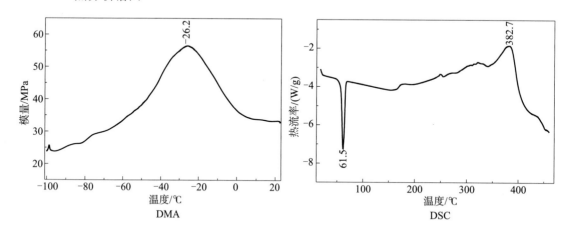

DMA　　　　　　　　　　DSC

参 考 文 献

［1］ 庞爱民 . 固体火箭推进剂理论与工程 ［M］. 北京：中国宇航出版社，2014.

［2］ 侯林法 . 复合固体推进剂 ［M］. 北京：宇航出版社，1994.

［3］ 张杏芬 . 国外火炸药原材料性能手册 ［M］. 北京：兵器工业出版社，1991.

［4］ 郭钟福，郭玉瑛 . 合成材料手册 ［M］. 上海：上海科学技术出版社，1986.

［5］　A 达维纳．固体火箭推进剂技术［M］．张德雄，等译．北京：宇航出版社，1997．

［6］　车廷璋．复合固体推进剂装药安全技术［M］．西安：中国航天科技集团公司第四研究院，2004．

［7］　蒋芸．复合固体推进剂原材料毒性与防护［M］．乌鲁木齐：新疆科技卫生出版社，1996．

［8］　C·赫普伯恩．聚氨酯弹性体［M］．高景晨，等译．北京：烃加工出版社，1987．

［9］　陈玉贤，赵传富，王世英，等．聚乙二醇（PEG）规范：GJB 5264—2003［S］．北京：国防科学技术工业委员会，2003．

［10］　李正梅，赵传富，赵征，等．低不饱和度高活性聚醚多元醇的研制［J］．聚氨酯工业，2001，16（1）：31 - 33．

［11］　张旭，储伟，陈建钧，等．甲醇钠引发的环氧乙烷开环聚合反应过程［J］．物理化学学报，2009，25（3）：451 - 456．

［12］　汪多仁．聚乙二醇的应用与合成进展［J］．化学工业与工程技术，2000，21（5）：21 - 23．

［13］　赵孝彬，张小平，郑剑，等．NEPE 推进剂中聚乙二醇的结晶性［J］．推进技术，2002，23（13）：252 - 257．

1.8　端羟基多官能团环氧乙烷星形共聚醚

中文名称：端羟基多官能团环氧乙烷星形共聚醚

英文名称：star - shaped hydroxyl - terminated polyalklene oxide（PAO）

分子式：$(C_2H_4O)_n$

相对分子质量：数均相对分子质量 5 000～30 000

结构式：如图

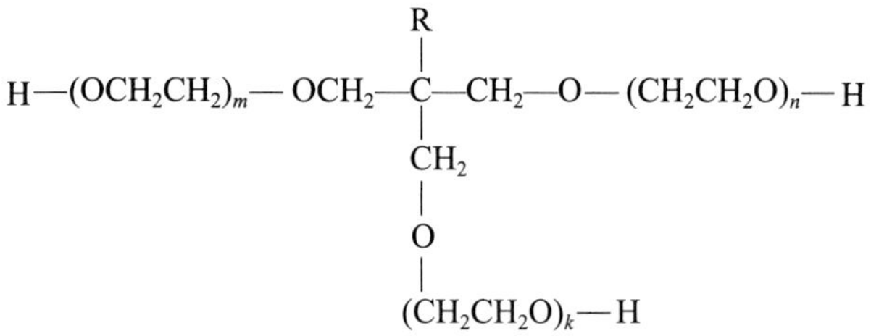

$$H\text{—}(OCH_2CH_2)_m\text{—}OCH_2\text{—}\underset{\underset{(CH_2CH_2O)_k\text{—}H}{\overset{O}{\underset{|}{CH_2}}}{\overset{R}{\underset{|}{C}}}\text{—}CH_2\text{—}O\text{—}(CH_2CH_2O)_n\text{—}H$$

三星形，R 为甲基或乙基

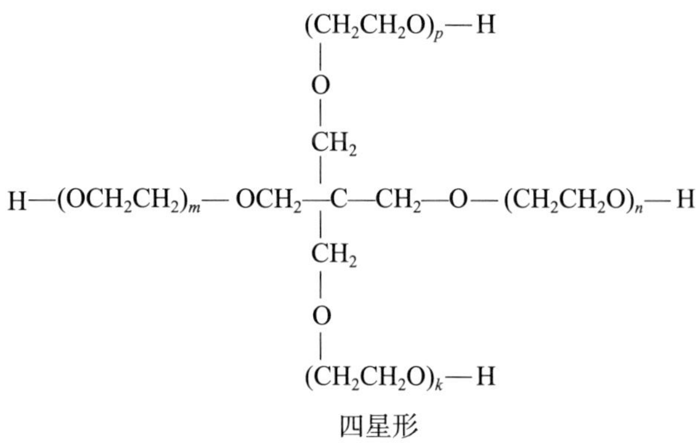

$$H\text{—}(OCH_2CH_2)_m\text{—}OCH_2\text{—}\underset{\underset{(CH_2CH_2O)_k\text{—}H}{\overset{O}{\underset{|}{CH_2}}}{\overset{\overset{(CH_2CH_2O)_p\text{—}H}{\overset{|}{\overset{O}{\overset{|}{CH_2}}}}}{\underset{|}{C}}}\text{—}CH_2\text{—}O\text{—}(CH_2CH_2O)_n\text{—}H$$

四星形

1. 物理性质

PAO 随着相对分子质量的不同，物理性质也有差异。PAO 为片状白色结晶或无色膏状体，熔点为 62~63 ℃，玻璃化温度（T_g）－50 ℃左右。结晶度 31%~41%（X 射线衍射法）。PAO 可溶于甲醇、乙醇、二氯甲烷、氯仿、乙腈、四氢呋喃等，不溶于石油醚、甲苯、二甲基甲酰胺等。由于 PAO 部分以结晶状态存在，加热可促进其溶解。分子的微观聚集状态为无规线团形状。

2. 化学性质

PAO 主链主要链节结构为—CH_2CH_2O—链节，含有少量—CH_2CHCH_3O—链节，主要是三星或四星的端羟基长链聚氧化乙烯均聚物或杂有少量聚氧化丙烯的共聚物，分子链中含有柔性的重复醚键单元。

PAO 与许多化学品不起作用，不水解、不变质。在推进剂中，PAO 的主要反应为与 TDI、IPDI、N-100、PAPI 等异氰酸酯之间的固化反应。由于 PAO 为星形粘合剂预聚体，可选用 TDI 等二官能度异氰酸酯作为固化剂。

PAO 亦具有端羟基聚合物的其他化学特性，可与环氧化合物、有机酸和酸酐反应生成多羟基聚醚、聚酯等。

3. 理化指标和检验方法

PAO 理化指标和检验方法列于表 1-10。

表 1-10　PAO 理化指标和检验方法

项目	指标		检验方法
	国内	国外	
数均相对分子质量	6 000~28 000	5 000~28 000	GPC
分散指数	≤1.2	—	GPC
羟值/(mmol/g)	0.10~0.20	—	乙酐法
水分（%）	≤0.60	—	卡尔·费休法
数均支化度	2~4	—	激光光散射法

4. 制备方法

PAO 是由环氧乙烷阴离子开环聚合制得，由三元醇、四元醇（如三羟甲基丙烷、甘油、季戊四醇等）作引发剂，聚合反应以 DMF 为溶剂，碱土金属作催化剂。其合成方法与合成 PEG 类似。

5. 运输、贮存和应用

PAO 按国家关于一般化学品运输规定运输。运输过程中应严防雨淋和玷污。在通风干燥条件下室温贮存。

PAO 用作新型高能推进剂粘合剂和交联剂。美国在 20 世纪 90 年代已将 PAO 用于 NEPE 推进剂的研制中，制得高伸长率、高韧性的高能固体推进剂。

6. 毒性与防护

PAO 属微毒类物质，其经口毒性随着相对分子质量的增大而降低，对眼和皮肤无刺激作用。

7. 理化分析谱图

（1）红外光谱图

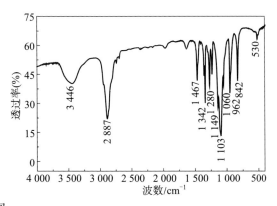

（2）核磁共振谱图

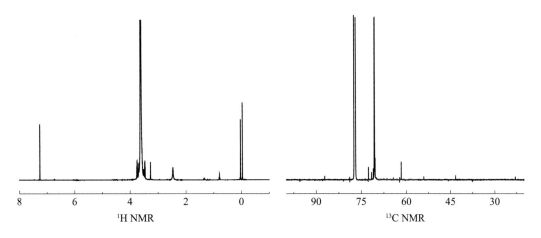

（3）热分析谱图

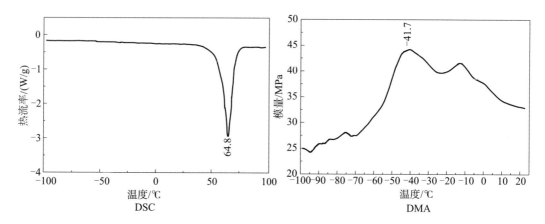

DSC

DMA

参 考 文 献

［1］ 侯林法 . 复合固体推进剂［M］. 北京：宇航出版社，1994.

［2］ 黄志萍，马新刚 . PAO 微观结构表征研究［J］. 固体火箭技术，2004，27（增刊）.

［3］ 张明权，周集义 . 星型 PAO 粘合剂在 NEPE 推进剂中的应用［J］. 化学推进剂与高分子材料，2008，6（6）：4 - 7.

［4］ 张明权，刘红雨，赵征，等 . 高相对分子质量聚氧乙烯醚四元醇的分析表征及在 PU 弹性体中的应用研究［J］. 化学推进剂与高分子材料，2006，4（1）：38 - 42.

［5］ 张俐娜，薛奇，莫志深，等 . 高分子物理近代研究方法［M］. 武汉：武汉大学出版社，2003.

［6］ 司馥铭 . 聚氧化乙烯粘合剂推进剂力学性能研究［J］. 固体火箭技术，2004，27（1）：53 - 56.

1.9　端羟基环氧乙烷-四氢呋喃共聚醚

中文名称：端羟基环氧乙烷-四氢呋喃共聚醚

英文名称：hydroxyl - terminated ethylene oxide and tetrahydrofuran copolyether（PET）

相对分子质量：数均相对分子质量 3 000～6 000

结构式：如图

$$H \text{┼} OCH_2CH_2 \text{┤}_m \text{┼} O(CH_2)_4 \text{┤}_n OCH_2CH_2OH$$

CAS 登记号：27637 - 03 - 2

1. 物理性质

无色或淡黄色透明粘稠液体，无味，密度 1.033 g/cm³（25 ℃），折光率 1.467 6（20 ℃），玻璃化温度 -70 ℃以下，易溶于大多数有机溶剂，可溶于三氯甲烷、甲苯、乙酸乙酯、丙酮、乙腈、吡啶、二甲基甲酰胺等，不溶于石油醚、己烷、环己烷、二甲基亚砜、水等。

2. 化学性质

PET 作为固体推进剂粘合剂预聚体，其主要反应为与 N－100、TDI、IPDI、HDI、MDI 等多异氰酸酯的固化反应。PET 亦具有端羟基聚合物的其他化学性质，可与环氧化合物、有机酸和酸酐反应生成多羟基聚醚、聚酯。

3. 理化指标和检验方法

PET 理化指标和检验方法列于表 1－11。

表 1－11　PET 理化指标和检验方法

项目	指标					检验方法
	二官能度				三官能度	
	Ⅰ 型	Ⅱ 型	Ⅲ 型	Ⅳ 型		
数均相对分子质量	$3\,500\pm350$	$4\,000\pm400$	$4\,500\pm450$	$5\,000\pm500$	$4\,500\sim7\,000$	GPC
羟值/(mg KOH/g)	$23.0\sim37.6$	$20.1\sim32.6$	$17.9\sim29.2$	$16.2\sim26.4$	$19.5\sim45.0$	苯酐酰化法
酸值/(mg KOH/g)	$\leqslant0.10$					酸碱滴定法
水质量分数（%）	$\leqslant0.10$					卡尔·费休法

4. 制备方法

由环氧乙烷、四氢呋喃在路易斯酸催化剂（如 BF_3OEt_2）及含活性氢引发剂（如 HOC_2H_4OH）作用下，采用阳离子开环聚合法制得。反应步骤为：将预先放置规定量的乙二醇、四氢呋喃、三氟化硼乙醚物料的反应器冷却至－5 ℃以下，滴加环氧乙烷，滴加速度控制在反应体系温度不超过 30 ℃为准（1～2 h 滴加完），然后再继续反应 3～6 h，加入 1% 碱水溶液破坏催化剂，搅拌 15～30 min，静置分层，取出油层物，滤去残渣，除去未反应单体和水。

$$m O \triangleleft + n O \pentagon + HOCH_2CH_2OH \xrightarrow{\ BF_3O(C_2H_5)_2\ }$$

$$F_3B(OCH_2CH_2)_m \cdot [O(CH_2)_4]_n \cdot OCH_2CH_2 \cdot O(C_2H_5)2 \xrightarrow{\ NaOH水溶液\ }$$

$$H-[OCH_2CH_2]_m-[O(CH_2)_4]_n-OCH_2CH_2OH$$

其中引发剂既是共聚醚的相对分子质量调节剂，又是共聚醚的官能度调节剂。控制引发剂用量可制得各种不同相对分子质量的 PET，控制引发剂官能度大小可制得同样官能度的 PET。

5. 贮存、运输和应用

在通风干燥的仓库内室温贮存，按国家关于一般化工产品运输规定运输，运输过程中应严防雨淋和玷污。

PET 在复合固体推进剂、燃气发生剂中用作粘合剂，也是民用聚氨酯产品、精细化工品的重要原料。

6. 毒性与防护

PET 属低毒类化合物，对生殖系统有轻微可逆的毒性。该产品单体环氧乙烷有肝毒性损害，对动物有致突变、致畸、致癌和生理毒性。故使用该产品时，应检测产品中单体含量。

7. 理化分析谱图

（1）红外光谱图

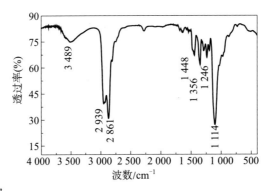

（2）核磁共振谱图

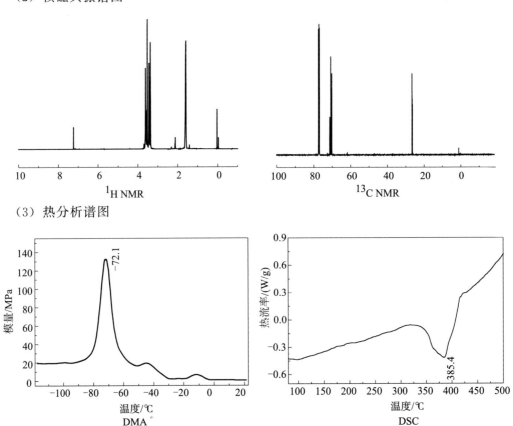

（3）热分析谱图

参 考 文 献

［ 1 ］　庞爱民．固体火箭推进剂理论与工程［M］.北京：中国宇航出版社，2014.

［ 2 ］　侯林法．复合固体推进剂［M］.北京：宇航出版社，1994.

［ 3 ］　张杏芬．国外火炸药原材料性能手册［M］.北京：兵器工业出版社，1991.

［ 4 ］　郭钟福，郭玉瑛．合成材料手册［M］.上海：上海科学技术出版社，1986.

［ 5 ］　A 达维纳．固体火箭推进剂技术［M］.张德雄，等译.北京：宇航出版社，1997.

［ 6 ］　车廷璋．复合固体推进剂装药安全技术［M］.西安：中国航天科技集团公司第四研究院，2004.

［ 7 ］　蒋芸．复合固体推进剂原材料毒性与防护［M］.乌鲁木齐：新疆科技卫生出版社，1996.

［ 8 ］　C 赫普伯恩．聚氨酯弹性体［M］.高景晨，等译.北京：烃加工出版社，1987.

［ 9 ］　初白玲，崔尚平，黄志萍，等．端羟基环氧乙烷-四氢呋喃共聚醚（PET）规范：GJB 5395—2005［S］.北京：国防科学技术工业委员会，2005.

［10］　HUANG Z P, SUN Z X, WU Z H. Comment on synthesis and characterization of ethylene oxide and tetrahydrofuran copolymer［C］//Proceedings of the 3rd international autumn seminar on propellants，explosive and pyrotechnics. Theory and practice of energetic materials 1999.

［11］　黄志萍，孙忠祥，吴振海．端羟基 EO - THF 共聚醚的合成及其表征研究［J］.固体火箭技术，1997，20（3）：53.

［12］　张素珍．环氧乙烷-四氢呋喃共聚醚的链结构及其性能［J］.北京理工大学学报，1992，12（S1）：39.

［13］　周集义．环氧乙烷-四氢呋喃共聚醚［P（E-CO-T）］的研制（Ⅱ）［J］.北京理工大学学报，1995，15（6）：11.

［14］　申迎华．降低环氧乙烷-四氢呋喃共聚醚中环状齐聚物含量的研究［J］.华北工学院学报，1995，16（1）：70.

［15］　申迎华．环氧乙烷-四氢呋喃共聚醚中环状齐聚物的气相色谱/质谱分析［J］.分析化学，2002，30（8）：932.

［16］　刘国涛，范晓东，程广文，等．环氧乙烷/四氢呋喃共聚醚的合成与表征［J］.中国胶粘剂，2008，17（9）：5 - 9.

［17］　唐根．环氧乙烷-四氢呋喃共聚醚型燃气发生剂燃烧物理模型［J］.推进技术，2008，29（1）：98.

［18］　田林祥，谭惠民．环氧乙烷-四氢呋喃共聚醚与硝酸酯相溶性的研究［J］.北京理工大学学报，1992，12（S1）：61 - 65.

［19］　罗善国，张建国，谭惠民，等．环氧乙烷/四氢呋喃共聚醚聚氨酯的热氧降解［J］.应用化学，1999，16（4）：10 - 13.

［20］　谭明家，张招弟，蒋芸．环氧乙烷四氢呋喃共聚醚对雄性小鼠生殖毒作用的研究.工业卫生与职业病［J］. 1995，21（3）：142 - 145.

1.10　端羟基四氢呋喃-环氧丙烷共聚醚

中文名称：端羟基四氢呋喃-环氧丙烷共聚醚

英文名称：hydroxyl - terminated copolymer of tetrahydrofuran propylene oxide（PTP）

分子式：$(C_2H_4O)_n$ $(C_3H_5O)_m$

相对分子质量：数均相对分子质量 3 000～5 000

结构式：如图

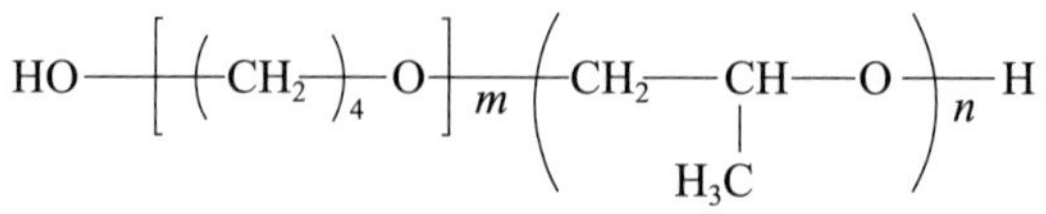

$$HO-\left[(CH_2)_4-O\right]_m\left(CH_2-\underset{H_3C}{CH}-O\right)_n H$$

1. 物理性质

密度 1.035 g/cm^3（25 ℃）。易溶于芳烃、卤代烃、醇、酮，有吸湿性。

2. 化学性质

不易燃，不易爆，可与异氰酸酯反应，反应速度较慢，需加入固化催化剂如三苯基铋、脂肪胺，缩短固化时间。

3. 理化指标和检验方法

PTP 理化指标和检验方法列于表 1 - 12。

表 1 - 12　PTP 理化指标和检验方法

项目	指标			检验方法
	三官能度	二官能度		
数均相对分子质量 M_n	3 000	3 140	4 430	VPO 法
羟值/(mmol/g)	0.91～1.04	0.596	0.538	化学法
数均官能度 F_n	2.73～3.12	1.87	2.38	计算结果
粘度/Pa·s	3～5（25 ℃）	1.8（40 ℃）	—	旋转粘度法
水分（%）	<0.10	0.44	0.97	卡尔·费休法

4. 制备方法

引发剂丁二醇或丙三醇，催化剂三氟化硼乙醚和一定比例的四氢呋喃、环氧丙烷在 0 ℃ 低温条件下开环共聚约 5 h，用稀碱水溶液或 Na_2CO_3 水溶液中和至中性，并用 70～80 ℃ 热水清洗数次，除去未反应单体，干燥后得到两端或三端为羟基的共聚醚。

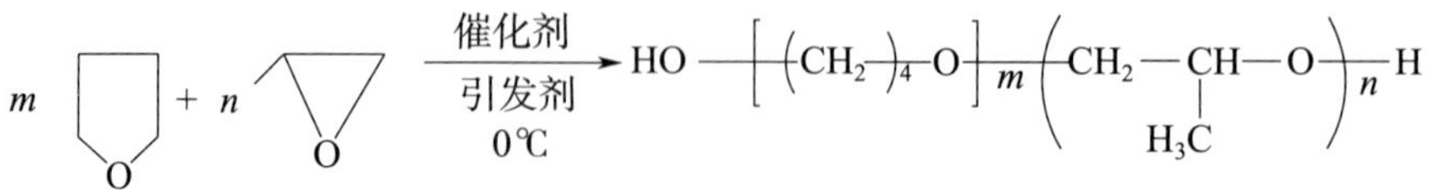

$$m\ \square + n\ \triangle \xrightarrow[\substack{引发剂 \\ 0℃}]{催化剂} HO-\left[(CH_2)_4-O\right]_m\left(CH_2-\underset{H_3C}{CH}-O\right)_n H$$

5. 贮存、运输和应用

用铁皮桶、塑料桶充氮密封装运，在室温干燥处保存。

用作固体推进剂粘合剂。由聚醚粘合剂制备的推进剂燃烧稳定，压强指数较低，能量较高，84%～86%固含量仍具有较好的力学性能。由于 PTP 侧甲基易老化，现在推进剂中较少应用，逐步被无侧基的 PEG 和 PET 取代。在民用方面，可用作乳化剂、润湿剂、消泡剂、破乳剂、分散剂、抗静电剂、除尘剂、粘度调节剂、控泡剂、匀染剂、胶凝剂等，是合成四氢呋喃-环氧丙烷共聚醚浇注型聚氨酯橡胶的中间体。还可作为合成涂料，胶粘剂和弹性纤维等合成产品的原料。

6. 毒性与防护

自身毒性很低，其毒性主要取决于样品中可挥发低分子或单体。在生产使用过程中应注意和防护单体和杂质的危害。

7. 理化分析谱图

（1）红外光谱图

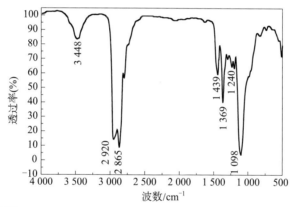

（2）核磁共振谱图

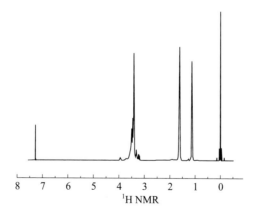

（3）热分析谱图

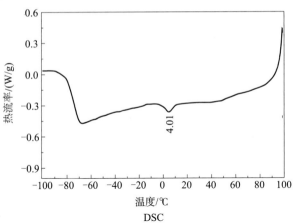

温度/℃

DSC

参 考 文 献

［1］ 侯林法. 复合固体推进剂［M］. 北京：宇航出版社，1994.
［2］ 化学工业出版社. 中国化工产品大全：上卷［M］. 2版. 北京：化学工业出版社，1998：1585.
［3］ 何志强. 四氢呋喃-环氧丙烷共聚醚的合成研究［D］. 无锡：江南大学，2009.
［4］ 汪存东，潘洪波，苏玲，等. 氧鎓离子法合成端羟基聚四氢呋喃-聚环氧丙烷嵌段共聚醚［J］. 高分子材料科学与工程，2013，29（11）：15-18.
［5］ 苏玲. 三臂星形共聚醚的合成及其应用于聚氨酯制备研究［D］. 太原：中北大学，2014.

1.11 均聚叠氮缩水甘油醚

中文名称：均聚叠氮缩水甘油醚
英文名称：hydroxyl-terminated glycidyl azide polymer（GAP）
中文别称：叠氮聚醚
相对分子质量：数均相对分子质量 1 500～4 000
结构式：如图

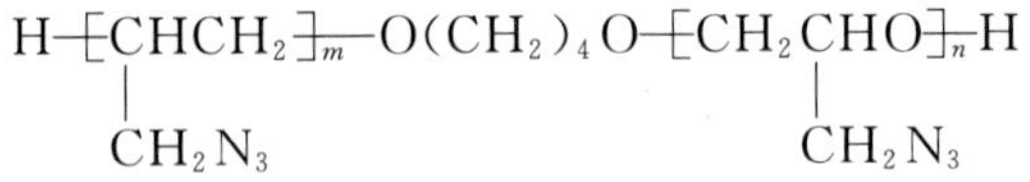

$$H\left[CHCH_2\right]_m O(CH_2)_4 O\left[CH_2CHO\right]_n H$$
$$\quad\ \ \begin{matrix}|\\CH_2N_3\end{matrix} \qquad\qquad\qquad\qquad \begin{matrix}|\\CH_2N_3\end{matrix}$$

1. 物理性质

棕红色粘稠液体，有微芳香气味，密度 1.298 g/cm³（25 ℃），折光率 1.520 8（20 ℃），玻璃化转变温度 T_g -30 ℃以下。可溶于三氯甲烷、甲苯、乙酸乙酯、丙酮、四氢呋喃、乙腈、吡啶、二甲基甲酰胺、二甲基亚砜等，不溶于石油醚、己烷、环己烷、甲醇、水等。

2. 化学性质

GAP 生成热＋957 kJ/kg，在 130 ℃及以上温度时，迅速分解和放热，GAP 分子中的叠氮基团分解，放出 N_2，醚键（—O—）发生断裂、碳化。摩擦感度 0%，撞击感度 4%，常压下燃烧自熄灭。主要化学反应为羟基与各种异氰酸酯类化合物的固化反应。常用的固化剂包括 HMDI、TDI、IPDI、N－100、PAPI，其固化后聚氨酯弹性体有优良的力学性能。GAP 也具有典型羟基低聚物的一般化学性质，如与 IPDI 反应生成热塑性弹性体（图 1－1），与 4，4'－偶氮二氰基戊烯酰氯反应生成大分子引发剂（图 1－2）。

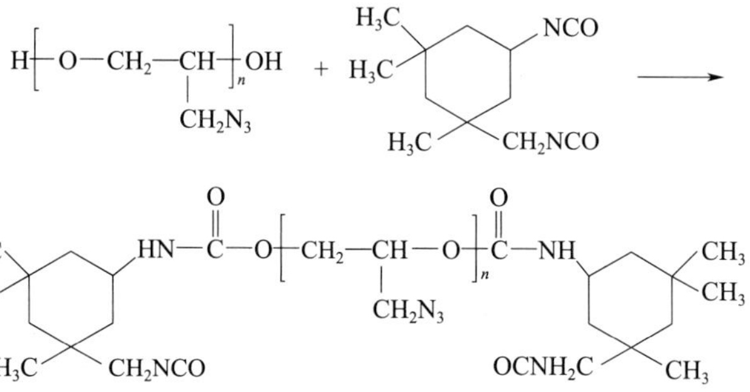

图 1－1　二羟基 GAP 与 IPDI 反应生成热塑性弹性体

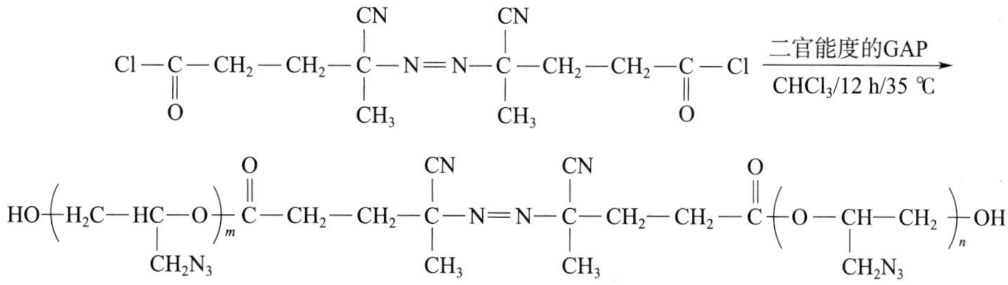

图 1－2　GAP 与 4，4'－偶氮二氰基戊烯酰氯反应生成大分子引发剂

3. 理化指标和检验方法

GAP 理化指标和检验方法列于表 1－13。

表 1－13　GAP 理化指标和检验方法

项目	指　标		检验方法
	A 类	B 类	
羟值/(mmol/g)	1.30～0.80	0.80～0.50	乙酐法
数均相对分子质量（$\overline{M}_n$）	1 500～2 800	2 800～4 000	LLS/GPC 法
分散指数（D）	≤2.0		LLS/GPC 法
氮元素质量分数（%）	40 ±2		元素分析仪
水的质量分数（%）	≤0.06		库仑电量法

4. 制备方法

1）以丁二醇为引发剂，$SnCl_4$－CF_3COOH 为催化剂，采用阳离子聚合制备聚环氧氯丙烷（PECH），然后在二甲基亚砜（DMSO）介质中，在金属卤化物（DZ）催化下，PECH 与叠氮化钠反应制得 GAP。

$$ClCH_2\text{—}\overset{\triangle}{\underset{O}{\qquad}}+HO\text{—}(CH_2)_4\text{—}OH \xrightarrow[70℃]{SnCl_4\text{—}CF_3COOH} H\left[OCHCH_2\right]_m OCH_2CH_2CH_2CH_2O\left[CH_2CHO\right]_n H$$
$$\qquad\qquad\qquad\qquad\qquad\qquad\qquad\qquad\qquad\qquad\quad CH_2Cl\qquad\qquad\qquad\qquad\qquad\qquad\qquad CH_2Cl$$

$$\xrightarrow[DMSO/DZ/95℃]{NaN_3} H\left[OCHCH_2\right]_m O(CH_2)_4O\left[CH_2CHO\right]_n H$$
$$\qquad\qquad\qquad\qquad CH_2N_3\qquad\qquad\qquad\qquad CH_2N_3$$

2）应用催化剂（$BF_3 \cdot Et_2O$）使环氧氯丙烷聚合，制备 PECH，然后在 DMF 介质中，用 NaN_3 的 N_3 基取代 PECH 中的 Cl，制备 GAP。该法制得的 GAP 相对分子质量与 PECH 基本一样，偏低，分子为线性，官能度为 2。

3）裂解叠氮化法制备 GAP，以工业品 PECH 为原料，先将 PECH 均匀地溶入二甲亚砜（DMSO）中，然后搅拌加热至 80 ℃，加入 NaN_3 进行预叠氮化反应。反应一定时间后，加入一定量的液态裂解催化剂，反应温度缓慢升至 100 ℃（大约 1 h），在 100 ℃反应约 10 h。反应液冷至室温后过滤除去无机盐，水洗至中性，减压除去溶剂和低沸点物质，得红棕色透明粘稠物 HGAP。该法制备的 GAP 数均相对分子质量为 1 500～20 000。

5. 贮存、运输和应用

以塑料桶包装，并注明"危险品""防火""防潮"字样，运输严禁撞击、雨淋和曝晒，不能与易燃易爆的物品混合运输，在通风干燥的仓库内室温贮存。

作为新型固体推进剂粘合剂可用于燃气发生剂、微烟推进剂、高能推进剂及双基推进剂。GAP 与 IPDI 或 TDI 反应生成的热塑性弹性体也可以作为非热固化的粘合剂用于制造热塑性推进剂。

6. 毒性与防护

GAP 属低毒类化合物。其反应单体环氧氯丙烷为致癌物，属中等毒类物质，刺激皮肤和粘膜，并经皮肤可吸收，嗅觉阈浓度 37.6 mg/m³。原料叠氮化钠为剧毒品，小鼠口服半致死量为 37.4 mg/kg。故使用该产品时，应检测产品中环氧氯丙烷、叠氮化钠含量。

7. 理化分析谱图

（1）红外光谱图

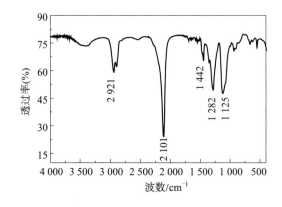

（2）拉曼光谱图

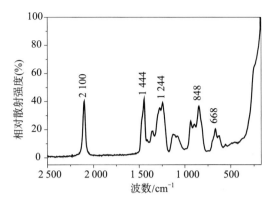

（3）核磁共振谱图

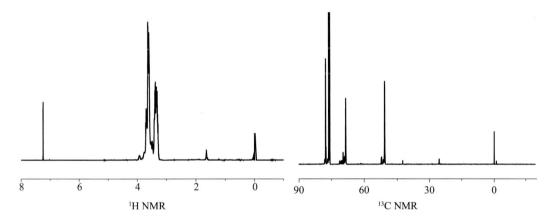

（4）紫外光谱图

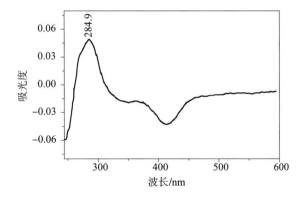

（5）热分析谱图

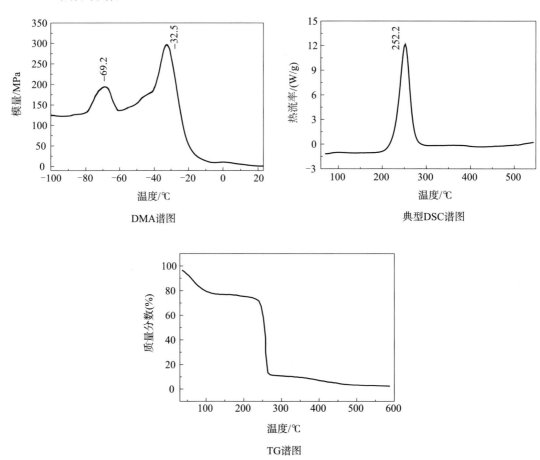

DMA谱图

典型DSC谱图

TG谱图

参 考 文 献

［1］　庞爱民．固体火箭推进剂理论与工程［M］.北京：中国宇航出版社，2014.

［2］　侯林法．复合固体推进剂［M］.北京：宇航出版社，1994.

［3］　张杏芬．国外火炸药原材料性能手册［M］.北京：兵器工业出版社，1991.

［4］　郭钟福，郭玉瑛．合成材料手册［M］.上海：上海科学技术出版社，1986.

［5］　A 达维纳．固体火箭推进剂技术［M］.张德雄，等译．北京：宇航出版社，1997.

［6］　车廷璋．复合固体推进剂装药安全技术［M］.西安：中国航天科技集团公司第四研究院，2004.

［7］　张九轩，曹一林，孙忠祥，等．叠氮粘合剂的合成研究［J］.黎明化工，1997，（1）：26 - 31.

［8］　曹一林，张九轩．高相对分子质量多羟基聚叠氮缩水甘油醚的制备［J］.含能材料，1997，5（4）：
　　　 179 - 183.

［9］　SUBRAMANIAN K. Hydroxyl - terminated poly（azidomethyl ethylene oxide - b - butadiene - b -
　　　 azidomethyl ethylene oxide）synthesis，characterization and its potential as a propellant binder［J］.
　　　 Eur Polym J，1999（35）：1403.

［10］　王静刚，刘丹，曹光宇，等．GAP 增塑剂合成研究进展［J］.化学推进剂与高分子材料，2007，5

（5）：16.

[11]　施明达．GAP 与 GAP 推进剂的研究进展 [J]．火炸药，1994（1）：9.

[12]　蒋芸．复合固体推进剂原材料毒性与防护 [M]．乌鲁木齐：新疆科技卫生出版社，1996.

[13]　KHALIFA ALKAABI. The synthesis，chemical and physical characterisation of selected energetic binder systems [D]. Stellenbosch：Stellenbosch University，2009.

[14]　SELIM K，et al. Thermal Characterization of Glycidyl Azide Polymer（GAP）and GAP - Based Binders for Composite Propellants [J]. J Appl Polym Sci，2000（77）：538.

[15]　张九轩，曹一林，孙忠祥，等．聚端羟基叠氮缩水甘油醚的合成研究 [J]．固体火箭技术，1995，18（3）：62 - 67.

[16]　黄志萍，宋永莱，芦明．GAP 分子量及分子量分布测定方法研究 [J]．固体火箭技术，1996，19（1）：63 - 68.

1.12　聚 3 -叠氮甲基- 3 -甲基氧杂环丁烷

中文名称：聚 3 -叠氮甲基- 3 -甲基氧杂环丁烷

英文名称：3 - azidonmethyl - 3 - methyloxetane polyether（PAMMO）

中文别称：聚 3 -叠氮甲基- 3 -甲基氧丁环

分子式：$(C_5H_9ON_3)_n$

相对分子质量：数均相对分子质量 3 000～5 000

结构式：如图

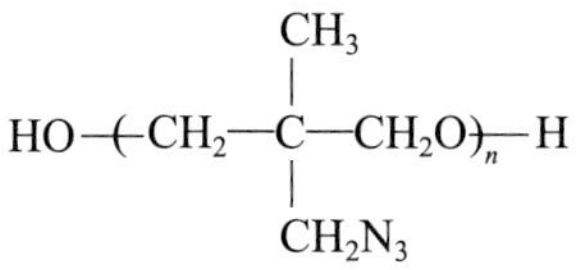

$$HO{-}(CH_2{-}\underset{\underset{CH_2N_3}{|}}{\overset{\overset{CH_3}{|}}{C}}{-}CH_2O)_n{-}H$$

1. 物理性质

黄色粘稠液体，T_g 为 -40.3 ℃。密度 1.06 g/cm³。可溶于三氯甲烷、丙酮、四氢呋喃、乙腈等，不溶于石油醚、己烷、环己烷、甲醇、水等。

2. 化学性质

分解温度 256.3 ℃，生成热 354.3 kJ/g，绝热火焰温度 1 283 ℃（10 MPa）。其主要化学反应是叠氮基－N_3 的分解反应，羟端基－OH 与异氰酸酯的固化反应。PAMMO 加热分解，在 220～260 ℃之间叠氮基团分解，在 260～430 ℃ AMMO 分子碳骨架断裂，主链分解。

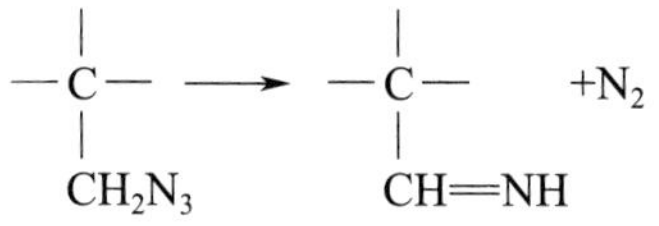

$$-\underset{\underset{CH_2N_3}{|}}{\overset{|}{C}}-\ \longrightarrow\ -\underset{\underset{CH=NH}{|}}{\overset{|}{C}}-\quad +N_2$$

3. 理化指标和检验方法

PAMMO 理化指标和检验方法列于表 1-14。

表 1-14　PAMMO 理化指标和检验方法

项目	指标	检验方法
羟值/(mmol/g)	0.65～0.40	化学法
数均相对分子质量（$\overline{M_n}$）	3 000～5 000	LLS/GPC 法
氮元素质量分数（%）	31 ±2	自动元素分析仪
水的质量分数（%）	≤0.06	库仑电量法

4. 制备方法

由一种结构不对称的含能氧丁环单体 AMMO 经阳离子开环聚合，得到主链为聚醚结构、侧链上带有叠氮基能量基团、端基为伯羟基的液体含能粘合剂 PAMMO。

1）AMMO 制备：首先由三羟甲基乙烷（TME）与碳酸二乙酯进行酯交换反应，然后热解脱羧，合成出母体环 3-羟甲基-3-甲基环氧丁烷（HMMO）。HMMO 转化为含可离去基团的中间体；中间体有两条合成路线，一是 HMMO 与亚硫酰氯反应形成离去基团为氯的环氧丁烷（CMMO），二是 HMMO 与对甲苯磺酰氯反应形成离去基团为磺酸酯的环氧丁烷（MTMO）。中间体与叠氮化钠在二甲基甲酰胺、二甲基亚砜介质中进行取代反应形成 AMMO。HMMO/亚硫酰氯法这条合成路线，副产物氯化氢与二氧化硫都是气体，产品容易分离。另外，在叠氮化反应中，离去基团氯不易离去，AMMO 的收率低，一般仅为 50% 左右。而磺酸酯法可在低温下进行，具有低温反应、能耗小、收率高、容易形成规模化生产的优势。

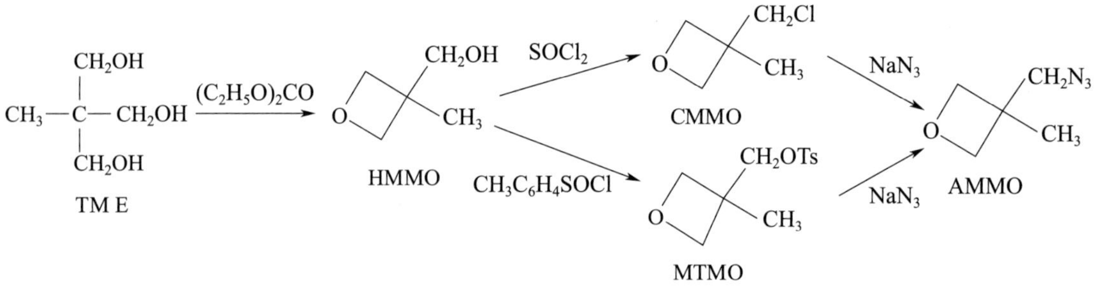

其中 Ts 代表对甲苯磺酸酯基团 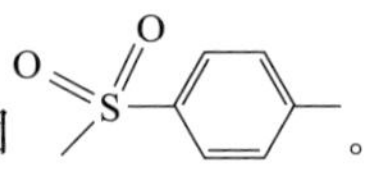 。

2）PAMMO 合成：

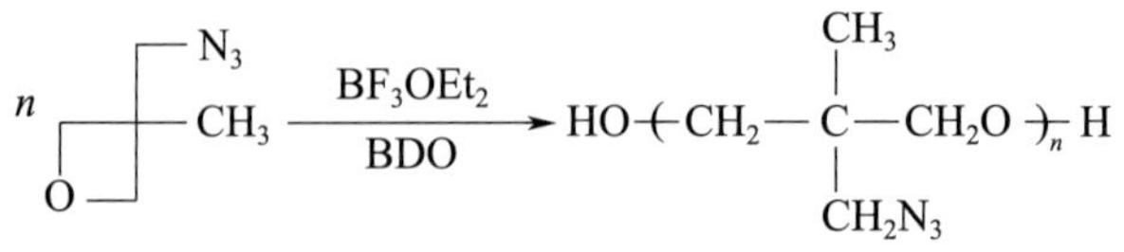

5. 贮存、运输和应用

以塑料桶包装,严禁撞击、雨淋和曝晒,不能与氧化剂混合运输,在通风干燥的仓库内室温贮存。

PAMMO 是一种新型的含能粘合剂,含 PAMMO 粘合剂的推进剂力学性能好,相当钝感。PAMMO 是高比冲、高密度先进固体火箭推进剂的优良粘合剂,具有广泛的应用前景。在 PAMMO/AP 推进剂体系中,当配比为 82% AP 和 18% PAMMO 时,比冲和燃温达到最大值,分别为 2 588 N·s/kg 和 3 000 K。加入 2,2-双(乙基二茂铁)丙烷和铬酸铜能显著改变 PAMMO/HMX 推进剂的燃速。PAMMO 燃速 4.0 mm/s,小于 GAP 的一半,压力指数 0.42,与 GAP 差不多。

6. 毒性与防护

PAMMO 属低毒类化合物。其合成原料叠氮化钠为剧毒品,小鼠口服半致死量为 37.4 mg/kg。

7.　理化分析谱图

(1) 红外光谱图

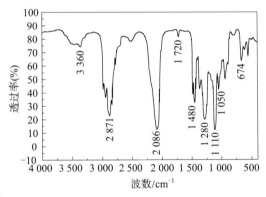

(2) 核磁共振谱图

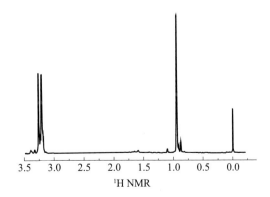

（3）热分析谱图

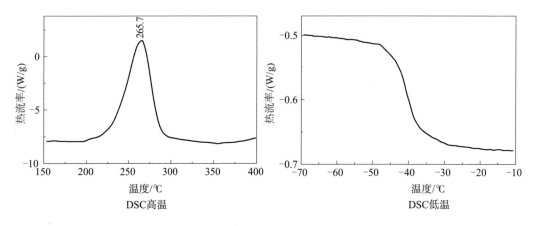

DSC高温　　　　　　　　　　　　　　　　DSC低温

参 考 文 献

［1］　御手洗善昭．AMMO 系ポリマ：の物理化学性能［J］.工业火药，1990，151（4）：240.

［2］　李辰芳．含氧杂环丁烷粘合剂的先进固体推进剂［J］.固体火箭技术，1997，20（4）：44.

［3］　陈支厦，郑邯勇，王树峰，等.叠氮类含能粘合剂研究进展［J］.舰船防化，2007（2）：1-5.

［4］　冯增国.含能粘合剂研究新进展：续一［J］.化学推进剂与高分子材料，1999（5）：5.

［5］　李娜.含能粘合剂 PAMMO 的合成与性能研究［J］.含能材料，2007（1）：53.

［6］　张炜.聚叠氮氧丁环粘合剂：AMMO［J］.推进技术，1996（3）：72.

1.13　聚 3，3-双（叠氮甲基）环氧丁烷

中文名称：聚 3，3-双（叠氮甲基）环氧丁烷

英文名称：poly（3，3-bis（azidomethyl）oxetane）（PBAMO）

中文别称：聚 3，3-双（叠氮甲基）氧丁环

英文别称：poly（3，3-bis（azomethyl）epoxide butane）

分子式：$(C_5H_8ON_6)_n$

相对分子质量：数均相对分子质量 2 000～3 000

结构式：如图

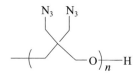

1. 物理性质

白色脆性晶体，熔点 65～78 ℃，密度 1.35g/cm³，折光率 1.5031，玻璃化转变温度 −39 ℃，熔融粘度 20.3Pa·s，可溶于三氯甲烷、乙酸乙酯、丙酮、四氢呋喃、乙腈，不溶于石油醚、己烷、环己烷、甲醇、水。

2. 化学性质

PBAMO 具有高度对称的结构，分解温度 202 ℃，绝热火焰温度 2 020 ℃ （10 MPa），摩擦感度为 0，撞击感度特性落高 H_{50} 为 74.1 cm，燃烧热 20.99 kJ/g，生成热 2 425 kJ/g，其主要化学反应是叠氮基—N_3 的分解反应，羟端基—OH 与异氰酸酯的固化反应。

3. 理化指标和检验方法

PBAMO 理化指标和检验方法列于表 1 - 15。

表 1 - 15　PBAMO 理化指标和检验方法

项目	指标	检验方法
羟值/（mmol/g）	0.65～1.00	化学法
数均相对分子质量（$\overline{M}_n$）	2 000～3 000	LLS/GPC 法
氮元素质量分数（%）	48 ±2	自动元素分析仪
水的质量分数（%）	≤0.06	库仑电量法

4. 制备方法

BAMO 单体是由 3，3 -双氯甲基环氧丁烷（BCMO）的 C - Cl 键被 C - N_3 取代合成的，也可用 3，3 -双溴甲基环氧丁烷（BBMO）合成 BAMO。BAMO 的聚合是以二氯甲烷为溶剂，三氟化硼乙醚溶液为催化剂，用 1，4 -丁二醇（BDO）作引发剂来控制聚合物的相对分子质量，在氮气保护、25 ℃常温条件下进行。

BAMO 的合成：

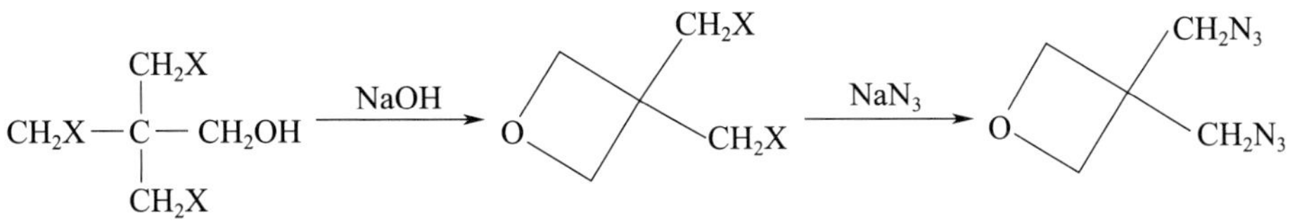

其中 X 为 Cl 或 Br。

PBAMO 的合成：

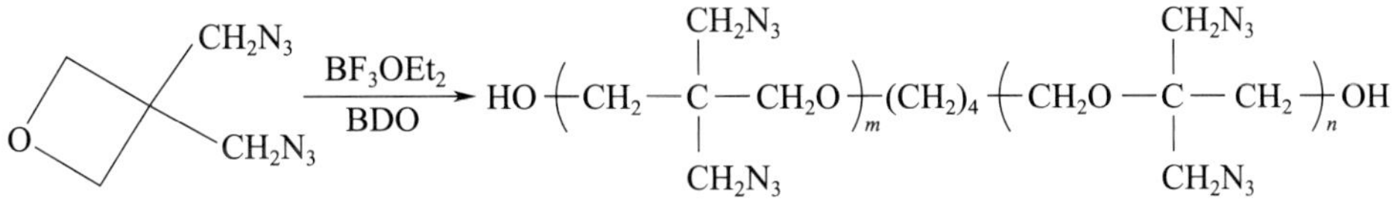

PBAMO 的缺点在于 PBAMO 在常温下为固体，熔点比推进剂的浇铸温度高很多。为了使 PBAMO 可以作为推进剂使用的粘合剂，可以将它与其他化合物形成共聚物，比较有代表性的是与 AMMO、THF、3 -硝酸基甲基 -3 -甲基环氧丙烷（NMMO）等共聚形成液态预聚体。

BAMO 与 AMMO 的加聚反应：

$$mO\!\!\underset{CH_2N_3}{\overset{CH_2N_3}{\diamond}} + nO\!\!\underset{CH_2N_3}{\overset{CH_2N_3}{\diamond}} \xrightarrow[\text{BDO}]{\text{BF}_3\text{OEt}_2} HO\!\!\left(\!CH_2\!-\!\underset{CH_2N_3}{\overset{CH_2N_3}{C}}\!-\!CH_2O\!\right)_{\!m}\!\!\left(\!CH_2\!-\!\underset{CH_2N_3}{\overset{CH_3}{C}}\!-\!CH_2O\!\right)_{\!n}\!H$$

　　　BAMO　　　　　AMMO

BAMO 与 THF 的共聚反应：

$$O\!\!\underset{CH_2N_3}{\overset{CH_2N_3}{\diamond}} + nO\!\!\diamond \xrightarrow[\text{BDO}]{\text{BF}_3\text{OEt}_2} HO\!\!\left(\!CH_2\!-\!\underset{CH_2N_3}{\overset{CH_2N_3}{C}}\!-\!CH_2O\!\right)_{\!m}\!\!\left[(CH_2)_4O\right]_{\!n}\!H$$

　　　BAMO　　　　　THF

5. 贮存、运输和应用

　　以塑料桶包装，严禁撞击、雨淋和曝晒，PBAMO 聚合物在 4.0 MPa 以下的压力范围内是一种不自燃的物质，相当钝感，可以按照普通可燃化学品贮存运输。

　　PBAMO 是一种新型的含能粘合剂，PBAMO 常温下为固体，作为热固性粘合剂需要加液体含能增塑剂如 NG、BTTN 满足推进剂工艺性能并提高能量。PBAMO 作为热塑性含能粘合剂由于不含软段组分，具有高结晶性、高密度，同时保持足够的韧性与机械强度，可应用于固体推进剂、发射药、混合炸药。分解温度低，含氮量高，易点火和快速分解，燃烧时耗氧量少，是具有很大潜力的高能推进剂粘合剂。

6. 毒性与防护

　　PBAMO 属低毒类化合物。其合成原料叠氮化钠为剧毒品，小鼠口服半致死量为 37.4 mg/kg。故使用该产品时，应检测产品中叠氮化钠含量。

7. 理化分析谱图

（1）红外光谱图

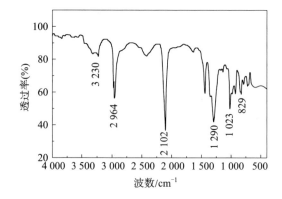

（2）核磁共振谱图

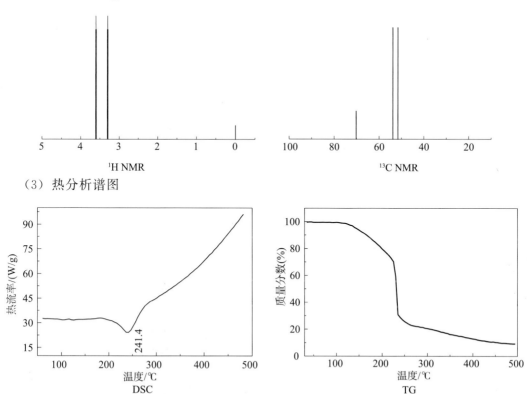

^{1}H NMR　　　　　　　　　　　　　　　　^{13}C NMR

（3）热分析谱图

DSC　　　　　　　　　　　　　　　　　TG

参 考 文 献

［1］　MAHESHKUMAR M V，et al. Synthesis and Characterization of Poly BAMO Suitable for Binder Application ［J］. 含能材料，2006（6）：411.

［2］　陈支厦. 郑邯勇，王树峰，等. 叠氮类含能粘合剂研究进展 ［J］. 舰船防化，2007（2）：1 - 5.

［3］　卢先明. 3，3 -双叠氮氧丁环及其均聚物的合成与性能 ［J］. 火炸药学报，2004（3）：49.

［4］　冯增国. 含能粘合剂研究新进展：续一 ［J］. 化学推进剂与高分子材料，1999（5）：5.

［5］　罗运军，葛震. 叠氮类含能粘合剂研究进展 ［J］. 精细化工，2013，30（4）：374 - 377，438.

［6］　刘建新，汪存东，等. 含能叠氮高分子粘合剂的研究进展 ［J］. 高分子通报，2014（9）：10.

［7］　张必博. 叠氮类含能粘合剂的制备与应用简介 ［J］. 化工管理，2017，（10）：1.

1.14　端叠氮基聚乙二醇

中文名称：端叠氮基聚乙二醇

英文名称：azido - terminated polyalkylene glycol（ATPEG）

分子式：$N_3—(CH_2CH_2O)_n—CH_2CH_2—N_3$

相对分子质量：数均相对分子质量 3 000～6 000

1. 物理性质

根据相对分子质量不同，ATPEG 为无色液体至白色蜡状固体，易溶于水、N，N-二甲基甲酰胺、二氯甲烷、三氯甲烷等溶剂，不溶于石油醚、甲苯。

2. 化学性质

ATPEG 具备一般叠氮化合物的反应活性，如可被还原成氨基，与炔烃可发生 1，3-偶极环加成反应生成三唑环、与羧酸发生 Curtius 反应生成酰基叠氮化物再重排为异氰酸酯，异氰酸酯水解得到少一碳的伯胺等。不同相对分子质量的端叠氮基聚乙二醇可与多官能度的炔烃如 N′，N′，N′，N′-四炔丙基乙二胺或 1，1，1-三（炔丙氧甲基）丙烷进行固化反应，可以得到交联弹性体。叠氮基与炔基的反应如下：

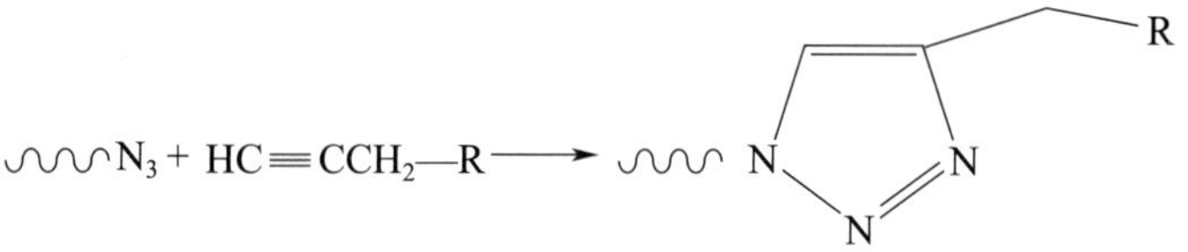

3. 理化指标和检验方法

ATPEG 理化指标和检验方法列于表 1-16。

表 1-16 ATPEG 理化指标和检验方法

项目	指标	检验方法
数均相对分子质量（$\overline{M_n}$）	3 000～6 000	LLS/GPC 法
氮元素质量分数(%)	1.4～2.8	元素分析仪
水的质量分数(%)	≤0.06	库仑电量法

4. 制备方法

合成反应分为两步，首先 PEG 被硝化生成端硝酸酯基聚乙二醇（NTPEG），生成的 NTPEG 再进行叠氮化反应制备端叠氮基聚乙二醇（ATPEG），其中叠氮化反应可有三种不同的反应条件。反应过程如下。

$$HO(CH_2CH_2O)_nCH_2CH_2OH \xrightarrow[CH_2Cl_2]{HNO_3/H_2SO_4} O_2NO(CH_2CH_2O)_nCH_2CH_2ONO_2$$

$$O_2NO(CH_2CH_2O)_nCH_2CH_2ONO_2 \xrightarrow[1,2或3]{NaN_3} N_3(CH_2CH_2O)_nCH_2CH_2N_3$$

其中，1：DMF/H_2O，2：t-Bu_4NBr/NaOH/H_2O（Bu_4NBr-四丁基溴化铵，为相转移催化剂），3：H_2O/NaOH。

5. 运输、贮存和应用

运输过程中严禁撞击、雨淋和曝晒，不能与氧化剂和易燃易爆的物品混合运输。

端叠氮基聚乙二醇是一种带有叠氮基团（—N₃）的新型含能粘合剂，主要用作含能粘合剂和含能增塑剂。相比于聚乙二醇粘合剂，由于叠氮基的引入，叠氮基与炔烃衍生物的环加成反应为放热反应，室温下即可顺利完成，是一种理想的室温固化粘合剂体系，可解决因采用 HTPB 或 PEG 等端羟基粘合剂通常需用异氰酸酯固化、固化反应对环境湿气敏感，且需高温（50~70 ℃）固化而导致体积收缩，固化不稳定等问题。既有利于提高推进剂的能量和燃速，又能降低推进剂的火焰温度和烟雾信号，因而是一类很有前途的含能粘合剂。

6. 毒性与防护

ATPEG 属低毒类化合物。其合成原料叠氮化钠为剧毒品，小鼠口服半致死量为 37.4mg/kg。故使用该产品时，应检测产品中叠氮化钠含量。

7. 理化分析谱图

（1）红外光谱图

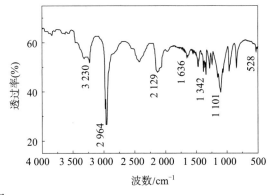

（2）核磁共振谱图

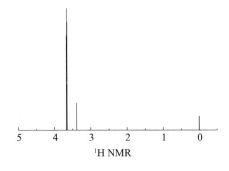

（3）热分析谱图

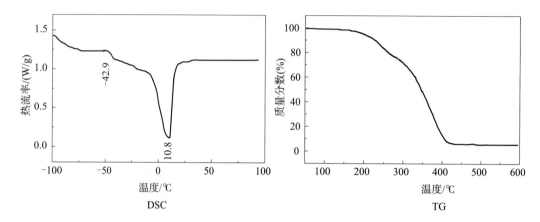

DSC

TG

参 考 文 献

［1］ 吕月仙.叠氮化反应及其在炸药合成中的应用［J］.华北工学院学报，1998，19（1）：40.

［2］ 王晓红，冯增国.端叠氮基聚乙二醇的合成与表征［J］.高分子学报，2000（3）：350.

［3］ 王晓红，冯增国.由多官能度炔烃与叠氮化物制备交联弹性体［J］.高分子材料科学与工程，2001，17（3）：91.

［4］ 王晓红.多官能度炔烃与叠氮化物的固化研究［J］.高分子学报，2000（4）：397.

［5］ 张晗昱，翟进贤，曲正阳.端叠氮基聚乙二醇的合成与表征［J］.火炸药学报，2011，34（6）：45.

［6］ 凌剑，冯增国.叠氮化物的固化反应特征研究［J］.火炸药学报，1999（1）：19.

1.15　硝化纤维素

中文名称：硝化纤维素

英文名称：nitrocellulose（NC）

中文别称：硝化棉，火棉

分子式：$[C_6H_{10-x}O_{5-x}(ONO_2)_x]_n$，$x=1$，2，3

相对分子质量：数均相对分子质量 30 000～1 000 000

结构式：如图，其中 R_1，R_2，R_3 为 —OH 或 —ONO$_2$

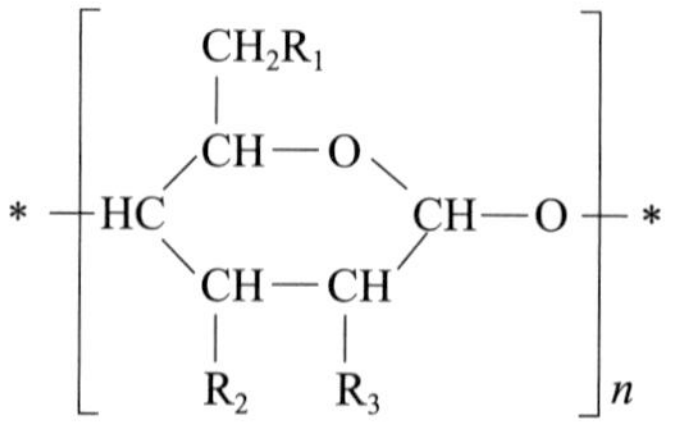

CAS 登记号：9004－70－0

1. 物理性质

白色或微黄色絮绒状固体，密度 1.58～1.65 g/cm³，软化点 90 ℃，熔点 160～170 ℃，折射率 1.51（20 ℃），硬度 90～110（洛氏），无臭。由于在硝化过程中的条件不同，其含氮量不同。NC 溶解度、密度也随含氮量不同而异。溶于丙酮、乙酸酯、低级醇和芳香类化合物。稍耐链烃、芳烃、氯化烃类溶剂。不溶于水、四氯化碳、乙醚，油脂对其无影响。

2. 化学性质

耐稀酸，不耐浓酸。对碱很敏感，在碱中容易发生皂化反应而脱去硝基。易燃、易爆，燃烧（分解）产物为一氧化碳、二氧化碳、氮氧化物。遇到火星、高温、氧化剂以及大多数有机胺（如对苯二甲胺等）会发生燃烧和爆炸。干燥的 NC 存在爆炸的危险，闪点 12.78 ℃，自燃点 170 ℃。NC 长期在光和热作用下能分解并降低含氮量。温度超过 40 ℃时能分解自燃，即使在环境温度下，NC 也会出现缓慢的分解。NC 久储湿润剂挥发后，极易引起自燃，容易发生火灾。含氮量在 12.5％ 以下为一级易燃固体，含氮量超过 12.5％ 为爆炸品，性质很不稳定。即使是潮湿的，当用强起爆药起爆时，密封的 NC 均能发生爆轰。爆轰气体体积 841 L/kg（含氮 13.3％ 时）。生成热（定压 300 K）-2363.96～-2 753 kJ/kg，爆热系数 36.54～45.34 kJ/kg。NC 与水混合物（含水量为 40％）密封在一个钢琵琶桶中，有时候也会被炸药引爆，当水结冰时，容易被引爆。NC（用 35％ 的乙醇均匀湿润）用强的代拿迈爆管引爆时，偶尔也可以发生爆轰。干燥的 NC，当装在一端密闭的管子中引燃时，会转变为爆轰。含水 25％ 以上时较安全。含有 20％～40％ 乙醇或水含量为 35％ 的 NC，在日常制造单基推进剂和双基推进剂时是可以安全处理的。

3. 理化指标和检验方法

GJB 3204—1998《军用硝化棉通用规范》规定了军用硝化棉的理化指标和检验方法，GB/T 36526—2018《工业用硝化纤维素测试方法》规定了工业纤维素理化性能检验方法，列于表 1-17。

表 1-17　硝化棉理化指标和检验方法

项目	指标					检验方法
	A 级	B 级	C 级	D 级	E 级	
外观	白色或灰色,无肉眼可见机械杂质					目视法
含氮量(%)	12.50～12.70	≥13.15	11.88～12.40	11.75～12.10	—	五管氮量计、干涉仪法、狄瓦尔德合金还原法
醇醚溶解度(%)	≥99	≤15	≥95	≥98	—	重量法
丙酮不溶物(%)	≤0.4	—				重量法

续表

项目	指　标					检验方法
	A 级	B 级	C 级	D 级	E 级	
2％丙酮溶液粘度/(mm²/s)	≥20.0			10.0～17.4	≥20.0	毛细管粘度、落球粘度、滚动落球粘度
安定性试验，NO/(mL/g)	≤2.5	≤3.5	≤2.5	≤2.5	≤3.0	132 ℃
碱度（％）	≤0.25			≤0.20	≤0.25	碘量法
灰分（％）	≤0.4	≤0.5				重量法
乙醇溶解度（％）	—			≤12	—	重量法
细断度/mL	按需方要求					沉降法
水分（％）	按需方要求					烘箱法

4. 制备方法

硝化纤维素的制备是典型的酯化反应。反应原料包括酯化剂和纤维素两大类。酯化剂一般使用硝酸，也可选用 N_2O_5 等。纤维素原料我国多数使用经过精制的棉短绒纤维，国外有的公司使用木材纤维。反应时，硝酸分子脱去其酰基上的羟基（—OH）与纤维素分子侧链羟基上的氢原子发生反应，脱去 1 个水分子，然后硝酸剩余的部分与构成纤维素的失水 β-葡萄糖结构单元上的 3 个羟基，在浓硫酸存在条件下，生成不同硝化程度的一、二或三纤维素硝酸酯。须进行切断、煮洗等严格的安定处理驱除残酸至安定性合格。

硝酸镁法制造硝化纤维素步骤如下：将干燥的棉绒或木纤维与 50 倍重量的含 65％硝酸、20％硝酸镁、15％水（重量）的混合硝化剂一起输入不锈钢制磨碎机中。反应温度可通过调节混合硝化剂的温度来控制，一般为 40 ℃。物料在磨碎机中大约作用 1 min 多，为了满足所需产品的硝化度，物料可再流至多台串联的连续硝化器内，再经离心机连续地将废酸液与硝化棉分离。物料经细断的硝化棉连续送至履带过滤器上，并用浓度依次下降的废酸水，通过多个喷嘴自上而下地向蓬松的硝化棉层喷淋，下部通过微抽空来加速洗涤过滤。过滤带的最后一区采用清洁水洗涤，这样，硝化棉上所附着的酸液可被洗涤干净，最后送至热脱水机脱水成为合格的硝化棉产品。

根据纤维素中 3 个-OH 酯化程度的不同，可得到不同含氮量的 NC，生成的纤维素一硝酸酯、二硝酸酯、三硝酸酯，其含氮量分别为 6.75％、11.11％、14.14％。其中 14.14％是理论值，为高氮量硝化纤维素（High-nitrogen nitrocellulose），其含氮量高于强棉（约为 13.75％～14.14％），实际上为 13.8％～14％，制造这种高氮量的硝化纤维素须用醋酐、磷酸酐作为脱水剂，或用 N_2O_5 作为硝化剂。

5. 贮存、运输和应用

用玻璃瓶或金属桶或罐，内衬塑料袋包装，其中至少含有 25％湿润剂（水、乙醇、异丙醇、丁醇等），以增加稳定性。包装标志：易燃固体（含氮量 12.5% 以下）、爆炸品（含氮量 12.5% 以上）。装有硝化纤维素的容器应密封，以防止醇的蒸发以及由于阳光的直接照射而使硝化纤维素干燥。搬运时应轻拿轻放，防止包装破损。储存于阴凉、通风库房内，仓间温度不宜超过 30 ℃，远离火种及热源。与有机胺、氧化剂隔离储运。

广泛用作单基药、双基药、三基药、改性双基及复合改性双基推进剂粘合剂。用于制造发射药或铸造混合炸药的粘度调节剂。作固化交联剂，主要作用是交联未固化的预聚物，防止推进剂塑性流动。不同含氮量的硝酸纤维素，名称不同，亦有不同的溶解度和用途。

弱棉（Pyroxylin，Collodion Cotton）：含氮量为 8%～12%（或 11%～12%、11.2%～12.2%），溶于乙醚和乙醇的混合溶剂，用于制造赛璐珞、挠性炸药和爆破炸药。

仲棉（Pyrocellulose，Pyrocotton，又称皮罗棉）：含氮量为 12.6%，能完全溶于 2 份乙醚和 1 份乙醇的混合液中，是门捷列夫研制的（1891～1895）。美国最早的军用无烟药（1898）是用这种胶化的硝化纤维素制得的。

强棉（Gun Cotton）：含氮量理论值为 13.5%，实际最高值为 13.4%，军用值为 13.35%。它稍溶于乙醚和乙醇的混合溶剂中，完全溶于丙酮。主要用作火药和炸药的粘合剂。

混合棉（blended nitrocellulose）：含氮量为 12.6%～13.25%，是一种仲棉和强棉的混合物，用于制造火箭的推进剂和炸药的粘合剂。

NC 作为最重要的火药原材料之一，在应用范围、使用数量以及在战争中发挥的作用方面，还没有任何一种物质能取代它在火炸药领域的地位。低氮 NC 在民用上可作为涂料、油墨、赛璐珞塑料和胶粘剂等。

6. 毒性与防护

硝化纤维素本身并不存在毒性危害。急性毒性：口服-大鼠 LD50＞5 000 mg/kg；口服-小鼠 LD50＞5 000 mg/kg。暴露在空气中能自燃。遇明火、高热极易燃烧爆炸。与氧化剂和大多数有机胺接触能发生强烈反应，引起燃烧或爆炸。通常加乙醇、丙酮或水作润湿剂，润湿剂干燥后，容易发生火灾。当处理湿润的硝化纤维素时，用含 0.5% 苯防腐处理的酒精作为溶剂时，苯具有高蒸气压的特点，因而存在苯吸入的危害性。多数溶剂的蒸气压都比空气重，因而蒸气向低处流动，因此，通风设计须注意从地板水平排风。

为防止着火，设备和地板要经常用软管浇水，以避免硝化纤维素意外变干。当处理潮湿的硝化纤维素时，必须采取适当的通风措施，在长期接触时应戴橡胶手套。避免呼吸道吸入，可佩戴普通防尘口罩，操作中严禁吸烟，并注意勿接触明火。

用水或雾状水、四氯化碳和泡沫灭火器进行灭火。严禁用砂土压盖，以免发生猛烈爆炸。

7. 理化分析谱图

（1）红外光谱图

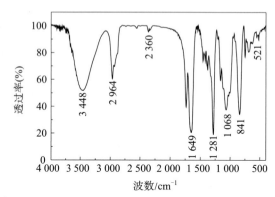

（2）核磁共振谱图

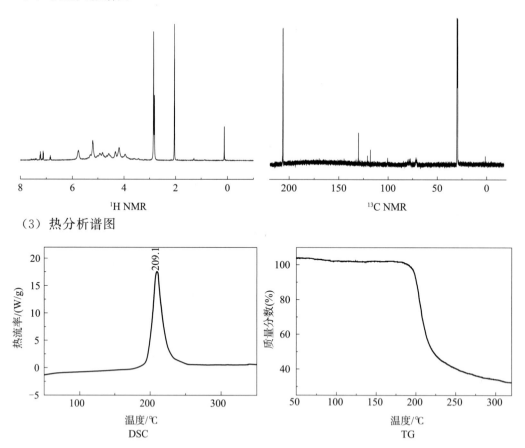

^{1}H NMR　　　　　　　　　　^{13}C NMR

（3）热分析谱图

DSC　　　　　　　　　　TG

参 考 文 献

[1]　张杏芬. 国外火炸药原材料性能手册［M］. 北京：兵器工业出版社，1991.

[2]　郭钟福, 郭玉瑛. 合成材料手册 [M]. 上海: 上海科学技术出版社, 1986.

[3]　王洪祚. 硝化纤维素胶粘剂的发现 [J]. 粘接, 2002, 23 (3): 57.

[4]　邵自强. 硝化纤维素生产工艺及设备 [M]. 北京: 北京理工大学出版社, 2002.

[5]　Military specification cellulose nitrate plastic sheets: MIL－C－48061 (MU) [S]. 1973.

[6]　汪渊. 硝化棉的热分解机理 [J]. 含能材料, 1998, 6 (4): 157.

[7]　蒋芸. 复合固体推进剂原材料毒性与防护 [M]. 乌鲁木齐: 新疆科技卫生出版社, 1996.

[8]　马素德. 浅谈我国硝化棉产业的现状与发展趋势 [J]. 上海涂料, 2007, 46 (10): 48.

[9]　硝化棉军用标准物质规范: WJ 2512－1998 [S]. 1998.

[10]　李荫清, 范彦云, 朱桂杰. 军用硝化棉通用规范: GJB 3204—1998 [S]. 北京: 国防科学技术工业委员会, 1998.

[11]　中国兵器工业集团公司. 工业用硝化纤维素测试方法: GB/T 36526—2018 [S]. 北京: 中国标准出版社, 2018.

1.16　聚缩水甘油醚硝酸酯

中文名称: 聚缩水甘油醚硝酸酯

英文名称: poly (glycidyl nitrate) (PGN)

分子式: $HO—(C_3H_5NO_4)_n—H$

相对分子质量: 数均相对分子质量 3 000～5 000

结构式: 如图

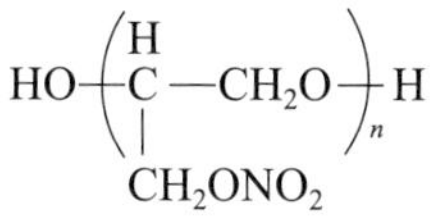

$$HO\left(\begin{array}{c} H \\ | \\ C—CH_2O \\ | \\ CH_2ONO_2 \end{array}\right)_n H$$

1. 物理性质

浅黄色至黄色的粘稠液体, 密度 1.390～1.450 g/cm³ (25 ℃), 熔点和玻璃化温度一般在－35 ℃以下, 折光率 1.494 9 (20 ℃), 微溶于苯, 易溶于二氯甲烷、四氢呋喃, 与邻苯二甲酸二乙酯增塑剂和硝化甘油等硝酸酯可以互溶。

2. 化学性质

PGN 的分解温度 215 ℃, 生成焓－1194.9kJ/kg, 自动点火温度 220 ℃, 燃烧热 13 669 kJ/kg, 爆热 3 057 kJ/kg。

PGN 作为固体推进剂含能粘合剂预聚体, 其主要反应为与 N－100、TDI、IPDI、HDI、MDI 等异氰酸酯的固化反应。PGN 亦具有端羟基聚合物的其他化学性质, 可与环氧化合物、有机酸和酸酐反应生成多羟基聚醚、聚酯等。PGN 与异氰酸酯反应后, 端羟基被氨基甲酸酯基所取代, 氨基甲酸酯基团会起到催化作用, 使 PGN 链段中与硝酸酯基相连的碳上的氢发生化学酸化, 发生分子重排, 分解出小分子。

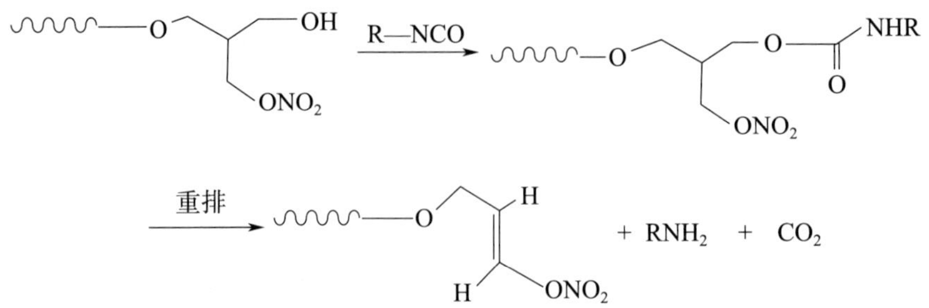

3. 理化指标和检验方法

PGN 理化指标和检验方法列于表 1-18。

表 1-18　PGN 理化指标和检验方法

项目	指标	检验方法
羟值/(mmol/g)	0.65~0.40	化学法
数均相对分子质量（$\overline{M}_n$）	3 000~5 000	LLS/GPC 法
氮（%）	9±2	元素分析仪
水（%）	≤0.06	库仑电量法

4. 制备方法

聚缩水甘油醚硝酸酯（PGN）是由缩水甘油醚硝酸酯（GN），经阳离子开环聚合的均聚醚，催化剂有 BF_3OEt_2、$SnCl_4$、HBF_3、HBF_4，引发剂为丁二醇、丁三醇、甘油。或改用硝酸酯基、环氧基等端基取代端羟基合成改性 PGN。反应式如下：

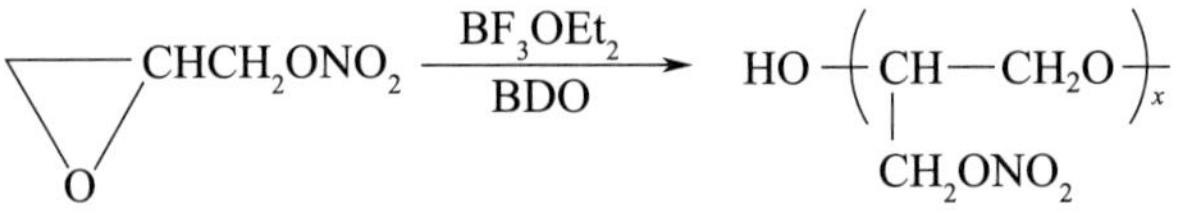

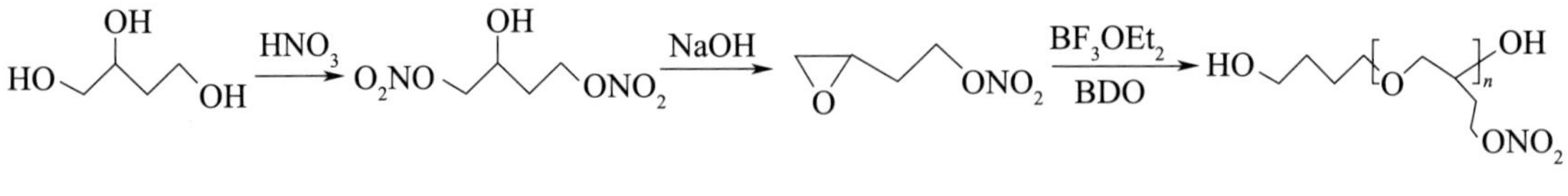

5. 运输、贮存和应用

运输中严禁撞击、雨淋和曝晒，不能与氧化剂和易燃易爆的物品混合运输。

PGN 可作为高能、钝感、洁净的富氧粘合剂，兼有增塑剂的作用。具有能量高、密度大、燃烧充分等特点，燃气对环境友好，是未来最具潜力用作高能推进剂的含能粘合剂之一。PGN 固化后易降解的缺陷一直是其应用瓶颈，限制了其应用。

6. 毒性与防护

低毒性。

7. 理化分析谱图

（1）红外光谱图

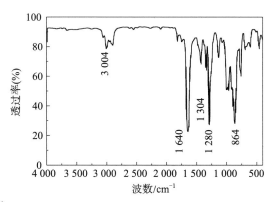

（2）核磁共振谱图

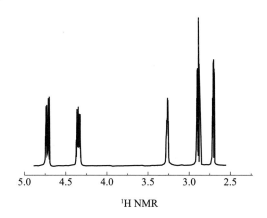

¹H NMR

（3）热分析谱图

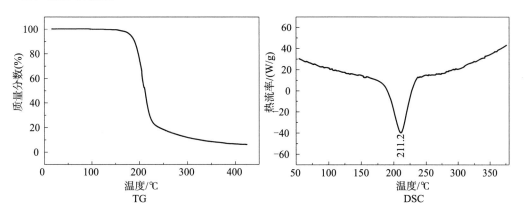

TG　　　　　　　　　　　　　　　DSC

参 考 文 献

［1］　韩琳. 含能粘合剂聚缩水甘油醚硝酸酯合成研究进展［J］.化学推进剂与高分子材料，2007，5
（3）：19.

［2］　张杏芳. 国外火炸药原材料性能手册［M］. 北京：兵器工业出版社，1991：156.

［3］　WILLER R L, et al. Poly (glycidyl nitrate) plasticizers：US5380777［P］. 1995.

［4］　周劲松. 聚缩水甘油醚硝酸酯合成研究进展［J］. 化学推进剂与高分子材料，2003，1 (6)：9.

［5］　莫洪昌. 缩水甘油醚硝酸酯的合成及表征［J］. 含能材料，2009，17 (4)：396.

［6］　王连心，王伟，崔小军，等. 聚缩水甘油醚硝酸酯研究进展［J］. 化学推进剂与高分子材料，2014，12 (6)：19 - 42.

［7］　王伟，韩世民，张得亮. 聚缩水甘油醚硝酸酯的合成及固化［J］. 含能材料，2016，24 (11)：1108.

［8］　王伟，韩世民，张得亮，等. 聚缩水甘油醚硝酸酯增塑剂的性能［J］. 含能材料，2019，27 (1)：9.

［9］　周建华，李金山，马卿，等. 聚缩水甘油硝酸酯的热安定性和相容性研究［J］. 化学研究与应用，2009，21 (8)：1136.

1.17　聚 3-硝酸酯甲基-3-甲基氧杂环丁烷

中文名称：聚 3-硝酸酯甲基-3-甲基氧杂环丁烷

英文名称：poly (3 - nitrato - methyl - 3 - methyloxetane) (PNIMMO)

中文别称：聚 3-硝酸酯甲基-3-甲基氧丁环

分子式：$(C_5H_9O_4N)_n$

相对分子质量：数均相对分子质量 4 000～13 000

结构式：如图

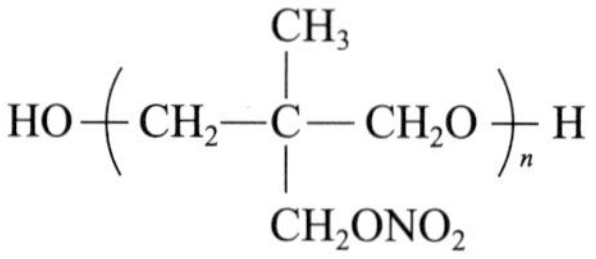

$$HO \left(CH_2-\overset{\overset{\displaystyle CH_3}{|}}{\underset{\underset{\displaystyle CH_2ONO_2}{|}}{C}}-CH_2O \right)_n H$$

1. 物理性质

淡黄色粘稠液体，粘度 160 Pa·s (30 ℃)，玻璃化转变温度 -30 ℃。不溶于水，可溶于二氯甲烷、三氯甲烷等有机溶剂。

2. 化学性质

PNIMMO 加热到 113 ℃以上时开始分解，热分解温度 187 ℃ (DSC，5 ℃/min)，其主要化学反应是硝酸酯基—ONO_2 的分解反应，分解产物主要是 N_2、NO_2 及 CO_2 等，反应热约为 191 kJ/mol，生成热 1 164 kJ/kg，加热时羟端基—OH 易与异氰酸酯进行固化反应。

3. 理化指标和检验方法

PNIMMO 理化指标和检验方法列于表 1 - 19。

表 1 – 19　PNIMMO 理化指标和检验方法

项目	指标	检验方法
羟值/(mmol/g)	0.50～0.15	化学法
数均相对分子质量（$\overline{M_n}$）	4 000～13 000	LLS/GPC 法
氮元素（N）（%）	7 ±2	元素分析仪
水（H_2O）（%）	≤0.06	库仑电量法

4. 制备方法

用五氧化二氮作硝化剂、二氯甲烷为溶剂制备 NIMMO 比较简单，一般在室温下几分钟内即可完成，因而五氧化二氮被视为绿色硝化剂。但该工艺反应完毕后需除去溶剂，后处理复杂。

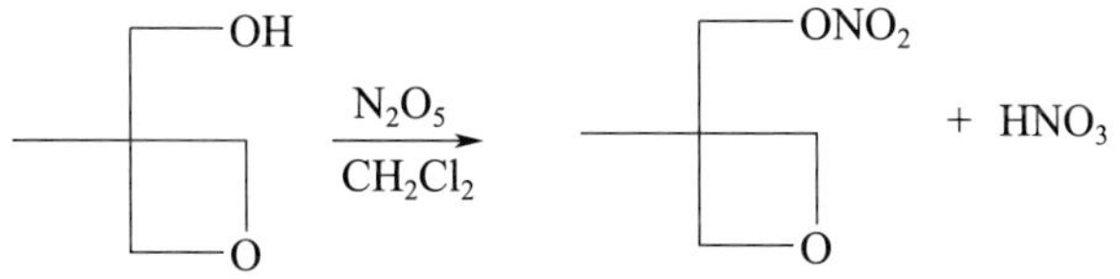

用五氧化二氮作硝化剂、液态二氧化碳为溶剂制备 NIMMO，硝化完毕后只需升高温度即可将二氧化碳除去，但该方法要在较高压力（$p \geqslant 14$ MPa）及较低温度（$T \leqslant 0$ ℃）下进行。

PNIMMO 的合成有以下两种方法：

1）阳离子开环聚合反应法：在引发剂和催化剂存在下，在 1，4 - 丁二醇与醚合三氟化硼作用下，NIMMO 单体低温下进行阳离子开环聚合反应能得到 PNIMMO。所用引发剂通常为二醇，催化剂是路易斯酸，制得的 PNIMMO 是二官能度物质，聚合物长链分子具有端羟基。聚合方程式如下：

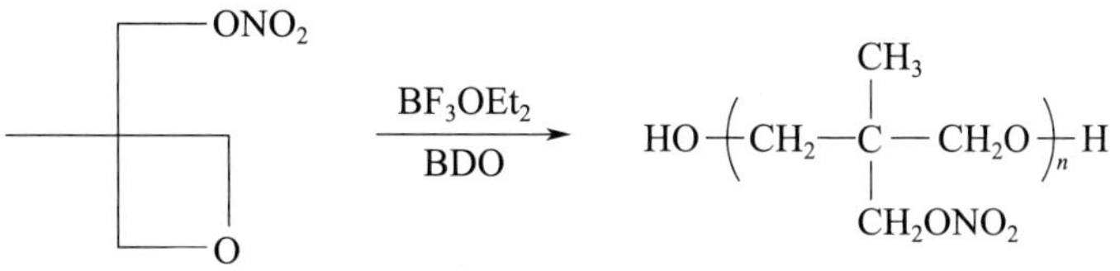

2）活性单体聚合法：基本原理是利用生成的端羟基聚合物再次进攻活性单体，从而进行链增长。过程如下：

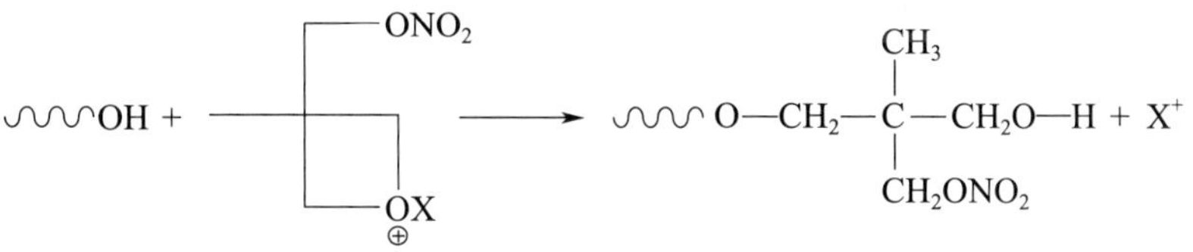

5. 贮存、运输和应用

运输中严禁撞击、雨淋和曝晒，不能与氧化剂、易燃易爆的物品混合运输。

PNIMMO 用作固体推进剂粘合剂和增塑剂，亦作为发射药的粘合剂。

6. 毒性与防护

PNIMMO 属低毒类化合物，目前尚未研究其毒性。该产品合成原料叠氮化钠为剧毒品，小鼠口服半致死量为 37.4 mg/kg。故使用该产品时，应检测产品中叠氮化钠含量。

7. 理化分析谱图

（1）红外光谱图

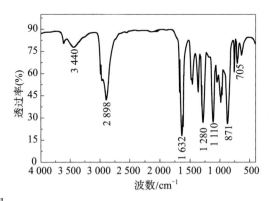

（2）核磁共振谱图

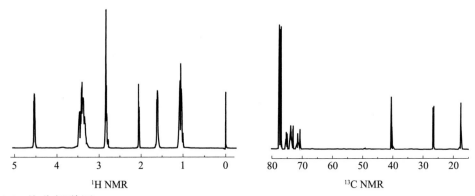

^{1}H NMR　　　　　　　　　　^{13}C NMR

（3）热分析谱图

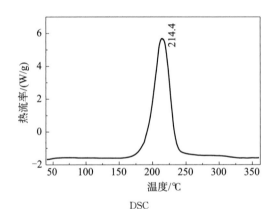

DSC

参 考 文 献

［ 1 ］ 冯增国 . 含能粘合剂研究新进展：续一 ［J］. 化学推进剂与高分子材料，1999（5）：5.

［ 2 ］ 张续柱 . 聚 NIMMO 的合成及其在火药中的应用 ［J］. 含能材料，2002，10（4）：189.

［ 3 ］ 何利明 . 国外火药含能粘合剂研究动态 ［J］. 含能材料，2006，14（2）：99.

［ 4 ］ 屈红翔 .3，3-双（叠氮甲基）环氧丁烷与 3-硝酸甲酯基-3-甲基环氧丁烷共聚醚的合成及性能
研究 ［J］. 高分子学报，1999（4）：486.

［ 5 ］ 莫洪昌，甘孝贤 .3-硝酸酯甲基-3-甲基氧杂环丁烷的合成及表征 ［J］. 火炸药学报，2006，29
（6）：58-60.

［ 6 ］ 莫洪昌，卢先明，李娜 .3-硝酸酯甲基-3-甲基氧杂环丁烷与四氢呋喃共聚醚的合成与表征 ［J］.
含能材料，2012，20（2）：172.

1.18　聚氯乙烯

中文名称：聚氯乙烯

英文名称：polyvinyl chloride（PVC）

中文别称：聚氯乙烯树脂，氯乙烯树脂

相对分子质量：数均相对分子质量 50 000～110 000

分子式：—(CH$_2$—CHCl)$_n$—

结构式：如图

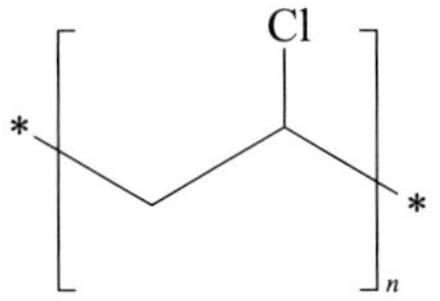

CAS 登记号：9002-86-2

1. 物理性质

白色粉末，玻璃化转变温度 87 ℃，熔点 212 ℃，密度 1.380 g/cm^3，表观密度 0.45～0.50g/mL，导热率（λ）0.16 W/(m·K)，热膨胀系数（α）8×10^{-5}/K，热容（c）0.9 kJ/(kg·K)。不溶于水、酒精、汽油，低相对分子质量的 PVC 能够溶解于醚、酮、氯化脂肪烃和芳香烃等有机溶剂，高相对分子质量 PVC 难溶解。气体、水汽渗漏性低。有较好的力学性能，抗张强度 60 MPa 左右，冲击强度 5～10 kJ/m^2，有优异的介电性能。含增塑剂的 PVC 无固定熔点，80～85 ℃ 开始软化，130 ℃ 变为粘弹态，160～180 ℃ 开始转变为粘流态。聚氯乙烯熔体属非牛顿型的假性流体，剪切速度越大，表观粘度越小，且变化相当灵敏。升高温度，粘度降低不多。

2. 化学性质

具有阻燃性（阻燃值为 40 以上）、耐化学药品性（耐浓盐酸、浓度为 90% 的硫酸、浓

度为60%的硝酸和浓度为20%的氢氧化钠)。170 ℃左右开始分解,对光和热的稳定性差,在100 ℃以上或经长时间阳光曝晒,就会分解而产生氯化氢,并进一步自动催化分解,引起变色,物理力学性能也迅速下降,在实际应用中必须加入稳定剂以提高对热和光的稳定性。

PVC 支化度较小,是氯乙烯(VCM)单体主要以头-尾结构相联的线形聚合物,还存在头头结构、支链、双键、烯丙基氯、叔氯等不稳定性结构。碳原子为锯齿形排列,所有原子均以 σ 键相连,所有碳原子均为 sp3 杂化。

PVC 结构中的双键可以采用辐射和化学反应进行交联,增加其抗老化性能。辐射交联一般为钴60辐射源产生的射线或电子加速产生的电子射线,主要采用后者。再加以助交联剂(两个或多个碳碳双键结构的单体)进行交联。但操作难度大,对设备要求高。化学交联使用三唑二巯基胺盐(FSH)进行交联,交联机理为胺与巯基结合进攻碳氯极性键实行取代反应。交联后产品耐紫外、耐溶剂、耐温、冲击增韧等性能会得到全面提升。

聚氯乙烯的燃烧分为两步:先在240～340 ℃燃烧分解出氯化氢气体和含有双键的二烯烃,然后在400～470 ℃发生碳的燃烧。

3. 理化指标和检验方法

PVC 理化指标和检验方法列于表 1-20。

表 1-20 PVC 理化指标和检验方法

项目		指标				检验方法
		SG1	SG2	SG3	SG4	
粘数/(mL/g) 或 K 值 或平均聚合度		156～144 77～75 1 785～1 536	143～136 74～73 1 535～1 371	135～127 72～71 1 370～1 251	126～119 70～69 1 250～1 136	乌氏粘度计
杂质粒子数(个)	≤	16	16	16	16	方格计数法
挥发物质量分数(%)	≤	0.30	0.30	0.30	0.30	重量法
表观密度/(g/mL)	≥	0.45	0.45	0.45	0.47	堆重法
筛余物质量分数(%)	250 μm 筛孔 ≤	2.0	2.0	2.0	2.0	过筛重量法
	63 μm 筛孔 ≥	95	95	95	95	
"鱼眼"数/(个/400 cm²) ≤		20	20	20	20	压片目视法
100g 树脂增塑剂吸收量/g ≥		27	27	26	23	重量法
白度(%)(160 ℃,10 min) ≥		78	78	78	78	比色法
水萃取物电导率/[μS/(cm • g)] ≤		5	5	5	—	电导率计
残留氯乙烯单体含量/(μg/g) ≤		5	5	5	5	气相色谱法

4. 制备方法

由氯乙烯单体在过氧化物、偶氮化合物等引发剂或光、热作用下通过自由基引发聚合而成。还可由乙烯、氯和催化剂经取代反应聚合而成。聚合方法可分为四大类：悬浮聚合法、乳液聚合法、本体聚合法和溶液聚合法。悬浮法聚氯乙烯是产量最大的一个品种，约占 PVC 总产量的 80％左右。反应式如下：

$$nCH_2=CHCl \xrightarrow{\text{催化剂}} * \left(CH_2CHCl \right)_n *$$

$$nCH_2=CH_2 + nCl_2 \xrightarrow{\text{催化剂}} * \left(CH_2CHCl \right)_n * + nHCl$$

5. 贮存、运输和应用

用内衬塑料薄膜的牛皮纸袋或聚丙烯编织袋包装。防止曝晒雨淋，在室温干燥处贮存。

聚氯乙烯用作推进剂粘合剂，是一种热塑性固体推进剂，用硝酸铵作氧化剂时，主要用于起飞加速器和燃气发生器，用高氯酸铵作氧化剂时，主要用于火箭发动机。具有原料丰富，工艺简单，使用期长，既可模压也可浇铸成型等优点，但由于存在氯元素含量较高，推进剂能量水平较低，力学性能较差，固化温度高，容易引起壳体脱粘等缺点，限制了其应用。PVC 曾是世界上产量最大的通用塑料，应用非常广泛。在建筑材料、工业制品、日用品、地板革、地板砖、人造革、管材、电线电缆、包装膜、瓶、发泡材料、密封材料、纤维等方面均有广泛应用。

6. 毒性与防护

聚氯乙烯树脂及制品中残留的单体氯乙烯（VCM）是一种严重的致癌物质，世界卫生组织国际癌症研究机构公布的致癌物清单中聚氯乙烯为三类致癌物。含有增塑剂 PVC 的保鲜膜"有毒"，可致癌。PVC 在生产、回收和燃烧时，会产生致癌物质二噁英。

7. 理化分析谱图

（1）红外光谱图

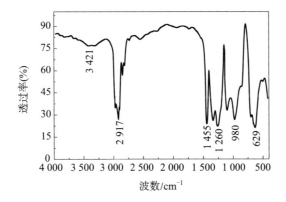

（2）热分析谱图

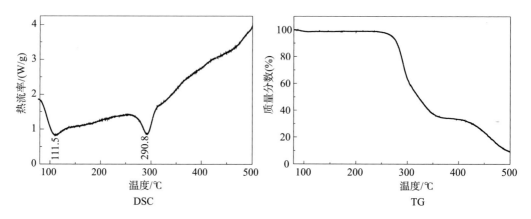

DSC

TG

参 考 文 献

［1］　冯新德，张中岳，施良和．高分子词典［M］．北京：中国石化出版社，1998：355－356.

［2］　五〇三教研室．复合固体推进剂：上册［M］．长沙：中国人民解放军国防科学技术大学，1979：289.

［3］　全国塑料标准化技术委员会聚氯乙烯树脂产品分技术委员会．悬浮法通用聚乙烯树脂 GB/T 5761—2018［S］．北京：中国标准出版社，2018.

1.19　聚四氟乙烯

中文名称：聚四氟乙烯

英文名称：polytetrafluoroethylene（PTFE）

中文别称：特氟隆

英文别称：teflon

分子式：$(C_2F_4)_n$

结构式：如图

$$\text{—}F_2C\text{—}F_2C\text{—}_n$$

CAS 登记号：9002－84－0

1. 物理性质

白色粉状或粒状半透明结晶，结晶度 90%～95%。特氟隆有两个相转变点，第一个相变在约 19 ℃，第二个转变（包括结晶相）发生在约 30 ℃。熔点 327 ℃，沸点 400 ℃，低温不变脆，在 −196～260 ℃ 的较广温度范围内均保持优良的力学性能。折射率 1.35，密度 2.1～2.3 g/cm³（固体）。不吸湿，不溶于强酸、强碱和有机溶剂（包括魔酸，即氟锑磺酸）。表面张力非常小，不粘附任何物质，有良好的非粘着性和绝缘性。

2. 化学性质

聚四氟乙烯具有良好的耐热性、耐候性和耐化学腐蚀性。除熔融金属钠和液氟外,能耐其他一切化学药品,包括强酸、强碱、王水、强氧化剂的腐蚀。在水中煮沸也不起变化。不受强酸和强碱影响。耐热性好,工作温度 $250 \sim 269$ ℃,加热至 415 ℃时,即缓缓分解,高温裂解时聚四氟乙烯主要解聚为四氟乙烯,还产生少量剧毒的副产物氟光气和全氟异丁烯。全氟碳化合物中碳—碳键和碳—氟键的断裂需要分别吸收能量 346.94 kJ/mol 和 484.88 kJ/mol,聚四氟乙烯解聚生成 1 mol 四氟乙烯仅需能量 171.38 kJ。聚四氟乙烯的耐辐射性能较差 (10^4 拉德),受高能辐射后引起降解,其电性能和力学性能均明显下降。

3. 理化指标和检验方法

聚四氟乙烯相对分子质量较大,低的为数十万,高的达一千万以上,一般为数百万(聚合度在 10^4 数量级,而一般聚乙烯仅在 10^3)。HG/T 2899—1997《聚四氟乙烯材料命名》规定聚四氟乙烯按聚合方法、加工方法、挤出压力、平均粒径、体积密度、填料种类等特征进行命名,分为悬浮聚合、分散聚合,有模塑、挤出和其他加工方法,粒度分为 $<10 \ \mu m$, $10 \sim 100 \ \mu m$, $101 \sim 300 \ \mu m$, $301 \sim 700 \ \mu m$, $>700 \ \mu m$ 等五种规格,体积密度分为 600 g/L, $601 \sim 800$ g/L, > 800 g/L 三种规格。有本色料,带填料有玻璃纤维、石墨、青铜、二硫化铝和碳纤维五种。HG/T 2902—1997《模塑用聚四氟乙烯树脂》规定的模塑用聚四氟乙烯理化指标和检验方法见表 1 - 21。

表 1 - 21　聚四氟乙烯理化指标和检验方法

项目	指标		检验方法
	一等品	合格品	
清洁度	a. 表面洁白,质地均匀,不允许夹带任何杂质 b. 直径 57 mm 棒横截面无明显色差	表面洁净、质地均匀,不允许夹带金属杂质,小于或等于 1 mm 的杂质不得超过 2 个	目测
拉伸强度/MPa	≥25.5	22.5	材料试验机
断裂伸长率(%)	≥250		材料试验机
体积密度/(g/L)	500±100		堆积重量法
平均粒径/μm	180±80		过筛法
含水量(%)	≤0.04		重量法
熔点/℃	327±5		DSC
标准相对密度	2.13～2.18		密度计法
热不稳定性指数	≤50		重量法

4. 制备方法

以四氟乙烯为单体经自由基聚合而成，聚合时采用悬浮聚合或分散聚合。

5. 贮存、运输和应用

粉状聚四氟乙烯包装在聚乙烯袋内。应密闭贮存于通风干燥的库房内，贮存温度应低于 40 ℃。

粉状聚四氟乙烯在混合炸药、烟火药中作为粘合剂使用，可以用于原子弹、炮弹等的防熔密封垫圈。聚四氟乙烯（Teflon 或 PTFE）用作工程塑料，可制成聚四氟乙烯管、棒、带、板、薄膜等。常用来制造耐高温、耐低温及耐腐蚀材料和电气绝缘材料，如性能要求较高的耐腐蚀的管道、容器、泵、阀以及雷达、高频通信器材、无线电器材等。广泛应用于航天、电子电气、原子能、化工、建筑、仪器、仪表、纺织等领域。民用最多是用于不粘炊具。

6. 毒性与防护

聚四氟乙烯无毒害，具有生理惰性。由于高温裂解时产生剧毒的副产物氟光气和全氟异丁烯，使用时注意安全防护并防止聚四氟乙烯接触明火，不粘炊具必须要在低于 260 ℃ 温度时使用。其生产加工助剂全氟辛酸（Perfluorooctanoic Acid，PFOA，或称为 "C8"）有毒，为 2B 类致癌物，PFOA 会残留于人体短至四年，长达半生的时间，可以导致肾癌、睾丸癌、溃疡性结肠炎、高胆固醇、先兆子痫等。

7. 理化分析谱图

（1）红外光谱图

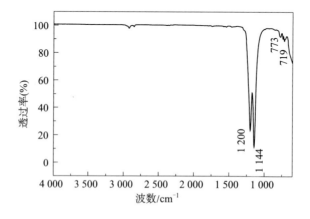

（2）热分析谱图

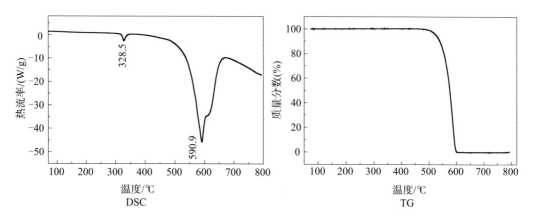

DSC　　　　　　　　　　　　　　　　　　　　　　　TG

参 考 文 献

［1］　张杏芬．国外火炸药原材料性能手册［M］．北京：兵器工业出版社，1991：161-162.

［2］　宋心琦．实用化学化工辞典［M］．北京：宇航出版社，1995：284.

［3］　全国塑料标准化技术委员会塑料树脂产品分技术委员会．聚四氟乙烯材料命名：HG/T 2899—1997［S］．北京：中华人民共和国化学工业部，1997.

［4］　全国塑料标准化技术委员会塑料树脂产品分技术委员会．聚四氟乙烯树脂体积密度试验方法：HG/T 2900—1997［S］北京：中华人民共和国化学工业部，1997.

［5］　全国塑料标准化技术委员会塑料树脂产品分技术委员会．聚四氟乙烯树脂粒径试验方法：HG/T 2901—1997［S］．北京：中华人民共和国化学工业部，1997.

［6］　全国塑料标准化技术委员会塑料树脂产品分技术委员会．模塑用聚四氟乙烯树脂：HG/T 2902—1997［S］．北京：中华人民共和国化学工业部，1997.

［7］　夏俊，王学军，王维东．聚四氟乙烯材料相关标准现状与趋势［J］．塑料工业，2014，42（2）：124.

［8］　段国波，唐红艳，郭玉海．荷正电聚四氟乙烯复合纳滤膜的制备及表征［J］．高分子材料科学与工程，2017，33（7）：184.

1.20　沥青

中文名称：沥青

英文名称：bitumen

中文别称：柏油

英文别称：asphalt

分子式：$(CH_2)_n$（主要成分）

相对分子质量：数均相对分子质量 4 250 以上

CAS 登记号：8052-42-4

1. 物理性质

黑色液体、半固体或无定形固体。密度 $1.05\sim1.10$ g/cm³（固体），熔点 $110\sim176.7$ ℃，软化点 125 ℃。在 $246.1\sim343.3$ ℃之间得到油状馏出物。不吸湿，不溶于水、醇。溶于石油、醚、二硫化碳、丙酮、四氯化碳。常温下为绝缘体。低温时质脆，粘结性和防腐性能良好。

2. 化学性质

煤焦沥青中主要含有难挥发的蒽、菲、芘等。石油沥青是由不同相对分子质量的碳氢化合物与其非金属衍生物组成的混合物。闪点 $204.4\sim330$ ℃之间，燃点比闪点约高 $3\sim6$ ℃，在接近 300 ℃时发生放热反应，同时快速放出气体产物。点火温度 560 ℃。自动点火温度 905 ℃。电火花感度 25 mJ。

3. 理化指标和检验方法

中国、欧盟、德国以及日本对沥青分级主要采用针入度，美国和加拿大等国家同时采用针入度和粘度分级。表 1-22 为沥青理化指标和检验方法。

表 1-22　沥青理化指标和检验方法

项目	指标						检验方法
	AH-130	AH-110	AH-90	AH-70	AH-50	AH-30	
针入度/(1/10 mm) (25 ℃,100 g,5 s)	120～140	100～120	80～100	60～80	40～60	20～40	针入度仪
延度/cm(15 ℃) ≥	100	100	100	100	80	实测值	延度仪
软化点/℃	38～51	40～53	42～55	44～57	45～58	50～65	软化点仪
溶解度(%) ≥	99.0	99.0	99.0	99.0	99.0	99.0	重量法
闪点/℃ ≥	230					260	开口杯法
密度/(kg/m³)(25 ℃)	实测值						密度计
蜡含量(%) ≤	3.0	3.0	3.0	3.0	3.0	3.0	重量法
薄膜加热试验	163 ℃,5 h						薄膜烘箱法
质量变化(%) ≤	1.3	1.2	1.0	0.8	0.6	0.5	重量法
针入度比(%) ≥	45	48	50	55	58	60	针入度仪

4. 制备方法

1）蒸馏法：是将原油经常压蒸馏分出汽油、煤油、柴油等轻质馏分，再经减压蒸馏（残压 $10\sim100$ mmHg，1 mmHg＝133.322 Pa）分出减压馏分油，余下的残渣为沥青产品，所得沥青也称直馏沥青。

2）溶剂沉淀法：非极性的低分子烷烃溶剂对减压渣油中的各组分具有不同的溶解度，

利用溶解度的差异可以实现组分分离，因而可以从减压渣油中除去对沥青性质不利的组分，生产出符合规格要求的沥青，这就是溶剂沉淀法。

3）氧化法：是在一定范围的高温下向减压渣油或脱油沥青吹入空气，使其组成和性能发生变化，所得的产品称为氧化沥青。减压渣油在高温和吹空气的作用下会产生汽化蒸发，同时会发生脱氢、氧化、聚合缩合等一系列反应。这是一个多组分相互影响的十分复杂的综合反应过程，而不仅仅是发生氧化反应，但习惯上称为氧化法和氧化沥青，也有称为空气吹制法和空气吹制沥青。

4）调合法：调合法生产沥青最初指由同一原油构成沥青的 4 组分按质量要求所需的比例重新调合，所得的产品称为合成沥青或重构沥青。随着工艺技术的发展，调合组分的来源得到扩大。例如可以同一原油或不同原油的一、二次加工的残渣或组分以及各种工业废油等作为调合组分，这就降低了沥青生产中对油源选择的依赖性。

5）乳化法：沥青和水的表面张力差别很大，在常温或高温下都不会混溶。但是沥青经高速离心、剪切、重击等机械作用，其成为粒径 $0.1\sim5\mu m$ 的微粒，并分散到含有表面活性剂（乳化剂-稳定剂）的水介质中，由于乳化剂能定向吸附在沥青微粒表面，因而降低了水与沥青的界面张力，使沥青微粒能在水中形成稳定的分散体系，这就是水包油的乳状液。这种分散体系呈茶褐色，沥青为分散相，水为连续相，常温下具有良好的流动性。从某种意义上说乳化沥青是用水来"稀释"沥青，因而改善了沥青的流动性。

6）改性沥青：改性沥青可提高柔性和弹性，即低温下抗开裂的能力，提高耐磨耗能力和延长使用寿命。改性沥青的品种和制备技术取决于改性剂的类型、加入量和基质沥青（即原料沥青）的组成和性质。

5. 贮存、运输和应用

沥青需要在贮罐内保温贮存，避免接触氧、光和过热，以免引起沥青的硬化、软化点上升、针入度下降、延度变差，使沥青的使用性能受到损失。

沥青是第一个被用作复合固体推进剂的粘合剂。由高氯酸钾和沥青所组成的推进剂是作为飞机的助推起飞装置而发展起来的。因为它的弹道性能差和较大的塑性流动，故早已不再使用。

沥青是一种防水防潮和防腐的有机胶凝材料。主要用于涂料、塑料、橡胶等工业以及铺筑路面等。

6. 毒性与防护

中等毒性。沥青及其烟气对皮肤粘膜具有刺激性，有光毒作用和致癌作用。我国三种主要沥青的毒性：煤焦沥青＞页岩沥青＞石油沥青，前二者有致癌性。沥青的主要皮肤损害有：光毒性皮炎，皮损限于面、颈部等暴露部分；黑变病，皮损常对称分布于暴露部位，呈片状，呈褐－深褐－褐黑色；职业性痤疮，疣状赘生物及事故引起的热烧伤。此外，尚有头昏、头胀、头痛、胸闷、乏力、恶心、食欲不振等全身症状和眼、鼻、咽部的刺激症状。

7. 理化分析谱图

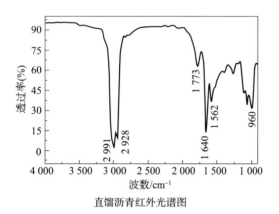

直馏沥青红外光谱图

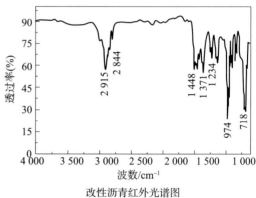

改性沥青红外光谱图

参 考 文 献

［1］　张杏芬. 国外火炸药原材料性能手册 ［M］. 北京：兵器工业出版社，1991：162-163.

［2］　王翠红，赵玉翠，陈继军，等. 我国石油沥青产品质量现状 ［J］. 石油沥青，2002，16（4）：1.

［3］　全国石油产品和润滑剂标准化技术委员会石油沥青分技术委员会. 重交通道路石油沥青：GB/T
　　　15180—2010 ［S］. 北京：中国标准出版社，2011.

1.21　醋酸纤维素

中文名称：醋酸纤维素

英文名称：cellulose acetate （CA）

中文别称：乙酸纤维素，纤维素乙酸酯

英文别称：acetate cotton，acetate ester of cellulose，acetic acid cellulose ester，acetate fiber

分子式：$[C_6H_7O_2(OH)_{3-m}(OOCCH_3)_m]_n$

结构式：如图

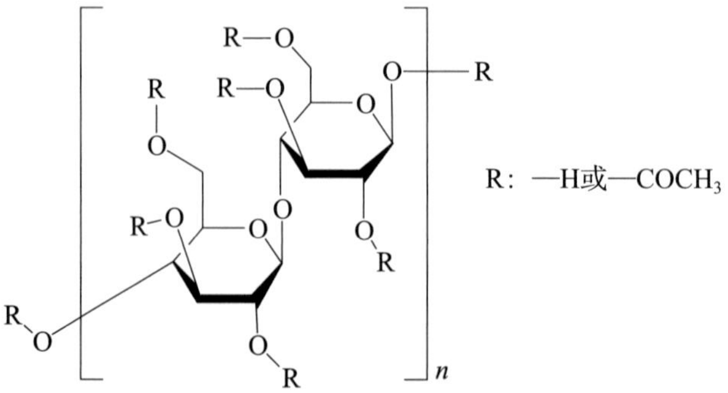

R：—H或—COCH$_3$

CAS 登记号：一醋酸纤维素 9004 - 35 - 7，二醋酸纤维素 9035 - 69 - 2，三醋酸纤维素 9012 - 09 - 3

1. 物理性质

白色粒状、粉状或棉状固体。密度 1.3 g/mL（25 ℃），熔点 240 ℃，折射率 1.475（20 ℃），在三氯甲烷中溶胀，溶于丙酮、不同比例的丙酮-水混合溶剂、二氯甲烷-乙醇混合溶剂、醋酸甲酯、二甲基甲酰胺和二氧六环，熔融流动性好，易成型加工，成品具有坚韧、透明、光泽好等优点。

2. 化学性质

分为一般的醋酸纤维素（乙酰基含量 37%～40%）和高乙酰含量的醋酸纤维素（乙酰基含量 40%～42%）。闪点 304 ℃（闭口杯），对光稳定，不易燃烧，在稀酸、汽油、矿物油和植物油中稳定，能被稀碱液侵蚀，在碱性条件下结合醋酸酯基可以水解释放出醋酸基。未反应的羟基可与强酸反应进行改性，也可与异氰酸酯反应。

3. 理化指标和检验方法

醋酸纤维素理化指标和检验方法列于表 1 - 23。

表 1 - 23　醋酸纤维素理化指标和检验方法

项目	指标	检验方法
结合醋酸值/(mol/kg)	9～10	化学法
乙酰基含量（%）	29～44.8	化学法
干燥失重（%）	≤5	105 ℃干燥 3 h，重量法
灼烧残渣（%）	≤0.1	重量法
重金属（%）	0.001	发射光谱法
游离酸（%）	≤0.1	酸碱滴定法

4. 制备方法

纤维素以醋酸或醋酐在催化剂作用下进行酯化而得到。

1）二氯甲烷均相法：采用精制棉短绒和醋酐，以乙酰硫酸为触媒，在溶剂二氯甲烷存在下进行酯化，部分水解，可得到结合醋酸含量在 60%±0.5% 范围内的三醋酸纤维素。

2）传统方法：将精制棉短绒干燥，用醋酸活化，在硫酸触媒存在下，用醋酸和醋酐混合液乙酰化，然后加稀醋酸水解，中和触媒，沉析，脱酸洗涤，精煮干燥得成品。经部分水解的称二醋酸纤维素，未经水解的称三醋酸纤维素。三醋酸纤维素现在很少生产，主要生产的是二醋酸纤维素。反应式如下：

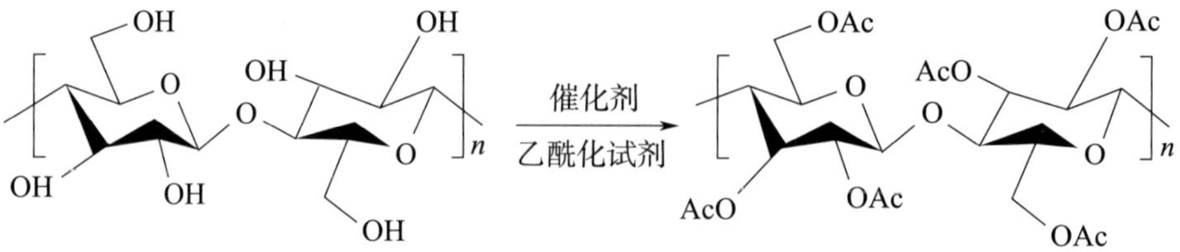

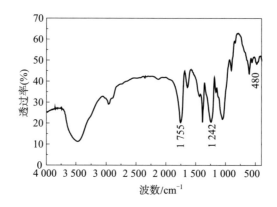

5. 贮存、运输和应用

用聚乙烯广口瓶或聚乙烯衬袋的纤维板桶包装。可用汽车、火车、飞机或轮船运输。运输过程中应防水、防晒，特别要防紫外线辐射。密封贮存在通风、干燥、无紫外线辐射的库房内。

主要在熔铸混合炸药、热塑性燃气发生剂中作为粘合剂，在固体推进剂中采用二醋酸纤维素主要作为交联剂，提高推进剂强度。醋酸纤维素易着色、易加工抛光、不会老化、不易燃烧、耐光性好，在民用上用途十分广泛。一醋酸纤维素主要用于制药物肠溶原料，也用于印刷工业制版及其电影胶片片基的铜带流延机上表面皂化镜光层等。二醋酸纤维素经过湿法纺制纤维，主要用作香烟过滤嘴，也可用于分析薄膜、细菌滤膜、反渗透和超过滤膜、微孔过滤膜等，还大量用于塑料，可做各类工具手柄、计算机及打字机的字母数字键、电话机壳、汽车方向盘、纺织器材零件、收音机开关及绝缘件、笔杆、眼镜架及镜片、玩具、日用杂品等，也可做海水淡化膜。三醋酸纤维素，其熔点高，只能配成溶液后加工，用作电影胶片片基、X 光片基、绝缘薄膜电磁、录音带、透明容器、银锌电池中的隔膜等。医用上可用于制造血液透析和血液过滤膜、人工肾膜材料等。

6. 毒性与防护

无毒，有良好的生物相容性。

7. 理化分析谱图

（1）红外光谱图

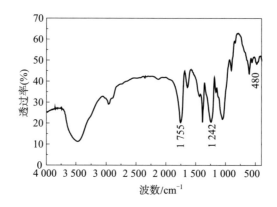

（2）核磁共振谱图

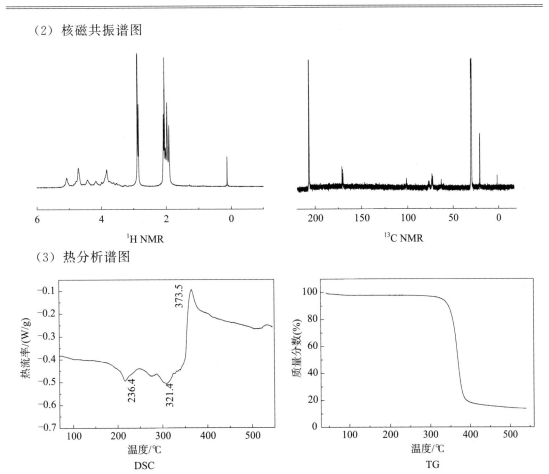

（3）热分析谱图

参 考 文 献

［1］　化学工业出版社.中国化工产品大全：上卷［M］.2 版.北京：化学工业出版社，1998：1194－1195.

［2］　袁璐璇，康菡子，王彦博笙，等.三醋酸纤维素的合成与应用研究进展［J/OL］.现代化工，
　　　 2021，41（2）：61－64，69.

［3］　向光会，俞文骥.二醋酸纤维素塑料生产中挥发分的脱除与利用［J］.中国塑料，2020（12）：
　　　 47－52.

第 2 章　固化剂

赵华丽　章园园　刘治国

固化剂是含有能够与粘合剂活性基团发生化学反应的活性基团的有机化合物或低聚物。复合固体推进剂中，固化剂的作用是利用固化剂的活性官能团与粘合剂预聚物的活性官能团反应，产生适度的交联，生成高分子网络结构，赋予推进剂一定的形状与力学性能。预聚物的结构与化学性质不同，所需固化剂也不相同。固化剂必须是二官能度或二官能度以上化合物，与粘合剂反应时，不放热或放热量小，在合适的温度下（一般不高于70 ℃）能与粘合剂发生化学反应，且反应完全，没有明显的后固化现象，固化剂与粘合剂的反应速率适当，以保证药浆有一定的适用期（一般要求大于 6 h）。

2.1　甲苯二异氰酸酯

中文名称：甲苯二异氰酸酯

英文名称：toluene diisocyanate（TDI）

中文别称：二异氰酸甲苯酯，甲苯基-二异氰酸酯，二异氰酸酯甲苯

英文别称：tolylenediisocyanate，diisocyanatotoluene

分子式：$C_9H_6N_2O_2$

相对分子质量：174.16

结构式：通常有两种异构体，2，4 -甲苯二异氰酸酯和 2，6 -甲苯二异氰酸酯，其分子结构式分别为

2，4 -甲苯二异氰酸酯　　　2，6 -甲苯二异氰酸酯

CAS 登记号：2，4 -甲苯二异氰酸酯 584 - 84 - 9，2，6 -甲苯二异氰酸酯 91 - 08 - 7

1. 物理性质

无色或淡黄色有刺激性臭味的透明液体，遇光颜色变深，不溶于水，能溶于丙酮、乙酸乙酯、四氯化碳、苯、甲苯、氯苯、硝基苯、二氧六环、醚类、煤油等。市售 TDI 有三种规格：TDI - 100（100％ 2，4 异构体）、TDI - 80（含 80％ 2，4 异构体，20％ 2，6 异构体）、TDI - 65（含 65％ 2，4 异构体，35％ 2，6 异构体）。密度 1.22 g/cm³（20 ℃），沸点 251 ℃

(101 kPa)，凝固点 TDI - 100 19.5～21.5 ℃，TDI - 80 11.5～13.5 ℃，TDI - 65 5.5～6.5 ℃，折射率 1.565～1.567（25 ℃），粘度 3.2 mPa·s（20 ℃），蒸发热 369 kJ/kg（120 ℃），比热 1.46 kJ/(kg·K)（20 ℃），三种规格除凝固点不同外，其他性能一样。

2. 化学性质

闪点（开口杯）132 ℃，标准生成焓－133.9 kJ/mol，燃烧热 1 036 kcal/mol（1 cal＝4.186 8 J），爆炸极限（体积分数）0.9%～9.5%，自燃温度 620 ℃，可与含活性氢化合物进行反应。

1）与多元醇、聚酯、聚醚、聚酯酰胺、蓖麻油等含羟基化合物的活泼氢反应生成氨基甲酸酯：

$$R—NCO+R'—OH \longrightarrow R—NHCO—R' \quad (C=O)$$

2）与有机酸、末端为羧基的聚酯等含羧基的化合物反应生成酰胺并放出二氧化碳：

$$R—NCO+R'—COOH \longrightarrow R—NHCO—R'+CO_2 \quad (C=O)$$

3）与胺反应生成脲：

$$R—NCO+R'—NH_2 \longrightarrow R—NHCNH—R' \quad (C=O)$$

4）与水反应先生成胺与二氧化碳，再进一步生成脲：

$$R—NCO+H_2O \longrightarrow RNHCOOH \longrightarrow R—NH_2+CO_2\uparrow$$

$$R—NCO+R—NH_2 \longrightarrow R—NHCNH—R \quad (C=O)$$

5）与脲反应生成缩二脲：

$$R—NCO+R'—NHCONH—R'' \longrightarrow R—NHC—N—CNH—R'' \quad (O \ R' \ O)$$

6）与氨基甲酸酯反应生成脲基甲酸酯：

$$R—NCO+R'—NHCO—R'' \longrightarrow R—NHC—N—CO—R'' \quad (O \ \ O \ R' \ O)$$

7）TDI 自聚。TDI 有生成二聚体和三聚体的倾向，TDI 邻位 NCO 基由于位阻较大，比对位 NCO 基自聚反应速度慢。TDI 二聚反应是一个可逆反应，2，4 - TDI 二聚体在 175 ℃可完全解离。TDI 三聚反应不是一个平衡反应，三聚体在 150～200 ℃之间是稳定的。

催化剂可催化 TDI 自聚形成二聚体和三聚体的反应。二聚反应常用的催化剂有叔胺、膦化物、吡啶等，三聚反应常用的催化剂有醋酸钙、醋酸钾、碳酸钠、甲酸钠、三乙胺、草酸、苯甲酸等。以 2，4 - TDI 为例，其二聚和三聚反应式如下：

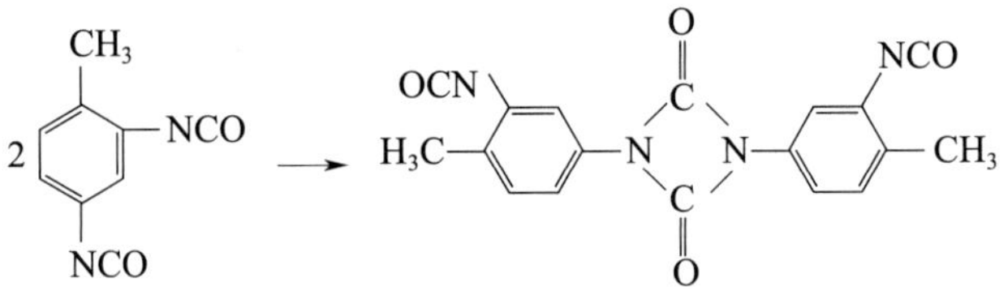

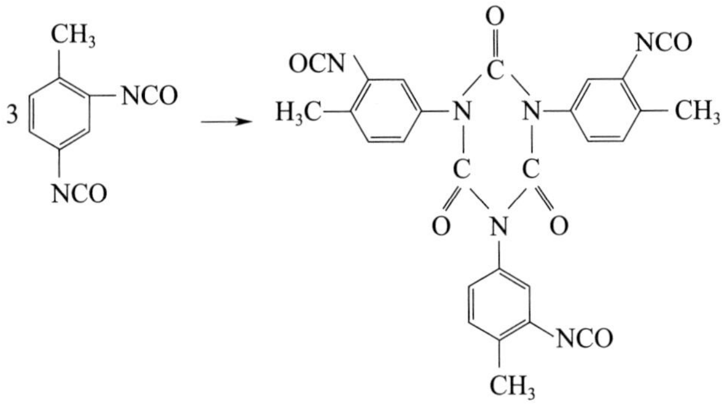

8）异氰酸酯基的反应活性：

a）含活性氢化合物与异氰酸酯类化合物反应活性顺序如下：

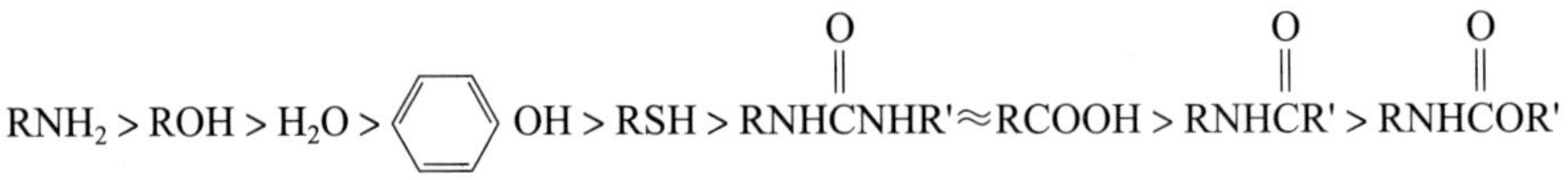

$$RNH_2 > ROH > H_2O > \text{(benzene ring)}OH > RSH > RNHCNHR' \approx RCOOH > RNHCR' > RNHCOR'$$

b）与羟基的反应活性：

不同羟基化合物与 TDI 的反应活性次序为伯醇＞仲醇＞叔醇，其相对反应速度比为 1.0∶0.3∶0.01。

3. 理化指标和检验方法

GJB 2614—1996《甲苯二异氰酸酯规范》规定了两种 TDI 理化指标和检验方法，列于表 2－1 中。为了便于对比，表 2－1 中同时还列出了美国军用标准规定的 TDI 的理化指标。

表 2－1　TDI 理化指标和检验方法

项目	国军标指标		美军标指标		检验方法
	Ⅰ型	Ⅱ型	Ⅰ型	Ⅱ型	
总异氰酸酯（%）	≥99.0	≥99.0	≥99.0	≥99.0	二正丁胺滴定法
水解氯（%）	≤0.01	≤0.01	≤0.01	≤0.01	电位滴定
总氯（%）	≤0.04	≤0.04	≤0.04	≤0.04	氧爆炸弹法
结晶点/℃	5.0～6.5	12.5～13.5	5.0～6.5	12.5～13.5	熔点仪
色度（APHA）	≤50	≤50	≤50	≤50	比色法
密度/(g/cm³)(20 ℃)	1.21～1.23				密度瓶法
折光率	1.564～1.568				折光率仪

续表

项目	国军标指标		美军标指标		检验方法
	Ⅰ型	Ⅱ型	Ⅰ型	Ⅱ型	
酸度（以 HCl 计）（%）	≤0.04	≤0.04	≤0.04	≤0.04	电位滴定
2,4－TDI 异构体（%）	≥64.0	≥79.0	≥64.0	≥79.0	红外光谱法
2,6－TDI 异构体（%）	≤36.0	≤21.0	≤36.0	≤21.0	

4. 制备方法

工业上，TDI 一般是以甲苯为原料，经硝化、还原、光气化、精制等步骤合成的。其反应式如下：

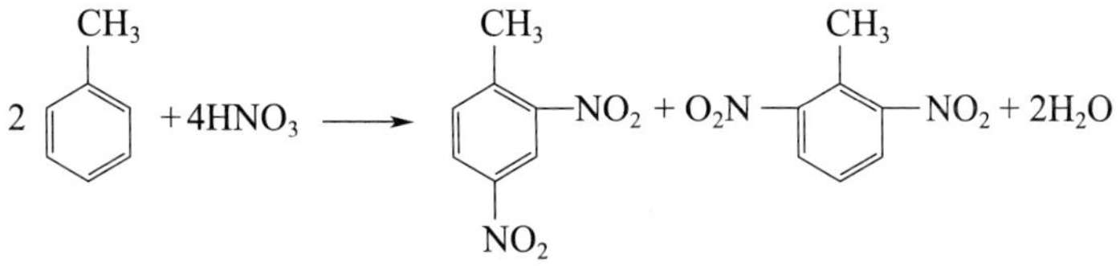

$$2\ \text{甲苯} + 4HNO_3 \longrightarrow \text{2,4-DNT} + \text{2,6-DNT} + 2H_2O$$

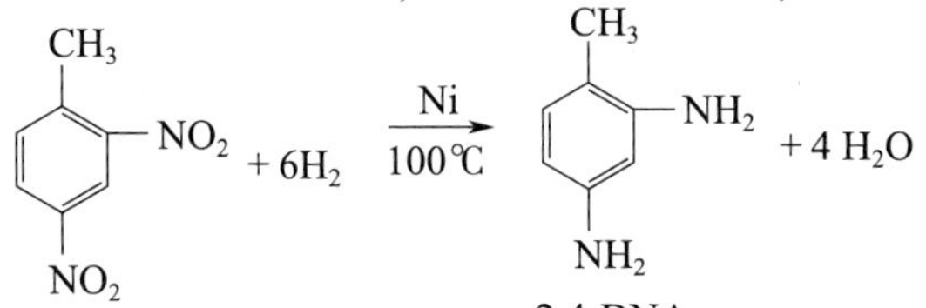

$$\text{2,4-DNT} + 6H_2 \xrightarrow[100\text{℃}]{Ni} \text{2,4-DNA} + 4H_2O$$

$$\text{2,6-DNT} + 6H_2 \xrightarrow[100\text{℃}]{Ni} \text{2,6-DNA} + 4H_2O$$

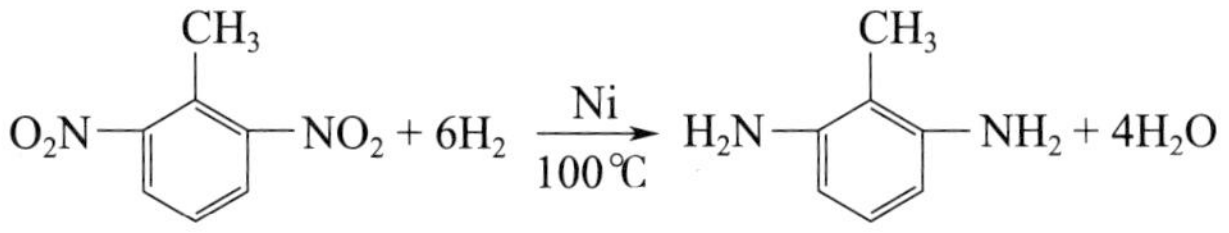

光气化反应以 2,4－DNA 为例：

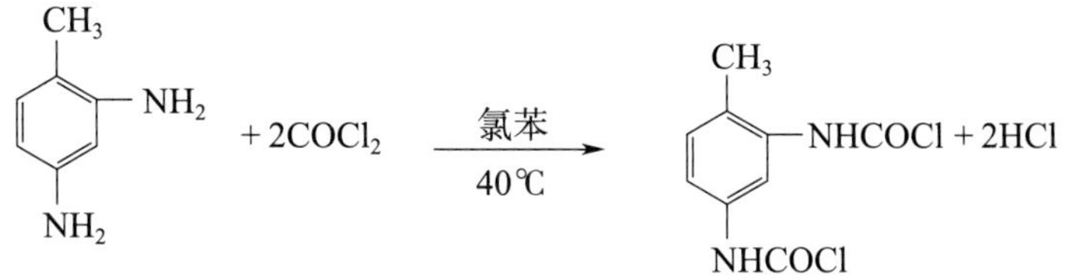

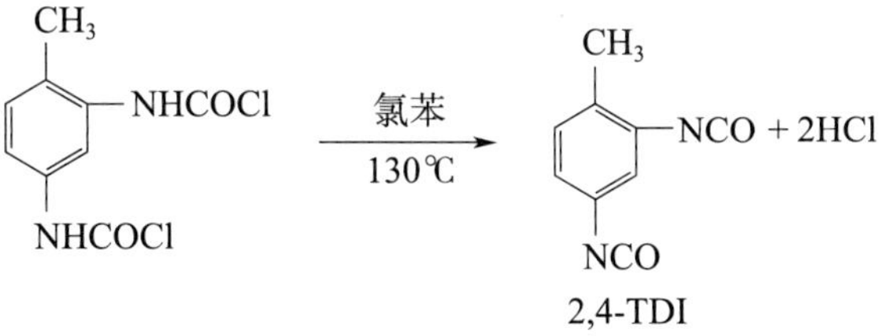

$$\text{2,4-DNA} + 2COCl_2 \xrightarrow[40\text{℃}]{\text{氯苯}} \text{（NHCOCl 中间体）} + 2HCl$$

$$\text{（NHCOCl 中间体）} \xrightarrow[130\text{℃}]{\text{氯苯}} \text{2,4-TDI} + 2HCl$$

三种不同规格 TDI 是因其制备工艺不同而产生。甲苯一硝化的产物不经分离提纯，直接二次硝化，加氢还原，光气化反应制得的产物是含 80% 2，4－TDI，20% 2，6－TDI 的 TDI－80。甲苯一硝化的产物经过分离，分离出的对硝基甲苯再硝化，最终制得的产物是纯 2, 4 - TDI, 分离出的邻硝基甲苯再硝化, 最终制得的产物是含 65% 2, 4 - TDI, 35% 2, 6 - TDI 的 TDI - 65。

5. 贮存、运输和应用

用镀锌铁桶密闭包装, 运输时防止猛烈撞击和日晒雨淋。储存于干燥通风、冷暗仓库内并远离火源。

用作端羟基聚丁二烯等羟基粘合剂预聚体的固化剂, 也作为某些粘合剂预聚体的扩链剂。民用广泛用于软质聚氨酯泡沫塑料、涂料、弹性体、胶粘剂、密封胶及其他聚氨酯。

6. 毒性与防护

TDI 能经呼吸道和消化道侵入, 不能经无损皮肤侵入机体。经口毒性属低毒类, 经呼吸道为中等毒类。TDI 对皮肤、眼睛和呼吸道具有强烈的刺激作用, 吸入高浓度 TDI 蒸气会引起支气管炎、支气管肺炎和肺水肿, 液体与皮肤接触可引起皮炎, 液体与眼睛接触可引起严重刺激作用, 如不及时治疗可导致永久性损伤。对 TDI 过敏者, 与 TDI 接触, 可能引起气喘、伴喘鸣、呼吸困难和咳嗽。

TDI 挥发性大 (蒸气比空气重 6 倍), 使用时应注意密闭和通风, 工作时应穿防护服, 戴橡胶手套和防毒面罩。当吸入其蒸气时, 应立即到空气新鲜的场所去, 当皮肤接触到异氰酸酯时, 应先用乙醇清洗, 然后用肥皂和水洗净, 当溅到眼睛时, 则应用水冲洗 15 min, 使其洁净, 送医。TDI 污染的衣物可用碱水洗涤后再废弃。患心、肺疾病, 特异性体质及湿疹等皮肤病患者为禁忌症。

中华人民共和国国家卫生健康委员会 GBZ 2.1—2019 《工作场所有害因素职业接触限值　第 1 部分:化学有害因素》规定的车间空气中最高允许浓度 (MAC) 为 0.1 mg/m³, 短时间接触浓度 (PC - STEL) 为 0.2 mg/m³。美国政府卫生学者会议 (ACGIH) 制订的 TDI 时间加权平均接触阈值 (TLV - TWA) 为 $0.005×10^{-6}$ (0.036 mg/m³), 短时间接触阈值 (STEL) 为 $0.02×10^{-6}$ (0.14 mg/m³)。

7. 理化分析谱图

(1) 红外光谱图

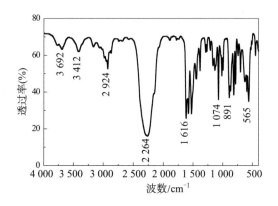

（2）核磁共振谱图

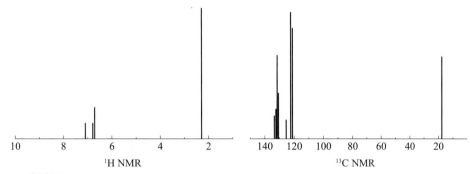

¹H NMR　　　　　　　　　　　　　　　　　　　¹³C NMR

（3）质谱图

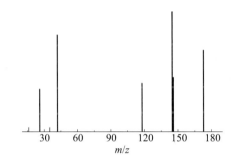

m/z

（4）紫外光谱图

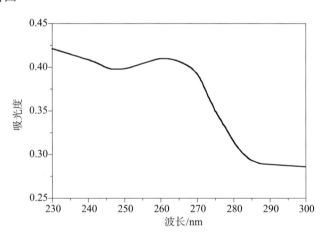

波长/nm

参 考 文 献

［1］　张杏芬 . 国外火炸药原材料性能手册 ［M］. 北京：兵器工业出版社，1991：183.

［2］　侯林法 . 复合固体推进剂 ［M］. 北京：宇航出版社，1994：458，507.

［3］　A 达维纳 . 固体火箭推进剂技术 ［M］. 张德雄，等译 . 北京：宇航出版社，1997：436 - 437.

［4］　赫普伯恩 C. 聚氨酯弹性体 ［M］. 高景晨，等译 . 北京：烃加工出版社，1987：7 - 18.

［5］　李绍雄，朱吕民 . 聚氨酯树脂 ［M］. 南京：江苏科学技术出版社，1992：5 - 24，62.

［6］　李绍雄，刘益军 . 聚氨酯胶粘剂 ［M］. 北京：化学工业出版社，1998：56.

［7］　武利民，李丹，游波 . 现代涂料配方设计 ［M］. 北京：化学工业出版社，2000：16.

[8]　程时远，李盛彪，黄世强．胶粘剂 [M]．北京：化学工业出版社，2004：71 - 79．

[9]　叶青萱．胶粘剂 [M]．北京：中国物资出版社，1999：236 - 237．

[10]　殷俊芳，林道昌．甲苯二异氰酸酯规范：GJB 2614—1996 [S]．北京：国防科学技术工业委员会，1996．

[11]　张杰，韦永继．降低游离 TDI 含量的方法研究 [J]．聚氨酯工业，2002，17（3）：10 - 13．

[12]　胡孝勇，张心亚．聚氨酯预聚物中游离 TDI 的分离方法 [J]．粘接，2004，25（5）：33 - 36．

[13]　赵新强，王延吉．TDI 和 MDI 洁净合成方法的研究进展 [J]．化学通报，2001（4）：201 - 205．

[14]　XU X S．TDI capacity expand sconstantly [J]．China Chemical Reporter，2006，17（28）：20 - 21．

[15]　王敏．TDI、MDI 合成技术与市场展望 [J]．中国石油和化工，2001（11）：46 - 48．

[16]　宗言恭．我国异氢酸酯（MDI、TDI）生产状况及未来发展 [J]．中国石油和化工经济分析，2006（15）：57 - 59．

[17]　蒋芸．复合固体推进剂原材料毒性与防护 [M]．乌鲁木齐：新疆科技卫生出版社，1996：69 - 71．

[18]　中华人民共和国国家卫生健康委员会．工作场所有害因素职业接触限值　第 1 部分：化学有害因素：GBZ 2.1—2019 [S]．北京：中国标准出版社，2020．

[19]　马新刚．丁羟推进剂用主要原材料质量控制项目分析测试方法评述 [J]．固体火箭技术，2005，28（增刊）：234 - 239．

2.2　异佛尔酮二异氰酸酯

中文名称：异佛尔酮二异氰酸酯

英文名称：isophorne diisocyanate（IPDI）

中文别称：3 -异氰酸酯基甲基-3；5，5 -三甲基环己基异氰酸酯；5 -异氰酸酯基-1 -异氰酸酯基甲基-1，3；3 -三甲基环己烷

英文别称：3 - isocyanatethyl - 3；5，5 - trimethylcyclohexyl - isocyanate；5 - isocyanate - 1 - isocyanatomeyhl - 1；3，3 - trimethylcyclohexane

分子式：$C_{12} H_{18} N_2 O_2$

相对分子质量：222.3

结构式：IPDI 是含 75% 顺式和 25% 反式立构异构体的混合物

CAS 登记号：4098 - 71 - 9

1. 物理性质

无色或淡黄色液体，有似樟脑气味，粘度较低，低温贮存不结晶，密度 1.62 g/cm³（20 ℃），凝固点 -60 ℃，沸点 158 ℃（1.33 kPa），蒸气压 0.04 Pa（20 ℃），空气中主

要以蒸气和气溶胶状态存在，折射率 1.482 9，粘度 0.015 Pa・s（20 ℃），可与酯、酮、醚、芳烃、脂肪烃任意比例混溶。

2. 化学性质

自燃温度 430 ℃，闪点（闭口杯）155 ℃。IPDI 是一种非芳香族二异氰酸酯，是集脂环族和脂肪族异氰酸酯于一体的二异氰酸酯，两个不同的异氰酸酯基由于在分子中所处的位置不同，其活性有很大差异。直链上的 NCO 比脂环上的 NCO 约活泼十倍。与一般异氰酸酯一样，可与含活泼氢的物质如醇、胺、水、脲、氨基甲酸酯反应，其活性比芳香族异氰酸酯低，反应活性受催化剂影响极大，常用的催化剂包括二月桂酸二丁基锡，锡、铅、锌等的辛酸酯，三乙烯二胺等叔胺、苯基汞盐和铁、锰、锆等乙酰丙酮的复合盐。

3. 理化指标和检验方法

表 2-2 为国内、德国 Degussa 化学公司和美军标的理化指标和检验方法。

表 2-2　IPDI 理化指标和检验方法

项目	国内	德 Degussa 化学公司	美军标指标	检验方法
NCO 含量（%）	≥37.5	≥37.8	37.1~37.8	二正丁胺滴定法
IPDI 纯度（%）	—	≥99.5	—	GC 法
水解氯（%）	≤0.01	≤0.02	≤0.02	电位滴定
总氯（%）	≤0.04	≤0.05	—	氧爆炸弹法
酸度（以 HCl 计）（%）	≤0.04	—	pH 5.0~7.0	电位滴定/酸度计
密度/(g/cm³)(20 ℃)	—	1.058~1.064	—	密度瓶法
色度（APHA）	—	≤30	—	比色法

4. 制备方法

丙酮经缩合、加成、氢化、光气化四步反应制得 IPDI。

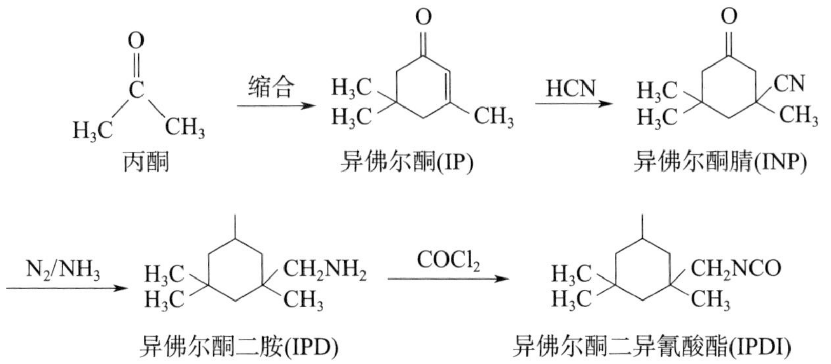

5. 贮存、运输及应用

用镀锌铁桶包装，运输时防止猛烈撞击和日晒、雨淋，储存于干燥通风的库房内并远离火源。防火可用二氧化碳、粉剂灭火器、泡沫灭火器或水喷洒。

用作复合固体推进剂羟基粘合剂预聚体的固化剂，其药浆工艺性能、力学性能和贮存性能优良。在民用工业中 IPDI 主要应用在聚氨酯高分子材料中，如用于制造各种油漆、发泡剂、合成纤维及弹性体。IPDI 制成的聚氨酯树脂具有优异的光稳定性和耐化学药品性。

6. 毒性与防护

对皮肤有中等刺激和中等致敏作用。经呼吸道吸入可引起粘膜和呼吸道刺激。IPDI 是低蒸气压易燃液体，故在加热（50 ℃）或喷洒时，常以气溶胶的形式逸散在大气中，对呼吸道、皮肤和眼睛防护甚为重要。分装和使用 IPDI 的工作人员应佩戴防护面罩、防护眼镜，操作前涂皮肤保护油膏，工作后洗手，也可戴橡胶手套。一旦污染工作服可用酒精和水冲洗，然后放在稀苏打或氯化铵溶液中浸泡数小时后再冲洗。禁止皮肤病和肺病患者从事 IPDI 作业。

我国规定的车间空气中 IPDI 短时间接触允许浓度（PC - STEL）值为 0.1 mg/m³。德国规定 MAC 值为 0.09 mg/m³，美国政府工业卫生学者会议（ACGIH）制订的 IPDI 时间加权浓度阈值（TLV - TWA）为 0.005×10^{-6} （0.045 mg/m³），短时间接触阈值（TLV - STEL）为 0.02×10^{-6} （0.18 mg/m³）。

7. 理化分析谱图

（1）红外光谱图

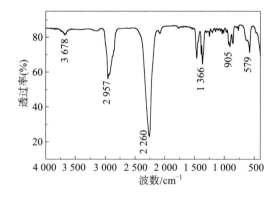

（2）拉曼光谱图

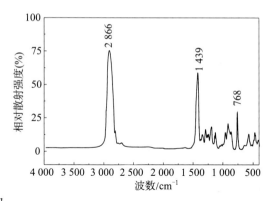

（3）核磁共振谱图

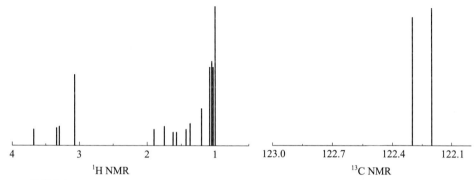

^{1}H NMR　　　　　　　　　　　　　　　　　　　　^{13}C NMR

（4）质谱图

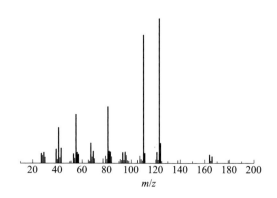

参 考 文 献

［1］　张杏芬．国外火炸药原材料性能手册［M］．北京：兵器工业出版社，1991：182．

［2］　李绍雄，朱吕民．聚氨酯树脂［M］．南京：江苏科学技术出版社，1992：5-24，51．

［3］　李绍雄，刘益军．聚氨酯胶粘剂［M］．北京：化学工业出版社，1998：56．

［4］　赫普伯恩 C．聚氨酯弹性体［M］．高景晨，等译．北京：烃加工出版社，1987：9-13．

［5］　程时远，李盛彪，黄世强．胶粘剂［M］．北京：化学工业出版社，2001：71-79．

［6］　叶青萱．胶粘剂［M］．北京：中国物资出版社，1999：236-237．

［7］　高喜平，曹光宇，张玉清，等．异佛尔酮二异氰酸酯的三聚研究［J］. 聚氨酯工业，2006，21
　　　　（3）：31 - 34.

［8］　祁争健，李祥新．异佛尔酮二异氰酸酯三聚体复合物的制备及反应动力学研究［C］//中国聚氨酯
　　　　工业协会第十三次年会论文集，2006：158 - 161.

［9］　汪雷敏，潘铁英，等．IPDI 的 NMR 数据解析［J］. 波谱学杂志，2005，22（1）：77 - 84.

［10］　LOMOLDER D R，PLOGMANN F，SPEIER P. The Influence of Temperature，Catalyst and
　　　　Coreagent on Reactivity of Two isocyanate Groupin Isophorone Diisocyanate［J］. Shanghai Coatings，
　　　　2001（5）：10 - 14.

［11］　CURING AGENTS，DIMERYL - DI - ISOCYANATEANDISOPHORONEDI - ISOCYANATE：
　　　　MIL - C - 85498（AS）［S］. 1999.

［12］　邹德荣．HTPB/IPDI 聚氨酯弹性体材料研制［J］. 合成材料老化与应用，2004，33（3）：17 - 20.

［13］　王北海，郭万东．防老剂 H 对 IPDI 丁羟推进剂低温伸长率的影响［J］. 推进技术，1998（2）：
　　　　82 - 85.

［14］　鲁国林，刘学．防老剂对 HTPB - IPDI 高燃速推进性能影响研究（II）［J］. 固体火箭技术，2000，
　　　　23（3）：34 - 36.

［15］　唐承志，李忠友，王北海．提高 IPDI 丁羟推进剂低温力学性能研究［J］. 固体火箭技术，2002，
　　　　23（3）：43 - 47.

［16］　杜磊，肖金武，等．高燃速 HTPB/IPDI 推进剂低温力学性能研究（I）：细 AP 及工艺助剂 PA
　　　　的影响［J］. 固体火箭技术，2000，3（23）：29 - 33.

［17］　刘裕乃．适用于 IPDI 丁羟推进剂的键合剂研究［C］//中国航空学会固体火箭推进技术会议论文
　　　　集，北京：中国宇航学会，1993.

［18］　赵长才，鲁国林，王北海．扩链剂对 HTPB/IPDI 推进剂力学性能的影响［J］. 固体火箭技术，
　　　　2000，23（3）：52 - 55.

［19］　蒋芸．复合固体推进剂原材料毒性与防护［M］. 乌鲁木齐：新疆科技卫生出版社，1996：72 - 73.

［20］　中华人民共和国国家卫生健康委员会．工作场所有害因素职业接触限值　第 1 部分：化学有害因
　　　　素：GBZ 2.1—2019［S］. 北京：中国标准出版社，2020.

2.3　六次甲基二异氰酸酯

中文名称：六次甲基二异氰酸酯

英文名称：hexamethylene diisocyanate（HDI）

中文别称：1，6 -己烷二异氰酸酯；六亚甲基- 1，6 -二异氰酸酯；六亚甲基二异氰酸
酯；六甲撑二异氰酸酯

英文别称：1，6 - hexamethylene diisocycganate；hexamethylene - 1，6 - diisocyanate；1，
6 - hexylene diisocyanate；1，6 - diisocyanatohexane

分子式：$C_8H_{12}O_2N_2$

相对分子质量：168.2

结构式：如图

$$O=C=N-CH_2CH_2CH_2CH_2CH_2CH_2-N=C=O$$

CAS 登记号：822-06-0

1. 物理性质

无色或淡黄色透明液体，有不愉快刺激性气味，密度 1.052 g/cm³（20 ℃），折射率 1.453，沸点 255 ℃（101 kPa），凝固点 -67 ℃，可溶于多数有机溶剂，微溶于水。

2. 化学性质

HDI 闪点（开杯）135 ℃，具有一般异氰酸酯类化合物的化学性质，可与醇、胺、水、氨基甲酸酯、脲等含有活性氢的化合物反应，其反应活性要比芳香族二异氰酸酯低，在水中缓慢反应。HDI 反应活性比 TDI、MDI 低，在有催化剂时，如锡、铅、铋、锌及钴等金属的盐类存在条件下，则其反应活性等于或大于 TDI。

3. 理化指标和检验方法

HDI 理化指标和检验方法列于表 2-3。

表 2-3　HDI 理化指标和检验方法

项目	指标	检验方法
外观	清澈透明液体,无悬浮物	目视
色度(APHA)(铂-钴色号)	≤30	比色法
纯度(%)	≥99.50	GC 法
异氰酸根(NCO)含量(%)	≥49.70	二正丁胺滴定法
水解氯含量/(mg/kg)	≤100	电位滴定

4. 制备方法

（1）盐酸盐光气化法

将己二胺溶于甲醇中，慢慢滴入浓盐酸，将制得的溶液倒入丙酮中，过滤出二胺盐酸盐沉淀，以四氢化萘制成悬浊液，然后进行光气化。

$$H_2N(CH_2)_6NH_2 \xrightarrow{浓盐酸} H_2N(CH_2)_6NH_2 \cdot 2HCl \xrightarrow{COCl_2} OCN(CH_2)_6NCO$$

（2）碳酸盐光气化法

向己二胺溶液中导入 CO_2（1 mol 二胺吸收 1 mol CO_2），生成的是细悬浊状碳酸盐液体。先在 0 ℃以下光气化，再升高温度进行光气化。

$$H_2N(CH_2)_6NH_2 \xrightarrow{CO_2} H_2N(CH_2)_6NH_2 \cdot H_2CO_3 \xrightarrow{COCl_2} OCN(CH_2)_6NCO$$

5. 贮存、运输和应用

用镀锌铁桶包装，运输时防止日晒、雨淋，储存于通风干燥的仓库内，并远离火源。

用作固体推进剂羟基粘合剂预聚物的固化剂，也可作为双基和改性双基推进剂中硝化纤维素的固化剂使用。亦用于制造泡沫塑料、合成纤维、涂料和 PU 革等。

6. 毒性与防护

经呼吸道和皮肤侵入机体，属低毒类。具有强烈的刺激和致敏作用。HDI 高温蒸发燃烧产物可引起中毒。未见 HDI 致癌的报道。

中华人民共和国国家卫生健康委员会 GBZ 2.1—2019《工作场所有害因素职业接触限值　第 1 部分：化学有害因素》规定的车间空气中时间加权允许浓度（PC－TWA）为 0.03 mg/m^3。美国政府工业卫生学者会议（ACGIH）制订的 HDI 时间加权浓度阈值（TLV－TWA）为 $0.005×10^{-6}$（0.034 mg/m^3）。

7. 理化分析谱图

（1）红外光谱图

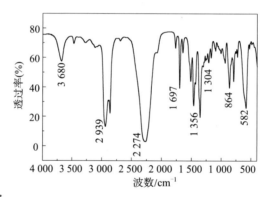

（2）核磁共振谱图

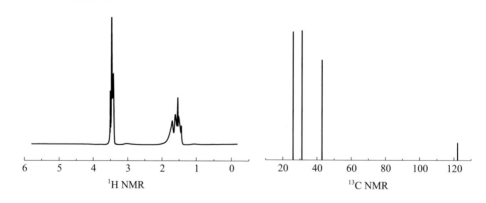

（3）质谱图

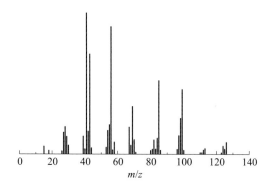

$$m/z$$

参 考 文 献

［1］　张杏芬 . 国外火炸药原材料性能手册［M］. 北京：兵器工业出版社，1991：184.

［2］　李绍雄，朱吕民 . 聚氨酯树脂［M］. 南京：江苏科学技术出版社，1992：16.

［3］　李绍雄，刘益军 . 聚氨酯胶粘剂［M］. 北京：化学工业出版社，1998.

［4］　赫普伯恩 C. 聚氨酯弹性体［M］. 高景晨，等译 . 北京：烃加工出版社，1987：12 - 13.

［5］　程时远，李盛彪，黄世强 . 胶粘剂［M］. 北京：化学工业出版社，2001：71 - 79.

［6］　全国化学标准化技术委员会 . 六亚甲基二异氰酸酯：GB/T 37042—2018［S］. 北京：中国标准出版社，2018.

［7］　王慧宁，王建龙 . HDI 合成工艺进展［J］. 山西化工，2006，26（1）：14 - 18.

［8］　谢俊波 . HDI 的制备［J］. 聚氨酯工业，1994（2）：40 - 43.

［9］　金平，邱方正，等 . HTPB/HDI 本体聚合反应动力学研究［J］. 功能高分子学报，2000，3（13）：285 - 288.

［10］　金平，陈建定 . HTPB/TDI、HDI 聚合反应动力学研究［J］. 功能高分子学报，1998，4（11）：493 - 497.

［11］　周昱，程杰等 . 六亚甲基 - 1，6 - 二异氰酸酯的合成工艺［J］. 聚氨酯工业，2006，4（21）：44 - 46.

［12］　钱伯章 . 我国 HDI 发展现状［J］. 化学推进剂与高分子材料，2006（6）：24.

［13］　蒋芸 . 复合固体推进剂原材料毒性与防护［M］. 乌鲁木齐：新疆科技卫生出版社，1996：72.

［14］　中华人民共和国国家卫生健康委员会 . 工作场所有害因素职业接触限值　第 1 部分：化学有害因素：GBZ 2.1—2019［S］. 北京：中国标准出版社，2020.

2.4　二苯甲烷- 4，4′-二异氰酸酯

中文名称：二苯甲烷- 4，4′-二异氰酸酯

英文名称：diphnylmethane - 4，4′- diisocyanate（MDI）

中文别称：二苯基甲烷二异氰酸酯；4，4′-二异氰酸酯二苯甲烷；4，4′-亚甲基双（异氰酸苯酯）

英文别称：4，4′- diphenylmethane diisocyanate；4，4′- methylene bisphenyl isocyanate；diphenylmethane - 4，4′- diisocyanate；methylene - di - p - phenylenediisocyanate

分子式：$C_{15}H_{10}N_2O_2$

相对分子质量：250.26

结构式：如图

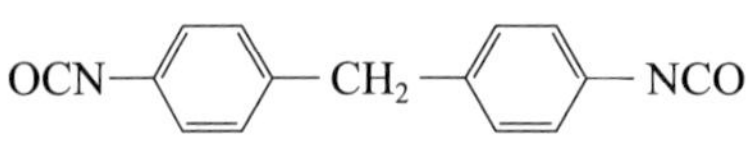

CAS 登记号：101 - 68 - 8

1. 物理性质

白色或带微黄色固体，加热时有刺激性臭味，融化后为无色至微黄色液体。凝固点 38～39 ℃，密度 1.197 g/cm³（50 ℃），沸点 364 ℃（101 kPa），折射率 1.590 6（50 ℃），熔化热 101.6 J/g，可溶于丙酮、乙酸乙酯、四氯化碳、苯、甲苯、氯苯、硝基苯、二氧六环、煤油，不溶于水。

2. 化学性质

闪点（开式）200～218 ℃，燃烧热 29.1 kJ/g。MDI 具有一般异氰酸酯的化学性质，可与羟基化合物反应生成氨基甲酸酯，与水反应生成脲和二氧化碳，与胺反应生成脲，与脲反应生成缩二脲，与氨基甲酸酯反应生成脲基甲酸酯，与有机酸反应生成酰胺和二氧化碳。MDI 与羟基等活性氢基团的反应活性比 2，6 - TDI 强，比 2，4 - TDI 略强。作为芳香族二异氰酸酯，MDI 可自聚形成二聚体，该反应在室温下即可进行，MDI 二聚体影响其聚氨酯制品质量，故 MDI 除需加入稳定剂外，还需在 5 ℃ 以下贮存，以免产生固体状二聚体。MDI 还可以形成三聚体，三聚反应通常需在催化剂存在下进行。

3. 理化指标和检验方法

GB/T 13941—2015《二苯基甲烷二异氰酸酯》中 MDI 有 MDI - 100 和 MDI - 50 两个牌号，含量为 4，4′- MDI、2，4′- MDI、2，2′- MDI 三个异构体含量之和。表 2 - 4 为 MDI - 100 的理化指标和检验方法。

表 2 - 4 MDI - 100 的理化指标和检验方法

项目	理化指标	检验方法
外观	固体为白色至浅黄绿色晶体	目视
色度（APHA）	≤30	比色法
MDI 含量（%）	≥99.6	GC 法
2,4′- MDI 含量（%）	≤2.0	GC 法
4,4′- MDI 含量（%）	≥97.0	GC 法
结晶点/℃	≥38.1	熔点仪

续表

项目		理化指标	检验方法
水解氯含量(%)		≤0.003	电位滴定
环己烷不溶物(%)		≤0.2	重量法
劣化试验	色度（APHA）	≤50	比色法
	环己烷不溶物	≤1.65	重量法

4. 制备方法

将浓度为 20%～35% 盐酸在常温下滴加到苯胺中，生成苯胺盐酸盐溶液。当溶液的 pH 值调整为 3～4 时，将 35% 甲醛水溶液缓慢滴加进去，滴加过程中，将反应温度控制在 20～75 ℃。滴加结束，80 ℃ 恒温混合 1～2 h，逐渐升温到 90 ℃ 恒温 2～3 h。反应结束，生成二苯基甲烷二胺（MDA）及多甲撑多苯胺。

苯胺与甲醛的摩尔比越小，生成的多官能团化合物越多，二官能团化合物越少。另外 MDA2，4 及 2，6 异构体的生成量随着苯胺比例减小而减小。

上述产物中加入 30% NaOH 水溶液中和，分离出有机层，蒸馏回收未反应的苯胺，得到 MDA，MDA 经光气化，生成物经蒸馏、精馏即制得纯净的 MDI。反应式如下：

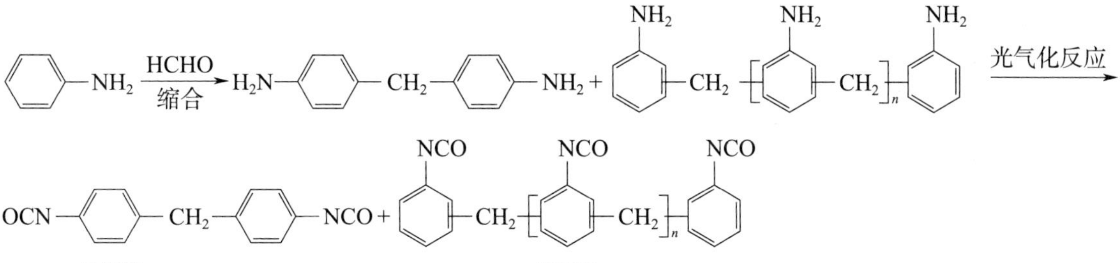

5. 贮存、运输和应用

用铁桶充入氮气密封包装，铁桶外套纸箱。在运输过程中，保持 −5～5 ℃ 干燥的环境，在 −5～5 ℃ 环境中贮存。

MDI 可用作固体推进剂羟基粘合剂预聚体固化剂，也作为粘合剂预聚体的扩链剂使用。在民用化工中，是泡沫塑料、涂料、合成橡胶、合成革、合成纤维、胶粘剂等生产的主要原料之一。

6. 毒性与防护

MDI 属低毒类物质。可经呼吸道侵入机体，对粘膜有强烈刺激作用。吸入 MDI 雾滴 1～2 h 后出现呼吸困难，阵发性咳嗽，伴有头痛、眼痛和嗅觉丧失。MDI 空气中允许浓度为 0.02×10^{-6}。美国政府工业卫生学者会议（ACGIH）规定的时间加权平均阈值（TLV-TWA）为 0.005×10^{-6}（$0.051 \ mg/m^3$），短时间接触阈值（STEL）为 $0.02 \times$

10^{-6} （0.2 mg/m³）。

7. 理化分析谱图

（1）红外光谱图

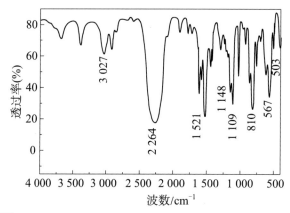

（2）核磁共振谱图

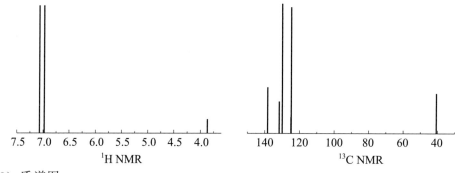

^{1}H NMR　　　　　　　　　　^{13}C NMR

（3）质谱图

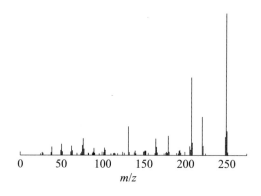

参 考 文 献

［1］ 李绍雄，朱吕民 . 聚氨酯树脂 ［M］. 南京：江苏科学技术出版社，1992：5 - 24.

［2］ 李绍雄，刘益军 . 聚氨酯胶粘剂 ［M］. 北京：化学工业出版社，1998：56.

[3] 赫普伯恩 C. 聚氨酯弹性体 [M]. 高景晨，译. 北京：烃加工出版社，1987：9 - 13.

[4] 程时远，李盛彪，黄世强. 胶粘剂 [M]. 北京：化学工业出版社，2001：71 - 79.

[5] 叶青萱. 胶粘剂 [M]. 北京：中国物资出版社，1999：236 - 237.

[6] 全国塑料标准化技术委员会聚氨酯塑料分技术委员会. 二苯基甲烷二异氰酸酯：GB/T 13941—2015 [S]. 北京：中国标准出版社，2016.

[7] 陈东，王公应. MDI 清洁生产研究进展 [J]. 天然气化工，2005，1 (30)：58 - 62，70.

[8] 李公峰. 国外 MDI 合成工艺述评 [J]. 塑料工程，1993，(2，3)：17 - 37.

[9] 赵新强，王延吉，李芳，等. 二苯甲烷二异氰酸酯清洁合成过程研究：Ⅱ. 二苯甲烷二氨基甲酸甲酯催化合成及其分解 [J]. 石油学报（石油加工），2001，17 (增刊)：53 - 58.

[10] 卞爱芳. MDI 的生产及市场 [J]. 化学工业与工程技术，2002，23 (1)：24 - 26.

[11] 王敏. TDI、MDI 合成技术与市场展望 [J]. 中国石油和化工，2001 (11)：46 - 48.

[12] 宗言恭. 我国异氢酸酯（MDI、TDI）生产状况及未来发展 [J]. 中国石油和化工经济分析，2006 (15)：57 - 59.

[13] 赵新强，王延吉. TDI 和 MDI 洁净合成方法的研究进展 [J]. 化学通报，2001 (4)：201 - 205.

[14] 李芳，王延吉，赵新强. MDI 的非光气合成研究新进展 [J]. 化学工业与工程，2006，5 (23)：458 - 462.

[15] 沈菊华. 国内外二苯基甲烷二异氰酸酯生产应用及市场分析 [J]. 石油和化工技术经济，2005，4 (21)：41 - 44.

[16] 钱伯章，朱建芳. MDI 市场分析与技术进展 [J]. 化学推进剂与高分子材料，2006，5 (4)：16 - 20.

[17] 曹琪，刘朋生. HTPB 液化改性 MDI 聚合反应的动力学 [J]. 高分子材料科学与工程，2004，6 (20)：84 - 86.

[18] 蒋芸. 复合固体推进剂原材料毒性与防护 [M]. 乌鲁木齐：新疆科技卫生出版社，1996：71 - 72.

2.5 改性六次甲基多异氰酸酯

中文名称：改性六次甲基多异氰酸酯

英文名称：modified hexamethylene polyisocyanate

中文别称：HDI 缩二脲

英文别称：LM - 100，N - 100，HDI biuret

相对分子质量：数均相对分子质量 650～900

CAS 登记号：4035 - 89 - 6

LM - 100 是 HDI 与水反应生成的具有缩二脲结构多异氰酸酯混合物，其中以缩二脲三异氰酸酯为主，缩二脲三异氰酸酯的分子结构如下：

$$O=C \begin{cases} \overset{H}{N} - (CH_2)_6NCO \\ N - (CH_2)_6NCO \end{cases}$$
$$O=C \begin{cases} \\ N - (CH_2)_6NCO \\ H \end{cases}$$

1. 物理性质

淡黄色粘稠透明液体。密度 1.132 g/cm³（20 ℃），折射率 1.503 6(n_D^{25})，可溶于氯仿、乙酸乙酯、四氢呋喃、乙腈、甲氧基丙基醋酸酯、丙酮、甲乙酮、甲基异丁基酮、环己酮、甲苯、二甲苯、100 号溶剂石脑油及其混合溶剂，不溶于正己烷、环己烷、四氯化碳、异丙醚、N，N-二甲基甲酰胺。

2. 化学性质

具有一般异氰酸酯类化合物的化学性质，可与醇、胺、水、氨基甲酸酯、脲等含有活性氢的化合物反应。与羟基化合物反应，其反应速率开始阶段明显低于 TDI，随着反应进行，两者反应速率差距逐渐变小。

3. 理化指标和检验方法

GJB 5266—2003《改性六次甲基多异氰酸酯规范》规定了 LM-100 两种型号的理化指标和检验方法，列于表 2-5 中。为了便于比较，在表 2-6 中给出了德国、法国相应的理化指标。

表 2-5 LM-100 理化指标和检验方法

项目	指　标		检验方法
	Ⅰ 型	Ⅱ 型	
异氰酸根值(—NCO 值)/(mmol/g)	5.10～5.60	4.50～5.10	二正丁胺滴定法
粘度/Pa·s(30 ℃)	3.0～7.0	10.0～20.0	旋转粘度法
数均相对分子质量	670～770	800～900	VPO 法
游离 HDI 质量分数(%)	≤1.0		GPC 法

表 2-6 国外典型 HDI 缩二脲理化指标

牌号	粘度/Pa·s(23 ℃)	相对密度 d_4^{20}	闪点/℃	—NCO/(mmol/g)	游离 HDI（%）	当量/(g/mol)
德 Desmodur-N100	10±2	1.14	181	5.24±0.07	—	191
德 Desmodur-N3200	2.5±1	1.13	170	5.47±0.07	≤0.5	183
法 TolonateHD13	9±2	1.120	170	5.24±0.24	—	—
法 TolonateHDB-LV	2±0.5	1.120	149	5.60±0.24	—	—

4. 制备方法

HDI 与水反应生成 LM-100，主要有两步反应，第一步是异氰酸酯与水反应生成胺，胺与 HDI 反应生成脲基二异氰酸酯。第二步为脲基二异氰酸酯与 HDI 反应生成具有缩二脲结构的三异氰酸酯。反应式如下：

$$OCN-(CH_2)_6-NCO + H_2O \longrightarrow H_2N-(CH_2)_6-NCO + CO_2$$

从缩二脲三异氰酸酯结构看来，应该是由 3 mol HDI 与 1 mol H_2O 反应而成，但若按此配比投料会产生大量乳白色粘稠物，将得不到所需结构。试验证明，摩尔比为 6 : 1 较合适。在第一步生成脲基二异氰酸酯的反应中，温度不要超过 100 ℃，而第二步反应温度宜在 130 ℃ 左右，反应时间为 3～4 h。如在较高温度（150 ℃）下进行反应，可能生成较多高于三官能团产物，若反应温度低于 110 ℃，产率明显下降。实际上 HDI 与水除上述主反应外，还同时发生很多副反应，并可能生成多种其他类型结构基团。因此，LM - 100 是一个微观结构较为复杂的混合物。

5. 贮存、运输和应用

用镀锌铁桶密闭包装，运输时应防止撞击，严禁日晒雨淋。贮存于通风干燥的库房内，并远离火源。

用于高能固体推进剂羟基粘合剂预聚物的固化剂和交联剂。在民用中，主要用于聚氨酯胶粘剂和聚氨酯涂料生产，其制成品易快干，力学性能好，耐化学和耐气候性好，不泛黄。

6. 毒性与防护

属微毒类物质，中毒可能性很小。

7. 理化分析谱图

（1）红外光谱图

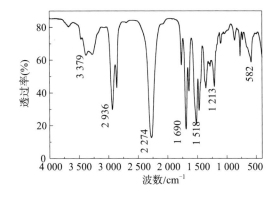

（2）核磁共振谱图

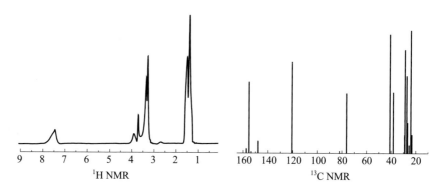

^{1}H NMR　　　　　　　　　　　^{13}C NMR

参 考 文 献

［1］　徐婉. NEPE 推进剂固化体系研究［D］. 长沙：湖南大学，2009.

［2］　范夕萍，张磊. P（E‑CO‑T）‑N100 预聚物的合成、表征及其在改性双基推进剂粘合剂体系中的应用［J］. 精细化工，2007，24（5）：424‑425.

［3］　曹宇光，王世英，贺湘晖，等. 改性六次甲基多异氰酸酯规范：GJB 5266—2003［S］. 北京：国防科学技术工业委员会，2003.

［4］　谭惠民，罗善国. N‑100 的结构模型［J］. 北京理工大学学报，1995，15（6）：66‑73.

［5］　沈慧芳，涂伟萍. HDI 缩二脲多异氢酸酯的合成［J］. 化工学报，2001，52（11）：1017‑1020.

［6］　谭惠民，罗善国. 共聚醚 P（E‑CO‑T）Q 及其与 N‑100 固化后的聚醚聚脲聚氨酯的热分解性能［J］. 北京理工大学学报，1995，15（6）：52‑58.

［7］　马新刚，聂海英. PET/（TDI/N‑100）固化反应动力学研究［C］//中国宇航学会固体火箭推进第 22 届年会论文集：推进剂分册，2005：214‑216.

［8］　顾健，宋琴，庞爱民. 燃速催化剂对聚醚黏合剂固化动力学的影响［J］. 化学推进剂与高分子材料，2015，13（6）：63‑67.

［9］　罗善国，谭惠民. NMR 研究 HDI 与水的加成产物 N‑100 结构［J］. 高等学校化学学报，1997，18（1）：134‑139.

［10］　黄志萍，秦芳，谭利敏. 缩二脲多异氰酸酯官能度分布测定方法［J］. 固体火箭技术，2010（增刊）：160‑165.

2.6　多亚甲基多苯基多异氰酸酯

中文名称：多亚甲基多苯基多异氰酸酯

英文名称：polyaryl polymethylene diisocyanate

中文别称：粗 MDI，聚合 MDI，聚亚甲基聚芳基异氰酸酯，多苯基多次甲基多异氰酸酯，聚（苯基异氰酸酯）‑联‑甲醛

英文别称：PAPI，PMDI，polymethylene polyphenlene isocyanate，polymeric diisocyanato diphenyl methane

相对分子质量：数均相对分子质量 350～380

结构式：如图

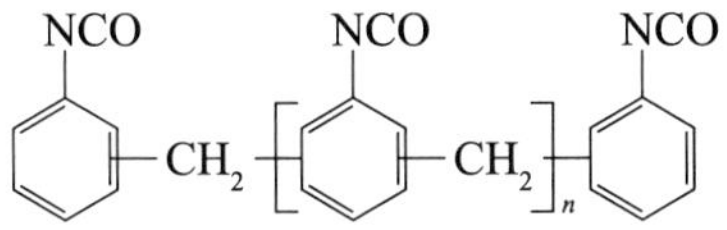

CAS 登记号：9016-87-9

1. 物理性质

PAPI 常温下为褐色至深棕色低粘度液体，有刺激性气味，凝固点 5 ℃，沸点 358 ℃，密度 1.238 g/cm^3（20 ℃），可溶于苯、甲苯、氯苯、丙酮等溶剂，不溶于水。

2. 化学性质

PAPI 是一种含有不同官能度组分的多亚甲基多苯基多异氰酸酯的混合物。通常单体 MDI（结构式中 $n=0$ 时的二异氰酸酯）占混合物总量的 50% 左右，其余为 3～6 官能度的低聚异氰酸酯。升温时能发生自聚作用。PAPI 闪点约 230 ℃，分解温度小于 230·℃，燃点 218 ℃。具有通常异氰酸酯的基本化学性质，PAPI 的活性低，与水可发生反应。作为固化剂，固化速度较低官能度的 MDI 低，比 TDI 高。

3. 理化指标和检验方法

GB/T 13658—2015《多亚甲基多苯基异氰酸酯》规定了 PAPI 的理化性能及检验方法，列于表 2-7 中。表 2-8 给出了国内及美国典型产品的理化性能。

表 2-7　PAPI 的理化性能及检验方法

项目	指标			检验方法
	PM-200	PM-400	PM-600	
外观	棕色液体			目视
异氰酸根（—NCO）含量（%，m/m）	30.5～32.0		—	二正丁胺滴定法
粘度/mPa·s(25 ℃)	150～250	350～500	501～800	旋转粘度法
酸度（以 HCl 计）（%，m/m）≤	0.10	0.20	0.35	酸碱滴定法
水解氯含量（%，m/m）≤	0.20			电位滴定
密度/(g/cm^3)(25 ℃)	1.220～1.250			密度瓶法

表 2-8　国内及美国典型产品的理化性能

项目	MR	PM-200	S-50051	检验方法
外观	深棕色液体	棕色液体	浅棕色液体	目视
—NCO 质量分数（%）	30.9	31.1	31.3	二正丁胺滴定法

续表

项目	MR	PM-200	S-50051	检验方法
酸度(以 HCl 计)(%)	0.022	0.017	0.015	酸碱滴定法
水解氯含量(%)	0.15	0.07	0.04	电位滴定
铁含量/(μg/g)	20~30	15	2~8	比色法
粘度/mPa·s（25 ℃）	190	210	225	旋转粘度法
2,4-MDI 质量分数（%）	0.5	6.1	2.3	GC
2,6-MDI 质量分数（%）	57.4	45.2	57.3	GC
三官能度 PAPI	29.8	33.1	22.6	GPC
四官能度 PAPI	6.8	6.9	7.4	GPC
五官能度 PAPI	2.0	3	3.4	GPC
六官能度及以上 PAPI	3.2	3.4	5.7	GPC

4. 制备方法

PAPI 的生产方法与 MDI 相同，只是苯胺与甲醛的摩尔比小一些。先由苯胺与甲醛溶液在盐酸作用下，缩合成含一定量二胺的多胺混合物，然后这类多胺化合物经光气化反应制得 PAPI。在合成多胺化合物时，要控制二胺含量在 50% 左右。为此苯胺与甲醛的摩尔比应在 1.6~2.0 范围内变化。多胺合成的其他操作条件与 MDI 的合成类似。如采用联产法制备 PAPI，要求多胺中必须含有 60%~75% 的二胺，其关键也是通过改变苯胺与甲醛的投料摩尔比来实现的。在苯胺与甲醛的摩尔比为 4/1.4 情况下，合成的多胺含有 75% 左右的二胺化合物。

5. 贮存、运输和应用

用镀锌铁桶包装，按一般化学品的有关规定运输。在室温（20~25 ℃）下于通风良好室内，容器严格干燥密封并充干燥氮气保护贮存。

用作固体推进剂羟基粘合剂固化剂。在民用中，用于制造聚氨酯胶粘剂，或直接加入橡胶胶粘剂中，改善橡胶的粘接性能。PAPI 分子中含有多个刚性苯环，并且具有较高的平均官能度，制得的聚氨酯制品较硬。PAPI 主要用于制备硬质聚氨酯泡沫塑料、半硬质聚氨酯泡沫塑料、模塑高回弹泡沫塑料、胶粘剂，还用于铸造工业中自硬砂树脂。高官能度、低酸值的 PAPI 一般用于聚氨酯快速固化体系，也可用于涂料制备领域。

6. 毒性与防护

PAPI 无挥发性，低毒。

7. 理化分析谱图

(1) 红外光谱图

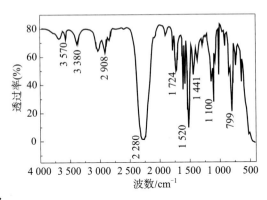

(2) 核磁共振谱图

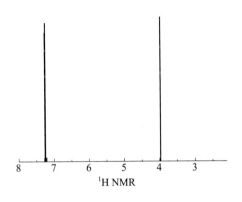

^{1}H NMR

参 考 文 献

[1] 程时远，李盛彪，黄世强 . 胶粘剂 [M]. 北京：化学工业出版社，2001：78.

[2] 叶青萱 . 胶粘剂 [M]. 北京：中国物资出版社，1999：250.

[3] 李绍雄，朱吕民 . 聚氨酯树脂 [M]. 南京：江苏科学技术出版社，1992：298 - 306.

[4] 李绍雄，刘益军 . 聚氨酯胶粘剂 [M]. 北京：化学工业出版社，1998.

[5] 赫普伯恩 C. 聚氨酯弹性体 [M]. 高景晨，译 . 北京：烃加工出版社，1987：263.

[6] 中华人民共和国国家质量监督检验检疫总局，中国国家标准化管理委员会 . 多亚甲基多苯基异氰酸酯：GB/T 13658—2015 [S]. 北京：中国标准出版社，2016.

[7] 张健，郭风春 . 丁腈羟聚氨酯密封胶的制备与性能 [C] //中国聚氨酯工业协会第十次年会论文集，2000：206 - 207.

[8] 张衍荣 . PAPI 的反应性能与组成的关系研究 [C] //中国聚氨酯工业协会第十次年会论文集，2000：35 - 36.

[9] 张衍荣，赵文明 . PAPI 反应活性的改进 [J]. 聚氨酯工业，2000，15（4）：39 - 41.

[10] 杨建业，叶明 . 改进的多亚甲基多苯基多异氢酸酯（PAPI）[C] //中国聚氨酯工业协会第十三次年会论文集，2006：154 - 157.

[11] 祁世宇 . 丁酮肟封闭多亚甲基多苯基多异氰酸酯的研究 [J]. 广州化工，2012，40（19）：72 - 73.

2.7　二聚脂肪酸二异氰酸酯

中文名称：二聚脂肪酸二异氰酸酯

英文名称：dimer（fatty acid）yl diisocyanate（DDI）

分子式：R（NCO）$_2$，R 为 36 或 38 个碳的饱和或不饱和脂肪基。

1. 物理性质

亮褐色或浅褐色油状液体，蒸气压小于 0.001 mmHg（25 ℃），流动点 −34.4 ℃，粘度 0.170 Pa·s（20 ℃）。可溶于苯、甲苯、氯苯、丙酮等溶剂，不溶于水。

2. 化学性质

DDI 的分子结构为饱和和不饱和三十六个碳或三十八个碳二异氰酸酯的混合物。闪点 296 ℃，同其他异氰酸酯一样，可与羟基及胺等含活泼氢的化合物反应，但反应速度远比其他异氰酸酯慢，对水很不敏感，几乎不反应。

（1）同含羟基化合物反应

$$R(NCO)_2 + HO-R'-OH \longrightarrow \left(\begin{array}{c} O \ H \ \ \ \ \ H \ O \\ \parallel \ | \ \ \ \ \ \ | \ \parallel \\ C-N-R-N-C-O-R'-O \end{array} \right)_n$$

这种反应非常缓慢，DDI 与丁羟胶配方的推进剂药浆使用期很长，一般要使用硫化催化剂（如辛酸亚锡）及较高温度，来调节工艺使用期和固化时间。

（2）同水反应

对水很不敏感，几乎不起反应，操作时不需考虑空气湿度影响，这是 DDI 特有的一个性质，它在水中能乳化。等量的 DDI 和水的混合物在常温和升高温度下，经较长时间的搅拌，异氰酸根含量只损失总异氰酸根的 6%～7%。

（3）同胺的反应

$$R(NCO)_2 + R'(NH_2)_2 \longrightarrow \left(\begin{array}{c} O \ H \ \ \ \ \ H \ O \ H \ \ \ \ \ H \\ \parallel \ | \ \ \ \ \ \ | \ \parallel \ | \ \ \ \ \ \ | \\ C-N-R-N-C-N-R'-N \end{array} \right)_n$$

DDI 同胺的反应虽比同水的反应快，但较其他异氰酸酯（特别是芳香异氰酸酯）同胺的反应慢得多。其他异氰酸酯同胺反应几乎是无法控制的，但 DDI 同胺反应，使用期较长，常温七天达到完全硫化。它同各种二元和多元胺反应能得到具有良好力学性质的未填充弹性体。

（4）内增塑作用

用 DDI 作丁羟推进剂的固化剂，药浆使用期长（相比 IPDI），力学性能好（和 IPDI 相当），特别是药柱经高温老化后，低温力学性能仍具有高的水平。这说明 DDI 分子上长的脂肪链在推进剂网络中起到了内增塑作用，降低了高分子链间的极性作用，进而减弱了低温下的内聚作用。

3. 理化指标和检验方法

DDI 理化性能和检验方法列于表 2－9。

表 2－9   DDI 理化性能和检验方法

项目	DDI	检验方法
纯度(%)	≥98	GC
相对分子质量	600	VPO
NCO(%)	14～15	二正丁胺滴定法
水解氯(%)	≤0.1	电位滴定

4. 制备方法

以植物油如妥尔油（为纸浆浮油）、菜油、豆油、桐油、棉子油、亚麻油等合成 DDI，这些油的主要成分为不饱和十八碳烯酸的甘油酯。另一种原料为油酸和亚油酸的二聚体，如美国生产的 DDI 主要采用妥尔油酸为原料，它是造纸工业的副产物，是多种酸的混合物，便宜，来源多。我国植物油的含量丰富，以亚麻油、妥尔油、桐油和棉子油为起始原料。由植物油获得二聚脂肪酸，再用叠氮化钠法或光气法制得。

（1）叠氮化钠法

$$3R(COOH)_2 + 2PCl_3 \xrightarrow[2h]{回流} 3R(COCl)_2 + 2H_3PO_3$$

$$R(COCl)_2 + 2NaN_3 \xrightarrow{10～15℃} R(CON_3)_2 + 2NaCl$$

$$R(CON_3)_2 \xrightarrow{\triangle} R(NCO)_2 + 2N_2 \uparrow$$

（2）光气法

$$R(COOH)_2 + 2NH_3 \longrightarrow R(CN)_2 + 4H_2O$$

$$R(CN)_2 + 4H_2 \xrightarrow[雷尼镍]{NH_3} R(CH_2NH_2)_2$$

$$R(CH_2NH_2)_2 + 2COCl_2 \xrightarrow[6～7h]{45～110℃} R(CH_2NCO)_2 + 4HCl$$

5. 贮存、运输和应用

用镀锌铁桶包装，按一般化学品的有关规定运输和贮存。

DDI 用作丁羟推进剂的固化剂和火箭发动机的膨胀体，膨胀体本身是抗火焰的，用作固体发动机的绝热层和包覆层。DDI 与改性胺组成的聚脲涂料适用于飞机、导弹涂层。还可作为纸张及皮革和纺织物的防水剂、木材的防水处理剂和印刷油墨等。

6. 毒性与防护

DDI 的毒性非常小，被认为是无害物质，可以在公众场合使用。

7. 理化分析谱图

（1）红外光谱图

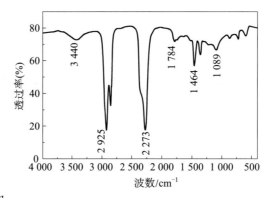

（2）核磁共振谱图

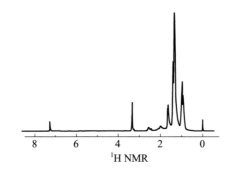

（3）质谱图

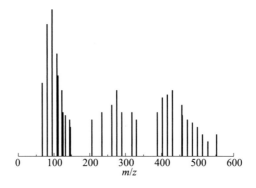

参 考 文 献

［1］　茅沈杰. 二聚脂肪酸二异氰酸酯的合成、改性及在织物整理中的应用［D］. 苏州：苏州大学，2011.

［2］　全国塑料标准化技术委员会聚氨酯塑料分技术委员会．塑料　聚氨酯生产用芳香族异氰酸酯　第
　　　 4 部分：异氰酸根含量的测定：GB/T 12009.4—2016［S］．北京：中国标准出版社，2016.

［3］　全国塑料标准化技术委员会塑料树脂通用方法和产品分会．塑料　多亚甲基多苯基异氰酸酯　第
　　　 3 部分：黏度的测定：GB/T 12009.3—2009［S］．北京：中国标准出版社，2010.

［4］　全国塑料标准化技术委员会聚氨酯塑料分技术委员会．塑料　聚氨酯生产用芳香族异氰酸酯　第
　　　 2 部分：水解氯的测定：GB/T 12009.2—2016［S］．北京：中国标准出版社，2016.

［5］　全国化学标准化技术委员会．化工产品密度、相对密度的测定：GB/T 4472—2011［S］．北京：中
　　　 国标准出版社，2012.

［6］　王晗，樊学忠．二聚脂肪酸二异氰酸酯合成方法：201010169597［P］．2010 - 05 - 12.

［7］　茅沈杰，李战雄，成丽，等．封端改性二聚脂肪酸二异氰酸酯的制备及其在织物整理中的应用
　　　 ［J］．印染助剂，2011，28（10）：30 - 32.

［8］　徐馨才．二聚脂肪酸二异氰酸酯及其应用［J］．推进技术，1988（4）：55 - 61.

［9］　常伟林，邢校辉，桂李进，等．二聚酸二异氰酸酯（DDI）合成进展［J］．化学推进剂与高分子材
　　　 料，2014，12（4）：23 - 26.

2.8　双酚 A 型环氧树脂

中文名称：双酚 A 型环氧树脂

英文名称：bisphenol A epoxy resins

中文别称：E 型环氧树脂，双酚 A 型二缩水甘油醚

英文别称：EP；2, 2 - bis（4 - hydroxyphenyl）propane diglycidyl ether；2, 2 -
bis（p - hydroxyphenyl）propane diglycidyl ether

相对分子质量：数均相对分子质量 3 000～7 000

结构式：如图

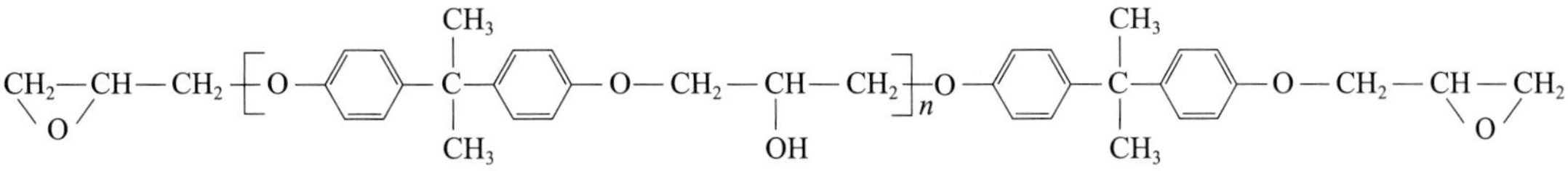

CAS 登记号：不同型号的双酚 A 型环氧树脂对应不同的 CAS 登记号

1. 物理性质

几乎无色或淡黄色透明粘稠液体或块（片、粒）状脆性固体，密度 1.160 g/cm^3。溶于丙酮、环己酮、醋酸乙酯、甲苯、二甲苯、无水乙醇、乙二醇等有机溶剂。一般低相对分子质量的 E 型环氧树脂的 n 平均值小于 2，软化点低于 50 ℃，也称为软环氧树脂；中等相对分子质量环氧树脂 n 值在 2～5 之间，软化点在 50～90 ℃；而 n 大于 5 的树脂，软化点在 100 ℃以上，称为高相对分子质量树脂。E 型环氧树脂具有很高的粘合强度，能粘合各种金属和非金属材料。E - 51（618）环氧树脂是一系列环氧树脂型号中相对分子质量较小，粘度较低的一个品种。

2. 化学性质

可燃。双酚 A 型环氧树脂的大分子结构特征：1）大分子的两端是反应能力很强的环氧基。2）分子主链上有许多醚键，是一种线型聚醚结构。3）n 值较大的树脂分子链上有规律地、相距较远地出现许多仲羟基，可以看成一种长链多元醇。4）主链上还有大量苯环、次甲基和异丙基。E 型环氧树脂能够发生多种固化反应以及水性化反应。

（1）环氧树脂的固化反应

①环氧树脂/胺固化体系

一元脂肪胺与环氧基团反应，生成二元胺，二元胺进一步与环氧基团反应生成三元胺。

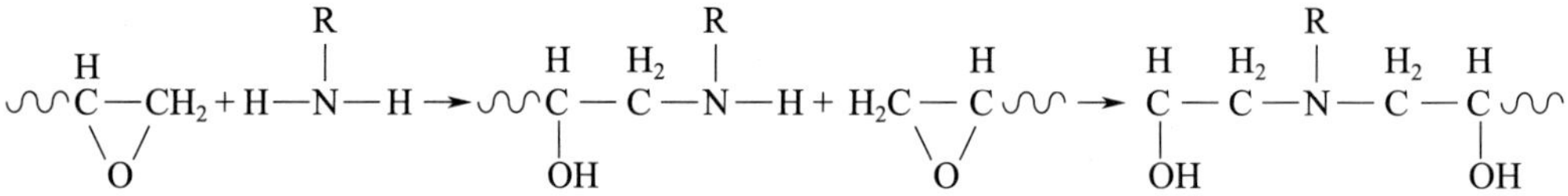

②环氧树脂/酸酐固化体系

1）苯酐开环生成半脂：

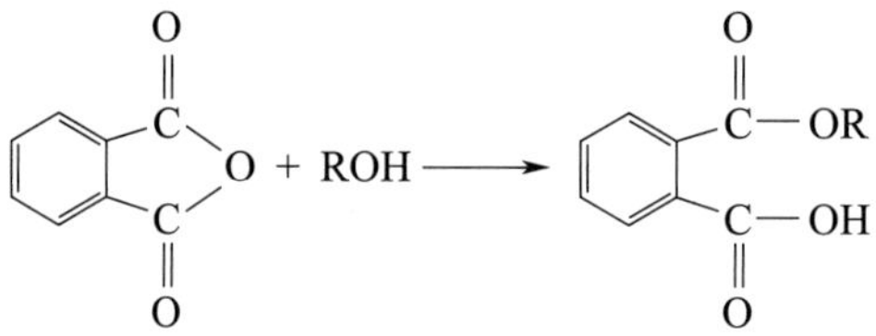

2）羟基进一步与环氧基团反应生成羟基二酯：

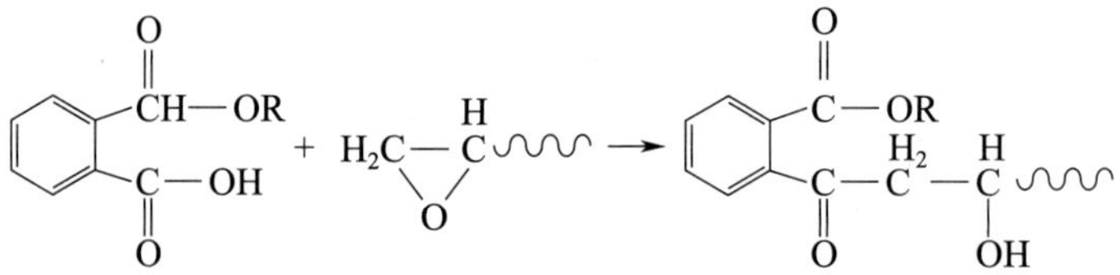

3）上述形成的羟基基团与另一个酸酐开环反应形成酯。

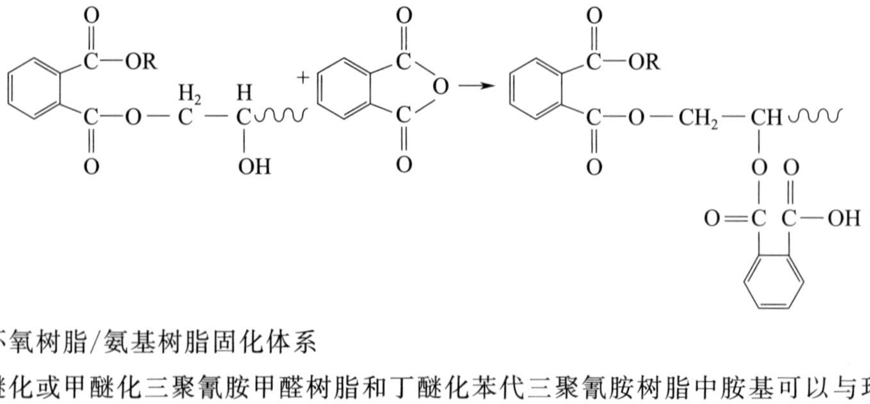

③环氧树脂/氨基树脂固化体系

丁醚化或甲醚化三聚氰胺甲醛树脂和丁醚化苯代三聚氰胺树脂中胺基可以与环氧树脂中的环氧基、羟基基团反应。

④环氧树脂/酚醛树脂固化体系

固化反应主要通过环氧中的羟基或环氧基团与酚醛树脂上的羟基或烷氧基之间的反应形成醚键。

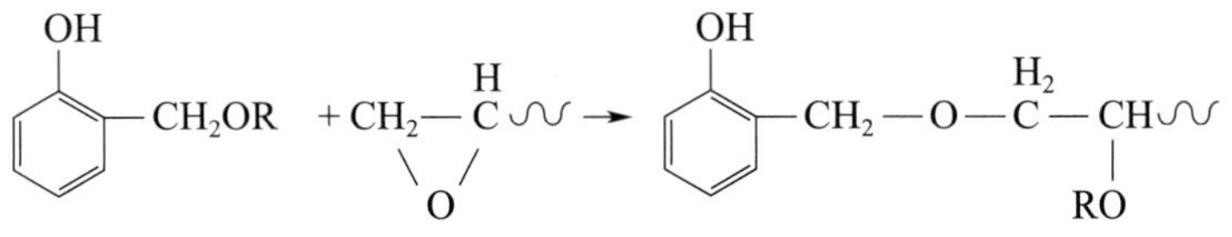

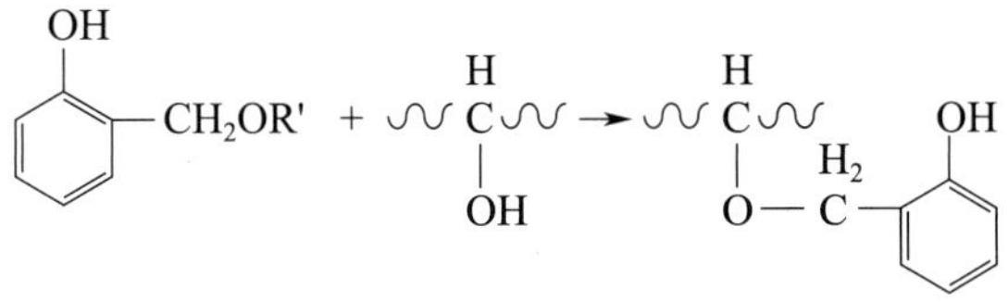

R′：H 或烷基基团。

⑤环氧树脂/异氰酸酯固化体系

异氰酸酯与环氧树脂的羟基反应生产聚氨酯。反应在室温下进行，其固化速度比多元胺固化剂更快，固化温度更低。

（2）环氧树脂水性化

①酯化反应型

通过适当的方法在环氧树脂分子链中引入羧酸、磺酸等功能基团，中和成盐后环氧树脂就具备了水分散的性质。最常用的方法是功能性单体扩链法，即利用环氧树脂与一些低分子扩链剂如氨基酸、氨基苯甲酸等化合物上的氨基反应，在环氧树脂分子链上引入羧酸、磺酸基团，中和成盐得水分散体。酯化法的缺点是酯化产物的酯键随时间增加而水解，导致体系不稳定。为避免这个缺点，可将含羧基单体通过形成碳碳键接枝于高分子质量的环氧树脂上。用羧基聚合物酯化环氧树脂也可制备水分散环氧树脂体系。

②醚化反应型

通过含亲水性聚氧化乙烯链段的羟基或胺基与环氧树脂分子中的环氧基反应，将聚氧化乙烯链段引入环氧树脂分子结构。得到含非离子亲水链段的水性环氧树脂。该改性环氧树脂分散在水相中形成的体系具有很好的稳定性，分散相粒子的平均粒径 $1 \mu m$。

③接枝反应法

在添加引发剂及加热条件下，环氧树脂分子中的—CH_2—或—CH—可成为活性点，将乙烯基单体如丙烯酸、马来酸酐等接枝到环氧树脂分子链中，生成富酸基团的改性环氧树脂，再用胺中和成盐即可得到能自乳化的环氧树脂。由于分子链中没有酯存在，用氨中和获得的水性环氧树脂不易水解、性能稳定。

3. 理化指标和检验方法

不同环氧值的树脂分为不同型号的 E 型环氧树脂。最常见的双酚 A 型环氧树脂的型号有 E-54（616）、E51（618）、E-44（6101）、E-42（634）、E-20（601）、E-12

（604）/E-03（609）。表 2-10 列出 GB/T 13657—2011《双酚 A 型环氧树脂》E-51
（618）的理化指标和检验方法。

表 2-10　E 型环氧树脂 E-51（618）的理化指标和检验方法

项目	指标	检验方法
环氧值/（g/mol）	183～194	化学滴定
粘度/mPa·s(25 ℃)	11 000～116 000	旋转粘度法
色度（APHA）（铂-钴色号）≤	20	比色法
无机氯（%）≤	0.0005	比浊法
易皂化氯（%）≤	0.05	比浊法
挥发分（%）≤	0.1	重量法

4. 制备方法

双酚 A 型环氧树脂是由二酚基丙烷（双酚 A）和环氧氯丙烷在碱性催化剂（通常用
NaOH）作用下缩聚而成。缩聚过程中主要反应如下：

1）在碱催化下，双酚 A 的羟基与环氧氯丙烷的环氧基反应，开环反应生成端基为氯
化羟基的化合物。

2）氯化羟基与 NaOH 反应，脱 HCl 再闭环反应形成环氧基。

3）新生成的环氧基与双酚 A 的羟基开环反应生成端羟基化合物。

4）端羟基化合物与环氧氯丙烷开环反应生成端氯化羟基化合物。

5）生成的氯化羟基与 NaOH 反应，脱 HCl 再闭环反应生成环氧基。

上述反应是缩聚过程中的主要反应。此外还可能有一些不希望有的副反应，如环氧基
的水解反应、支化反应、酚羟基与环氧基的反常加成反应等。若能严格控制合适的反应条
件（如投料配比、NaOH 用量、浓度及投料方式、反应温度、加料顺序、含水量等），即
可将副反应控制到最低限度。从而能获得预定相对分子质量的、端基为环氧基的线型环氧
树脂。调节双酚 A 和环氧氯丙烷的用量比，可以制得平均相对分子质量不同的环氧树脂。

主要的反应式如下：

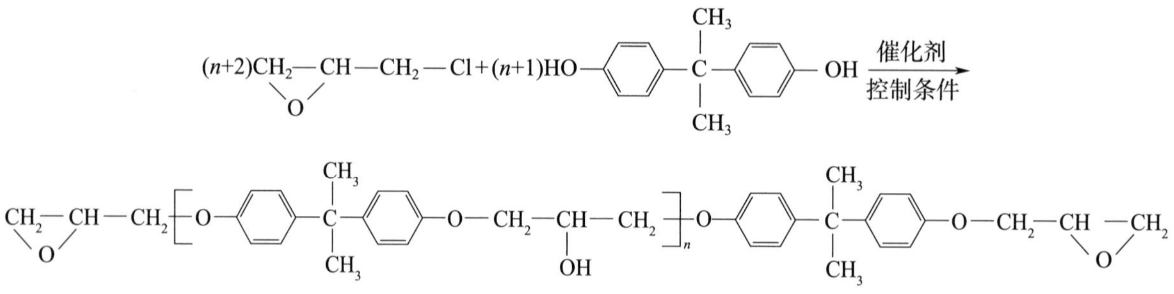

5. 贮存、运输和应用

液体树脂用密封性良好的铁桶包装，固体树脂用复合编织袋包装，存放在通风、干燥
的库房内，防止日光直接照射，并应隔绝火源，远离热源。运输防止日晒雨淋。

E 型环氧树脂主要用作固体推进剂端羧基聚丁二烯粘合剂体系的固化剂。还可用作聚硫密封胶的增粘剂和氯磺化聚乙烯胶粘剂的增粘交联剂、聚氨酯胶粘剂的增强剂。固化后的 E 型环氧树脂用作各种耐腐蚀涂料和绝缘材料。

6. 毒性与防护

双酚 A 环氧树脂基本属无害化学品，但由于混合的溶剂和添加剂以及中间产物，可能有一定危害。因此在生产或使用过程中，仍需遵守一定的基础防护措施。

7. 理化分析谱图

（1）红外光谱图

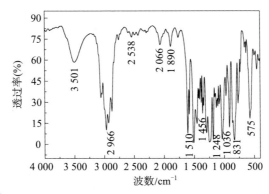

（2）核磁共振谱图

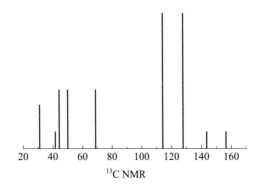

（3）质谱图

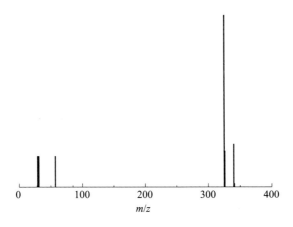

参 考 文 献

［1］　武利民 . 现代涂料配方设计［M］. 北京：化学工业出版社，2000：7 - 12.

［2］　黄燕 . 环氧树脂水性化技术的研究进展［J］. 茂名学院学报，2010，20（1）：8 - 11.

［3］　全国塑料标准化技术委员会热固性塑料分会 . 双酚 A 型环氧树脂：GB/T 13657—2011［S］. 北京：中国标准出版社，2012.

［4］　钟军，郝达菲，张心亚，等 . 低分子量双酚 A 型环氧树脂的合成方法［J］. 广东化工，2005（9）：35 - 36.

［5］　吕咏梅 . 国内外环氧树脂生产现状和发展趋势［J］. 中国氯碱，2002（7）：4 - 7.

2.9　三 - 1 - （2 - 甲基氮丙啶）氧化膦

中文名称：三 - 1 - （2 - 甲基氮丙啶）氧化膦

英文名称：tris - 1 - （2 - methylaziridinyl）phosphine oxide（MAPO）

中文别称：三 - （2 - 甲基氮丙啶）氧化膦

英文别称：tris - （2 - methylaziridinyl）phosphine oxide

分子式：$C_9H_{18}N_3OP$

相对分子质量：215.12

结构式：如图

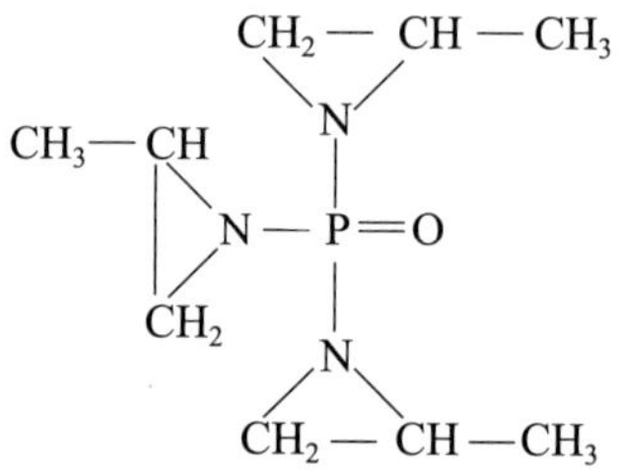

CAS 登记号：57 - 39 - 6

1. 物理性质

黄色或浅棕黄色的油状液体，具有腐烂青草臭味，密度 1.079 g/cm³（25 ℃），易溶于甲醇、二氯甲烷、三氯甲烷、苯、乙醚等有机溶剂，稍溶于水。

2. 化学性质

分解温度为 170 ℃，遇酸或硫酸钠会引起开环分解，MAPO 的亚胺基可与对甲苯磺酸定量反应，生成酰胺。遇酸性物质及含活泼氢的杂质能引起聚合，与含有两个以上活泼氢或活泼基团的化合物发生共聚和交联化学反应。MAPO 与有机羧酸反应可以得到一种氮丙啶聚酯物，但是该化学反应过程很复杂，不仅有 MAPO 的开环酯化反应，生成一环酯化合物，还生成二环酯化合物和三环酯化合物。另外，还存在两个主要副反应，即

MAPO 的均聚和环酯化合物分子内 P—N 键的断裂和重排。与高氯酸铵直接接触时形成较强的氢键。

3. 理化指标和检验方法

MAPO 的理化指标及检验方法列于表 2 - 11。

表 2 - 11　MAPO 的理化指标及检验方法

项目	指标		检验方法
	一级品	二级品	
MAPO 的含量(以亚胺计)(%,m/m)　≥	92.0	86.0	化学滴定法
水分(%,m/m)　≤	0.25	0.25	近红外分光光度法
甲醇不溶物(%,m/m)　≤	0.01	0.01	重量法
总氯量(以 Cl 计)(%,m/m)　≤	2.00	3.00	化学滴定法
水解性氯化物(以 Cl 计)(%,m/m)　≤	1.50	2.00	电位滴定法
外观	黄色或浅棕黄色油状液体,无肉眼可见机械杂质		目视法

4. 制备方法

采用异丙醇胺和三氯氧膦作原料,经酯化、环化、缩合反应制得 MAPO。主要制备过程为:第一步用异丙醇胺与浓硫酸酯化;第二步用氢氧化钠环化制得甲基氮丙啶;第三步以三乙胺为催化剂,以氧化钙为 pH 调节剂和干燥剂,以二氯甲烷为溶剂,将制得的甲基氮丙啶与三氯氧膦进行缩合反应,得到目标物 MAPO。经过滤、浓缩、蒸馏工序,MAPO 含量可达 98%。反应式如下:

$$(1) \quad NH_2—CH—CH_2—OH + H_2SO_4 \longrightarrow NH_2—CH—CH_2—OSO_3H + H_2O$$
$$\quad\quad\quad\quad | \quad\quad\quad\quad\quad\quad\quad\quad\quad\quad\quad\quad\quad\quad\quad\quad | $$
$$\quad\quad\quad\quad CH_3 \quad\quad\quad\quad\quad\quad\quad\quad\quad\quad\quad\quad\quad\quad CH_3$$

$$(2) \quad NH_2—CH—CH_2—OSO_3H + 2NaOH \longrightarrow CH_3—CH—CH_2 + Na_2SO_4$$
$$\quad\quad\quad\quad\quad | \quad\quad\quad\quad\quad\quad\quad\quad\quad\quad\quad\quad\quad\quad\quad\quad \backslash\quad/ $$
$$\quad\quad\quad\quad\quad CH_3 \quad\quad\quad\quad\quad\quad\quad\quad\quad\quad\quad\quad\quad\quad NH$$

$$(3) \quad 3CH_3—CH—CH_2 + POCl_3 \xrightarrow{Et_3N} MAPO + 3HCl$$
$$\quad\quad\quad\quad\quad \backslash\quad/ $$
$$\quad\quad\quad\quad\quad NH$$

5. 贮存、运输和应用

采用白色聚乙烯桶包装,包装桶应洁净、干燥、封口密封。成品存放在阴凉、干燥的库房内。运输过程中应防水、防晒、防止翻滚。

MAPO 主要用作羧基类粘合剂的固化剂,能增加粘合剂与氧化剂及固体填料间的有效粘结,从而提高推进剂的强度及延伸率。

6. 毒性与防护

属于中等毒性类有机物，挥发性较小故不易经呼吸道侵入机体，能经皮肤和消化道侵入机体。在机体内，其氮丙啶基可直接与靶细胞的遗传物质发生烷化反应，直接或间接诱发突变，是一种典型的遗传毒物和不育剂。具有生殖毒性、致畸作用和潜在的致癌危险性。

7. 理化分析谱图

（1）红外光谱图

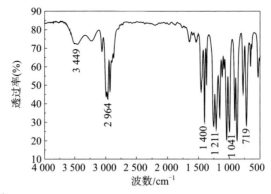

（2）核磁共振谱图

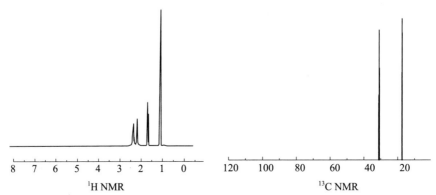

（3）质谱图

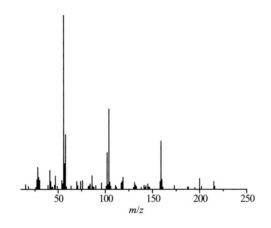

参 考 文 献

［1］ 刘学. 复合固体推进剂用键合剂的种类及其作用机理 ［J］. 含能材料，2000，8（3）：135 - 139.

［2］ 张杏芬. 国外火炸药原材料性能手册 ［M］. 北京：兵器工业出版社，1991.

［3］ 中国航天科工集团第六研究院四十六所. 三 - 1 -（2 - 甲基氮丙啶）氧化膦规范：GJB 1959A—
　　　2020 ［S］. 北京：中央军委装备发展部.

［4］ 陈洛亮. 氮丙啶类键合剂的合成及应用 ［J］. 黎明化工，1992（2）：23 - 24.

2.10 对苯醌二肟

中文名称：对苯醌二肟

英文名称：p - benzoquinone dioxime

中文别称：1，4 -苯醌二肟；对醌二肟；苯醌二肟；2，5 -环己二烯- 1，4 -二酮二肟

英文别称：1，4 - benzoquinone dioxime；p - quinone dioxime；1，4 - cyclohexaene
dioxime；1，4 - quinone dioxime；GMF

分子式：$C_6H_6N_2O_2$

相对分子质量：138.12

结构式：如图

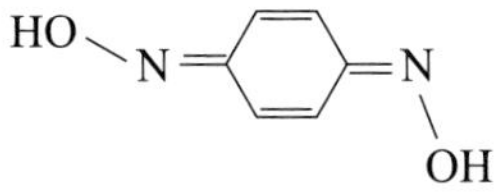

CAS 登记号：105 - 11 - 3

1. 物理性质

淡黄色针状结晶，当湿度低于 20% 时，会转化为粉尘状态。密度 1.2～1.4g/cm³，熔
点 240 ℃，易溶于乙酸乙酯，溶于热水、醇和醚，微溶于丙酮，不溶于冷水、苯、汽油。

2. 化学性质

易燃。在 240 ℃ 开始分解。有酸碱两性，溶于乙酸、碱的水溶液生成相应的盐。有氧
化还原性，与金属镍生成络合物。

3. 理化指标和检验方法

对苯醌二肟理化指标和检验方法列于表 2 - 12。

表 2 - 12 对苯醌二肟理化指标和检验方法

项目	指标	检验方法
外观	淡黄色针状结晶粉末	目视
含量(%)	96～98	碘量法

续表

项目	指标	检验方法
灰分(%)	0.1～0.2	称重
水分(%)	0.3～0.4	卡尔·费休法
熔点范围/℃	230～240	熔点仪
细度/(目/寸²)	200 筛余物≤0.1%	过筛称重
	超细微 1250 筛余物≤0.1%	
乙醇溶解性	全溶	称重

注：1 寸＝0.033 m。

4. 制备方法

以对苯醌、氯化羟胺为原料，以碳酸钙为催化剂，在一定温度下一步催化合成。首先，将对苯醌、碳酸钙和氯化羟胺放入反应器中，再加入乙醇进行反应，然后，真空旋蒸，溶剂蒸发完毕后，搅拌、抽滤、清洗、干燥，得对苯醌二肟。

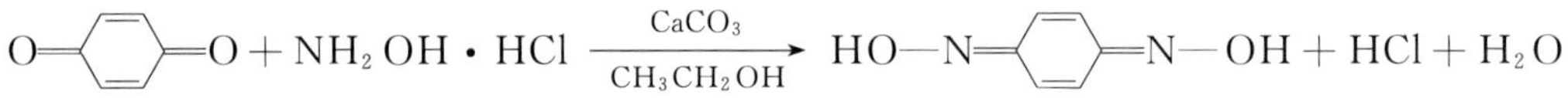

$$O{=}\!\!\bigcirc\!\!{=}O + NH_2OH \cdot HCl \xrightarrow[CH_3CH_2OH]{CaCO_3} HO{-}N{=}\!\!\bigcirc\!\!{=}N{-}OH + HCl + H_2O$$

5. 贮存、运输和应用

采用铁桶包装，密封避光保存。密闭储存于阴凉通风、避雨处。运输过程中防止雨淋和曝晒，不能与强氧化剂混储混运。

对苯醌二肟用作固体推进剂粘合剂聚硫橡胶固化剂，亦可用作丁基胶、天然胶、丁苯胶、聚硫"ST"型橡胶的硫化剂，特别适用于丁基胶。另可以作为乙烯酯单体、丙烯酸酯单体或苯乙烯单体的聚合抑制剂，可用于测定镍。

6. 毒性与防护

中等毒性，可经呼吸道和消化道侵入。工作场所要合理地通风，配戴防护用品，防止呼吸道侵入，防止手的污染和食物的污染，防止经口侵入机体。远离明火和高温热源。

7. 理化分析谱图

（1）红外光谱图

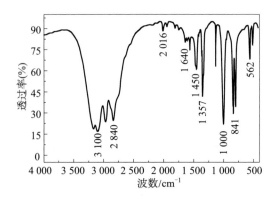

（2）核磁共振谱图

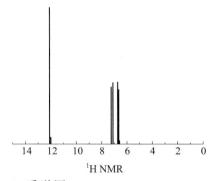

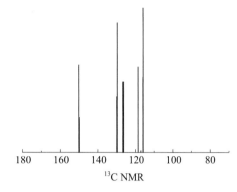

¹H NMR

¹³C NMR

（3）质谱图

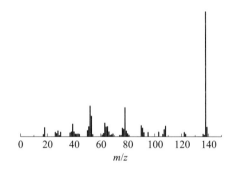

m/z

（4）紫外光谱图

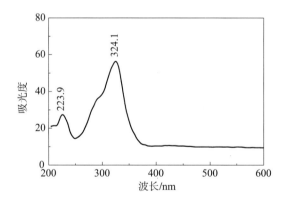

参 考 文 献

［1］ 王梦蛟. 橡胶工业手册［M］. 北京：化学工业出版社，1993：20.

［2］ 袁晓静. 对苯醌二肟：Q/321088GWA 001—2015［S］. 扬州：扬州庆凯高新材料厂，2015.

［3］ 单永奎，贺峥. 一种二苯甲酰对醌二肟的制备方法：101293857A［P］. 2008 - 10 - 29.

［4］ 蒋芸. 复合固体推进剂原材料毒性与防护［M］. 乌鲁木齐：新疆科技卫生出版社，1996：75.

［5］ 赵琛烜. 光学信息响应功能的主客体分子的理论与实验研究［D］. 镇江：江苏大学，2011.

2.11　N-（2-氨基乙基）-1，2-乙二胺

中文名称：N-（2-氨基乙基）-1，2-乙二胺

英文名称：N-（2-aminoethyl）-1，2-ethylamine

中文别称：二乙烯三胺；二乙撑三胺；二乙基三胺；二亚乙基三胺；二乙三胺；二次乙基三胺；双（β-氨基乙基）胺；2，2′-二氨基二乙基胺；2，2′-亚胺基双（乙胺）

英文别称：diethylenetriamine（DETA）；bis（β-aminoethyl）-amine；1，2-ethanediamine；N-（2-aminoethyl）；1，4，7-triazaheptane；1，5-diamino-3-azapentane；2，2′-diamino-diethylamin

分子式：$C_4H_{13}N_3$

相对分子质量：103.17

结构式：$H_2N—CH_2—CH_2—NH—CH_2—CH_2—NH_2$

CAS 登记号：111-40-0

1. 物理性质

黄色具有吸湿性的透明粘稠液体，有刺激性氨臭，熔点-35～-39 ℃，沸点207 ℃，密度 0.9586 g/cm³（20 ℃），折射率（n_D^{25}）1.481 0。溶于水、丙酮、苯、乙醚、甲醇，难溶于正庚烷。

2. 化学性质

闪点 94 ℃，可燃，呈强碱性。对铜及其合金有腐蚀性，具有胺的反应性，易与多种化合物起反应。

3. 理化指标和检验方法

二乙烯三胺理化指标和检验方法列于表 2-13。

表 2-13　二乙烯三胺理化指标和检验方法

项目	指标		检验方法
	Ⅰ型	Ⅱ型	
二乙烯三胺（%）	≥99.0	≥98.5	GC 法
水分（%）	≤0.4	≤0.5	卡尔·费休法
色度（APHA）	≤20	≤30	铂-钴色号法

4. 制备方法

二乙烯三胺由二氯乙烷氨化法制得。将 1，2-二氯乙烷和氨水送入管式反应器中于

150～250 ℃温度和 392.3kPa 压力下进行热压氨化反应。反应液以碱中和，得到混合游离胺，经浓缩同时除去氯化钠，然后将粗品减压蒸馏，截取 195～215 ℃之间的馏分，即得成品。此法同时联产乙二胺、三亚乙基四胺、四亚乙基五胺和多亚乙基多胺，可通过控制精馏塔温度蒸馏胺类混合液，截取不同馏分进行分离而得。

$$2ClCH_2CH_2Cl + 3NH_3 \rightarrow H_2N-CH_2-CH_2-NH-CH_2-CH_2-NH_2 + 4HCl$$

5. 贮存、运输和应用

用槽车或桶装，用专用运输工具运输，运输过程中应远离热源及猛烈碰撞。应严格密封，存于干燥、通风、阴凉场所，并避免与酸性和碱性物质存放在一起。

主要用作固体推进剂端羧基粘合剂和环氧树脂的固化剂。溶剂和有机合成中间体，用于制取气体净化剂（脱 CO_2 用）、润滑油添加剂、乳化剂、照相用化学品、表面活性剂、织物整理剂、纸张增强剂、氨羧络合剂、无灰添加剂、金属螯合剂、重金属湿法冶金及无氰电镀扩散剂、光亮剂、离子交换树脂及聚酰胺树脂等。

6. 毒性与防护

为强碱性腐蚀性液体，刺激皮肤、粘膜、眼睛和呼吸道，能引起皮肤过敏和支气管哮喘。长期接触或吸入高浓度的蒸气能引起头痛、记忆力衰退等。操作现场最高容许浓度 4 mg/m³（美国）。经口 LD 为 1.8 mg/kg。应避免直接和人体接触，溅及皮肤时，迅即用水或硼酸溶液冲洗，再涂以硼酸软膏，严重者送医院诊治。与此材料接触的人应戴安全防护镜，以保护眼睛。灭火方法：用水（雾或喷雾）、二氧化碳、四氯化碳或干式化学灭火剂灭火。

7. 理化分析谱图

（1）红外光谱图

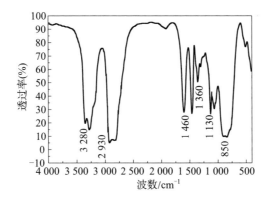

（2）拉曼光谱图

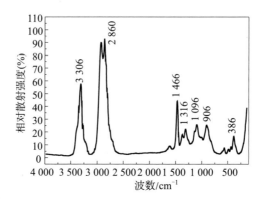

（3）核磁共振谱图

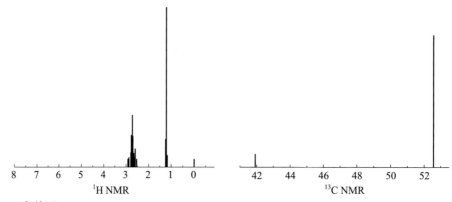

^{1}H NMR ^{13}C NMR

（4）质谱图

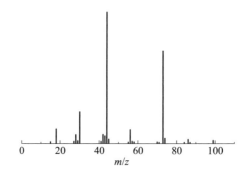

参 考 文 献

［1］ 化学工业出版社 . 中国化工产品大全：上卷 ［M］. 2 版 . 北京：化学工业出版社，1998：678.

［2］ 张杏芳 . 国外火炸药原材料性能手册 ［M］. 北京：兵器工业出版社，1991：185 - 186.

［3］ 全国化学标准化技术委员会 . 二乙烯三胺：GB/T 37557—2019 ［S］. 北京：中国标准出版社，2019.

2.12 二环 [2.2.2] - 1，4 - 二氮杂辛烷

中文名称：二环 [2.2.2] - 1，4 - 二氮杂辛烷
英文名称：bicyclo (2.2.2) - 1，4 - diazaoctane
中文别称：三乙烯二胺，三亚乙基二胺，三乙撑二胺
英文别称：triethylenediamine (TEDA)
分子式：$C_6H_{12}N_2$
相对分子质量：112.17
结构式：如图

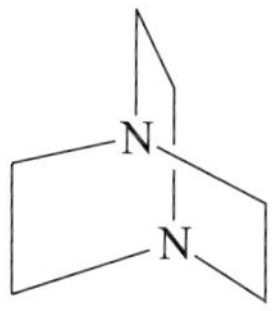

CAS 登记号：280 - 57 - 9

1. 物理性质

无水物为白色结晶体，极易潮解，室温时易升华，熔点为 158 ℃，沸点为 174 ℃，溶于水、乙醇、丙酮和苯。25 ℃时的溶解度：45 g/100 g 水，77 g/100 g 乙醇，13 g/100 g 丙酮，51 g/100 g 苯。

2. 化学性质

无水物可燃，闪点（闭杯）为 62 ℃。非亲核碱。与溴、有机镁、锂、锌的化合物形成络合物。

3. 理化指标和检验方法

三乙烯二胺理化指标和检验方法列于表 2 - 14。

表 2 - 14   三乙烯二胺理化指标和检验方法

项目	指标	检验方法
三乙烯二胺纯度(%)	≥99.0	GC 法
水分(%)	≤1.0	卡尔·费休法

4. 制备方法

由二氯乙烷氨化生产二乙烯三胺时的联产物，可通过控制精馏塔温度蒸馏胺类混合液，截取相应馏分进行分离而得。

5. 贮存、运输和应用

　　三乙烯二胺用塑料桶或内衬塑料桶的铁桶包装，运输过程应防漏、防潮、防火。贮存在清洁、阴凉、干燥、通风的仓库中，严禁与酸类物品一起贮运。

　　主要用作固体推进剂端羧基粘合剂和环氧树脂的固化剂。民用作制取聚氨酯类泡沫塑料的催化剂和石油添加剂、环氧树脂固化的促进剂，亦用于油添加剂，在锅炉水处理中用作缓蚀剂。

6. 毒性与防护

　　有毒，戴安全防护镜，穿防护服。

　　灭火方法：用水（雾或喷雾）、二氧化碳、四氯化碳或干式化学灭火剂灭火。

7. 理化分析谱图

（1）红外光谱图

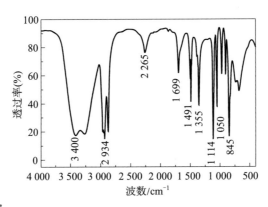

（2）核磁共振谱图

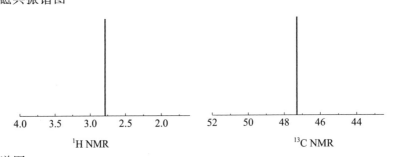

^{1}H NMR　　　　　　　　　　　　^{13}C NMR

（3）质谱图

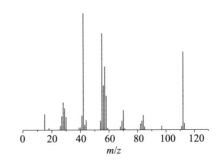

参 考 文 献

［1］　化学工业出版社 . 中国化工产品大全：上卷［M］. 2 版 . 北京：化学工业出版社，1998：678.

［2］　张杏芬 . 国外火炸药原材料性能手册［M］. 北京：兵器工业出版社，1991，185 - 186.

［3］　刘振强，李立中，高瑞广 . 三乙烯二胺：Q/83HHHG 02—2018［S］. 石家庄：石家庄合汇化工有限公司，2018.

2.13　1，4，7，10 -四氮杂癸烷

中文名称：1，4，7，10 -四氮杂癸烷

英文名称：1，4，7，10 - tetraazadecane

中文别称：三乙烯四胺，三亚乙基四胺，二缩三乙二胺，三乙撑四胺，三乙四胺

英文别称：triethylenetetramine（TETA）；N，N′- bis（2 - aminoethyl）- 2 - ethanediamine

分子式：$C_6H_{18}N_4$

相对分子质量：146.24

结构式：$H_2N—CH_2—CH_2—NH—CH_2—CH_2—NH—CH_2—CH_2—NH_2$

CAS 登记号：112 - 24 - 3

1. 物理性质

中等粘性的黄色液体，粘度（25 ℃）0.025 Pa・s。吸湿性强。溶于水和乙醇、微溶于乙醚。相对密度（d_{20}^{20}）0.981 8。沸点为 266～267 ℃（常压），174 ℃（31 mmHg）。凝固点 12 ℃。折射率（n_D^{20}）1.497 1，（n_D^{25}）1.495 1。

2. 化学性质

闪点（开杯）115 ℃，可燃液体，接触明火和高热有发生燃烧的危险，着火危险中等。具有强碱性，能吸收空气中的二氧化碳，氧平衡 -162.8%（按生成 CO 计），-224.8%（按生成 CO_2 计）。

3. 理化指标和检验方法

工业级三乙烯四胺理化指标和检验方法列于表 2 - 15。

表 2 - 15　工业级三乙烯四胺理化指标和检验方法

项目	指标	检验方法
外观	浅黄至橘黄色液体	目视
相对密度（d_4^{20}）	0.975～0.995	密度计

续表

项目	指标	检验方法
氯化物（Cl⁻）（%）	≤0.1	比浊法
灼烧残渣（%）	≤0.10	重量法
总氮量（N）（%）	≥34	定氮法
沸程 150～190 ℃馏出物（%）（体积）	≥90	蒸馏法

4. 制备方法

三乙烯四胺由二氯乙烷氨化而成。将 1，2 -二氯乙烷和氨水送入管式反应器中于 150～250 ℃温度和 392.3 kPa 压力下进行热压氨化反应。反应液以碱中和，得到混合游离胺，经浓缩同时除去氯化钠，然后将粗品减压蒸馏，截取 255～270 ℃之间的馏分，即得成品。此法同时联产乙二胺、二亚乙基三胺、四亚乙基五胺和多亚乙基多胺，可通过控制精馏塔温度蒸馏胺类混合液，截取相应馏分进行分离而得。

5. 贮存、运输和应用

用玻璃瓶或聚乙烯塑料桶包装，密封贮存，存放于阴凉通风的仓库中。防潮防热，与酸类物品隔离。可用带篷汽车或火车运输。

主要用作固体推进剂端羧基粘合剂和环氧树脂的固化剂。民用作溶剂，亦用作环氧树脂固化剂、橡胶助剂、乳化剂、表面活性剂、润滑油添加剂、气体净化剂（脱 CO_2）、燃料油清净分散剂、无氰电镀扩散剂、光亮剂、去垢剂、软化剂、金属螯合剂以及合成离子交换树脂及聚酰胺树脂等。

6. 毒性与防护

为强碱性腐蚀性液体，刺激皮肤、粘膜、眼睛和呼吸道，能引起皮肤过敏和支气管哮喘。长期接触会引起白细胞减少、血压降低、支气管扩张等。大鼠经口 LD50 为 4.34 g/kg，家兔经皮 LD50 为 0.82 g/kg。应避免直接和人体接触，溅及皮肤时，迅即用水或硼酸溶液冲洗，再涂以硼酸软膏。发现中毒，应立即脱离现场，呼吸新鲜空气或送医院诊治。与此材料接触的人应采取安全措施，戴安全防护镜、防毒面具和穿防护衣。操作现场最高容许浓度 1 mg/m³。用水（雾或喷雾）、二氧化碳、四氯化碳或干式化学灭火剂灭火。

7. 理化分析谱图

（1）红外光谱图

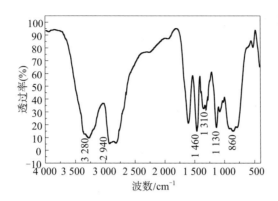

（2）拉曼光谱图

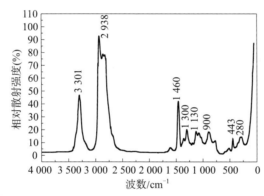

（3）核磁共振谱图

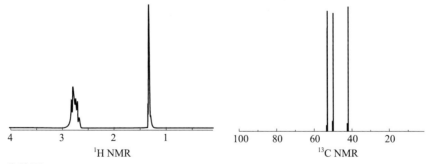

（4）质谱图

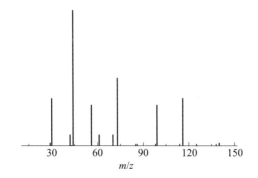

参 考 文 献

［1］　化学工业出版社．中国化工产品大全：上卷［M］．2版．北京：化学工业出版社，1998：679.

［2］　张杏芳．国外火炸药原材料性能手册［M］．北京：兵器工业出版社，1991：185-186.

［3］　蒋芸．复合固体推进剂原材料毒性与防护［M］．乌鲁木齐：新疆科技卫生出版社，1996：77.

2.14　四乙烯五胺

中文名称：四乙烯五胺

英文名称：tetraehylenepentamine（TEPA）

中文别称：四亚乙基五胺，四乙撑五胺

分子式：$C_8H_{23}N_5$

相对分子质量：189.31

结构式：$H_2N(CH_2CH_2NH)_3CH_2CH_2NH_2$

CAS 登记号：112-57-2

1. 物理性质

粘稠液体，相对密度（d_{20}^{20}）0.998 0，沸点为 340 ℃，熔点-30 ℃，折射率（n_D^{20}）1.504，蒸气压小于 1.333 Pa（20 ℃）。具有吸湿性，溶于水和多数有机溶剂。

2. 化学性质

闪点 164 ℃，易分解，可燃液体，并有中等着火危险。

3. 理化指标和检验方法

工业级四乙烯五胺理化指标和检验方法列于表 2-16。

表 2-16　工业级四乙烯五胺理化指标和检验方法

项目	指标	检验方法
外观	橘黄至橘红色液体	目视
相对密度（d_4^{20}）	0.990～1.010	密度计
氯化物（Cl^-）（%）	≤0.1	比浊法
灼烧残渣（以硫酸盐计）（%）	≤0.10	重量法
总氮量（N）（%）	≥33	定氮法
含量（%）	≥90.0	LC 法
折射率（n_D^{25}）	1.501～1.505	折射率计
乙醇溶解试验	合格	称重

4. 制备方法

四乙烯五胺由二氯乙烷氨化而成。此法同时联产乙二胺、二乙撑三胺、三乙撑四胺和多乙烯多胺，可通过控制精馏塔温度和真空度蒸馏胺类混合液，截取不同馏分进行分离而得。

5. 贮存、运输和应用

用玻璃瓶或聚乙烯塑料桶包装，应密封贮存，存放于阴凉通风的仓库中。防潮、防热，与酸类物品隔离。

主要用作固体推进剂端羧基粘合剂和环氧树脂的固化剂，民用除用作溶剂外，主要用于环氧树脂室温固化剂、油品或润滑油添加剂、原油破乳剂、燃料油清净分散剂、橡胶促进剂、酸性气体和各种染料及树脂用的溶剂、皂化剂、硬化剂、无氰电镀扩散剂、阳离子交换树脂及聚酰胺树脂和高级绝缘涂料等。

6. 毒性与防护

为强碱性腐蚀性高毒性液体，刺激皮肤、粘膜而引起皮肤过敏和支气管哮喘等症。长期接触会引起白细胞减少、血压降低、支气管扩张等。大鼠经口 LD50 为 3.99 g/kg，家兔经皮 LD50 为 0.66 g/kg，操作现场最高容许浓度 1 mg/m³。应避免直接和人体接触，溅及皮肤时，迅即用水或硼酸溶液冲洗，再涂以硼酸软膏。发现中毒，应立即脱离现场，呼吸新鲜空气或送医院诊治。用水（雾或喷雾）、二氧化碳、四氯化碳或干式化学灭火剂灭火。

7. 理化分析谱图

（1）红外光谱图

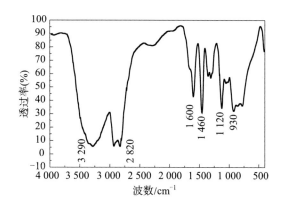

（2）核磁共振谱图

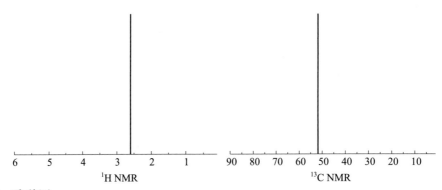

^{1}H NMR ^{13}C NMR

（3）质谱图

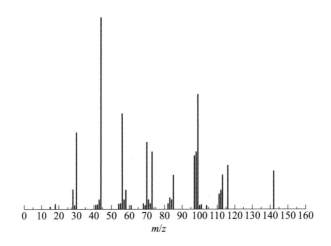

m/z

参 考 文 献

［1］ 化学工业出版社．中国化工产品大全：上卷［M］．2 版．北京：化学工业出版社，1998：679．

［2］ 蒋芸．复合固体推进剂原材料毒性与防护［M］．乌鲁木齐：新疆科技卫生出版社，1996：77-78．

2.15 2-乙基-4-甲基咪唑

中文名称：2-乙基-4-甲基咪唑

英文名称：2-ethyl-4-methylimidazole

中文别称：4-甲基-2-乙基咪唑，2-乙基-4-甲基-1H-咪唑

英文别称：4-methyl-2-ethylimidazole，2-ethyl-4-methyl-1H-imidazole

分子式：$C_6H_{10}N_2$

相对分子质量：110.16

结构式：如图

CAS 登记号：931-36-2

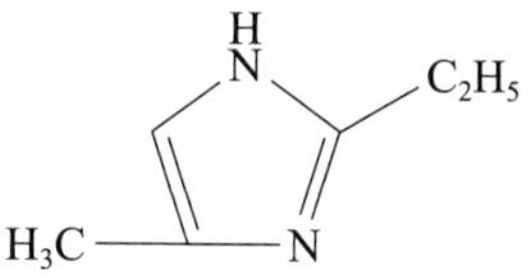

1. 物理性质

浅黄色结晶固体。相对密度（d_4^{25}）0.975；熔点 54 ℃；沸点 292～295 ℃，154 ℃（1.33 kPa），折光率（n_D^{20}）1.500 0。吸湿。易溶于水、乙醇，微溶于乙醚，水中溶解度21 g/100 g（20 ℃）。

2. 化学性质

闪点 137 ℃，呈碱性。长期光照下外观色泽将变深，但不影响化学性能。与环氧树脂固化物热变形温度可达 150 ℃以上，并具有良好的电绝缘性能、抗化学介质性质和机械强度。

3. 理化指标和检验方法

2 -乙基- 4 -甲基咪唑理化指标和检验方法列于表 2 - 17。

表 2 - 17　2 -乙基- 4 -甲基咪唑理化指标和检验方法

项目	指标	检验方法
外观	浅黄色晶体	目视
纯度（%）	≥99.0	GC
熔点/℃	≥53	熔点仪
水分（%）	≤0.25	卡尔·费休法
折光率 n_D^{20}	1.499 0～1.503 0	折光率仪

4. 制备方法

以 1，2 -丙二胺为原料，在硫的催化下与丙腈缩合，第一步在 90 ℃下反应 4 h，第二步升温至 140 ℃时反应 1 h，反应完成后，降温至 90 ℃以下，加锌，在 140 ℃下搅拌反应1 h 除硫，冷至室温，进行过滤分离、减压蒸馏，收集 102～112 ℃（1.99 kPa）的馏分，再在活性镍催化下，于 180 ℃进行脱氢，最后经减压蒸馏，收集 150～160 ℃（1.33 kPa）的馏分即得。

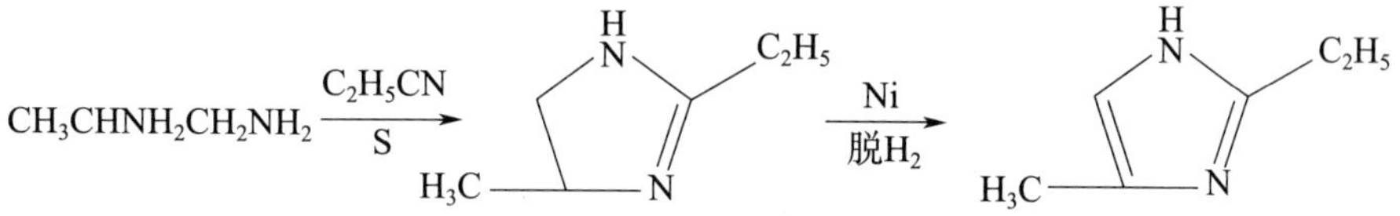

5. 贮存、运输和用途

用内衬聚乙烯塑料袋的铁桶或木桶包装，按照有毒化学品贮运。密封贮存于阴凉、通风、干燥处。防热、防晒、防潮。

主要用作固体推进剂环氧树脂的固化剂，亦用于环氧树脂粘接、涂装、浇注、包封、浸渍及复合材料等。

6. 毒性及其防护

有毒性，对皮肤有刺激性，有致敏作用。操作人员应穿戴防护用具。

7. 理化分析谱图

（1）红外光谱图

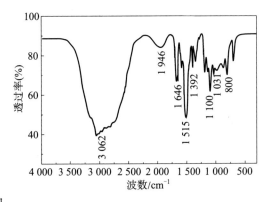

（2）核磁共振谱图

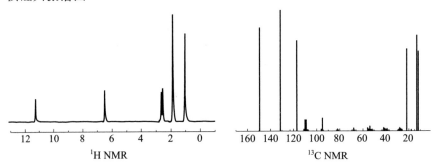

^{1}H NMR　　　　　　　　　　　^{13}C NMR

（3）质谱图

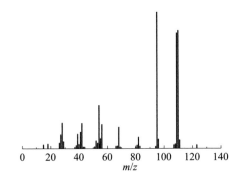

参 考 文 献

［1］ 化学工业出版社．中国化工产品大全：上卷［M］．2 版．北京：化学工业出版社，1998：936．

［2］ 白雪莲，宁荣昌，郭延强．钝化 2 -乙基- 4 -甲基咪唑/环氧树脂低温固化体系研究［J］．中国胶粘剂，2010（6）：11 - 14．

［3］ 潘鹏举，单国荣，黄志明，等．2 -乙基- 4 -甲基咪唑固化环氧树脂体系动力学模型［J］．高分子学报，2006（1）：21 - 25．

第3章　交联剂

赵华丽　刘　梦　韦雪梅

交联剂一般为三官能度以上的有机化合物，其活性官能团与粘合剂或固化剂相同，或含有可与粘合剂或固化剂反应的其他活性官能团。在推进剂制造过程中，如果粘合剂和固化剂的官能度均为2，则需要加入交联剂，预聚物与固化剂反应扩链后再与交联剂固化。当交联剂的活性官能团与固化剂相同时，一般兼具固化和交联两种作用。

3.1　2-羟基乙胺

中文名称：2-羟基乙胺

英文名称：2-hydroxyethylamine

中文别称：一乙醇胺，乙醇胺，氨基乙醇

英文别称：MEA，2-aminoethanol，β-aminoethylalcohol，ethanolamine

分子式：C_2H_7NO

相对分子质量：61.08

结构式：如图

CAS 登记号：141-4-35

1. 物理性质

在室温下为无色透明的粘稠液体，凝固点 10.5 ℃，沸点 170 ℃，动力粘度 24.14 mPa·s（20 ℃），折射率 1.453 9，密度 1.018 g/cm³（20 ℃）。有吸湿性和氨臭，能与水、乙醇和丙酮等混溶，微溶于苯、乙醚和四氯化碳。25 ℃时的溶解度：1.4 g/100 g 苯，2.1 g/100 g乙醚，0.3 g/100 g 四氯化碳。

2. 化学性质

闪点 93.3 ℃，具有碱性，能吸收空气中的二氧化碳和硫化氢酸性气体。其水溶液呈碱性，能与无机酸或有机酸反应生成盐，还能和高级脂肪酸形成脂，可腐蚀铜、铝及其合金。

3. 理化指标和检验方法

表 3-1 列出 HG/T 2915—1997《工业用一乙醇胺》工业用乙醇胺优级品的理化指标

与检验方法，同时列出美国道（Dow）化学公司理化指标。

表 3 - 1　MEA 理化指标与检验方法

项目	优级品	美国道化学公司	检验方法
总胺量(一乙醇胺计)(%)	≥99.0	99.0	酸碱滴定
蒸馏试验(0 ℃,101 325 Pa)，168~174 ℃流出体积/mL	≥95	—	蒸馏法
水分(%)	≤1.0	≤0.3	卡尔·费休法
密度，ρ_{20}/(g/cm³)	1.014~1.019	—	密度瓶法
色度（APHA）（铂-钴色号）	≤25	≤15（APHA）	比色法
总有机杂质（%）	—	≤0.2	GC
二乙醇胺（%）	—	≤1.0	GC

4. 制备方法

乙醇胺是氨分子中的氢被一个羟乙基—CH_2CH_2OH 取代而生成的，乙醇胺系列有一乙醇胺、二乙醇胺、三乙醇胺。工艺生产是采用环氧乙烷氨解法。环氧乙烷与过量的氨水送入反应器中，在反应温度 30~40 ℃，反应压力 70.9~304 kPa 下，进行缩合反应生成一乙醇胺、二乙醇胺和三乙醇胺的混合物。反应物经脱氨、提浓及精馏塔分离得到一乙醇胺、二乙醇胺和三乙醇胺。合成反应式如下：

$$NH_3H_2O + CH_2\overset{O}{-}CH_2 \xrightarrow[压力]{加热} H_2NCH_2CH_2OH \xrightarrow{CH_2\overset{O}{-}CH_2} HN(CH_2CH_2OH)_2 \xrightarrow{CH_2\overset{O}{-}CH_2} N(CH_2CH_2OH)_3$$

一乙醇胺　　　　　二乙醇胺　　　　　三乙醇胺

5. 贮存、运输和应用

用塑料桶或锌铁桶包装，运输过程中防漏、防火、防潮。贮存在清洁、阴凉干燥和通风的仓库中。

在固体推进剂中提供活性氢作为含异氰酸酯或环氧组分的交联剂和固化促进剂。民用主要用作合成树脂和橡胶的增塑剂、硫化剂、促进剂和发泡剂，以及农药、医药和染料的中间体。也是合成洗涤剂、纺织印染增白剂、化妆品的乳化剂的原料。也可用作二氧化碳吸收剂、油墨助剂、石油添加剂、吸收天然气中酸性气体的溶剂和分析试剂。

6. 毒性与防护

属于低毒类物质，乙醇胺的稀溶液具有非常弱的碱性和刺激性，随着其浓度的增大，对眼、皮肤和粘膜有刺激性。小白鼠经口 LD50 为 700 mg/kg，大白鼠经口 LD50 为 2 100 mg/kg。操作现场最高容许浓度为 6 mg/m³。操作时应穿戴防护用品。溅入眼内时，应及时用水冲洗 15 min 以上，必要时应请医生诊治。操作场所应保持良好通风。

7. 理化分析谱图

（1）红外光谱图

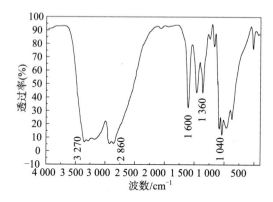

（2）拉曼光谱图

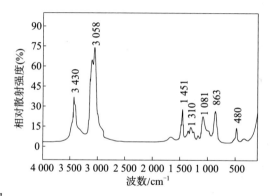

（3）核磁共振谱图

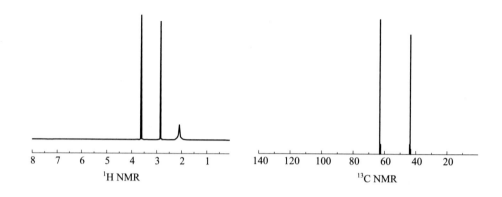

（4）质谱图

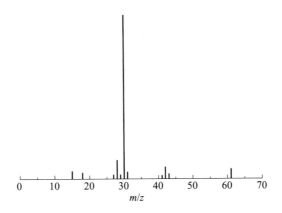

参 考 文 献

［1］ 化学工业出版社. 中国化工产品大全：上卷［M］. 2 版. 北京：化学工业出版社，1998：683.

［2］ 徐克勋. 精细有机化工原材料及中间体手册［M］. 北京：化学工业出版社，1998：414 - 415.

［3］ 黄海，杨秀全. 乙醇胺生产新技术［J］. 日用化学工业，1996（1）：1 - 3.

［4］ 罗铭芳，李鑫钢，徐世民. 乙醇胺生产工艺进展［J］. 现代化工，2004，24（2）：16 - 20.

［5］ 化学工业部北京化工研究院. 工业用一乙醇胺：HG/T 2915—1997［S］. 北京：化学工业出版社，2004.

3.2 2，2′-二羟基二乙胺

中文名称：2，2′-二羟基二乙胺
英文名称：2，2′- dihydroxydiethylamine
中文别称：二乙醇胺；2，2′-亚氨基二乙醇
英文别称：DEA；2，2′- iminodiethanol；diethanolamine
分子式：$C_4H_{11}O_2N$
相对分子质量：105.14
结构式：$NH(CH_2CH_2OH)_2$
CAS 登记号：111 - 42 - 2

1. 物理性质

无色结晶或粘性液体，稍有氨味，密度 1.082 8 g/cm³（40 ℃），凝固点 28.0 ℃，沸点 269.1 ℃，折射率 1.477 6，动力粘度 196.4 mPa·s（40 ℃）。有吸湿性，溶于水、乙醇和丙酮，微溶于苯和乙醚，25 ℃时的溶解度：4.2 g/100 g 苯，0.8 g/100 g 乙醚，小于 0.1 g/100 g 四氯化碳。

2. 化学性质

闪点 146 ℃，具有仲胺和醇的化学性质。具有碱性，能吸收空气中的二氧化碳和硫化氢。其水溶液呈碱性，可腐蚀铜、铝及其合金。与酸作用生成铵盐，与高级脂肪酸一同加热生成酰胺和酯。与醛在碳酸钾存在下反应生成叔胺。二乙醇胺的盐酸盐在 220 ℃长时间加热，脱水生成吗啉。用次氯酸钠氧化生成乙二醇醛和 2 - 氨基乙醇。用高碘酸氧化生成乙醛和氨。

3. 理化指标和检验方法

表 3 - 2 是化工标准 HG/T 2916—1997《工业用二乙醇胺》和日本三井东亚化学公司的工业用二乙醇胺的理化指标和检验方法。

表 3 - 2　二乙醇胺的理化指标和检验方法

项 目	指　　标		检验方法
	化工标准	日本三井	
外观、气味	淡黄色粘性液体,稍有氨味	透明液体,稍有氨臭	目视、嗅觉
二乙醇胺含量(%)	≥98.0	≥98.0	酸碱滴定
一乙醇胺含量(%)	≤2.5	≤1.0	测氮法
三乙醇胺含量(%)	—	≤1.0	乙酐酰化
相对密度, d_4^{20}	1.090~1.095	1.090~1.095	密度瓶法
水分(%)	≤1.0	0.5	卡尔·费休法
色度(APHA)	—	≤20	比色

4. 制备方法

乙醇胺系列的工艺生产，是采用环氧乙烷氨解法。环氧乙烷与过量的氨水在反应器中发生反应，生成一乙醇胺、二乙醇胺和三乙醇胺的混合物。反应物经脱氨、提浓及精馏塔分离得到一乙醇胺、二乙醇胺和三乙醇胺。合成反应式如下：

$$NH_3 \cdot H_2O + \underset{CH_2-CH_2}{\overset{O}{\triangle}} \xrightarrow[\text{压力}]{\text{加热}} H_2NCH_2CH_2OH \xrightarrow{\underset{CH_2-CH_2}{\overset{O}{\triangle}}} HN(CH_2CH_2OH)_2 \xrightarrow{\underset{CH_2-CH_2}{\overset{O}{\triangle}}} N(CH_2CH_2OH)_3$$

一乙醇胺　　　　　二乙醇胺　　　　　三乙醇胺

5. 贮存、运输和应用

用塑料桶或锌铁桶包装，运输过程中防漏、防火、防潮。贮存在清洁、阴凉干燥和通风的仓库中。

在固体推进剂中提供活性氢作为含异氰酸酯或环氧组分的交联剂和固化促进剂。民用主要用作 CO_2、H_2S 和 SO_2 等酸性气体吸收剂，非离子表面活性剂、乳化剂、擦光剂和工业气体净化剂。在胶粘剂中用作酸吸收剂、增塑剂、软化剂、乳化剂等。在洗发液和轻型去垢剂中用作增稠剂和泡沫改进剂。在合成纤维和皮革生产中用作柔软剂。在分析化学上用作试剂和气相色谱固定液。还可用于有机合成。

6. 毒性与防护

属于低毒类物质，二乙醇胺灌胃的 LD50，小白鼠为 3.3 g/kg，大白鼠为 3.5 g/kg，豚鼠和家兔为 2.2 g/kg。急性中毒时出现呼吸道粘膜刺激症状以及运动性兴奋。对皮肤引起动物炎症反应。二乙醇胺操作现场最高容许浓度为 50 mg/m^3。

7. 理化分析谱图

（1）红外光谱图

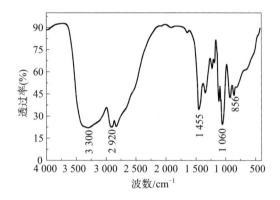

（2）拉曼光谱图

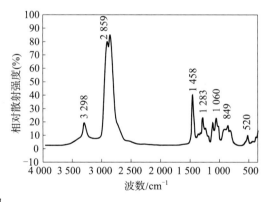

（3）核磁共振谱图

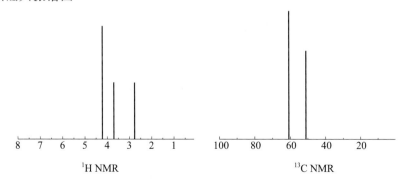

（4）质谱图

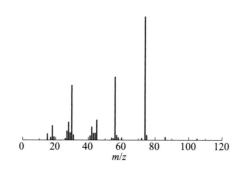

参 考 文 献

［1］　化学工业出版社 . 中国化工产品大全：上卷［M］. 2 版 . 北京：化学工业出版社，1998：684.
［2］　徐克勋 . 精细有机化工原材料及中间体手册［M］. 北京：化学工业出版社，1998：1 - 415.
［3］　黄海，杨秀全 . 乙醇胺生产新技术［J］. 日用化学工业，1996（1）：1 - 3.
［4］　罗铭芳，李鑫钢，徐世民 . 乙醇胺生产工艺进展［J］. 现代化工，2004，24（2）：16 - 20.
［5］　顾玉庆，唐顺发 . 高纯度三乙醇胺的色泽控制［J］. 合成技术及应用，2008（2）：48 - 51.
［6］　化学工业部北京化工研究院 . 工业用二乙醇胺：HG/T 2916—1997［S］. 北京：化学工业出版
社，2004.

3.3　2，2′，2″-三羟基三乙胺

中文名称：2，2′，2″-三羟基三乙胺
英文名称：trihydroxytriethylamine
中文别称：三乙醇胺
英文别称：TEA，triethanolamine
分子式：$C_6H_{15}NO_3$
相对分子质量：149.19
结构式：$N(CH_2CH_2OH)_3$
CAS 登记号：102 - 71 - 6

1. 物理性质

三乙醇胺常温下为无色、粘稠液体，稍有氨味，饱和蒸气压 0.67 kPa（190 ℃）。凝固点 21.2 ℃，沸点 360.0 ℃，动力粘度 613.3 mPa•s（25 ℃），折射率 1.485 2，密度 1.124 2 g/cm³（20 ℃）。有吸湿性，能与水、乙醇、丙酮等混溶。25 ℃时的溶解度：4.2 g/100 g 苯，1.6 g/100 g 乙醚，0.4 g/100 g 四氯化碳。

2. 化学性质

闪点 193 ℃，具有碱性，能吸收 CO_2 和 H_2S，其水溶液呈碱性，能与无机酸或有机酸

反应生成盐，还能和高级脂肪酸形成脂。可腐蚀铜、铝及其合金。

3. 理化指标和检验方法

表 3 - 3 列出了三乙醇胺化工标准 HG/T 3268—2002《工业用三乙醇胺》和美国联合碳化物公司理化指标和检验方法。

表 3 - 3　三乙醇胺理化指标和检验方法

项目	指标		检验方法
	化工标准	美国	
三乙醇胺含量(%)	≥99.0	≥99.0	乙酐酰化
一乙醇胺含量(%)	≤0.50	—	测氮法
二乙醇胺含量(%)	≤0.50	—	酸碱滴定
水分(%)	≤0.20	≤0.20	卡尔·费休法
色度(APHA)(铂-钴色号)	≤50	≤100	比色法
密度,ρ_{20}/(g/cm^3)	1.122～1.127	—	密度瓶法

4. 制备方法

乙醇胺系列的工艺生产，是采用环氧乙烷氨解法。环氧乙烷与过量的氨水在反应器中发生反应，生成一乙醇胺、二乙醇胺和三乙醇胺的混合物。反应物经脱氨、提浓及精馏塔分离得到一乙醇胺、二乙醇胺和三乙醇胺。三乙醇胺主要是通过蒸馏从乙醇胺混合物中分离提纯。在三乙醇胺生产中，热稳定性问题一直很突出。精馏得到的高纯 TEA 开始时往往无色，但在储存后很易变色，而为了将 TEA 保持液态，储存温度通常要高于环境温度，一般在 50～70 ℃颜色更容易加深。合成反应式如下：

$$NH_3 \cdot H_2O + \underset{CH_2-CH_2}{\overset{O}{\triangle}} \xrightarrow[\text{压力}]{\text{加热}} \underset{\text{一乙醇胺}}{H_2NCH_2CH_2OH} \xrightarrow{\underset{CH_2-CH_2}{\overset{O}{\triangle}}} \underset{\text{二乙醇胺}}{HN(CH_2CH_2OH)_2} \xrightarrow{\underset{CH_2-CH_2}{\overset{O}{\triangle}}} \underset{\text{三乙醇胺}}{N(CH_2CH_2OH)_3}$$

5. 贮存、运输和应用

采用钢桶、内有防护层的钢桶或槽车包装，运输过程中应轻拿轻放、防漏、防火、防潮。贮存在清洁、阴凉、干燥和通风的仓库中。

在固体推进剂中提供活性氢作为含异氰酸酯或环氧组分的交联剂和固化促进剂。民用主要用于金属加工中的金属切削、冷却、防锈，化妆品行业中的酸碱中和剂、乳化剂，水泥中的助磨剂，混凝土施工中的早强剂、减水剂，油墨工业中的固化剂，也用于表面活性剂、防锈剂、电镀中的络合剂，pH 值调节剂和酸性气体吸收剂。另外，三乙醇胺还可以用作化工分析中的掩蔽剂，用于掩蔽铝离子、三价铁离子、铜离子等。

6. 毒性与防护

属于低毒类物质，大鼠急性经口 LD50 为 5～9 g/kg。对皮肤有刺激，未见皮肤过敏，也无全身中毒。无致突变作用。毒性作用可能为碱性对肠胃的刺激。

由于沸点较高，蒸气压低，在室温下吸入中毒的可能性不大，主要毒作用是其液体和蒸气腐蚀皮肤和眼睛，要防止皮肤、粘膜直接接触，被污染的手要及时用水清洗。生产或储运场所应安装排风装置，穿戴防护用具，当有气溶胶时必须保护呼吸器官。

7. 理化分析谱图

（1）红外光谱图

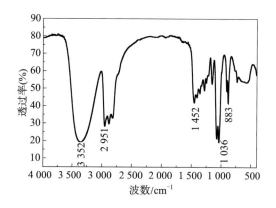

（2）拉曼光谱图

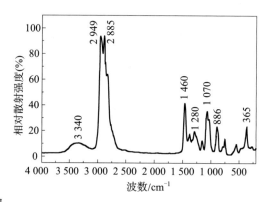

（3）核磁共振谱图

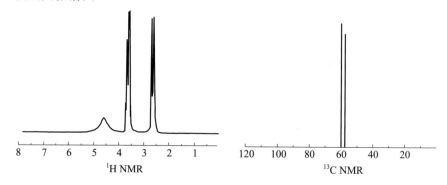

(4) 质谱图

0
20
40
60
80
100
120
140
m/z

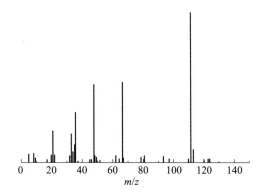

参考文献

[1] 化学工业出版社．中国化工产品大全：上卷 [M]. 2 版．北京：化学工业出版社，1998：684.
[2] 徐克勋．精细有机化工原材料及中间体手册 [M]. 北京：化学工业出版社，1998：415-416.
[3] 蒋芸．复合固体推进剂原材料毒性与防护 [M]. 乌鲁木齐：新疆科技卫生出版社，1996：152.
[4] 罗铭芳，李鑫钢，徐世民．乙醇胺生产工艺进展 [J]. 现代化工，2004，24 (2)：16-20.
[5] 顾玉庆，唐顺发．高纯度三乙醇胺的色泽控制 [J]. 合成技术及应用，2008 (2)：48-51.
[6] 全国化学标准化技术委员会有机分会．工业用三乙醇胺：HG/T 3268—2002 [S]. 北京：国家经济贸易委员会，2003.

3.4　2-乙基-2-羟甲基-1，3-丙二醇

中文名称：2-乙基-2-羟甲基-1，3-丙二醇

英文名称：2-ethyl-2-hydroxymethyl-1，3-propanediol

中文别称：三羟甲基丙烷；2-乙基-2-羟基甲基-1，3-丙烷二醇；1，1，1-三羟甲基丙烷；三甲醇丙烷

英文别称：TMP；trimethylolpropane；1，1，1-tri (hydroxymethyl) propane

分子式：$C_6H_{14}O_3$

相对分子质量：134.17

结构式：如图

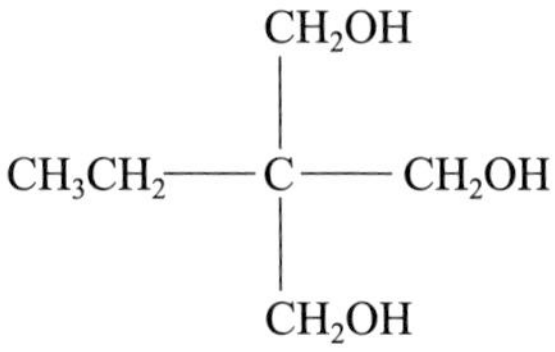

CH2OH
CH3CH2—C—CH2OH
CH2OH

CAS 登记号：77-99-6

1. 物理性质

外观为白色结晶或无定性粉末。密度 1.175 8 g/cm³（20 ℃），熔点 58.8 ℃，常压下沸点 295 ℃，具有吸湿性，其吸湿性约为甘油的 50%。易溶于水、低碳醇、甘油、丙酮、N，N-二甲基甲酰胺，部分溶于甲乙酮、环己酮和乙酸乙酯，微溶于四氯化碳、乙醚和氯仿，难溶于脂肪烃和芳香烃。

2. 化学性质

闪点（开口）180 ℃，燃点 193 ℃，是一种新戊结构的三元醇，其分子上有 3 个典型的羟甲基，三个羟基具有同等反应性能，可与有机酸反应生成单酯或多酯，与醛、酮反应生成缩醛、缩酮，与二异氰酸酯反应生成氨基甲酸酯等。

3. 理化指标和检验方法

表 3 - 4 列出了国家军用标准 GJB 1968—1994《1，1，1-三羟甲基丙烷规范》、化工标准 HG/T 4122—2020《工业用三羟甲基丙烷》的三羟甲基丙烷的理化指标和检验方法。

表 3 - 4　三羟甲基丙烷的理化指标和检验方法

项目	指　标		检验方法
	国军标	化工标准	
羟值	≥1 209 mg KOH/g	≥37.5 %(ω)	乙酐法
水分(%)	≤0.4	≤0.05	卡尔·费休法
熔点/℃	52～60	≥57	熔点仪
三羟甲基丙烷(%)	—	≥99.0	GC
酸度(以甲酸计)	—	≤0.002	酸碱滴定
灼烧残渣(%)	—	≤0.005	称重

4. 制备方法

三羟甲基丙烷是以正丁醛和甲醛为原料，在碱性催化剂作用下缩合反应制得。其生产工艺有两种，一种是交叉卡尼扎罗缩合法，另一种是醛加氢还原法。交叉卡尼扎罗缩合法是生产三羟甲基丙烷的传统方法，该法工艺比较简单，容易掌握，不需要高温、高压和特殊催化剂，比较适用于中小规模工业间歇生产。但该法副产物较多，质量差，后处理工作量较大，生产成本高，精制困难。醛加氢还原法的甲醛利用率高，加氢技术性强，可以节省大量甲醛和碱原料，副反应产物相对较少，质量好，提纯精制较为简单，设备少，生产成本低，但需加氢装置，采用高压设备，对加氢设备和催化剂要求较高，生产技术要求也较高，比较适合大规模的连续化生产。

$$CH_3CH_2CH_2CHO + 2HCH + H_2 \xrightarrow{\text{碱性催化剂}} CH_3CH_2 - \overset{\displaystyle CH_2OH}{\underset{\displaystyle CH_2OH}{\overset{|}{\underset{|}{C}}}} - CH_2OH$$

5. 贮存、运输和应用

应用复合塑料编织袋或纸塑复合袋包装，运输中避免日晒、雨淋。贮存于干燥、清洁、通风的仓库中，不得露天堆放和靠近火源、热源。

用作固体推进剂交联剂以及推进剂装药包覆层和绝热层交联剂。是一种用途广泛的有机化工原料和化工产品，主要用于醇酸树脂、聚氨酯、不饱和树脂、聚酯树脂、涂料等领域，也可用于合成航空润滑油、增塑剂、表面活性剂、湿润剂、炸药、印刷油墨等，还可用作纺织助剂和 PVC 树脂的热稳定剂等。具有提高树脂坚固性、耐腐蚀性、密封性的作用，对于水解、热解及氧化具有良好的稳定性。

6. 毒性与防护

低毒。急性毒性口服-大鼠 LD50 为 14 100 mg/kg，口服-小鼠 LD50 为 13 700 mg/kg。易燃，燃烧产生刺激烟雾。库房通风低温干燥。

7. 理化分析谱图

（1）红外光谱图

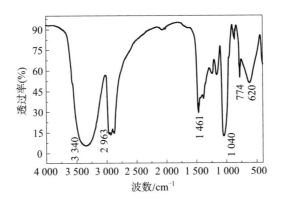

（2）拉曼光谱图

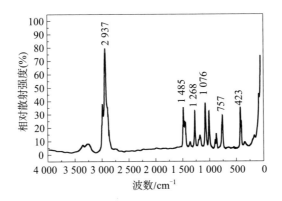

（3）核磁共振谱图

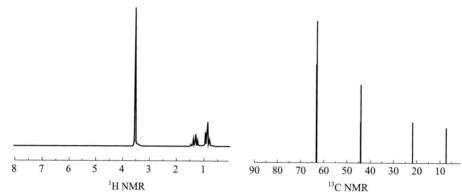

^{1}H NMR　　　　　　　　　　　　^{13}C NMR

（4）质谱图

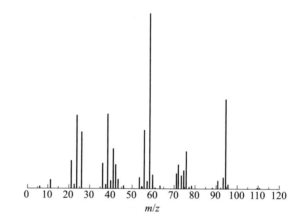

m/z

参 考 文 献

［1］　黎明化工研究院 . 1，1，1 -三羟甲基丙烷规范：GJB 1968—1994［S］. 北京：国防科学技术工业
　　　　委员会，1995.

［2］　中华人民共和国工业和信息化部 . 工业用三羟甲基丙烷：HG/T 4122—2020［S］. 北京：化学工
　　　　业出版社，2021.

3.5　1，2，3 -丙三醇

中文名称：1，2，3 -丙三醇

英文名称：1，2，3 - propanetriol

中文别称：丙三醇，甘油，三羟基丙烷

英文别称：1，2，3 - trihydroxypropane；glycerin；glycerol；glycyl alcohol；propanetriol

分子式：$C_3H_8O_3$

相对分子质量：92.09

结构式：如图

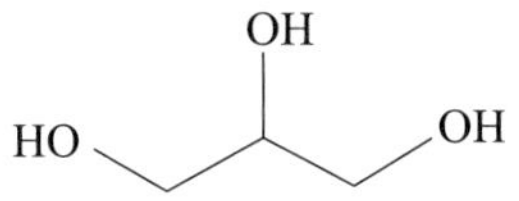

CAS 登记号：56 - 81 - 5

1. 物理性质

无色透明粘稠液体。无气味。味甜，具有吸湿性。熔点 18 ℃，沸点 290 ℃（分解）、263.0 ℃（53.2 kPa）、240.0 ℃（26.6 kPa）、167.2 ℃（1.33 kPa）、153.8 ℃（0.665 kPa）、125.5 ℃（0.133 kPa），相对密度 1.25（20/20 ℃），折射率 1.452～1.475（20 ℃），粘度 1 499 mPa • s（20 ℃），蒸气压 26 Pa（100 ℃），表面张力 63.4 mN/m（20 ℃）。甘油能与水和乙醇混溶，水溶液为中性。1 份甘油能溶解在 500 份乙醚或 11 份乙酸乙酯中。不溶于苯、氯仿、四氯化碳、二硫化碳、石油醚、油类。能从空气中吸收潮气，也能吸收硫化氢、氰化氢和二氧化硫。纯甘油外置于 0 ℃ 的低温处，能形成熔点为 17.8 ℃ 的有光泽斜方晶体，含少量水即妨碍结晶。不同质量分数的甘油水溶液的冰点为：－1.6 ℃（10%）、－9.5 ℃（30%）、－23.0 ℃（50%）、－46.5 ℃（66.7%）、－20.3 ℃（80%）、－1.6 ℃（90%）。

2. 化学性质

闪点（开杯）177 ℃，可燃，自燃点 392.8 ℃，与酸发生酯化反应，如与苯二甲酸酯化生成醇酸树脂。与酯发生酯交换反应。与氯化氢反应生成氯化醇。甘油脱水有两种方式：分子间脱水得到二甘油和聚甘油，分子内脱水得到丙烯醛。甘油与碱反应生成醇化物。与醛、酮反应生成缩醛与缩酮。用稀硝酸氧化生成甘油醛和二羟基丙酮，用高碘酸氧化生成甲酸和甲醛。与强氧化剂如铬酸酐、氯酸钾或高锰酸钾接触，能引起燃烧或爆炸。甘油与硝酸反应生成硝化产物。

3. 理化指标和检验方法

甘油理化指标和检验方法列于表 3 - 5。

表 3 - 5　甘油理化指标和检验方法

项目	分析纯	化学纯	检验方法
含量（%）≥	99.0	97.0	化学滴定
色度（APHA）≤	10	30	比色法
灼烧残渣（以硫酸盐计）（%）≤	0.001	0.005	重量法
酸度（以 H⁺ 计）/(mmol/g)≤	0.000 5	0.001	NaOH 滴定法
碱度（以 OH⁻ 计）/(mmol/g)≤	0.000 3	0.000 6	HCl 滴定法

续表

项目	分析纯	化学纯	检验方法
氯化物（Cl^-）（%）≤	0.000 1	0.001	比浊法
硫酸盐（SO_4^{2-}）（%）≤	0.000 5	0.001	比浊法
铵（NH_4^+）（%）≤	0.000 5	0.001	比色法
砷（As）（%）≤	0.000 05	0.000 2	比色法
铁（Fe）（%）≤	0.000 1	—	比色法
重金属（以 Pb 计）（%）≤	0.000 1	0.000 5	比色法
脂肪酸酯（以甘油三丁酯计）≤	0.05	0.1	碱分解酸滴定
蔗糖和葡萄糖	合格	合格	沉淀法
还原银的物质	合格	合格	比色法
易炭化物质	合格	合格	比色法

4. 制备方法

在自然界中，甘油主要以甘油酯的形式广泛存在于动植物体内。甘油的工业生产方法可分为两大类：以天然油脂为原料的方法，所得甘油俗称天然甘油；以丙烯为原料的合成法，所得甘油俗称合成甘油。

（1）天然甘油的生产

1984 年以前，甘油全部从动植物脂制皂的副产物中回收。直到目前，天然油脂仍为生产甘油的主要原料，其中约 42% 的天然甘油产自制皂副产物，58% 产自脂肪酸生产。

①制皂工业中油脂的皂化反应

皂化反应产物分成两层，上层主要是含脂肪酸钠盐（肥皂）及少量甘油，下层是废碱液，是含有盐类和氢氧化钠的甘油稀溶液，一般含甘油 9%～16%，无机盐 8%～20%。

②油脂反应

油脂水解得到的甘油水（也称甜水），其甘油含量比制皂废液高，约为 14%～20%，无机盐 0～0.2%。近年来已普遍采用连续高压水解法，反应不使用催化剂，所得甜水中一般不含无机酸，净化方法比废碱液简单。

无论是制皂废液，还是油脂水解得到的甘油水所含的甘油量都不高，而且都含有各种杂质，天然甘油的生产过程包括净化、浓缩得到粗甘油，以及粗甘油蒸馏、脱色、脱臭的精制过程。

（2）合成甘油的生产

从丙烯合成甘油的多种途径可归纳为两大类，即氯化和氧化。现在工业上仍在使用丙烯氯化法及丙烯过乙酸氧化法。

①丙烯氯化法

这是合成甘油中最重要的生产方法，共包括四个步骤，即丙烯高温氯化、氯丙烯次氯酸化、二氯丙醇皂化以及环氧氯丙烷的水解。环氧氯丙烷水解制甘油是在 150 ℃、1.37 MPa 二氧化碳压力下，在 10% 氢氧化钠和 1% 碳酸钠的水溶液中进行，生成甘油含量为 5%～20% 的含氯化钠的甘油水溶液，经浓缩、脱盐、蒸馏，得纯度为 98% 以上的甘油。

②丙烯过乙酸氧化法

丙烯与过乙酸作用合成环氧丙烷，环氧丙烷异构化为烯丙醇。后者再与过乙酸反应生成环氧丙醇（即缩水甘油），最后水解为甘油。原料烯丙醇和含有过乙酸的乙酸乙酯溶液送入塔后，塔釜控制在 60～70 ℃、13～20 kPa。塔顶蒸出乙酸乙酯溶剂和水，塔釜得到甘油水溶液。此法选择性和收率均较高，采用过乙酸为氧化剂，可不用催化剂，反应速度较快，简化了流程。生产 1 t 甘油消耗烯丙醇 1.001 t，过乙酸 1.184 t，副产乙酸 0.947 t。目前，全球天然甘油和合成甘油的产量几乎各占 50%，而丙烯氯化法约占合成甘油产量的 80%。我国天然甘油占总产量 90% 以上。

5. 贮存、运输和应用

采用铝桶或镀锌铁桶或用酚醛树脂衬里的贮槽包装。贮存中防潮、防热、防水。禁止将甘油与强氧化剂（如硝酸、高锰酸钾等）放在一起。按照一般易燃化学品规定贮运。

在固体推进剂作为含异氰酸酯固化剂的交联剂。甘油硝化生成三硝化甘油，作为硝酸酯增塑聚醚推进剂（NEPE 推进剂）的增塑剂。甘油是重要的基本有机原料，在工业、医药及日常生活中用途十分广泛，目前大约有 1 700 多种用途，主要用于医药、化妆品、醇酸树脂、烟草、食品、赛璐珞和炸药、纺织印染等方面。

6. 毒性与防护

甘油被公认为是无毒、安全的物质，人或动物口服大剂量天然或合成甘油不出现有害影响，人体静脉注射 5% 甘油溶液也未发生中毒现象。美国全国职业安全与保健学会（NIOSH）规定水中甘油含量在 1 000 mg/L 以下对人体无害。

7. 理化分析谱图

（1）红外光谱图

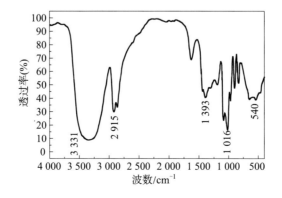

（2）核磁共振谱图

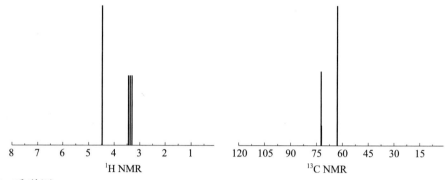

¹H NMR　　　　　　　　　　¹³C NMR

（3）质谱图

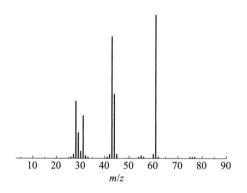

m/z

（4）紫外光谱图

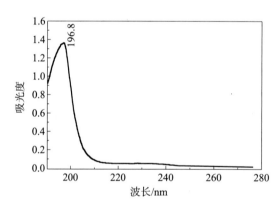

波长/nm

（5）热分析谱图

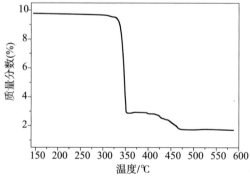

温度/℃

TG

参 考 文 献

[1]　程能林.溶剂手册 [M].4 版.北京：化学工业出版社，2008：481-485.

[2]　化学工业出版社.中国化工产品大全：上卷 [M].2 版.北京：化学工业出版社，1998：522-523.

[3]　全国化学标准化技术委员会化学试剂分会.化学试剂　丙三醇：GB/T 687—2011 [S].北京：中国标准出版社，2011.

[4]　徐辉，朱拓，余锐鹏.乙二醇和丙三醇的吸收光谱和荧光光谱研究 [J].光谱学与光谱分析，2007，27 (7)：1381-1384.

[5]　张振杰，张家棋.甘油的热重-差热分析法定性定量测定 [J].分析仪器，1997 (2)：41-43.

3.6　硫磺

中文名称：硫磺
英文名称：sulfur
中文别称：硫块，粉末硫磺，硫磺块，硫磺粉
分子式：S
相对分子质量：32.06
CAS 登记号：7704-34-9

1. 物理性质

淡黄色脆性结晶或粉末，有特殊臭味。蒸气压 0.13 kPa，密度 2.07 g/cm³，熔点 95.5 ℃，沸点 444.674 ℃，折射率 1.957，莫氏硬度 2.0，溶于二硫化碳，微溶于乙醇、苯、乙醚、四氯化碳和液体氨，不溶于水。硫磺有三种晶形，即斜方晶硫、单斜晶硫和非晶形硫，其中以斜方晶硫为最安定。

2. 化学性质

硫磺闪点 207 ℃，具有氧化还原性，与大多数金属和非金属化合生成硫化物，与氧、氢直接化合。硫与氧生成几种氧化物，其中最重要的两种：SO_2 和 SO_3，是亚硫酸和硫酸的酸酐，与氢生成 H_2S。

（1）氧化性

与金属单质反应：铜→硫化亚铜，铁→硫化亚铁，铝、钠等金属往往将其还原为较低价态，银与硫摩擦生成硫化银，汞与硫研磨生成硫化汞。

与非金属反应：$2S+C \rightarrow CS_2$，$S+H_2 \rightarrow H_2S$

与其他的还原剂：$S+Na_2SO_3 \rightarrow Na_2S_2O_3$（硫代硫酸钠）

（2）还原性

$S+O_2 \rightarrow SO_2$

（3）既氧化又还原

$$3S + 6KOH \xrightarrow{\text{加热}} 2K_2S + K_2SO_3 + 2H_2O \text{（歧化反应）}$$

3. 理化指标和检验方法

硫磺理化指标和检验方法列于表 3-6。

表 3-6　硫磺理化指标和检验方法

项目		指　标		检验方法
		优等品	一等品	
硫(S)(以干基计)(%)≥		99.95	99.50	CS_2 洗脱法
水分(%)≤		2.0	2.0	干燥法
灰分(以干基计)(%)≤		0.03	0.10	燃烧法
酸度(以 H_2SO_4 计)(以干基计)(%)≤		0.003	0.005	酸碱滴定
有机物的质量分数(%)≤		0.03	0.30	CO_2 测定法
砷(As)(以干基计)(%)≤		0.000 1	0.01	分光光度法
铁(Fe)(以干基计)(%)≤		0.003	0.005	分光光度法
筛余物的质量分数(%)	粒径≥150 μm	0	0	过筛重量法
	粒径为 75～150 μm	0.5	1.0	

注：筛余物指标仅用于粉状硫磺。

4. 制备方法

硫磺主要来自天然硫磺矿和回收硫磺。天然气、石油炼化行业、火电行业利用硫磺回收装置回收烟气中硫磺。

5. 贮存、运输和应用

用塑料编织袋或者内衬塑料薄膜袋进行包装，贮存在通风、干燥的库房内。远离热源和火种，不可与木炭、酸类及氧化剂（如硝酸盐、氯酸盐）等共贮混运。

在固体推进剂中主要用作交联固化剂，硫和木炭一起在黑火药中作燃料组分。硫磺是一种重要的化工原料，传统应用用来制硫酸，硫磺作为单质肥料可改善土壤中水的渗透能力和活力，硫磺在石油、纺织、食品、金属、塑料、橡胶、火药、造纸、电镀、水处理等行业中也有广泛的应用。

6. 毒性与防护

长期吸入硫磺粉尘后，易疲劳、头痛、眩晕、多汗、失眠、心区疼痛和不适、消化不良。硫磺粉尘易爆。生成的硫化氢达到爆炸浓度易引起爆炸或中毒。

生产人员工作时，要穿工作服，戴防毒口罩、乳胶手套，工作下班后必须洗浴。

7. 理化分析谱图

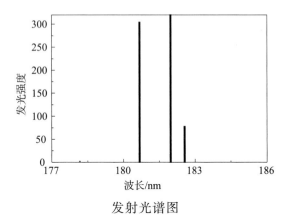

发射光谱图

参 考 文 献

［1］ 张杏芬．国外火炸药原材料性能手册［M］．北京：兵器工业出版社，1991：291-294.

［2］ 宋心琦．实用化学化工辞典［M］．北京：宇航出版社，1995：334-335.

［3］ 汪家铭．硫磺供需现状与市场分析（上）［J］．上海化工，2008，33（7）：31-33.

［4］ 全国化学标准化技术委员会硫和硫酸分技术委员会．工业硫磺　第1部分：固体产品：GB/T 2449.1—2014［S］．北京：中国标准出版社，2015.

［5］ 化学工业出版社．中国化工产品大全：上卷［M］．2版．北京：化学工业出版社，1998：303-304.

第 4 章　扩链剂

王　敏　杨秋秋　白　杰

扩链剂一般为二官能度的有机化合物，其活性官能团与粘合剂或固化剂相同，或含有可与粘合剂或固化剂反应的其他活性官能团，用于调节网络结构和改善推进剂力学性能。扩链剂与交联剂、固化剂配合使用，用来改变粘合剂相网络结构中交联点的数量，主要是增加交联点之间分子链的长度，或增加分子链的刚性，或增加分子链之间的物理作用力，以达到调节粘合剂网络结构，进而调节推进剂的力学性能的目的。

4.1　乙胺

中文名称：乙胺
英文名称：ethylamine
中文别称：一乙胺
英文别称：monoethylamine，EA
分子式：C_2H_7N
相对分子质量：45.08
结构式：$CH_3CH_2NH_2$
CAS 登记号：75 - 04 - 7

1. 物理性质

无色，极易挥发的液体，有氨臭。密度 0.682 8 g/cm³ （20 ℃），0.689 g/cm³ （15 ℃），沸点为 16.6 ℃，熔点为 −81 ℃，临界温度 183.2 ℃，临界压力 5.62 MPa，折射率（n_D^{20}）1.383～1.385，能与水，乙醇、乙醚等有机溶剂混溶。

2. 化学性质

易燃，燃烧时呈蓝色火焰，在空气中形成爆炸性混合物，爆炸极限 3.5%～14% （体积），引燃温度：385 ℃。闪点为 −17 ℃ （闭口），≤ −6.7 ℃ （开口）。呈碱性，与无机酸反应生成可溶性的盐类，与羧酸、羧酸酯和酸酐反应生成相应的酰胺。与 Grignard 试剂反应，生产烃。对光不稳定，在 140～200 ℃时经紫外线照射，分解生成氢、氨、甲烷和乙烷等。490～555 ℃于低压下进行热解，生成氢、甲烷等。乙胺与次氯酸钠作用生成N-氯代乙胺。在乙胺水溶液中通入氯气，生成 N，N-二氯乙胺，与金属钠，锶反应，生成金属的乙氨基化合物。

3. 理化指标和检验方法

一乙胺（无水）理化指标和检验方法列于表 4-1。

表 4-1 一乙胺（无水）理化指标和检验方法

项目	指标		检验方法	检测标准
	优等品	合格品		
一乙胺含量（%） ≥	99.5	99.2	GC 法	GB/T 23961—2009
二乙胺含量（%） ≤	0.15	0.20	GC 法	GB/T 23961—2009
三乙胺含量（%） ≤	0.10	0.15	GC 法	GB/T 23961—2009
乙醇（%） ≤	0.1	0.2	GC 法	GB/T 23961—2009
氨（%） ≤	0.1	0.2	GC 法	GB/T 23962—2009
水（%） ≤	0.1		卡尔・费休库仑法	GB/T 23962—2009
色度（APHA）（铂-钴色号）≤	15	30	比色法	GB/T 3143—1982

4. 制备方法

1）乙醇气相氨化法：将乙醇和氨以 4:1 配比投料，在 350～400 ℃温度和 2.45～294 MPa 压力下，以 Al_2O_3 为催化剂，进行热压氨解反应，得乙胺粗品。经分馏即得成品。

$$C_2H_5OH + NH_3 \rightarrow C_2H_5NH_2 + H_2O$$

2）乙醛氢氨化法：以乙醛、氢气和氨为原料，镍为催化剂进行反应可制得乙胺。首先将以镍为主催化剂，还原铜、还原铬为助催化剂和高岭土为载体的结构催化剂装入反应器，将原料气化并在 80 ℃下以流速 0.03～0.15L・h^{-1} 通入，氢气和乙醛配比为 5:1，氨与乙醛的配比为（0.4～3）:1 的原料气进入反应器。反应温度控制在 105～200 ℃之间。生成物于 -5 ℃进行冷却，经分离得一，二，三乙胺。由于一乙胺形成速度比二，三乙胺快，所以较容易得到大量乙胺。当要求主产品为二，三乙胺时，则需将生成的一乙胺再循环到反应系统中进行反应。

$$CH_3CHO + H_2 + NH_3 \rightarrow C_2H_5NH_2 + H_2O$$

5. 贮存、运输和应用

铁桶包装，按易燃有毒物品规定贮运。贮存于阴凉通风处。远离火源，应与氧化剂隔离。

在推进剂中作为扩链剂，主要用于调节推进剂的力学性能。民用上广泛用于制造农药三嗪类除草剂（包括西玛津、阿特拉津等）、染料、表面活性剂、橡胶促进剂、抗氧剂、离子交换树脂、溶剂、洗涤剂、润滑剂、冶金选矿剂以及化妆品和医药品。

6. 毒性与防护

高毒，具有强烈刺激性，能刺激眼、气管、肺、皮肤和排泄系统，大鼠经口 LD50 为 400 mg/kg，操作现场最高容许浓度 18 mg/m³。

溅及皮肤迅即用大量水冲洗，溅入眼睛时，应用流水冲洗 15 min。操作人员应穿防护服，戴安全防护手套，必要时应戴防毒面具。用水（雾或喷雾）、二氧化碳、四氯化碳灭火。

7. 理化分析谱图

（1）红外光谱图

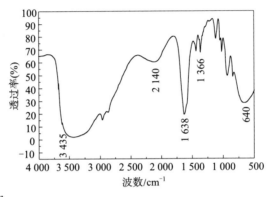

（2）核磁共振谱图

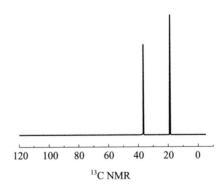

^{13}C NMR

（c）质谱图

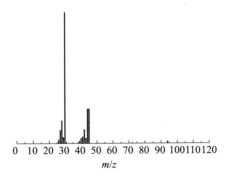

参 考 文 献

［1］　化学工业出版社 . 中国化工产品大全：上卷 ［M］. 2 版 . 北京：化学工业出版社，1998：668.

［2］　徐克勋 . 精细有机化工原材料及中间体手册 ［M］. 北京：化学工业出版社，1998：1 - 387.

［3］　宋心崎 . 实用化学化工词典 ［M］. 北京：宇航出版社，1995：561.

［4］　全国化学标准化技术委员会 . 工业用一乙胺：GB/T 23962—2009 ［S］. 北京：中国标准出版社，2010.

4.2　乙二胺

中文名称：乙二胺

英文名称：ethylene diamine（EDA）

中文别称：1，2 - 二氨基乙烷

英文别称：1，2 - diaminoethane

分子式：$C_2H_8N_2$

相对分子质量：60.10

结构式：$H_2NCH_2CH_2NH_2$

CAS 登记号：107 - 15 - 3

1. 物理性质

无色透明的粘稠液体，有氨臭。密度 0.899 5 g/cm³（20 ℃），蒸气相对空气密度 2.07，折射率（n_D^{20}）1.456 5，沸点 117 ℃，熔点 10.8 ℃，蒸气压 1.426 kPa（20 ℃）/ 1.33 kPa（21.5 ℃），粘度 1.6 mPa·s（20 ℃）。溶于水和乙醇，微溶于乙醚，不溶于苯。

2. 化学性质

易燃，闪点 43 ℃（闭环），具有强碱性，遇酸易成盐，能吸收空气中的潮气和二氧化碳生成不挥发的碳酸盐，与无机酸生成结晶性、水溶性的盐。其硝酸盐加热时脱去 2 分子水，生成具有爆炸性的乙二硝胺。与有机酸、酯、酸酐或酰卤反应，生成一取代酰胺或二取代酰胺。将一取代酰胺加热时，缩合生成 2 - 烷基咪唑啉。与二元酸缩合生成聚酰胺树脂。与卤代烷反应得到一烷基或二烷基乙二胺。与丙烯腈反应，生成腈乙基化合物。与环氧化合物反应，生成加成化合物。与醛反应主要生成 Schiff 碱。与甲醛作用得到组成复杂的混合物。与氯代乙酸反应得到乙二胺四乙酸盐（EDTA），是一种有用的螯合剂。与尿素、碳酸二乙酯、光气或二氧化碳反应，主要生成 2 - 咪唑啉酮。在镍、钴或铜催化剂存在下加热到 350 ℃生成哌嗪。与二硫化碳反应生成二硫代乙二氨基甲酸，加热脱去硫化氢得到聚硫脲树脂。与水生成水合物。乙二胺还可与许多无机物形成络合物。25% 水溶液的 pH 值为 11.9（25 ℃）。

3. 理化指标和检验方法

乙二胺理化指标和检验方法列于表 4 - 2。

表 4 - 2　乙二胺理化指标和检验方法

项　目	指　标			检验方法
	GB/T 36761	企业标准	日本标准	
乙二胺含量(%)	≥99.5	≥99.1	≥99.0	GC 法
水分(%)	≤0.5	—	—	卡尔·费休法
氨(%)	—	无	—	GC 法
杂质含量(%)	—	≤0.9	—	GC 法
色度(APHA)(铂-钴色号)	≤20	—	≤15	比色法
馏程/℃	—	—	115~119	馏程仪
相对密度(d_{20}^{20})	—	—	0.897~0.910	密度计

4. 制备方法

1) 二氯乙烷氨化法。将 1，2 - 二氯乙烷和氨水送入管式反应器中，在 120~180 ℃、1.98~2.47 MPa 下，进行热压氨解反应。反应结束后将反应液蒸发一部分水分和过量的氨，送入中和器，用 30% 液碱中和，再经浓缩、脱盐、粗馏得乙二胺成品。其含量为 70%，再减压精馏得成品。

$$ClCH_2CH_2Cl + 2NH_3 \rightarrow H_2NCH_2CH_2NH_2 + 2HCl$$

2) 乙醇胺氨化法。将乙醇胺、钴催化剂和水加入反应器，然后往其中通入氨，在 20 MPa 和 170~230 ℃下进行反应，5~10 h 后，可制得乙二胺，其转化率达 69%，再减压精馏得成品。

$$NH_2CH_2CH_2OH + NH_3 \rightarrow H_2NCH_2CH_2NH_2 + H_2O$$

5. 贮存、运输和应用

为二级易燃品，用玻璃瓶、聚乙烯塑料桶、磷酸锌被膜处理的铁桶或不锈钢桶包装。密封贮存，存放于阴凉通风的仓库中。防潮，防热，与酸类物品隔离。可用汽车槽车运输。

在推进剂中主要作为扩链剂调节推进剂的力学性能。广泛用于制造有机化合物、高分子化合物、药物、染料和农药等，也可用于生产螯合剂、防蚀剂、土壤改良剂、润滑剂、润滑油添加剂、橡胶促进剂、环氧树脂固化剂、乳化剂、抗冻剂、有机溶剂和化学分析试剂，以及用于铍、铈、镧、镁、镍、铀等金属的鉴定，锑、铋、镉、钴、铜、汞、镍、银和铀的测定。

6. 毒性与防护

为有毒的强碱性腐蚀性液体，蒸气或液体均刺激皮肤、粘膜、眼睛和呼吸道，能引起皮肤过敏呈现出变态反应。吸入高浓度乙二胺蒸气会引起气喘性支气管炎，严重时易发生致命性中毒。大鼠经口 LD50 为 1 160 mg/kg。小鼠经口 LD50 为 448 mg/kg。生产现场最高容许浓度 4 mg/m^3。一般浓度对肺、肝、肾脏等均引起慢性中毒。生产设备应密闭，防止跑、冒、滴、漏。操作人员应穿戴安全防护用具，避免直接和人体接触，溅及皮肤、眼、鼻，迅即用水或 2% 硼酸溶液冲洗，再涂以硼酸软膏，严重者送医院诊治。吸入蒸气时应移至新鲜空气处作深呼吸，严重时请医生治疗。用水（雾或喷雾）、二氧化碳、四氯化碳灭火。

7. 理化分析谱图

（1）红外光谱图

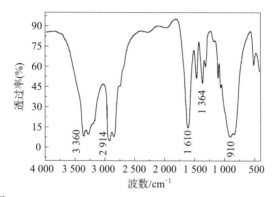

（2）核磁共振谱图

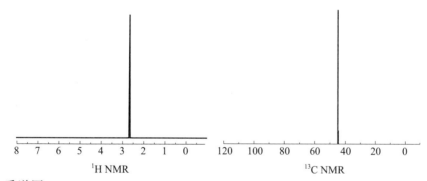

^{1}H NMR　　　　　　　　　　　　　　　^{13}C NMR

（3）质谱图

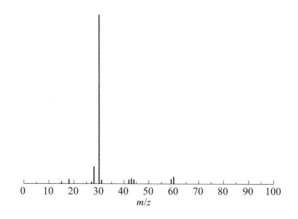

参 考 文 献

[1] 化学工业出版社.中国化工产品大全：上卷 [M].2版.北京：化学工业出版社,1998：678.

[2] 徐克勋.精细有机化工原材料及中间体手册 [M].北京：化学工业出版社,1998：397-398.

[3] 蒋芸.复合固体推进剂原材料毒性与防护 [M].乌鲁木齐：新疆科技卫生出版社,1996：74.

[4] 国家卫生和计划生育委员会.工作场所空气有毒物质测定 第137部分：乙胺、乙二胺和环己胺：GBZ/T 300.137—2017 [S].北京：中国标准出版社,2018.

[5] 全国化学标准化技术委员会有机化工分技术委员会.工业用乙二胺：GB/T 36761—2018 [S].北京：中国标准出版社,2018.

4.3 正丙胺

中文名称：正丙胺

英文名称：n-propylamine

中文别称：一丙胺

英文别称：n-propanamine,1-aminopropane

分子式：C_3H_9N

相对分子质量：59.11

结构式：$CH_3CH_2CH_2NH_2$

CAS登记号：107-10-8

1. 物理性质

无色透明液体,有强烈氨臭。密度为 0.717 3 g/cm³（20 ℃）,沸点为 47.8 ℃,熔点为−83 ℃,折射率（n_D^{20}）为 1.387 9,蒸气压为 33.06 kPa（20 ℃）。溶于水、乙醇、乙醚、丙酮和苯等溶剂。

2. 化学性质

易燃,自燃点为 317.78 ℃,闪点（OC）为−30 ℃,在空气中爆炸极限为 2%～10%（体积）。其水溶液呈碱性,与亚硝酸反应放出氮气,并生成丙醇和丙烯。

3. 理化指标和检验方法

理化指标和检验方法列于表 4-3。

表 4-3　理化指标和检验方法

项目		指　标		检测方法
		优等品	合格品	
一正丙胺含量（%）	≥	99.5	99.0	GC法
二正丙胺含量（%）	≤	0.2	0.4	GC法
三正丙胺含量（%）	≤	0.1	0.2	GC法

续表

项目		指 标		检测方法
		优等品	合格品	
正丙醇(%)	≤	0.1	0.2	GC 法
水(%)	≤	0.1	0.3	卡尔·费休库仑法
色度(APHA)(铂-钴色号)≤		15		比色法

4. 制备方法

正丙醇法：以正丙醇为原料，在催化剂镍-铜-氧化铝（$Ni-Cu-Al_2O_3$）作用下，在 (190 ± 10)℃温度下进行反应，脱氢生成丙醛，与氨加成脱水得亚胺，通过丙醇和氨的比例控制，再加氢可得产品正丙胺，但同时还有二丙胺、三丙胺生成。

$$CH_3CH_2CH_2OH \xrightarrow{-H_2} CH_3CH_2CHO \xrightarrow{NH_3} CH_3CH_2CH=NH$$
$$\xrightarrow{+H_2} CH_3CH_2CH_2NH_2$$

5. 贮存、运输和应用

采用镀锌铁桶包装，桶口衬聚乙烯垫圈，以防泄漏。贮存于阴凉通风处。远离火源，严禁烟火，应与氧化剂隔离贮存。按易燃有毒品规定贮运。

在推进剂中主要作为扩链剂调节推进剂的力学性能。为有机合成原料。用于制药、涂料、农药、橡胶、纤维、纺织物处理剂、石油添加剂和防腐剂，还用作试剂等。

6. 毒性与防护

高毒，蒸气或液体能刺激皮肤和粘膜，吸入蒸气后，呼吸系统器官、血液循环系统、中枢神经系统、肝脏及其他粘膜组织等集体功能失常，生产现场最高容许浓度 $30\ mg/m^3$。灭火方法：用水（雾或喷雾）、二氧化碳、四氯化碳或干式化学灭火剂灭火。

7. 理化分析谱图

（1）红外光谱图

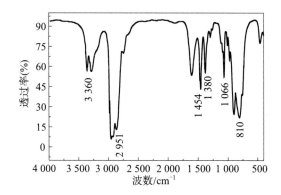

（2）核磁共振谱图

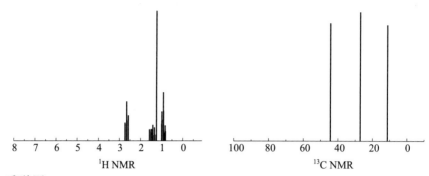

^{1}H NMR　　　　　　　　　　　^{13}C NMR

（3）质谱图

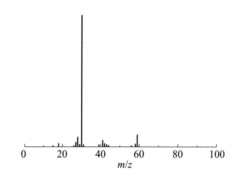

m/z

参 考 文 献

［1］ 化学工业出版社. 中国化工产品大全：上卷［M］. 2 版. 北京：化学工业出版社，1998：669 - 670.

［2］ 全国化学标准化技术委员会有机化工分会. 工业用一正丙胺：HG/T 4146—2010［S］. 北京：化学工业出版社，2011.

4.4　1，2-二氨基丙烷

中文名称：1，2-二氨基丙烷

英文名称：1，2 - diaminopropane

中文别称：丙二胺

英文别称：1，2 - propylenediamine

分子式：$C_3H_{10}N_2$

相对分子质量：74.08

结构式：$H_2NCH(CH_3)CH_2NH_2$

CAS 登记号：78 - 90 - 0

1. 物理性质

无色透明的粘稠液体，有氨臭。密度为 0.858 4 g/cm³ （25 ℃），熔点为 −37 ℃，沸点为 120.5 ℃。折射率（n_D^{25}）为 1.446 0，旋光度 $[\alpha]_D^{25}$ 为＋29.78°。易溶于水、乙醇和氯仿，不溶于苯和乙醚。

2. 化学性质

有光学异构体，但通常以外消旋体存在。具有强碱性和强吸湿性，与空气接触产生白色烟雾。遇明火、高热或与氧化剂接触，有引起燃烧爆炸的危险。受热分解放出有毒的氧化氮烟气。若遇高热，容器内压增大，有开裂和爆炸的危险，闪点为 33.3 ℃。

3. 理化指标和检验方法

丙二胺的理化指标和检验方法列于表 4 - 4。

表 4 - 4　丙二胺的理化指标和检验方法

项目		指标	检测方法
丙二胺含量（％）	≥	99.5	GC 法
杂质（％）	≤	0.4	GC 法
水（％）	≤	0.1	卡尔·费休库仑法

4. 制备方法

由 1，2 -二氯丙烷与液氨制得。将 1，2 -二氯丙烷和 25％的氨水分别加入反应器中，温度控制在 150 ℃左右，压力保持在 2.45 MPa，进行氨化反应。然后将反应液脱氨，加氢氧化钠中和至碱性，再经浓缩、脱盐、粗馏，切取 112 ℃以上馏分得丙二胺成品。其收率可达 65％～70％。

$$ClCH_2CH(CH_3)Cl＋2NH_3 \rightarrow H_2NCH_2CH(CH_3)NH_2＋2HCl$$

5. 贮存、运输和应用

铁桶或不锈钢桶包装，密封贮存，存放于阴凉通风的仓库中。防潮，防热，与酸类物品隔离。贮运中严禁火种，按易燃易爆物品规定贮运。

在推进剂中主要作为扩链剂调节推进剂的力学性能。用于生产选矿药剂、金属钝化剂、航空用树脂固化剂、橡胶硫化促进剂，还用于染料、电镀和分析试剂。

6. 毒性与防护

具有与乙二胺同样的毒性，对皮肤、粘膜、眼睛和呼吸道有刺激作用，长期接触能引起咳嗽、支气管扩张、鼻腔出血、头痛和头晕等症状。吸入高浓度的蒸气能引起喘息，发生致命性中毒。操作人员应穿戴安全防护用具，避免直接和人体接触。生产设备应密闭，防止跑、冒、滴、漏，工作场所应保持良好通风，注意安全。用水（雾或喷雾）、二氧化碳、四氯化碳或干式化学灭火剂灭火。

7. 理化分析谱图

（1）红外光谱图

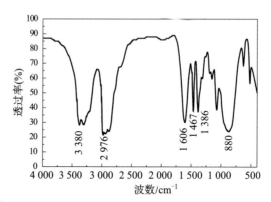

（2）核磁共振谱图

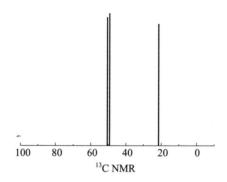

^{13}C NMR

（3）质谱图

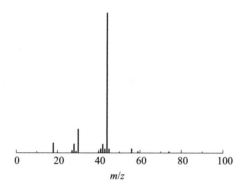

参 考 文 献

［1］　化学工业出版社 . 中国化工产品大全：上卷［M］. 2 版 . 北京：化学工业出版社，1998：676－677.

［2］　AIST：Spectral Database for Organic Compounds，SDBS. 丙二胺 . https：//sdbs. db. aist. go. jp/
　　　sdbs/cgi－bin/cre _ index. cgi？lang＝jp.

4.5　1，6-己二胺

中文名称：1，6-己二胺

英文名称：1，6-diamino-hexane

中文别称：六亚甲基二胺；1，6-二氨基己烷

英文别称：hexaneethylene diamine

分子式：$C_6H_{16}N_2$

相对分子质量：116.21

结构式：$H_2N(CH_2)_6NH_2$

CAS 登记号：124-09-4

1. 物理性质

白色片状结晶体，有氨臭，可燃。密度为 0.883 g/cm^3（30/4 ℃），沸点为 204～205 ℃，熔点为 41～42 ℃，折射率（n_D^{40}）为 1.449 8，粘度为 1.46 kPa·s（50 ℃）。易溶于水，水中溶解度 2.0 g/100 g（0 ℃），0.85 g/100 g（30 ℃）。溶于乙醇、乙醚。

2. 化学性质

可燃，闪点 81 ℃。有毒。有腐蚀性。易吸收空气中的水和二氧化碳，生成不溶的碳酸盐。

3. 理化指标和检验方法

1，6-己二胺理化指标和检验方法列于表 4-5。

表 4-5　1，6-己二胺理化指标和检验方法

项目	指标			检测方法
	优等品	一等品	合格品	
熔融外观	无色透明液体			目视
1,6-己二胺的质量分数(%)　≥	99.70			酸碱滴定法
水溶液(700g/L)色度(APHA)(铂-钴色号)≤	5			比色法
水的质量分数(%)　　　≤	0.15	0.20	0.30	卡尔·费休法
结晶点/℃　　　　　　≤	40.9	40.7	40.5	熔点仪
极谱值/[mmol(异丁醛)]/t(1,6-己二胺)≤	200		300	极谱仪
反式1,2-二氨基环己烷含量/(mg/kg)≤	18	24	30	紫外分光法

4. 制备方法

1）己二腈催化加氢法。此法又分低压和高压两种。

低压法：以己二腈为原料，骨架镍为催化剂，乙醇为溶剂，氢氧化钠作助催化剂，按一定比例加入配料槽进行混合后，在温度 70～90 ℃和 2～4 MPa 压力下进行加氢反应，得气相、液相和固相三种物料，经过滤后，将反应液送入蒸馏塔，经精馏、脱醇、脱水、脱焦、脱出轻重组分，蒸馏得精 1，6-己二胺产品，收率可达 97％。

高压法：以骨架钴为催化剂，液氨为稀释剂，将氢气、己二腈和液氨以 38∶1∶25（mol）分别输送到预热器混合加热至 90 ℃，然后送入固定床反应器，于温度 90～150 ℃和压力 19.6～29.4 MPa 下，进行反应，将气相、液相部分经冷凝、分离得粗 1，6-己二胺，然后经 5 座蒸馏塔连续进行蒸馏、脱水、脱焦，脱出轻重组分和杂质，经精馏得 1，6-己二胺，收率可达 90％～93％。

2）己二酸为原料的方法。将己二酸蒸气与过量的氨一起通过加热至 340 ℃的硅胶脱水催化剂，生成己二腈，然后在其中加入甲醇和液氨，用硅藻土镍催化剂，在 90～100 ℃下，以 10.132 5～20.265 MPa 氢进行还原得成品。

$$HOOC(CH_2)_4COOH + 2NH_3 \rightarrow NC(CH_2)_4CN + 4H_2O$$

$$NC(CH_2)_4CN + 4H_2 \rightarrow H_2NCH_2(CH_2)_4CH_2NH_2$$

5. 贮存、运输和应用

装入密封的马口铁桶内，贮存于阴凉通风处避光，避热。

在推进剂中主要作为扩链剂调节推进剂的力学性能。绝大部分用于合成尼龙 66 和 610 树脂，也用以合成聚氨酯树脂，离子交换树脂和亚己基二异氰酸酯，还用于制备交联剂、粘合剂、航空涂料、环氧树脂固化剂、橡胶硫化促进剂，以及用作纺织和造纸工业的稳定剂、漂白剂、铝合金的抑制腐蚀剂和氯丁橡胶乳化剂等。

6. 毒性与防护

毒性较大，可引起神经系统、血管张力和造血功能的改变。吸入高浓度 1，6-己二胺蒸气能引起剧烈头痛。皮肤接触高浓度 1，6-己二胺，可致干性或湿性坏死，低浓度可引起皮炎和湿疹。溅入眼内引起眼睑红肿，结膜充血，甚至失明。对眼睛的光敏阈为 0.002 7 mg/m³，嗅阈为 0.003 3 mg/m³。工作场所最高允许浓度为 1 mg/m³。吸入中毒者应移至新鲜空气处，雾化吸入 1％硼酸溶液，皮肤沾染可用 3％醋酸溶液湿敷，用大量水冲洗。误服者可口服稀醋、柠檬汁洗胃，送医院诊治。生产设备要密封，防止跑、冒、滴、漏。操作人员应穿戴防护用具，避免直接接触。用水（雾或喷雾）、二氧化碳、四氯化碳或干式化学灭火剂灭火。

7. 理化分析谱图

（1）红外光谱图

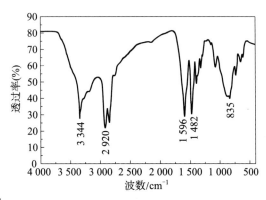

（2）核磁共振谱图

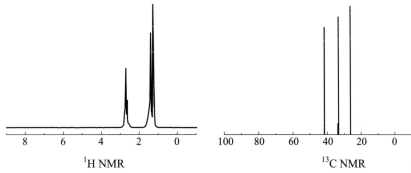

¹H NMR　　　　　　　　　　　　　　　¹³C NMR

（3）质谱图

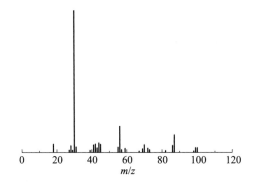

参 考 文 献

［1］　化学工业出版社 . 中国化工产品大全：上卷［M］. 2 版 . 北京：化学工业出版社，1998：676 - 677.

［2］　中华人民共和国工业和信息化部 . 工业用 1，6 -己二胺：HG/T 3937—2021［S］. 北京：化学工业出版社，2021.

4.6　1，10-癸二胺

中文名称：1，10-癸二胺

英文名称：decane-1，10-diamine

中文别称：1，10-二氨基癸烷

英文别称：decanethylene diamine

分子式：$C_{10}H_{24}N_2$

相对分子质量：172.31

结构式：$H_2N(CH_2)_{10}NH_2$

CAS 登记号：646-25-3

1. 物理性质

白色固体或浅黄色结晶。沸点 139～140 ℃（1.60 kPa），126～127 ℃（0.667 kPa）；熔点 62～63 ℃。溶于乙醇。

2. 化学性质

在空气中和二氧化碳作用迅速成盐。易潮解，可燃。

3. 理化指标和检验方法

1，10-癸二胺理化指标和检验方法列于表 4-6。

表 4-6　1，10-癸二胺理化指标和检验方法

项目	指标	检测方法
外观	无色片状结晶	目视法
含量(%)	≥98.0	酸碱滴定
醇溶解试验	合格	重量法
灼烧残渣	0.10	重量法

4. 制备方法

1）由癸二腈催化加氢还原制得。将一定量 1，10-癸二腈和悬浮在 95％乙醇中的雷尼催化剂装入高压反应器中，通入液氨，然后通入氢气至压力为 10.34 MPa，升温至 125 ℃反应，至氢不再吸收时，冷却，使氢和氨溢去，通入乙醇洗出反应器中反应产物，然后将乙醇溶液脱色过滤，除去催化剂，再经常压蒸去乙醇后，进行减压蒸馏收集 143～146 ℃（1.867 kPa）馏分得精 1，10-癸二胺产品。

$$NC(CH_2)_8CN + 4H_2 \xrightarrow{Ni} H_2N(CH_2)_{10}NH_2 + 2H_2O$$

2）以癸二醇为原料，以雷尼镍催化剂于 220～260 ℃下进行催化氨化亦可制得 1，10-癸二胺。

5. 贮存、运输和应用

贮存时防止吸收空气中二氧化碳，试剂级应用固体氢氧化钾干燥保护，避光密封贮存。

在推进剂中主要作为扩链剂调节推进剂的力学性能。用于高分子的聚合和药物的精制，用作试剂、有机合成原料、环氧树脂固化剂，是尼龙 1010 的中间体。

6. 毒性与防护

有毒，会引起过敏性皮炎。操作人员应穿戴防护用具。

用水（雾或喷雾）、二氧化碳、四氯化碳灭火。

7. 理化分析谱图

（1）红外光谱图

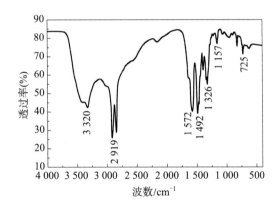

（2）质谱图

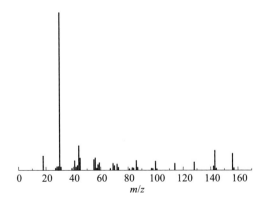

参 考 文 献

［1］ 化学工业出版社 . 中国化工产品大全：上卷［M］. 2 版 . 北京：化学工业出版社，1998：677 - 678.

［2］ 余玉叶，赵国良，陆燕海 . 1，10 -癸二胺双希夫碱的固相合成与表征［J］. 合成化学，2005（1）：70 - 72.

4.7　1，2-乙二醇

中文名称：1，2-乙二醇
英文名称：1，2-ethanediol
中文别称：甘醇，乙二醇
英文别称：ethylene glycol，ethanediol
分子式：$C_2H_6O_2$
相对分子质量：62.07
结构式：$HOCH_2CH_2OH$
CAS 登记号：107-21-1

1. 物理性质

无色、无臭、有甜味的粘稠状液体，具有吸湿性。密度为 1.113 5～1.108 8 g/cm³ (20 ℃)，折射率（n_D^{20}）为 1.431 8，熔点为－13.2～－12.6 ℃，熔化热为 187.2.7 kJ/kg，沸点为 198 ℃（101.3 kPa），蒸发热为 57.11 kJ/mol，能与水、低级脂肪族醇、乙酸、甘油、丙酮混溶，微溶于乙醚（1∶200），难溶于乙醚、二硫化碳，不溶于烃类、氯代烃、油类。能溶解食盐、氯化锌、碳酸钾、氯化钾、碘化钾、氢氧化钾等无机化合物。与乙醇和丙酮等的混合物能降低水的冰点。蒸气密度 2.14 g/L，蒸发速率很低，是乙醚的 1/2 625。空气中饱和乙二醇蒸气含量为 500 mg/m³。

2. 化学性质

最简单的二醇。易燃，燃点为 118 ℃，自燃点为 412.8 ℃，燃烧热为 1 186.1 kJ/mol（20 ℃，定压），闪点为 111.1～116 ℃，爆炸极限（下限）为 3.2%（体积），生成热为－452.6 kJ/mol，可发生以下反应：

1）与有机酸或无机酸反应生成酯，一般先只有一个羟基发生反应，经升高温度，增加酸用量等，可使两个羟基都形成酯。与混有硫酸的硝酸反应，则形成二硝酸酯，酰氯或酸酐容易使两个羟基形成酯。与二元酸反应生成聚酯纤维或聚酯树脂。与盐酸反应生成 2-氯乙醇。

2）与硫酸烷基酯和氢氧化钠反应生成烷基醚。

3）在酸性催化剂作用下，与醛反应生成环缩醛。

4）用硫酸或氧化锌催化脱水反应，生成二噁烷、乙醛、巴豆醛等。

5）氧化反应。硝酸氧化、气相氧化生成乙二醛、羟基乙酸、草酸等。

6）与碱金属或碱性氢氧化物反应生成醇金属化合物。

7）和环氧乙烷反应，生成二甘醇、三甘醇以及高分子的聚乙二醇。

3. 理化指标和检验方法

乙二醇理化指标和检验方法列于表 4-7。

表 4-7 乙二醇理化指标和检验方法

项目	指标		检验方法
	聚酯级	工业级	
外观	透明液体,无机械杂质		目视法
乙二醇(%) ≥	99.9	99.0	GC 法
二乙二醇(%) ≤	0.050	0.600	GC 法
1,4-丁二醇(%)	报告		GC 法
1,2-丁二醇(%)	报告		GC 法
1,2-己二醇(%)	报告		GC 法
碳酸乙烯酯(%)	报告		GC 法
色度(APHA)(Pt-Co 色号) 加热前 ≤ 加盐酸加热后 ≤	5 20	10 —	比色法
密度/(g/cm³)(20 ℃)	1.1128~1.1138	1.1125~1.1140	密度瓶法
沸程(在 0 ℃,0.101 33 MPa) 初馏点/℃ ≥ 干点/℃ ≤	196.0 199.0	195.0 200.0	GB/T 7534
水分(%) ≤	0.08	0.20	卡尔·费休法
酸度(以乙酸计)/(mg/kg) ≤	10	30	GB/T14571.1 酸碱滴定
铁含量/(mg/kg) ≤	0.10	5.0	分光光度比色法
灰分/(mg/kg) ≤	10	20	灼烧称重
醛含量(以甲醛计)/(mg/kg) ≤	8.0	—	分光光度比色法
紫外透光率(%) 220 nm ≥ 250 nm 275 nm ≥ 350 nm ≥	75 报告 92 99		紫外分光光度法
氯离子/(mg/kg) ≤	0.5	—	离子色谱法

4. 制备方法

1) 环氧乙烷直接水合法:环氧乙烷和水在加压(2.23 MPa)和 190~200 ℃ 条件下,在管式反应器中直接液相水合制得乙二醇,同时副产一缩二乙二醇、二缩三乙二醇和多缩聚乙二醇。反应所得的乙二醇稀溶液经薄膜蒸发器浓缩,再经脱水,精制后得合格乙二醇产品及副产品。该方法为目前工业规模生产乙二醇较成熟的方法。

$$CH_2 \!-\! CH_2 + H_2O \xrightarrow[\text{加压}]{\triangle} HOCH_2CH_2OH$$
$$\diagdown O \diagup$$

2）环氧乙烷硫酸催化水合法：环氧乙烷与水在硫酸催化下，在 60～80 ℃，9.806～19.61 kPa 的压力下水合生成乙二醇。反应液用液碱中和，经蒸发器蒸去水分，得 80% 的乙二醇，再在精馏塔中精馏提浓，得到 98% 以上的成品。该法为早期工业生产的方法，由于存在腐蚀、污染和产品质量问题，加之精制过程复杂，各国已逐渐停用而改用直接水合法。

5. 贮存、运输和应用

用镀锌铁桶包装，可用铁、软钢、铜或铝制容器贮存，长期贮存宜用不锈钢容器。贮存时应密封，长期贮存要氮封，防潮，防火，防冻。按易燃化学品规定贮运。着火时用泡沫灭火器、二氧化碳、干式化学灭火剂、四氯化碳等灭火。

在推进剂中主要作为扩链剂调节推进剂的力学性能，是聚酯纤维涤纶的原料，并用于其他聚酯树脂、不饱和聚酯树脂和 1730 聚酯漆、增塑剂、化妆品、防冻液、耐寒润滑油。由乙二醇和聚乙二醇能衍生出多种类型的表面活性剂。还用作油漆、染料、油墨、某些无机化合物的溶剂以及气体脱水剂、肼的萃取剂等。乙二醇的溶解能力很强，但它容易代谢氧化，生成有毒的草酸，因而不能广泛用作溶剂。乙二醇是一种抗冻剂，60% 的乙二醇水溶液在 −40 ℃时结冰。

6. 毒性与防护

属低毒类物质，对低等脊椎动物无严重毒性，对人类则不同。可经皮肤吸收，大剂量作用于神经系统和肝、肾。对眼可引起刺激。由于乙二醇沸点高，一般不存在吸入中毒现象。对未破损皮肤的渗入量小。但大量饮入（个别人不足 50 g）会刺激中枢神经系统，引起呕吐、疲倦、昏睡、呼吸困难、震颤、肾脏充血和出血、脂肪肝、尿闭（肾小管结晶阻塞）、支气管炎、肺炎而致死。大鼠，豚鼠经口 LD50 分别为 8.54 g/kg、6.61 g/kg，小鼠经口 LD50 为 13.79 mL/kg。人体 LD 约为 1.4 mL/kg 或 100 mL。误食者立即用 1∶2 000 高锰酸钾溶液洗胃和导泻。严重者送医院诊治。

乙二醇加热时应密闭，排气。防止吸入和避免皮肤接触，特别是在破损之处尤需注意。乙二醇容器上应标明"有毒"字样，防止误服及吸入乙二醇蒸气。操作人员应穿戴防护用具，定期进行体检，特别是尿常规检查。

7. 理化分析谱图

（1）红外光谱图

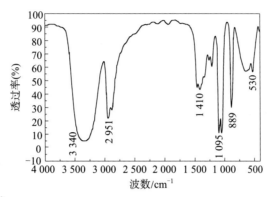

（2）核磁共振谱图

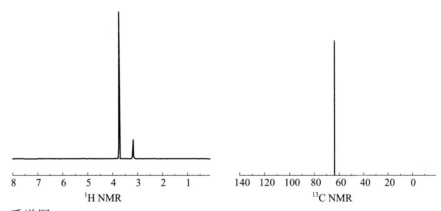

¹H NMR　　　　　　　　　　　　　　　　¹³C NMR

（3）质谱图

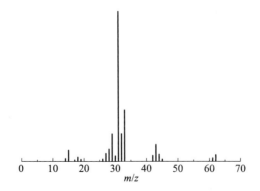

参 考 文 献

［1］ 程能林. 溶剂手册［M］. 4 版. 北京：化学工业出版社，2008：473-476.

［2］ 化学工业出版社. 中国化工产品大全：上卷［M］. 2 版. 北京：化学工业出版社，1998：518-519.

[3] 蒋芸. 复合固体推进剂原材料毒性与防护 [M]. 乌鲁木齐：新疆科技卫生出版社，1996：118-119.

[4] 全国化学标准化技术委员会石油化学分会. 工业用乙二醇：GB/T 4649—2018 [S]. 北京：中国标准出版社，2018.

4.8　1，2-丙二醇

中文名称：1，2-丙二醇

英文名称：1，2-peopanediol

中文别称：α-丙二醇

英文别称：propylene glycol

分子式：$C_3H_8O_2$

相对分子质量：76.09

结构式：$CH_3CH(OH)CH_2OH$

CAS登记号：57-55-6

1. 物理性质

无色、粘稠、稳定的液体。密度为 1.038 1 g/cm³，熔点为 -59.5 ℃，几乎无味无臭，沸点（101.3 kPa）为 187.3 ℃，蒸发热为 538.1 kJ/kg，比热容为 2.48 kJ/（kg·K）（20 ℃，定压），折射率（n_D^{20}）为 1.432 9，与水、乙醇、乙醚、氯仿、丙酮等多种有机溶液混溶。对烃、氯代烃、油脂的溶解度虽小，但比乙二醇的溶解能力强。

2. 化学性质

生成热（20 ℃）为 500.3 kJ/mol，闪点（CC）为 98.9 ℃（开口杯），易燃，燃点为 421.1 ℃，燃烧热为 1 853.1 kJ/mol（20 ℃，101.3 kPa）。对金属不腐蚀，与二元酸反应生成聚酯，与硝酸反应生成硝酸酯，与盐酸作用生成氯代醇。用稀硫酸在 170 ℃ 加热氧化成丙醛。用硝酸或铬酸氧化生成羟基乙酸、草酸、乙酸等。与醛反应生成缩醛。脱水成氧化丙烯或聚丙二醇。

3. 理化指标和检验方法

1，2-丙二醇理化指标和检验方法列于表 4-8。

表 4-8　1，2-丙二醇理化指标和检验方法

项目	指标		检验方法	检测标准
	优等品	合格品		
1,2-丙二醇(%)	≥99.50	≥99.00	GC 法	HG/T 5392—2018
水分(%)	≤0.10	≤0.20	卡尔·费休法	GB/T 6324.8

续表

项目	指标		检验方法	检测标准
	优等品	合格品		
色度(APHA)(铂-钴色号)	≤10	≤15	比色法	GB/T 3143—1982
密度/(g/cm³)(20 ℃)	1.035~1.038	1.035~1.040	密度瓶法	GB/T 4472—2011
酸度(以乙酸计)(%)	≤0.010	≤0.020	酸碱滴定	HG/T 5392—2018

4. 制备方法

1) 环氧丙烷直接水合法，为加压非催化水合法。由环氧丙烷与水在 150~160 ℃，0.78~0.98 MPa 压力下，直接水合制得，反应产物经蒸发、精馏，得成品。

$$H_3C-CH-CH_2 + H_2O \longrightarrow H_3C-CH-CH_2$$
$$\underset{O}{\diagdown\diagup} \qquad\qquad \underset{OH}{|}\ \underset{OH}{|}$$

2) 环氧丙烷间接水合法。由环氧丙烷与水用硫酸作催化剂间接水合制得。反应式同上。

5. 贮存、运输和应用

可用铁、软钢、铜、锡、不锈钢制容器或经树脂涂覆的容器包装贮存。贮存在远离明火、着火危险区和有强氧化剂的地方，贮存区应阴凉而通风，长期存放不变质，但开口则吸潮。按一般低毒化学品规定贮运。

在推进剂中主要作为扩链剂调节推进剂的力学性能。用作不饱和聚酯树脂、增塑剂、表面活性剂、乳化剂和破乳剂的原料。在医药工业中用作调和剂、防腐剂、软膏、维生素、青霉素等的溶剂。在食品工业中用作香精、食用色素的溶剂。也用作烟草润湿剂、防霉剂和水果催熟防腐剂、药物赋形剂等。也可作为防冻剂、热载体和食品机械润滑剂使用。

6. 毒性与防护

毒性和刺激性都非常小，迄今尚未发现受害者。大鼠静脉注射和腹腔注射 LD50 为 7 000~8 000 mg/kg，经口 LD50 为 2 800 mg/kg。但有溶血性，不宜用于静脉注射。添加在食品和饮料中一次服用量过高时，有引起致命的肾脏障碍的危险，有些国家已禁止在食品工业中使用。戴安全防护镜、防毒面具和穿防护衣。用水（雾或喷雾）、四氧化碳、四氯化碳灭火。

7. 理化分析谱图

（1）红外光谱图

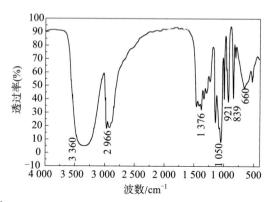

（2）核磁共振谱图

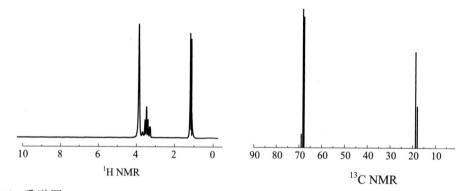

^{1}H NMR　　　　　　　　　　^{13}C NMR

（3）质谱图

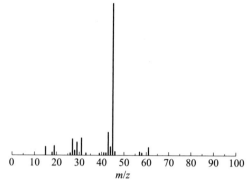

参 考 文 献

［1］　程能林.溶剂手册［M］.4 版.北京：化学工业出版社，2008：477 - 479.

［2］　化学工业出版社.中国化工产品大全：上卷［M］.2 版.北京：化学工业出版社，1998：519.

［3］　全国化学标准化技术委员会有机化工分技术委员会.工业用 1，2 - 丙二醇：HG/T 5392—2018
　　　　［S］.北京：化学工业出版社，2019.

4.9　1，3-丁二醇

中文名称：1，3-丁二醇

英文名称：1，3-butanediol

中文别称：1，3-二羟基丁烷

英文别称：1，3-dihydroxybutane，1，3-butylene glycol

分子式：$C_4H_{10}O_2$

相对分子质量：90.12

结构式：$CH_3CH(OH)CH_2CH_2OH$

CAS 登记号：107-88-0

1. 物理性质

无色粘稠状液体，略有苦甜味。密度为 $1.004\sim1.005$ g/cm³（20 ℃），沸点为 207.5 ℃（101.3 kPa），熔点为 $-50\sim-77$ ℃，折射率为 $1.439\sim1.441$，蒸发热为 58.49 kJ/mol，有吸湿性，能与水、乙醇、丙酮、丁酮、甲基-乙基酮、邻苯二甲酸二丁酯、蓖麻油混溶。不溶于脂肪烃、苯、甲苯、四氯化碳、乙醇胺类、苯酚、2-氨基乙醇、矿物油、棉子油。加热时能溶解尼龙，也能部分溶解虫胶和松脂。因沸点较高，常压下蒸馏时易受空气氧化，故宜在减压下蒸馏。吸湿性强。

2. 化学性质

可燃性液体，闪点（开口）为 121 ℃，燃点为 392.8 ℃，爆炸极限（下限）为 1.9 %（体积），燃烧热（液体）为 2 491.2 kJ/mol，对金属不腐蚀。脱水成环生成四氢呋喃，与有机酸反应生成酯，与二元酸聚合生成聚酯。

3. 理化指标和检验方法

1，3-丁二醇的理化指标和检验方法列于表 4-9。

表 4-9　1，3-丁二醇的理化指标和检验方法

项目	指标	检验方法
外观	无色液体	目视法
含量(%)	≥98	GC 法
水分(%)	≤0.10	卡尔·费休法

4. 制备方法

以乙醛为原料，在碱溶液中经自身缩合作用生成 3-羟基丁醛，然后加氢生成 1，3-丁二醇。

$$CH_3CHO \xrightarrow[10\sim25\ ℃]{碱} CH_3CH(OH)CH_2CHO \xrightarrow[Ni,60\sim120\ ℃]{H_2} CH_3CH(OH)CH_2CH_2OH$$

5. 贮存、运输和应用

采用铝桶或镀锌铁桶包装或用酚醛树脂衬里的贮槽贮存。贮运中要防潮、防热、防水。禁止与强氧化剂（如硝酸、高锰酸钾等）放在一起。按一般易燃化学品规定贮运。

在推进剂中主要作为扩链剂调节推进剂的力学性能。用于制备聚酯树脂、聚氨基甲酸酯树脂、增塑剂、油墨等。也用作纺织品、纸张和烟草的润湿剂和软化剂。

6. 毒性与防护

毒性与甘油相似，属微毒类物质，对人的粘膜和皮肤无刺激，急性中毒时动物呈深麻醉状。对高等动物的毒性很低，低于1,4-丁二醇。小鼠经口 LD50 为 23.45 g/kg。大鼠经口 LD50 为 29.59 g/kg。

7. 理化分析谱图

（1）红外光谱图

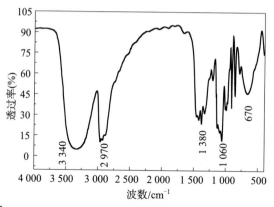

（2）核磁共振谱图

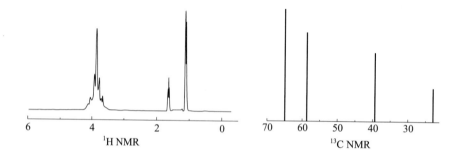

（3）质谱图

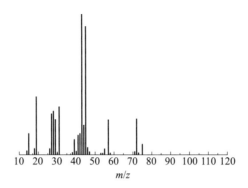

m/z

参 考 文 献

［1］　程能林 . 溶剂手册 ［M］. 4 版 . 北京：化学工业出版社，2008：487 - 488.

［2］　化学工业出版社 . 中国化工产品大全：上卷 ［M］. 2 版 . 北京：化学工业出版社，1998：520.

［3］　徐良，秦美蓉，李俊鹏，等 . 1，3 -丁二醇对大鼠的亚慢性毒性 ［J］. 环境与健康杂志，2015
（10）：919 - 921.

4.10　1，4 -丁二醇

中文名称：1，4 -丁二醇
英文名称：1，4 - butanediol
中文别称：1，4 -二羟基丁烷
英文别称：1，4 - dihydroxybutane；1，4 - butylene glycol
分子式：$C_4H_{10}O_2$
相对分子质量：90.12
结构式：$OH(CH_2)_4OH$
CAS 登记号：110 - 63 - 4

1. 物理性质

无色粘稠状液体，低温下为针状晶体。密度 1.015 4～1.017 1 g/cm³ （20 ℃），熔点 20.2 ℃，沸点 228 ℃ （101.3 kPa），蒸发热 576.1 kJ/kg，折射率 1.444 5～1.446 1，有吸湿性，能与水混溶，溶于甲醇、乙醇、丙酮，微溶于乙醚、苯、卤代烃等。

2. 化学性质

常温常压下不分解。可燃，闪点（开口）121 ℃。脱水成环生成四氢呋喃，与有机酸反应生成酯，与二元酸聚合生成聚酯。

3. 理化指标和检验方法

1，4-丁二醇理化指标和检验方法列于表 4-10。

表 4-10　1，4-丁二醇理化指标和检验方法

项目	指标		检验方法	检测标准
	优等品	合格品		
1,4-丁二醇(%)　　　　≥	99.70	99.50	GC 法	GB/T 23961—2009
色度(APHA)(铂-钴色号)　≤	10	10	比色法	GB/T 3143—1982
水(%)　　　　　　　≤	0.03	0.05	卡尔·费休库伦法	GB/T 6283—2008

4. 制备方法

1）乙炔法：以乙炔和甲醛在 Cu-Bi 催化剂存在下，于 98 kPa，80～95 ℃反应制成 1，4-二醇丁炔，再经骨架镍催化，于 1.372～2.06 MPa，50～60 ℃加氢成 1，4-丁烯二醇，继之以 Ni-Cu-Mn/Al$_2$O$_3$进一步催化加氢（13.7～20.6 MPa，120～140 ℃）成 1，4-丁二醇，经离子交换树脂除去金属离子后，再经蒸馏提纯得到纯品。

$$HC\equiv CH + 2HCHO \longrightarrow HOCH_2C\equiv CCH_2OH \xrightarrow{H_2} HOCH_2CH_2CH_2CH_2OH$$

2）丁二烯法：由 1，3-丁二烯与乙酸、氧气发生乙酰氧化反应，生成 1，4-二乙酰氧基-2-丁烯，再经加氢，水解制成。

$$CH_2=CHCH=CH_2 + CH_3COOH + O_2 \longrightarrow CH_3COOCH_2CH=CHCH_2OOCCH_3 \xrightarrow{H_2}$$

$$CH_3COO(CH_2)_4OOCCH_3 \xrightarrow{H_2O} OH(CH_2)_4OH$$

5. 贮存、运输和应用

采用铝、不锈钢、镀锌铁桶或塑料桶包装，或以槽车按易燃有毒物品规定贮运。因熔点 20 ℃，槽车中应装有加热管。

在推进剂中主要作为扩链剂调节推进剂的力学性能。用于生产四氢呋喃、γ-丁内酯和聚对苯二甲酸丁二醇酯，还可制备 N-甲基吡咯烷酮、N-乙烯基吡咯烷酮及其他吡咯烷酮衍生物，也用于制备维生素 B6、农药。作为增链剂和聚酯原料用于生产聚氨酯弹性体和软质聚氨酯泡沫塑料，1，4-丁二醇制得的酯类是纤维素、聚氯乙烯、聚丙烯酸酯类和聚酯类的良好增塑剂。1，4-丁二醇具有良好的吸湿性和增柔性，可作明胶软化剂和吸水剂，玻璃纸和其他未用纸的处理剂。广泛用作溶剂、增塑剂、润滑剂、增湿剂、柔软剂、胶粘剂和电镀工业的光亮剂。

6. 毒性与防护

　　属于低毒类物质，在丁二醇四种异构体中 1，4 - 丁二醇毒性最大，约为 1，3 - 丁二醇的 10 倍。附着在患病或负伤的皮肤上或饮用时，起初呈现麻醉作用，引起肝和肾特殊病理变化，然后由于中枢神经麻醉而（无长时间的潜伏）突然死亡。白鼠经口 LD50 为 210～420 mg/kg。生产设备应密闭，防止泄漏，操作人员穿戴防护用具。皮肤有创伤的人严禁接触。

7. 理化分析谱图

（1）红外光谱图

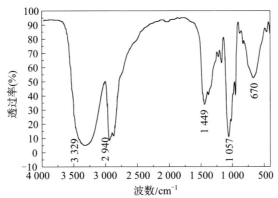

（2）核磁共振谱图

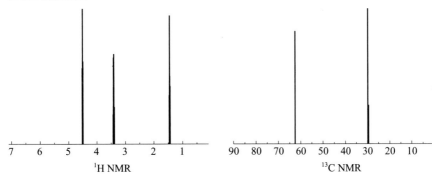

^{1}H NMR　　　　　　　　　　　　^{13}C NMR

（3）质谱图

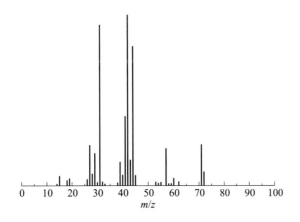

参 考 文 献

［1］ 程能林. 溶剂手册［M］. 4 版. 北京：化学工业出版社，2008：488 - 489.

［2］ 化学工业出版社. 中国化工产品大全：上卷［M］. 2 版. 北京：化学工业出版社，1998：520.

［3］ 全国化学标准化技术委员会有机分会. 工业用 1，4 -丁二醇：GB/T 24768—2009［S］. 北京：中国标准出版社，2010.

第 5 章　燃　料

刘发龙　欧阳巧云　程福银　蔡如琳

在复合固体推进剂中，燃料是一类可与氧化剂反应产生大量热能的物质，主要有金属或非金属单质粉末及其含氢化合物。

5.1　铍

中文名称：铍

英文名称：berylium

分子式：Be

相对分子质量：9.012

CAS 登记号：7440 - 41 - 7

1. 物理性质

铍是灰白色轻金属，质轻，坚硬，熔点高，延性好，张力强，弹性模量大，不受磁力作用的影响，撞击时不产生火花。密度 1.85 g/cm^3（20 ℃），不及铁的 1/4，比铝轻 1/3，其弹性是钢的 1.5 倍、铝的 4 倍、钛的 2 倍。铍的强度比钢大 40%，其强度与密度的比值，比航天钢材以及铝基或钛基合金高得多，在 815 ℃的高温下，其强度也不受影响。铍的传热本领是钢的 3 倍。铍是良导体，具有极好的吸热、散热的性能。铍的透 X 射线能力最强，有"金属玻璃"之称。熔点 1 283 ℃，熔化热 12.2 kJ/mol，沸点 2 970 ℃（1 500 ℃开始挥发），蒸发热 292.4 kJ/mol，比热 1.82 J/(g·K)，热导率 200 W/(m·K)，莫氏硬度 5.5，声音在其中的传播速率 12 870 m/s。

2. 化学性质

天然铍有三种同位素：铍 7、铍 8、铍 10。耐高温，耐腐蚀，不生锈。铍核被中子、粒子、氘核及 γ 射线撞击或照射时产生中子，铍原子的热中子吸收截面为 0.009 靶恩。铍的化学性质活泼，与铝性质相似，形成保护性氧化层，在空气中即使红热时也很稳定。铍在干燥空气中 600 ℃可长时间抗氧化，800 ℃可短时间抗氧化。金属铍对于无氧的金属钠即使在较高的温度下，也有明显的抗腐蚀性。铍在低温高纯水中具有优良的抗蚀性，微溶于热水。室温下，铍易与稀盐酸、稀硫酸反应，与浓硫酸反应缓慢，与稀硝酸和醋酸发生反应，与浓硝酸和冰醋酸不发生反应，但在高温下则与浓硝酸发生反应。铍与浓的碱溶液激烈反应，表现出两性，在略高于铍熔点的温度下，与碳反应生成碳化铍，略高于 900 ℃时与氮反应生成氮化铍，1 000 ℃下粉末状金属铍与氨作用生成氮化铍。铍粉与四氯化碳混合遇火花或闪火能燃烧。能与锂、磷剧烈反应。细小的铍粉和尘埃能与空气形成爆炸性混合物，易燃的程度与粒子大小有关，超细铍粉接触空气时易自燃。铍燃烧热15 000 kcal/kg。

铍的氧化物和卤化物都有明显的共价性，铍的化合物在水中易分解，在强酸性溶液中生成水合离子$[Be(H_2O)_4]^{2+}$。铍还能形成聚合物以及具有明显热稳定性的共价化合物，如碱式乙酸铍 $Be_4O-(CH_3COO)_6$ 可制成非常纯的结晶，是制备纯铍化合物的原料。

3. 理化指标和检验方法

铍的理化指标和检验方法列于表 5－1。

表 5－1　铍的理化指标和检验方法

项目	指标	检验方法
Be(%)	≥99.0	减量计算法
Fe(%)	0.002～0.5	1,10-邻菲罗啉分光光度法测定铁量
Al(%)	0.005～0.3	8-羟基奎啉萃取分光光度法测定铝量
Cr(%)	0.001～0.04	二苯卡巴肼分光光度法测定铬量
Si(%)	0.005～0.12	钼蓝分光光度法测定硅量
B(%)	0.000 05～0.000 5	蒸馏-次甲基蓝分光光度法测定硼量
Co(%)	0.000 1～0.002	5-Cl-PADAB 分光光度法测定钴量
Ag(%)	0.000 05～0.001 5	催化-分光光度法测定银量
N(%)	0.003～0.015	蒸馏-奈斯勒试剂分光光度法测定氮量
	0.01～0.05	蒸馏-盐酸滴定法测定氮量
Mg(%)	0.005～1.2	火焰原子吸收光谱法测定镁、锌量
Zn(%)	0.003～0.03	
Cu、Mn(%)	0.003～0.04	火焰原子吸收光谱法测定铜、锰、镍量
Ni(%)	0.002～0.04	
Pb(%)	0.0001～0.006	石墨炉原子吸收光谱法测定铅、镉量
Cd(%)	0.00001～0.0002	
Li(%)	0.00005～0.0005	火焰发射光谱法测定锂量
Sm、Gd(%)	0.00001～0.001	ICP-摄谱法测定钐、铕、钆、镝量
Eu、Dy(%)	0.000005～0.001	
O(%)	0.15～2	脉冲加热-红外吸收法测定氧量
Be₂C(%)	0.025～0.25	化学-电导法测定碳化铍量
C(%)	0.0050～1.00	高频燃烧-红外吸收法测定总碳量

4. 制备方法

含铍的主要矿物有绿柱石（$3BeO \cdot Al_2O_3 \cdot 6SiO_2$）、硅铍石和金绿宝石。工业上金属铍的生产一般分为两步：第一步是从绿柱石中提取氧化铍，第二步是由氧化铍制取金属铍。

1）氧化铍的提取：氧化铍的提取有硫酸盐法和氟化物法。

硫酸盐法：先将绿柱石在 1 600～1 700 ℃熔融，熔体用冷水水淬，得到的细粒状玻璃体，磨细到 200 目，与浓硫酸混合，在 250～300 ℃反应，使铍、铝氧化物转化成水溶性硫酸盐，二氧化硅则不与硫酸发生反应，入渣弃去。在浸出液中加氨中和游离的硫酸，产生的硫酸铵同硫酸铝化合形成铝铵矾［$NH_4Al(SO_4)_2 \cdot 12H_2O$］沉淀，从而使铝大部除去。在溶液中加入 EDTA 螯合剂和氢氧化钠使铝、铁、铬、锰、稀土等杂质形成 EDTA 络合物，铍生成铍酸钠溶液。将溶液加热到接近沸点，铍酸钠便水解生成氢氧化铍沉淀而与水溶性的杂质络合物分离。于 750～800 ℃煅烧氢氧化铍，即成氧化铍。

氟化物法：将磨细的绿柱石和氟硅酸钠或氟铁酸钠混合制块，在 750 ℃烧结，矿石中的铍转化为水溶性的氟铍酸钠，而铝、铁、硅等仍保留氧化物状态。烧结块磨细后，用水浸出、过滤，滤液中加入氢氧化钠，得到铍酸钠溶液。煮沸溶液，铍酸钠便水解沉淀，得到氢氧化铍，再煅烧成氧化铍。残液用硫酸高铁处理，生成氟铁酸钠沉淀，回用制块。此法铍的回收率在 90 % 以上，比硫酸盐法高。

2）金属铍的生产：氧化铍极难直接还原成金属，生产中先将氧化铍转化为卤化物，然后再还原成金属。有两种工艺：氟化铍镁还原法和氯化铍熔盐电解法。

氟化铍镁还原法：将氧化铍溶于氟氢化铵溶液中，得氟铍酸铵溶液。然后加碳酸钙除铝，加过氧化铅除锰、铬，加多硫化铵除重金属杂质，经真空蒸发、浓缩结晶得纯净的氟铍酸铵。结晶在 900 ℃进行热分解，得熔融氟化铍，铸成小锭，用镁还原。还原过程开始于 900 ℃，结束时升至 1 300 ℃，以利金属与渣分离。生产中镁的用量通常只有化学计算值的 70 %。过量的氟化铍可以降低渣的熔点和粘度，有助于金属铍的聚结和渣的分离，还能防止因反应放热而使温度急升，引起镁的大量挥发。在还原产物进行水浸处理时，过量的氟化铍迅速溶解，使金属铍珠更易分离。还原所得金属铍珠经真空熔炼，除去未反应的镁、氟化铍和氟化镁等杂质后，铸成铍锭。

氯化铍熔盐电解法：先将氧化铍和碳还原剂混合，加焦油等粘合剂制成球团，在900 ℃ 以上焦化，所得焦化块装入氯化炉，在 700～900 ℃通入氯气进行氯化，得到氯化铍。氯化铍在镍制坩埚内进行电解。以镍制圆筒作阴极，中心悬置石墨棒作阳极。纯无水氯化铍与等量的纯氯化钠混合、熔融，在 350 ℃下进行电解。电解周期结束后取出沉积物，用冰水浸洗，除去熔盐，得到鳞片状的金属铍。经真空熔炼，浇铸成锭。

为制备较高纯度的铍，可将粗铍用真空蒸馏、熔盐电解精炼方法进行精炼。

5. 贮存、运输和应用

置于清洁、干燥的容器中，容器应保持密封，远离水、酸危险场所，并要求通风良好。

金属铍粉是固体推进剂高效率的燃料，铍在燃烧的过程中能释放出巨大的能量。金属铍用作 X 光窗和中子源，在原子能领域利用铍能使中子增殖的作用作为试验反应堆的反射层、减速剂和核武器部件。航天与航空领域用于制造飞行器的部件以减轻重量，提高飞行速度。利用铍能够吸收大量的热量并很快地激发出去的特性，铍作为人造地球卫星和宇宙飞船的"防热外套"，惯性导航系统使用铍陀螺，超声速飞机使用铍制动装置，避免温度过高。工业用铍大部分以氧化铍形态用于铍铜合金的生产，小部分以金属铍形态应用，另有少量用作氧化铍陶瓷等。

6. 毒性与防护

铍及其化合物为高毒物质，车间空气中有害物质的最高容许浓度 0.001 mg/m^3，大气污染物综合排放标准最高允许排放浓度 0.012 mg/m^3，饮用水源中有害物质的最高容许浓度 0.002 mg/L。可经呼吸道、消化道、皮肤等进入体内，经呼吸道吸入时，毒性较消化道、皮肤大。短期大量接触可引起急性铍病，经呼吸道吸入大量铍及其化合物烟尘时，主要损害呼吸系统，可引起金属烟雾热及化学性肺炎和肺水肿等。肝脏往往肿大，有压痛，甚至出现黄疸。长期接触小量铍可发生慢性铍病。除无力、消瘦、食欲不振外，常有胸闷、胸痛、气短和咳嗽。X 射线肺部检查分颗粒型、网织型和结节型三型。晚期可发生呼吸衰竭。皮肤接触引起皮炎、皮肤溃疡、皮肤肉芽肿等皮肤病。铍从人体组织中排泄出去的速度极其缓慢。因此，接触铍及其化合物要格外小心。避免高温加工，尽可能做到远距离操作，避免用手直接接触铍及其化合物。佩戴头罩型电动送风过滤式防尘呼吸器或隔离式呼吸器，穿连衣式胶布防毒衣，戴橡胶手套。

皮肤接触：脱去被污染的衣着，用肥皂水和清水彻底冲洗皮肤。眼睛接触：提起眼睑，用流动清水或生理盐水冲洗，就医。吸入：迅速脱离现场至空气新鲜处。保持呼吸道通畅。如呼吸困难，输氧。如呼吸停止，立即进行人工呼吸，就医。食入：饮足量温水，催吐，就医。

消防人员必须佩戴过滤式防毒面具（全面罩）或隔离式呼吸器，穿全身防火防毒服，在上风处用砂土、二氧化碳灭火。

7. 理化分析谱图

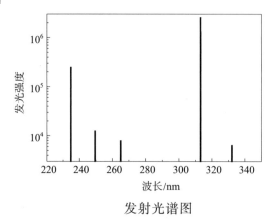

发射光谱图

参 考 文 献

［1］ 张杏芬. 国外火炸药原材料性能手册 ［M］. 北京：兵器工业出版社，1991.

［2］ 宋心琦. 实用化学化工辞典 ［M］. 北京：宇航出版社，1995：385 - 386.

［3］ 蒋芸. 复合固体推进剂原材料毒性与防护 ［M］. 乌鲁木齐：新疆科技卫生出版社，1996：60.

［4］ 张红梅，刘军，陈艳梅，等. 铍化学分析方法：GJB 2513A—2008 ［S］. 北京：国防科学技术工业委员会，2008.

［5］ D R FLOYD，G J LONDON，D WEBSTER，et al. Beryllium Science and Technoloy ［M］. New York：Plenum，1980.

［6］ H H HAUSNERED，BERYLLIUM. Its Metallury and Properties ［M］. Berkeley：University of California Press，1965.

［7］ 周炯亮，夏元洵. 化学物质毒性全书 ［M］. 上海：上海科学技术文献出版社，1991：65 - 69.

［8］ 原一郎. 工业中毒便览 ［M］. 北京：人民卫生出版社，1983：155 - 156.

5.2 硼粉

中文名称：硼粉

英文名称：boron powder

分子式：B

相对分子质量：10.82

CAS 登记号：7440 - 42 - 8

1. 物理性质

硼在地壳中的含量为 0.001%。无定形硼为黑色或深棕色粉末，晶体硼呈黑灰色，有金属光泽。密度 2.34 g/cm^3（20 ℃，结晶）；2.37 g/cm^3（20 ℃，无定形）。熔点 2 300 ℃（结晶），2 106 ℃（无定形），熔解热 19.246 kJ/mol，沸点 3 658 ℃，汽化热 507.52 kJ/mol，升华热 589.94 kJ/mol，单质硼莫氏硬度 9.5，接近金刚石，电阻率 0.8×10^6 $\Omega \cdot cm$，有高的电阻，它的导电率与常情相反，随温度升高而增大。单质硼有复杂的晶体结构，其中最普遍的是 α - 菱形硼，其基本结构单元为正二十面体的对称几何构型，每个近似为一个等边三角形，20 个面相交成 12 个角顶，每个角顶为一个硼原子所占据，然后由 B_{12} 的二十面体组成六方晶系的 α - 菱形硼。比热容为 1.09 $kJ/(kg \cdot K)$，线胀系数（α）为 17.4×10^{-6}（20～750 ℃），导热率为 18.8～31.8 $W/(m \cdot K)$（273.2～373.2 K），声音在其中的传播速率为 16 200 m/s。

2. 化学性质

天然硼有 2 种同位素：硼 10 和硼 11。结晶状单质硼惰性较高，无定形硼则比较活泼。在室温下无定形硼在空气中缓慢氧化，在 800 ℃左右能自燃。在赤热下，水蒸气同无定形硼作用生成硼酸和氢气。无氧化剂存在时，硼与盐酸或氢氟酸，即使长期煮沸，也不起作用。但热浓 HNO_3、浓 H_2SO_4 和重铬酸钠能逐渐把硼氧化成硼酸。过氧化氢和过硫酸铵也能缓慢氧化结晶硼。有氧化剂存在时，硼和强碱、碱金属盐共熔反应生成偏硼酸盐：

$$2B + 2NaOH + 3KNO_3 = 2NaBO_2 + 3KNO_2 + H_2O$$

氯、溴、氟与硼作用而形成相应的卤化硼。硼在 $600 \sim 1\,000\,℃$ 可与硫、锡、磷、砷反应，在 $1\,000 \sim 1\,400\,℃$ 与氮、碳、硅作用。在 $1\,800 \sim 2\,000\,℃$ 硼和氢仍不发生反应，硼和硅在 $2\,000\,℃$ 以上反应生成硼化硅。在高温时硼能与许多金属和金属氧化物反应，生成金属硼化物。这些化合物通常是高硬度、耐熔、高电导率和化学惰性的物质，常具有特殊的性质。

3. 理化指标和检验方法

硼粉理化指标和检验方法列于表 5-2。

表 5-2　硼粉理化指标和检验方法

项目	指标	检验方法
总硼(%)	≥89	酸溶解后酸碱滴定
水溶性硼(%)	≤0.8	水溶解后酸碱滴定
pH 值	5.0～8.0	酸度计
粒度(d_{50})/μm	≤2.00	激光粒度仪
外观	棕黄色粉末，无肉眼可见杂质	目视

4. 制备方法

用硼的氧化物、卤化物或硼酸还原制取硼。用金属钾还原硼酸、用金属镁粉或铝粉加热还原硼的氧化物、用氢还原硼的卤化物、用碳加热还原硼砂、电解熔融硼酸盐或其他含硼化合物、热分解硼的氢化合物等制备单质硼。上述方法所得初产品均应真空除气或控制卤化，才可制得高纯度的硼。

5. 贮存、运输和应用

运输过程中应"防火、防潮"，不得剧烈碰撞。贮存在干燥和适当通风的工房，周围不允许有明火。

硼粉具有高的质量热值和体积热值，是贫氧富燃料固体推进剂理想的高能量燃料，在推进剂中主要用途为燃料添加剂。用作冶金除气剂、锻铁的热处理剂，增加合金钢高温强固性。硼与塑料或铝合金结合，是有效的中子屏蔽材料，硼钢在反应堆中用作控制棒。由于硼具有低密度、高强度和高熔点的性质，可用来制作导弹的火箭中所用的某些结构。硼的化合物在农业、医药、玻璃工业等方面用途很广。

6. 毒性与防护

硼是低毒的，对眼和粘膜有轻度刺激性。可累积中毒，影响中枢神经系统。操作时穿工服，戴口罩，戴橡胶手套和安全防护镜。灭火不允许使用水，应使用粉状石墨、白云石、砂土、盐或其他惰性物质。

7. 理化分析谱图

（1）发射光谱图

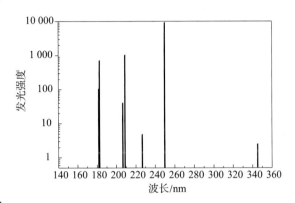

（2）热分析谱图

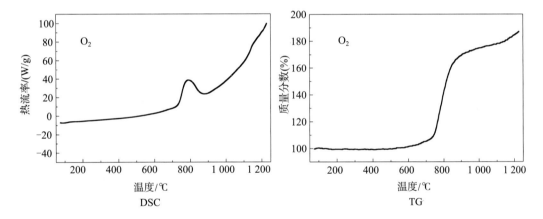

DSC　　　　　　　　　　　　　　TG

参 考 文 献

［1］ 张杏芬．国外火炸药原材料性能手册［M］．北京：兵器工业出版社，1991：193-194.

［2］ A 达维纳．固体火箭推进剂技术［M］．张德雄，等译．北京：宇航出版社，1997：551-553.

［3］ 侯林法．复合固体推进剂［M］．北京：宇航出版社，1994：154.

［4］ 宋心琦．实用化学化工辞典［M］．北京：宇航出版社，1995：384.

［5］ 曹锡章，王杏乔．无机化学［M］．北京：高等教育出版社，1991.

［6］ 蒋芸．复合固体推进剂原材料毒性与防护［M］．乌鲁木齐：新疆科技卫生出版社，1996：62-63.

［7］ 曹喜焕．硼粉中总硼含量的测定［J］．推进技术，1996，17（5）：80-83.

［8］ 臧令千．硼用作推进剂燃料组分的研究［J］．推进技术，1990（4）：56-62.

［9］ 陈传明．定 pH 法测定单体硼纯度［J］．理化检验，1993（1）.

［10］ 王桂兰，赵秀媛．硼粉在推进剂中应用研究［J］．固体火箭技术，1998，21（2）：46-50.

[11] 李疏芬. 提高含硼推进剂燃烧性能研究 [C]. 整体式固体冲压发动机文集, 2000: 102 - 109.

[12] 庞维强, 张教强. 硼粉的包覆及含包覆硼推进剂燃烧残渣成分分析 [J]. 固体火箭技术, 2006, 29 (3): 204 - 207.

[13] 唐汉祥, 陈江. 硼粉改性对推进剂工艺性能的影响 [J]. 含能材料, 2005, 13 (2): 69 - 72.

[14] 李疏芬, 金荣超, 郭敬为. 硼粒子的表面包覆及其性能分析 [J]. 含能材料, 1996, 4 (3): 102 - 108.

[15] 邢曦, 李疏芬. 减少含硼推进剂残渣中氮化硼含量的研究 [J]. 中国军事科技期刊, 2003, 26 (1): 51 - 54.

[16] 赵孝彬, 张小平, 侯林法. 硼粒子包覆工艺及对硼的表面和燃烧特性的影响 [J]. 固体火箭技术, 1998, 21 (1): 35 - 38.

[17] 李辰芳. 包覆硼粒子提高硼的燃烧效率 [J]. 推进技术, 1994, 4 (2): 53 - 57.

5.3　镁粉

中文名称：镁粉

英文名称：magnesium power

分子式：Mg

相对分子质量：24.32

CAS 登记号：7439 - 95 - 4

1. 物理性质

银白色的金属，是轻金属之一，密度 1.738 g/cm³ (20 ℃)，熔点 648.9 ℃，沸点 1 090 ℃，饱和蒸气压 0.13 kPa (621 ℃)，熔解热 8 953 kJ/mol，汽化热 13 598 kJ/mol，12 786 kJ/mol (1 090 ℃)，升华热 148 950 kJ/mol (25 ℃)，电阻率 4.46×10^{-6} Ω·cm (20 ℃)，热导率 156 W/(m·K)，比热容 1 025 kJ/(kg·K) (20 ℃)。具有延展性，无磁性，有良好的热消散性，具有优良的切削加工性能。

2. 化学性质

活泼金属，易燃，燃烧时能产生眩目的白光并放出高热，点火温度 520~600 ℃，火焰温度 2 820 ℃，燃烧热 606 kJ/mol。在湿空气中缓慢氧化。溶于无机酸、浓氟氢酸、铵盐，不溶于碱和冷水中，微溶于热水，形成 Mg (OH)₂。具有比较强的还原性，在加热条件下可用于分离许多金属和非金属，如镁可把硅和硼从它们的氧化物中还原出来。在醚溶液中，能与卤化烃或卤化芳烃作用生成有名的格氏试剂 R - MgX (R 为烷基、X 为卤素)。Mg 与氟化物、氢氟酸和铬酸不发生作用，遇氯、溴、碘、硫、磷、砷等氧化剂剧烈反应，有燃烧、爆炸危险。

3. 理化指标和检验方法

表 5 - 3 为 GB 5149.1—2004《镁粉　第 1 部分：铣削镁粉》规格 5 和美国镁粉的理化

指标和检验方法。

表 5－3 镁粉的理化指标和检验方法

项目		指　标		检验方法	检测标准
		GB 5149.1 FM5	美国		
粒度	筛网孔径/μm +160 +100	0.3 10	— —	干筛分法	—
松装密度/(g/cm³)		≥0.45	—	斯科特容量法	—
活性镁（%）		≥98.5	≥98	气体容量法	—
铁（以 Fe_2O_3 计）（%）		≤0.2	≤0.25	邻二氮杂菲光度法	GB/T 13748.9
Cl（%）		≤0.005		氯化银浊度法	GB/T 13748.18
H_2O（%）		≤0.1		重量法	—
盐酸不溶物（%）		≤0.2		重量法	—
不溶于硫酸的物料（最大值）（%）		—	≤0.15	重量法	—
挥发物（最大值）（%）（105 ℃）		—	≤0.1	重量法	—
润滑脂（最大值）（%）		—	≤0.02	重量法	—
碳化钙（最大值）（%）		—	≤0.004	重量法	—
金属离子（最大值）（%）		—	≤0.05	ICP	—

4. 制备方法

镁存在于菱镁矿 $MgCO_3$、白云石 CaMg$(CO_3)_2$、光卤石 KCl·$MgCl_2$·H_2O 中。最早用钾还原氧化镁 MgO 制得少量的镁。工业上主要用以下两种方法生产镁。

1）熔盐电解法：利用电解熔融氯化镁制备金属镁。$MgCl_2$ 可以从海水中提取。

2）采用氧化镁与碳或碳化钙的热还原法制备金属镁。反应式如下：

$$MgO_{(s)} + C_{(s)} = CO_{(g)} + Mg_{(g)}$$

5. 贮存、运输和应用

使用内衬塑料袋的铝桶、铁桶、涂铝粉黑铁皮桶或编织袋包装。贮存在通风干燥库房内。适当通风，以防粉尘金属和水分反应产生的氢气积聚。在维修和维护工房或设备时，应除去粉尘，并使用不产生火花的工具。用棚车或集装箱运输，并对运输车辆做好防静电保护，不允许有火种接近。

在固体推进剂中主要用途为燃料添加剂，还可去除固体推进剂燃气中的氯化氢。结构特性类似于铝，具有轻金属的各种用途，主要用于制造轻金属合金、球墨铸铁，可作为飞机、导弹的合金材料。常用作还原剂，去置换钛、锆、铀、铍等金属。也能用于制烟火、闪光粉、镁盐、燃料添加剂以及炸药、有机合成用格氏试剂、炼钢业脱硫剂、净化剂。

6. 毒性与防护

具有中等毒性，一些微粒穿过皮肤可以产生严重的局部瘤，其特点是生成气囊和严重的红肿，往往有腐烂。吸入烟或粉尘可刺激呼吸道，引起咳嗽、胸痛等。口服对身体有害。最大允许浓度为 10 mg/m³。应佩戴自吸过滤式防尘口罩或空气呼吸器，戴化学安全防护眼镜，穿防静电工作服。

皮肤接触：脱去被污染的衣着，用肥皂水和清水彻底冲洗皮肤。眼睛接触：提起眼睑，用流动清水或生理盐水冲洗，就医。吸入：迅速脱离现场至空气新鲜处。保持呼吸道通畅。如呼吸困难，输氧。如呼吸停止，立即进行人工呼吸，就医。食入：饮足量温水，催吐，就医。

Mg 粉体与空气可形成爆炸性混合物，空气中可引起爆炸的最小浓度 10 mg/L。严禁用水、泡沫、二氧化碳、四氯化碳扑救。最好的灭火方法是用干燥石墨粉和干砂闷熄火苗，隔绝空气。施救时对眼睛、皮肤须加保护，以免飞来炽粒烧伤身体、镁光灼伤眼睛。

7. 理化分析谱图

（1）发射光谱图

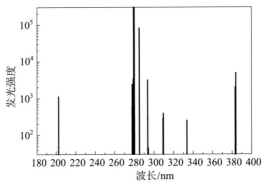

（2）X 射线衍射谱图

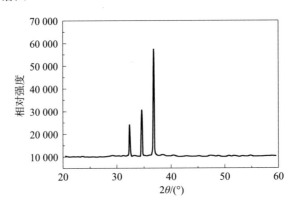

参 考 文 献

［1］　张杏芳. 国外火炸药原材料性能手册 ［M］. 北京：兵器工业出版社，1991：194 - 195.

［2］　宋心琦. 实用化学化工辞典 ［M］. 北京：宇航出版社，1995：356 - 357.

［3］　全国有色金属标准化技术委员会. 镁粉　第 1 部分：铣削镁粉：GB 5149.1—2004 ［S］. 北京：中国标准出版社，2004.

［4］　全国有色金属标准化技术委员会. 镁及镁合金化学分析方法　第 9 部分：铁含量测定邻二氮杂菲分光光度法：GB/T 13748.9—2013 ［S］. 北京：中国标准出版社，2014.

［5］　全国有色金属标准化技术委员会. 镁及镁合金化学分析方法　氯含量的测定　氯化银浊度法：GB/T 13748.18—2005 ［S］. 北京：中国标准出版社，2005.

［6］　全国粉尘防爆标准化技术委员会. 铝镁粉加工粉尘防爆安全规程：GB/T 17269—2003 ［S］. 北京：中国标准出版社，2003.

5.4　铝 粉

中文名称：铝粉

英文名称：aluminum power

分子式：Al

相对分子质量：26.98

CAS 登记号：7429 - 90 - 5

1. 物理性质

铝粉为银白色到银灰色有金属光泽的金属粉末。密度 2.702 g/cm^3（20 ℃），表观密度 2.382 g/cm^3（659 ℃液体），熔点 660 ℃，熔解热 10.67 kJ/mol，沸点 2 056 ℃，汽化热 295.81 kJ/mol，升华热 324.47 kJ/mol（25 ℃），莫氏硬度 29，电阻率 2.62×10^{-8} Ω · m（20 ℃），导热率 236～240 W/(m · K)，线胀系数 (α) 18.3×10^{-6}～31.5×10^{-6}，表面张力 0.84 N/m（700 ℃），声音在 Al 中的传播速率 5 000 m/s，具有良好的延展性和导电性。

2. 化学性质

铝在地壳中的分布量在全部化学元素中仅次于氧和硅，占第三位，是最丰富的金属元素，含量在 7% 以上。铝粉在空气中存放容易被氧化，其表面形成厚度约为 0.05 μm 的氧化膜。与空气的混合物可燃烧，点火温度 470～750 ℃，燃烧热 1 669.42 kJ/mol，Al 具有两性，不溶于冷水、液氨和醋酸。高温和水反应放出氢气。溶于强碱，生成铝酸盐。溶于盐酸、稀硫酸，生成氯化铝、硫酸铝，同时放出氢气。在冷的浓硝酸和浓硫酸中，铝的表面被钝化而不发生作用。铝的纯度越高，在酸中的反应越慢。铝粉在常温下和氯、溴起化学反应生成相应卤化物。在 150 ℃以上，铝和氯化烃类物质如四氯化碳起反应，生成甲基铝，构成爆炸混合物。能和铁、铬的氧化物，如三氧化二铁起反应，并发生爆炸。铝也容易在高温下同其他非金属反应。

铝同强碱的反应如下：

$$2Al+2NaOH+6H_2O=2NaAl(OH)_4+3H_2$$

铝同氧在高温下的反应如下：

$$4Al+3O_2=2Al_2O_3 \quad \Delta H_m=-3\,339\ kJ/mol$$

3. 理化指标和检验方法

推进剂中常用的铝粉有两种规格，一种是球形的，另一种为非球形的。特细球形铝粉按其中位径 d_{50} 的大小分为四个牌号 FLQT1、FLQT2、FLQT3 和 FLQT4。表 5 - 4 为 GJB 1738—1993 规定的推进剂用铝粉及美国球形铝粉的理化指标和检验方法。

表 5 - 4　铝粉理化指标和检验方法

项目	指　　标		检验方法	引用标准
	GJB 1738	MIL - A - 23950		
粒度(d_{50})/μm	6～30	45～70	光透法	GB/T 6524—2003
		10～140	激光粒度仪	Q/Gt 184A—2003
大于 71 μm 颗粒	≤5%	—	机械振动筛分法	—
小于 45 μm 颗粒	≤5%	—	乙醇筛洗法	—
振实密度/(g/cm³)	1.4～1.6	1.4～1.5	振实密度	GB/T 5162—2021
活性铝含量（%）	≥98.0		气体容量法	GJB 1738—1993
铁含量（%）	0.2		邻二氮杂菲光度法	GB/T 20975.4—2020
铜含量（%）	≤0.015		草酰二酰肼光度法	
硅含量（%）	≤0.2		钼蓝光度法	GB/T 20975.5—2020
水含量（%）	≤0.10		重量法	
外观	银灰色，粒度均匀，无外来夹杂物和结团		目测	—

4. 制备方法

最早用无水三氯化铝与钾汞齐作用，蒸掉汞后得到铝。

工业上由氧化铝与助熔剂冰晶石共熔电解而得，在阴极得到液态的金属铝，纯度可达 99.8%。用雾化工艺形成球形颗粒。

5. 贮存、运输和应用

特细铝粉须用金属制成的容器并内衬聚乙烯塑料袋包装。贮存在干燥的库房内，远离火源。远离水、酸、碱、氨、溴、氯以及氧化剂和金属氧化物。用棚车运输，装卸、运输时，不允许抛扔、磕碰。

铝粉是固体推进剂主要燃料。金属铝广泛用于金属加工工业，制作各种金属制品、容器和一些日用金属器具。普通铝粉用于制造铝热剂、炸药、颜料、油漆。冶金工业上用于制造铝合金如铝青铜、铝黄铜。铝盐用于纺织染料和造纸业，制造腐蚀剂、催化剂、耐火材料。利用铝同氧反应的高反应热，铝常被用来从其他氧化物中置换出金属（铝热还原法）。在反应过程中释放出来的热量可以将反应混合物加热至很高的温度，使产物金属熔化而同氧化铝熔渣分层。铝热还原法常被用来焊接损坏的铁路钢轨（不需要先将钢轨拆除），也常用来还原某些难以还原的金属氧化物，如 MnO_2、Cr_2O_3。

6. 毒性与防护

铝粉是无毒物质，铝粉燃烧产物对健康不存在严重危害。主要是铝的粉尘污染，个别人可能患有肺纤维瘤，铝粉尘可刺激眼睛。最大允许浓度 15 mg/m³。

在处理铝粉时不能使用不导电材料制成的器具，生产使用的设备应有良好的接地，应用不发生火花的材料制作的工具，防止铝粉因火花或静电放电引起燃烧和爆炸。戴手套，穿防护服，戴安全眼镜，适当通风。

铝粉着火只能用干砂或干粉扑灭，禁止用水灭火，不可用四氯化碳，也不可用二氧化碳泡沫扑灭。因为后三种灭火材料都能和灼热的铝起反应，放出可燃气体，使得火焰扩大。

7. 理化分析谱图

（1）发射光谱图

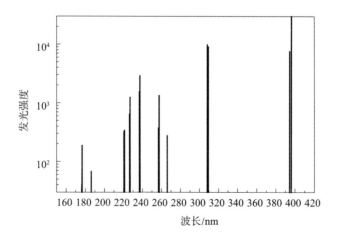

（2）X射线衍射谱图

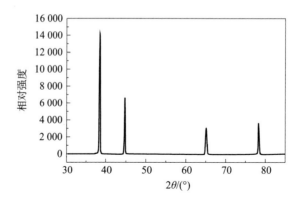

（3）热分析谱图

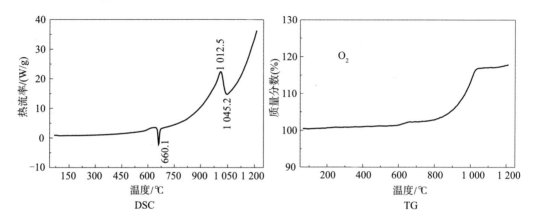

DSC　　　　　　　　　　　　　　　TG

参 考 文 献

［1］ 侯林法. 复合固体推进剂［M］. 北京：宇航出版社，1994：455-457.

［2］ 张杏芬. 国外火炸药原材料性能手册［M］. 北京：兵器工业出版，1991：194-195.

［3］ A 达维纳. 固体火箭推进剂技术［M］. 张德雄，等译. 北京：宇航出版社，1997：451-452.

［4］ 宋心琦. 实用化学化工辞典［M］. 北京：宇航出版社，1995：342-343.

［5］ 曹锡章，王杏乔. 无机化学［M］. 北京：高等教育出版社，1991.

［6］ 全国粉尘防爆标准化技术委员会. 铝镁粉加工粉尘防爆安全规程：GB/T 17269—2003［S］. 北京：中国标准出版社，2003.

［7］ 蒋芸. 复合固体推进剂原材料毒性与防护［M］. 乌鲁木齐：新疆科技卫生出版社，1996：59-60.

［8］ 刘冠鹏，李凤生，郭效德. 铝粉燃料与水反应的研究进展［J］. 固体火箭技术，2007，30（2）：138-141.

［9］ 郑邯勇. 铝水推进系统的现状与发展前景［J］. 舰船科学技术，2003，25（5）：24-25.

［10］ 李疏芬，金乐骥. 铝粉粒度对含铝推进剂燃烧特性的影响［J］. 含能材料，1996，4（2）：68-74.

［11］ 马新刚. 丁羟推进剂用主要原材料质量控制项目分析测试方法评述［J］. 固体火箭技术，2005，28（增刊）：234-239.

[12]　赵孝彬，张小平，郑剑，等 . NEPE 推进剂中聚乙二醇的结晶性 [J]. 推进技术，2002，23 (13)：252－257.

[13]　梁乃昌，卢兴福 . 特细铝粉规范：GJB1738—1993 [S]. 北京：国防科学技术工业委员会，1993.

5.5　锆粉

中文名称：锆粉

英文名称：zirconium

分子式：Zr

相对分子质量：91.224

1. 物理性质

锆是一种银白色的金属。密度 6.49 g/cm³，熔点 1 852 ℃，沸点 4 377 ℃。

2. 化学性质

地壳中锆的含量居第 20 位，几乎与铬相等，比一般常用的金属锌、铜、锡等都大。锆的化合价为＋2、＋3 和＋4。第一电离能为 6.84 eV。锆的表面易形成一层氧化膜，具有光泽，外观与钢相似。高温时，可与非金属元素和许多金属元素反应，生成相应化合物。可溶于氢氟酸和王水，耐常用酸碱腐蚀。锆在加热时能与氧、氢、氮等气体反应。锆的耐腐蚀性比钛好，接近铌、钽。锆与铪化学性质相似并共生，其形成的矿物中由于含有少量铀、钍及其衰变子体而具有一定放射性。

3. 理化指标和检验方法

Zr 理化指标和检验方法列于表 5－5。

表 5－5　Zr 理化指标和检验方法

项目	指标	检验方法
纯度(%)	≥99	络合滴定法
粒度(d_{50})/μm	6～30	激光粒度法
杂质金属(%)	≤1	ICP

4. 制备方法

自然界中具有工业价值的含锆矿物，主要有锆英石及斜锆石。将锆石与氢氧化钠或氢氧化钾熔融，用盐酸溶解冷却物，溶液用碳酸钾沉淀，再用硫酸溶解，再用碳酸钾沉淀，得碳酸锆。碳酸锆进一步处理成锆的卤化物，用活泼金属还原成锆金属。如用钾还原氟锆酸钾制纯锆，工业上将四氯化锆用镁还原制纯锆。

$$K_2ZrF_6 + 4K = Zr + 6KF$$

$$ZrCl_4 + 2Mg = Zr + 2MgCl_2$$

5. 贮存、运输和应用

用金属制成的容器并内衬聚乙烯塑料袋包装，隔离贮存在干燥的库房内，特别是与氧化性物质隔离。

锆粉在推进剂中主要用途为燃料添加剂。广泛用于航空航天、军工、核反应、原子能领域。锆的熔点则在 1 800 ℃以上，表面的二氧化锆氧化膜的熔点更是高达 2 700 ℃以上，锆作为航空航天耐高温材料性能优越于钛。锆的热中子俘获截面小，在原子能工业作反应堆芯结构材料，用作核反应堆中铀燃料元件的包壳。锆粉在空气中易燃烧，可引爆雷管、无烟火药、曳光弹和照明弹。锆可用于优质钢脱氧去硫的添加剂，也是装甲钢、大炮用钢、不锈钢及耐热钢的组成元素。锆是镁合金的重要合金元素，能提高镁合金抗拉强度和加工性能。锆还是铝镁合金的变质剂，能细化晶粒。锆在加热时能大量地吸收氧、氢、氮等气体，是理想的吸气剂，如电子管中用锆粉作除气剂，用锆丝锆片作栅极支架、阳极支架、照相用的闪光灯等，以及耐盐酸和硫酸腐蚀的容器和管道。

6. 毒性与防护

一般说来对健康不存在严重的危害，但当金属进入皮肤中，可能发生皮肤损伤。最大允许浓度 5 mg/m³。禁止使用产生静电的设备，转移少量的锆粉要使用接地漏斗。不能在空气中倾倒，避免产生粉尘云。

7. 理化分析谱图

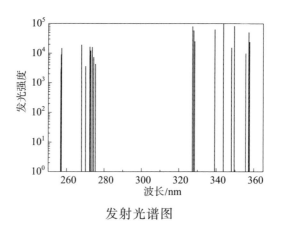

发射光谱图

参 考 文 献

[1] 张杏芬. 国外火炸药原材料性能手册 [M]. 北京：兵器工业出版社，1991：198 - 199.
[2] 刘翰晟. 锆与锆合金中铪的分析进展 [J]. 上海有色金属，1994，15 (6)：356 - 361.

5.6 三氢化铝

中文名称：三氢化铝

英文名称：aluminium hydride

中文别称：氢化铝

英文别称：aluminium trihydride，trihydridoaluminium

分子式：AlH_3

相对分子质量：29.99

CAS 登记号：7784 - 21 - 6

1. 物理性质

氢化铝有多种晶型，较为常见的有 α、α′、β、δ、ε、θ 和 γ 型，其中 α - AlH_3 最稳定，为白色无挥发性六方晶体，每个 Al 原子被 6 个 H 原子包围，每个 H 原子再各自与另外一个 Al 原子桥连，Al—H 键长均为 172 pm，Al—H—Al 角为 141°，密度 1.47g/cm³（20 ℃）。α′-氢化铝则为针状结晶。新制备的 AlH_3 单体溶于乙醚但迅速聚合成多聚体（AlH_3）$_n$ 而析出。聚合体不溶于烷烃及芳香烃中，也不溶于乙醚，溶于四氢呋喃。AlH_3 分子单体已在低温下（借助稀有气体基质）分离出来，为平面结构，很不稳定。二聚体 Al_2H_6 同样已在固氢基质中分离出来。β 和 γ 型氢化铝通常与 α-氢化铝共同生成，在加热时会转变为 α-氢化铝。δ、ε 和 θ 氢化铝则在不同的结晶条件下生成，虽然其稳定性不及 α-变体，但加热时不会发生晶型转变。AlH_3 可与强路易斯碱很快形成加合物。例如它可与三甲胺形成 1∶1 和 1∶2 两种加合物。1∶1 加合物在气相是四面体型结构，在固态则为含有氢桥的二聚结构。1∶2 加合物为三角双锥结构。

2. 化学性质

标准生成焓 11.42 kJ/mol（25 ℃），标准自由能 46.40 kJ/mol。产物分解温度为 181.58 ℃，加热至 150～200 ℃时即分解，放出氢气和生成金属铝，光照也可促使其分解，离解热 2 997.5 kJ/mol（25 ℃）。遇水及湿空气反应而生成氢气，水解热－7.70 kJ/mol，对肼呈惰性。不稳定，易燃，点火温度 120～140 ℃，燃烧热 40467kJ/kg。乙基二甲基胺-氢化铝（$NMe_2Et · AlH_3$）加合物遇热分解为金属铝。氢化铝与乙醚形成铝二乙醚络合物，醚络合物遇空气或水均会剧烈分解。氢化铝可将醛、酮、羧酸、酸酐、酰氯、酯和内酯分别还原为相应的醇。与酰胺、腈和肟作用时，则可将其还原为相应的胺。和酸类以及氧化剂反应能产生氢气。

$$AlH_3 + (C_2H_5)_2O \rightarrow H_3Al · O(C_2H_5)_2$$

氢化铝可在加热时将二氧化碳还原为甲烷：

$$4AlH_3 + 3CO_2 \rightarrow 3CH_4 + 2Al_2O_3$$

与氢化锂反应时，产生氢化铝锂：

$$AlH_3 + LiH \rightarrow LiAlH_4$$

AlH_3 与多种粘合剂（如 HTPB、CTBN、聚丁二烯等）和多种有机化合物（如醇类、酯类、硝基类化合物等）不相容，轻则有气体放出，重则猛烈燃烧。

3. 理化指标和检验方法

AlH_3 理化指标和检验方法列于表 5-6。

表 5-6　AlH_3 理化指标和检验方法

项目	指标	检验方法
纯度(%)	≥97	气体容量法
Al(%)	≥87	络合滴定法
H(%)	≥9.7	元素分析法

4. 制备方法

主要都是先制备出溶剂化的三氢化铝乙醚络合物，然后通过高温脱醚结晶出 α-AlH_3。主要有下面几种，都必须在真空惰性气体氛围中进行操作反应。

1）在乙醚溶液中用 $LiAlH_4$ 还原 $AlCl_3$ 制备 AlH_3。在配料比 $LiAlH_4$：$AlCl_3$＝3：1 时进行反应。LiCl 不溶于乙醚而沉淀，过滤后得到 AlH_3 的乙醚溶液，然后加入芳香烃，高温脱醚后可结晶出稳定的 α-AlH_3。氢化铝的醚溶液需要现制现用，否则 AlH_3 与醚形成的络合物会与 AlH_3 一同沉淀出来。AlH_3 溶液通常会在制备 3 日后变质。反应式为

$$3LiAlH_4 + AlCl_3 \rightarrow 4AlH_3(OEt_2) + 3LiCl\downarrow$$

2）在乙醚溶液中用 $NaAlH_4$ 还原 $AlCl_3$ 制备 AlH_3。此反应因 $NaAlH_4$ 与 $AlCl_3$ 反应很慢，应加 $LiAlH_4$ 作反应催化剂。反应式为

$$3NaAlH_4 + AlCl_3 \rightarrow 4AlH_3(OEt_2) + 3NaCl$$

3）由 Al 和 H_2 直接合成 AlH_3。在高温高压及催化剂和叔胺的存在下，铝和氢气反应生成氢化铝的叔胺加合物，然后加热使之分解即得 AlH_3。

4）$LiAlH_4$ 和 100% H_2SO_4 在四氢呋喃溶液中制备三氢化铝。此方法要求较低的反应温度，以及一些比较苛刻的反应条件。

5）在乙醚溶液中用 LiH 还原 $AlCl_3$ 制备。由于 LiH 微溶于乙醚，反应进行速度很慢，应加入 $LiAlH_4$ 作反应促进剂。缺点是 $AlCl_3$ 和 LiH 会继续反应生成 $LiAlH_4$ 使反应不易控制。反应方程式为

$$3LiH + AlCl_3 \rightarrow AlH_3(OEt_2) + 3LiCl\downarrow$$

6）由 $LiAlH_4$ 和 HCl 在乙醚溶液中制备 AlH_3。此反应控制在 -20 ℃下进行，操作危险性较大。反应式为

$$LiAlH_4 + HCl \rightarrow AlH_3(OEt_2)_n + LiCl\downarrow + H_2\uparrow$$

7）在乙醚溶液中 MgH_2 和 $AlCl_3$ 在铝存在下反应制备 AlH_3。此法的优点是使用相对

廉价的 MgH_2 和 $AlCl_3$ 进行反应，缺点是反应物配比要求严格，否则生成 $Mg(AlH_4)_2$。反应式为

$$2AlCl_3 + 3\ MgH_2 \xrightarrow{\quad Al\quad} 2AlH_3 + 3MgCl_2$$

5. 贮存、运输和应用

氢化铝应在低温干燥的惰性气体中贮存，不能与氧化剂贮存在一起。

AlH_3 由于具有燃烧热高、成气性好、无毒等优点，可作为一种良好的高能固体、固液推进剂的添加剂。在推进剂中主要用途为燃料添加剂。氢化铝也用于爆破与烟火。氢化铝含有 10% 的氢（质量），并可储存 148 g/L 的氢（液氢密度的两倍），可能是氢燃料汽车中用于储氢的适宜材料。在有机合成中最常用作还原剂。

6. 毒性与防护

金属氢化物的毒性通常是和其金属的毒性相关，而铝并没有毒性。氢化铝易燃，暴露在空气中会着火，手上的潮气可引起着火，当加料和出料时，容器需接地，以防止产生静电而发生爆炸。应避免和皮肤接触，在处理氢化铝时应戴防护面具、护目镜和橡胶手套。着火时，不能用水、二氧化碳、四氯化碳或任何泡沫灭火，可采用干燥的砂子灭火。

7. 理化分析谱图

（1）红外光谱图

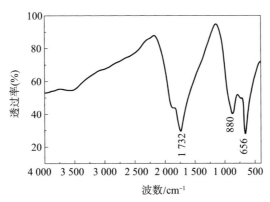

（2）X 射线衍射谱图

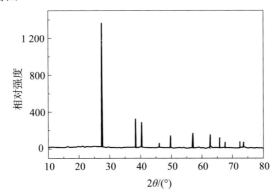

（3）热分析谱图

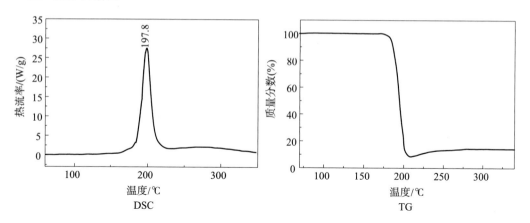

DSC

TG

参 考 文 献

［1］ 姚小龙，曹一林，何金选. 固体推进剂高能燃料三氢化铝［J］. 含能材料，2004，12（增刊）：
161 - 165.

［2］ 刘明星. 三氢化铝的合成与稳定性研究［D］. 襄阳：中国航天科技集团公司第四研究院第四十二
研究所，2006.

［3］ 刘明星，陶永杰，曹一林，等. 大颗粒 α - AlH₃ 的制备及表征［J］. 含能材料，2006，14
（5）：400.

［4］ 刘明星，何金选，曹一林. 三氢化铝的合成及性能研究［J］. 固体火箭技术，2008：31（1）：
75 - 78.

［5］ VOLKER THOME, et al. Structure, chemical and physical behavior of Aluminum hydride［C］.
31st international Annual conference of ICT，2000.

［6］ FRANK M BROWER, et al. Preparation and Properties of Aluminum hydride［J］. Journal of the
American Chemical Society，1976，98（9）：2450 - 2453.

［7］ TURLEY J W, RINN H W. Crystalline structure of Aluminum hydride［J］. Jinorganic chemistry，
1969（1）：18 - 22.

［8］ PETRIE MARK A. Preparation of Aluminum hydride polymorphs, particular stabilized α - AlH₃
［P］. USP 6228338，2001.

［9］ E Matzek Norman. Aluminum hydride［P］. USP 3883644，1975.

［10］ KAZUJI TERADA. Preparation of Aluminum hydride［P］. USP 3869545，1974.

［11］ ARDIS A E. Themal stability of Aluminum hydride through use of stabilizers［P］. USP
38011707，1974.

［12］ ROBERT C B. Stabilization of Aluminum hydride［P］. USP 3821044，1974.

［13］ SCHMIDT D L. Process for preparing crystalline, non - solvated aluminum hydride［P］. USP
3840654，1974.

［14］ WILFRIED KNOTT. Method for the preparation of aluminum hydride by reacting magnesium
hydride with aluminum halide［P］. USP 3840654，1974（8）.

［15］ 张杏芬. 国外火炸药原材料性能手册［M］. 北京：兵器工业出版社，1991：203 - 204.

[16]　李上文，赵凤起，等．国外固体推进剂研究与开发的趋势［J］．固体火箭技术，2002，25（2）：
　　　 36－42．

5.7　硼氢化钠

中文名称：硼氢化钠

英文名称：sodium borohydride

中文别称：硼氢钠，钠硼氢，四氢硼钠，四氢硼酸钠

英文别称：sodium tetrahy dridoborate

分子式：$NaBH_4$

相对分子质量：37.83

CAS 登记号：16940－66－2

1. 物理性质

白色结晶性粉末。密度 1.074 g/cm^3，熔点－20～－10 ℃，沸点 130 ℃。有吸湿性，溶于水、液氨、胺类，微溶于四氢呋喃，不溶于乙醚、苯、烃。

2. 化学性质

在潮湿空气中分解，与水作用产生氢气，在 300 ℃ 干燥空气中稳定。缓慢加热至 400 ℃ 分解，急热则 500 ℃开始分解。当水溶液中含有少量氢氧化钠相当稳定，可保存数天，水溶液煮沸急速分解。

3. 理化指标和检验方法

硼氢化钠理化指标和检验方法列于表 5－7。

表 5－7　硼氢化钠理化指标和检验方法

项目	指标	检验方法
硼氢化钠含量(%)	≥98.0	气体容量法
硼含量(%)	≥27.5	酸碱滴定

4. 制备方法

氢化钠硼酸甲酯法：将硼酸和适量甲醇加入精馏釜中，徐徐加热，在 54 ℃ 全回流 2 h，然后收集硼酸甲酯与甲醇共沸液。共沸液经硫酸处理，精馏后可以得到较纯的硼酸甲酯。

将氢气与钠作用而得的氢化钠送入反应罐中，在搅拌下加热至 220 ℃ 左右加入硼酸甲酯，至 260 ℃时停止加热，加料温度控制在 280 ℃ 以下，加料后继续搅拌，使其充分反应，反应完成后，冷却至 100 ℃ 以下，离心分离得缩合产物滤饼。在水解器中加入适量的

水，将滤饼缓慢加入水解器中，控制温度在 50 ℃以下，加料完毕后升温至 80 ℃，离心分离，水解液则送入分液器中，静止 1 h 后自动分层，下层水解液即为硼氢化钠溶液，其反应式如下：

$$H_3BO_3 + 3CH_3OH \longrightarrow B(OCH_3)_3 + 3H_2O$$

$$2Na + H_2 \longrightarrow 2NaH$$

$$4NaH + B(OCH_3)_3 \longrightarrow NaBH_4 + 2CH_3ONa$$

5. 贮存、运输和应用

用内衬聚乙烯塑料袋的铁桶包装，按照一般化学品贮运。贮存在阴凉、干燥库房内。防潮防震，勿与无机酸共贮混运，隔离热源和火种及易燃物品。失火时，不能用水灭火，也不能用二氧化碳及四氯化碳型灭火器，只能用干粉灭火器。

在推进剂中主要用途为燃料添加剂。硼氢化钠是一种良好的还原剂，它的特点是性能稳定，还原时有选择性。可用作醛类、酮类和酰氯类的还原剂，塑料的发泡剂，制造双氢链霉素的氢化剂，制硼氢化钾的中间体，合成硼烷的原料，造纸工业含汞污水的处理剂，制造乙硼烷和其他高能燃料的原料，也用于医药工业等。

6. 毒性与防护

与硼氢化钠接触后有咽喉痛、咳嗽、呼吸急促、头痛、腹泻、眩晕、眼结膜充血、疼痛等症状。注意防止粉尘飞扬，戴好防护用品。中毒后迅速脱离现场，半卧位休息，吸入新鲜空气，用大量水冲洗眼睛，脱去被沾染衣服，淋洗全身，进入消化道者，立即漱口，大量饮水催吐，必要时送医院治疗。泄漏时戴过滤式防护面具清扫漏出物。

7. 理化分析谱图

（1）红外光谱图（石蜡糊法）

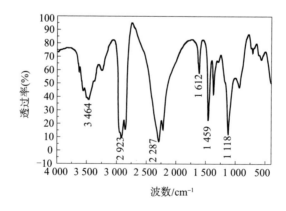

（2）热分析谱图

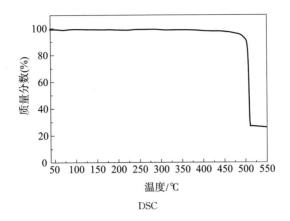

DSC

参 考 文 献

[1] 化学工业出版社 . 中国化工产品大全：上卷 [M]. 2 版 . 北京：化学工业出版社，1998：76 - 77.
[2] 周永全，房艳，房春晖 . 硼氢化钠的电化学制备研究进展 [J]. 盐湖研究，2012 (4)：57 - 62.

5.8 硼氢化钾

中文名称：硼氢化钾
英文名称：potassium borohydride
中文别称：钾硼氢
分子式：KBH_4
相对分子质量：53.94
CAS 登记号：13762 - 51 - 1

1. 物理性质

白色疏松粉末或晶体。密度 1.178 g/cm³。无吸湿性，溶于液氨，微溶于甲醇和乙醇，不溶于乙醚、苯、四氢呋喃、甲醚及其他碳氢化合物。

2. 化学性质

在空气中稳定，溶于水并徐徐放出氢气，在碱性环境中稳定，遇无机酸分解放出氢气。在真空中约 500 ℃分解。

3. 理化指标和检验方法

硼氢化钾理化指标和检验方法列于表 5 - 8。

表 5 - 8　硼氢化钾理化指标和检验方法

项目	指标	检验方法
外观	白色疏松粉末或晶体	目视法
硼氢化钾（KBH$_4$计）（%）	≥95	气体容量法
硼（%）	≥19	酸碱滴定法

4. 制备方法

硼氢化钠法：先用硼酸和甲醇反应制备硼酸甲酯，用氢气与钠制备氢化钠，氢化钠与硼酸甲酯反应生成硼氢化钠溶液，加入氢氧化钾调制成硼氢化钠碱性溶液，搅拌加热至 60 ℃，加入氢氧化钾保温 1 h，接着冷却，静止 12 h，离心分离后，用乙醇洗涤晶体，在 80 ℃下干燥 16 h，制得硼氢化钾成品。其反应式如下：

$$H_3BO_3 + 3CH_3OH \longrightarrow B(OCH_3)_3 + 3H_2O$$

$$2Na + H_2 \longrightarrow 2NaH$$

$$4NaH + B(OCH_3)_3 \longrightarrow NaBH_4 + 3CH_3ONa$$

$$NaBH_4 + KOH \longrightarrow KBH_4 + NaOH$$

5. 贮存、运输和应用

用内衬聚乙烯塑料袋的铁桶包装，按照易燃化学品贮运。贮存在阴凉、干燥库房内。谨防破散吸潮，勿与无机酸共贮混运，隔离热源和火种及易燃物品。失火时，可用砂土和二氧化碳灭火器灭火。

在推进剂中主要用途为燃料添加剂。常用于有机选择性基团的还原反应，用作醛类、酮类和酰氯类的还原剂，能将有机官能团 RCHO、RCOR、RCOCl 还原成 RCH$_2$、CHR$_2$、HOHR、RCH$_2$OH 等，也用于分析化学、造纸工业、含汞污水的处理及合成纤维素钾。

6. 毒性与防护

与硼氢化钾接触后有咽喉痛、咳嗽、呼吸急促、头痛、腹泻、眩晕、眼结膜充血、疼痛等症状。注意防护，防止粉尘飞扬，戴好防护用品。中毒后迅速撤离现场，半卧位休息，吸入新鲜空气，用大量水冲洗眼睛，脱去被沾染衣服，淋洗全身，进入消化道者，立即漱口，大量饮水催吐，必要时送医院治疗。

7. 理化分析谱图

（1）红外光谱图

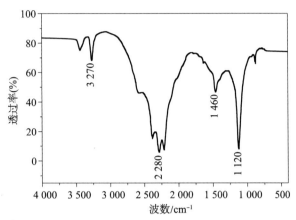

（2）X 射线衍射谱图

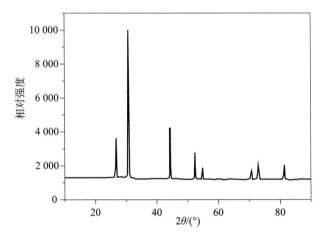

（3）热分析谱图

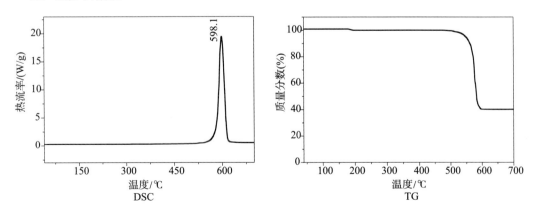

参 考 文 献

[1] 化学工业出版社. 中国化工产品大全：上卷 [M]. 2 版. 北京：化学工业出版社，1998，76.

[2] 王泽临，王日杰，杨晓霞. 反应结晶制备硼氢化钾 [J]. 化学工业与工程，2018，35（4）：52-57.

[3] 卞祥，王日杰，杨晓霞. 复分解法制备硼氢化钾 [J]. 现代化工，2015（1）：95-98.

[4] S KUMAR, Y KOJIMA, G K DEY. Synergic effect of ZrCl₄ on thermal dehydrogenation kinetics of KBH₄ [J]. J. Alloy. Comp.，2017（718）：134-138.

5.9 氢化锂

中文名称：氢化锂

英文名称：lithium hydride

分子式：LiH

相对分子质量：7.95

CAS 登记号：7580-67-8

1. 物理性质

氢化锂是无色或灰色晶体。密度 $0.774\ \mathrm{g/cm^3}$，熔点 $689\ ℃$，比热容为 $29.73\sim49.65\ \mathrm{J/(mol \cdot K)}$，导热性随温度升高而下降，随组成和压力的变化也有不同。液态时存在自由移动的 H^- 和 Li^+，能导电。微溶于乙醚，不溶于苯、甲苯及其他非极性有机溶剂。

2. 化学性质

生成焓-90.6 kJ/mol，对热稳定，分解温度 $850\ ℃$，分解产生锂和 H_2。在真空和惰性气氛中，热力学相对稳定、不易分解。在室温下的干燥空气、氮气或氧气中稳定。可燃，粉末状氢化锂在潮湿空气中会自燃，生成氢氧化锂、氧化锂和碳酸锂。常温与水剧烈反应生成腐蚀性的氢氧化锂和氢气，高温与水反应生成氧化锂，块状氢化锂即使放入过量的水中也不会燃烧。粉状氢化锂与醇类如乙醇缓慢反应，生成醇锂和 H_2，LiH 与三乙基硼反应生成三乙基硼氢化锂（LiBHEt₃）。

$$LiH + H_2O \rightarrow LiOH + H_2$$

氢化锂和四氯化硅通过 Sundermeyer 反应生成硅烷：

$$4\,LiH + SiCl_4 \rightarrow 4\,LiCl + SiH_4$$

3. 理化指标和检验方法

氢化锂理化指标和检验方法列于表 5-9。

表 5-9 氢化锂理化指标和检验方法

项目	指标	检验方法
外观	白色或微蓝色透明状块或粉末	目视法
颗粒度(目)	≤100	干法过筛法
纯度(%)	≥99%	酸碱滴定法/ICP法/H元素分析法
Na(%)	0.010	ICP法
K(%)	0.005	ICP法
Ca(%)	0.010	ICP法
Si(%)	0.005	ICP法
Al(%)	0.003	ICP法
Mg(%)	0.002	ICP法
Fe(%)	0.002	ICP法

4. 制备方法

氢化锂可通过金属锂与氢气反应制取:

$$2\,Li + H_2 \rightarrow 2\,LiH$$

5. 贮存、运输和应用

铝罐密封包装,按照易燃化学品贮运。贮存在阴凉、干燥库房内。谨防破散吸潮,勿与无机酸共贮混运,隔离热源和火种及易燃物品。失火时,可用砂土和二氧化碳灭火器。

在推进剂中主要用途为燃料添加剂。广泛用作干燥剂、核反应堆中的冷却剂和防护材料,以及制取氢化铝锂、制造氢气发生器和生产陶瓷材料。LiH 的氢含量是 NaH 的 3 倍,是氢含量最高的氢化物,氢化锂是很好的氢气发生器原料。锂的相应氘化物(LiD,非放射性)是核聚变反应中的燃料。用于生产有机合成中常用的多种试剂,如氢化铝锂(LiAlH$_4$)和硼氢化锂(LiBH$_4$)。

6. 毒性与防护

对皮肤粘膜有强烈的刺激与腐蚀作用。吸入后引起喷嚏、咳嗽、呼吸困难、支气管炎,可引起鼻中隔穿孔,眼接触可致结膜炎或灼伤,可致皮肤灼伤。口服中毒出现无力、眩晕、视力模糊、恶心、呕吐等,重者昏迷、抽搐或精神障碍。戴自吸过滤式防尘口罩,穿防酸碱工作服,戴橡胶手套。皮肤接触:立即脱去被污染的衣着,用大量流动清水彻底冲洗。眼睛接触:立即提起眼睑,用大量流动清水或生理盐水彻底冲洗至少 15 min。就医。吸入:迅速脱离现场至空气新鲜处。保持呼吸道通畅。如呼吸困难,输氧。如呼吸停止,立即进行人工呼吸,就医。食入:误服者用水漱口,饮牛奶或蛋清。可服用氯化钠,就医。不可用水、泡沫、二氧化碳、卤代烃(如 1211 灭火剂)等灭火。只能用金属盖或干燥石墨、干燥白云石粉末将火焖熄。

7. 理化分析谱图

（1）核磁共振谱图

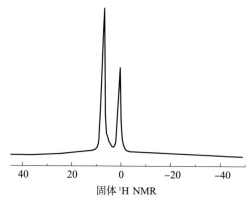

固体 ^1H NMR

（2）X 射线衍射谱图

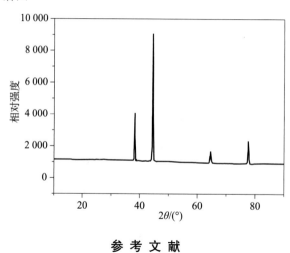

$2\theta/(°)$

参 考 文 献

［1］ 张青莲．无机化学丛书：第一卷［M］．北京：科学出版社，1984.

［2］ 黎波，任维义．LiH 的热力学性质及分子内部运动对体系热力学性质的影响［J］．原子与分子物理
学报，2014，31（5）：795-801.

［3］ 全国有色金属标准化技术委员会．氢化锂：YS/T 788—2012［S］．北京：中国标准出版社，2012.

［4］ CUI J，ZHANG W，CAO H，et al. Mild-condition synthesis of A_2ZnH_4（A=K，Rb，Cs）and
their effects on the hydrogen storage properties of $2LiH-Mg（NH_2）_2$［J］. J. Energy Chem.，2020
（50）：358-364.

［5］ 崔万秋，徐庆．$LiH-LiF-P_2O_5$ 系非晶态快离子导体的电性能与核磁共振研究［J］．功能材料，
1992，23（6）：350-354.

［6］ 王宝明，张建东，王力军．氢化法制备氢化锂的工艺研究［J］．稀有金属，2010，34（5）：
786-790.

［7］ 王有森，常永祯，孙文庆，等．氢化锂的毒性研究（附氘化锂的毒性）［J］．辐射防护，1975，
（2）：26-64.

5.10 氢化镁

中文名称：氢化镁
英文名称：magnesium hydride
分子式：MgH_2
相对分子质量：26.32
CAS 登记号：7646 - 69 - 7

1. 物理性质

氢化镁为四方晶系无色立方晶体，或灰白色粉末。密度 1.45 g/cm³（20 ℃）。不溶于一般有机溶剂。

2. 化学性质

在真空下，280 ℃分解。遇水缓慢反应，与空气接触可自发燃烧，生成氧化镁及水。具有很强的还原性，与水接触产生氢气，与甲醇接触，生成醇镁及氢气。与氢化硼作用生成硼氢化镁，与氢化铝作用，生成氢化镁铝。

3. 理化指标和检验方法

氢化镁理化指标和检验方法列于表 5 - 10。

表 5 - 10 氢化镁理化指标和检验方法

项目	指标	检验方法
外观	无色晶体或灰白色粉末	目视法
含量(%)	≥97	酸碱滴定法

4. 制备方法

1）用烷基镁进行热分解。
2）以镁粉为原料，在加压、加热下直接与氢反应而得。

$$Mg + H_2 = MgH_2$$

5. 贮存、运输和应用

铝罐密封包装，容器应放置在冷、干处。
在推进剂中主要用途为燃料添加剂。可用来制备无机聚合型氢化物及用于焰火。

6. 毒性与防护

具有中等毒性，易燃。戴化学安全防护眼镜，穿防静电工作服。灭火应准备好闷火石灰粉。不要用水、苏打酸或二氧化碳灭火，可用氮驱动干粉灭火剂。

7. 理化分析谱图

(1) X 射线衍射谱图

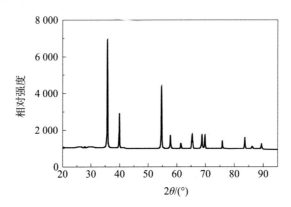

(2) 热分析谱图

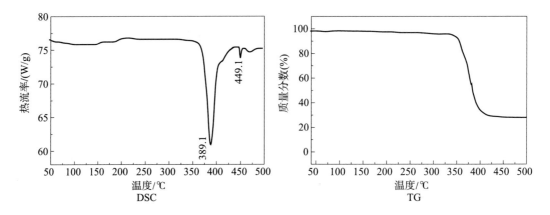

　　　　　　　DSC　　　　　　　　　　　　　　　　TG

参 考 文 献

[1]　张杏芬. 国外火炸药原材料性能手册北京：兵器工业出版社，1991：202 - 203.

[2]　张青莲. 无机化学丛书：第二卷 [M]. 北京：科学出版社，1990：148 - 149.

[3]　张洋，徐司雨，赵凤起，等. MgH_2 对含能材料点火燃烧性能影响的实验研究 [J]. 火炸药学报，2020，DOI：10.14077/j. issn. 1007 - 7812. 202005002.

[4]　刘磊力，李凤生，支春雷，等. MgH_2 的制备及对高氯酸铵热分解过程的影响 [J]. 稀有金属材料与工程，2010（7）：1289 - 1292.

5.11　肼

中文名称：肼

英文名称：hydrazine

中文别称：联氨

分子式：N_2H_4

相对分子质量：32.05

结构式：NH_2-NH_2

CAS 登记号：7803 - 57 - 8

1. 物理性质

无色油状液体，有刺激性臭味。熔点 2.0 ℃，沸点 113.5 ℃，密度 1.004 g/cm³ (25 ℃)。介电常数 53，液态肼的盐溶液能导电，肼可形成含水 31% 的恒沸物，沸点 121 ℃。可与水任意互溶，溶于醇、氨、胺。

2. 化学性质

肼易吸收潮气形成稳定的水合肼 $N_2H_4 \cdot H_2O$，在空气中发烟，长期暴露在空气中或短时期接受高温作用，能以爆炸形式分解。碱性较弱于氨，可与酸形成盐。在碱性溶液中具有非常强的还原性，与卤素、液氧、过氧化氢以及其他强氧化剂接触时均可自燃。在碱性溶液中能将镍离子、银离子等金属离子还原成金属单质。

3. 理化指标和检验方法

肼理化指标和检验方法列于表 5 - 11。

表 5 - 11 肼理化指标和检验方法

项目	单元推进剂入场指标	使用指标	检验方法
肼 (%)	≥98.5	≥97.5	碘酸钾直接滴定法
水 (%)	≤1.0	≤1.5	卡尔·费休法
非挥发性残渣 (%)	≤0.003	≤0.005	重量法
铁 (%)	≤0.0005	≤0.002	分光比色法
氯化物 (%)	≤0.0005	—	比浊法
二氧化碳 (%)	≤0.02	—	红外二氧化碳测定仪法
颗粒物 /(mg/L)	≤1.0	—	10 μm 过滤重量法

4. 制备方法

1) 脱水剂法：将烧碱和 50%～54% 的水合肼（质量比为 10：8）混合，逐渐通入氮气以除空气，加热至碱液温度近 118 ℃，待烧碱完全溶解后，冷却到 60 ℃ 左右，进行真空蒸馏至蒸馏液含肼量 90%～94%，再经分馏、除去水分后，冷凝，制得 98%～99.5% 的无水肼。

2) 萃取脱水法：将水合肼溶液分馏蒸出水，直至水、肼达共沸为恒沸物（68% 肼），将溶液二次分馏，加入苯胺以改变其沸点，将苯胺和水蒸出，从水中冷凝回收的苯胺可返回循环使用，二次分馏液再经三次分馏，制得无水肼。

5. 贮存、运输和应用

用大玻璃瓶或不锈钢金属桶包装，液面上须用氮气层封闭。密封贮存于阴凉、通风、干燥处。远离明火、火花、氧化剂，与酸类隔离，容器必须密封。按无机碱性腐蚀化学品的运输规定运输。

在固体推进剂中主要用途为燃料添加剂，液体推进剂的主要燃料。肼为强还原剂，用于镜面镀银、塑料和玻璃上镀金属膜。水合肼作还原剂，是医药、农药、染料、发泡剂、显像剂、抗氧剂的原料，大量用作大型锅炉水的脱氧剂，也用作分析试剂。用于合成肼衍生物如偶氮二甲酰胺（AC）、甲苯磺酸肼等。农业上用作植物生长抑制剂，也用于烟草、土豆、玉米等的贮藏。医药上用于制异烟肼。另外，还用于尼龙、环氧树脂的制造，也用作再生催化剂、除草剂和燃料电池。

6. 毒性与防护

有毒。急性中毒时，可致中枢神经系统损害，能致死。轻度中毒时，可引起眼和上呼吸道粘膜刺激作用，产生支气管炎和中毒性肺水肿，肝脏代谢和解毒功能障碍，以及神经系统功能紊乱。肼蒸气可明显刺激皮肤和粘膜，液体肼可引起烧伤。最高允许浓度为 $0.1 \mathrm{mg/m^3}$。现场应备有足够的消防器材和水源，穿戴防护衣和防护手套。

7. 理化分析谱图

（1）红外光谱图

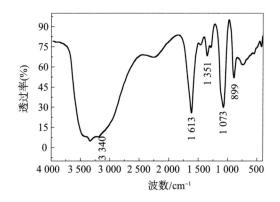

（2）质谱图

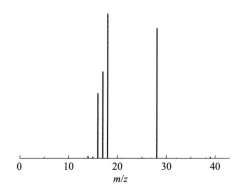

参 考 文 献

［1］　化学工业出版社 . 中国化工产品大全：上卷［M］. 2 版 . 北京：化学工业出版社，1998：429.

［2］　全国危险化学品管理标准技术委员会 . 肼水溶液类物质危险特性分类方法：GB/T 27839—2011
［S］. 北京：中国标准出版社，2011.

［3］　何浩，何斌，梁开伦，等 . 无水肼安全应用准则：GJB 5403—2005 ［S］. 北京：中国人民解放军
总装备部，2005.

［4］　吴强，刘学军，孙忠元，等 . 肼-70 规范：GJB 5001—2001 ［S］. 北京：国防科学技术工业委员
会，2001.

［5］　中华人民共和国工业和信息化部 . 工业水合肼：HG/T 3259—2012 ［S］. 北京：化学工业出版
社，2012.

5.12　1，1-二甲肼

中文名称：1，1-二甲肼

英文名称：1，1-dimethyl-hydrazine

中文别称：偏二甲肼；N，N-二甲基肼；不对称二甲肼

英文别称：unsymmetrical dimethyl hydrazine，assymmetric dimethyl hydrazine

分子式：$C_2H_8N_2$

结构式：$(CH_3)_2-N-NH_2$

相对分子质量：60.10

CAS 登记号：57-14-7

1. 物理性质

发烟性液体，有吸湿性。有氨臭。密度 0.791 4 g/cm³（20 ℃），凝固点−57.2 ℃，沸点 63 ℃（100 kPa），蒸气压 20 kPa（25 ℃）。折射率 1.407 5（22 ℃），易溶于水、醇、乙醚、苯及石油产品。

2. 化学性质

蒸气与空气形成易燃易爆混合物，闪点 1 ℃，自燃点 249 ℃，其爆炸温度范围−15～60 ℃。有极强的还原性，与任何氧化剂接触时均能引起燃烧、爆炸。

3. 理化指标和检验方法

偏二甲肼理化指标和检验方法列于表 5-12。

表 5 - 12　偏二甲肼理化指标和检验方法

项目	入场指标	使用指标	检验方法
偏二甲肼(%,m/m)	≥98.00	≥97.00	酸碱滴定/GC 法
水分(%,m/m)	≤0.25	≤0.60	快速气量法/GC 法
偏腙(%,m/m)	≤1.35	≤2.50	GC 法
二甲胺(%,m/m)	≤0.40	—	GC 法
密度/(g/cm³)(15 ℃)	0.795~0.797	0.792~0.798	密度计
颗粒物/(mg/L)	≤10	≤20	过 10μm 滤膜称重

4. 制备方法

可以氨水、次氯酸钠和二甲胺为原料经反应合成制得。先将氨水和次氯酸钠分别送入一步反应器进行反应生成氯代胺，然后将氯代胺送入二步反应器与二甲胺水溶液进行合成，生成偏二甲肼水溶液，再将此合成液送入一系列精馏塔进一步蒸馏精馏，脱除过量的氨、二甲胺和偏腙，加碱提浓、脱气后，即得成品。

5. 运输、贮存和应用

按易燃、易爆品规定用槽、罐贮运，用氮气保护贮存于配备通风设备、安全报警设备的阴凉、通风的库房。防热、防晒，远离火种、热源，避免光照。

在固体推进剂中用作高能燃料和燃料添加剂，在液体推进剂中用作主要燃料。用作植物生长调节剂，还可用于吸收酸性气体。

6. 毒性与防护

毒性较大，能由呼吸道吸入，或通过皮肤、消化道、伤口进入体内中毒。生产操作应穿戴防护用品，设备要求严密，防止跑、冒、滴、漏。

7. 理化分析谱图

（1）红外光谱图

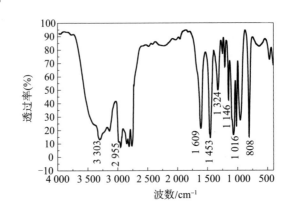

（2）核磁共振谱图

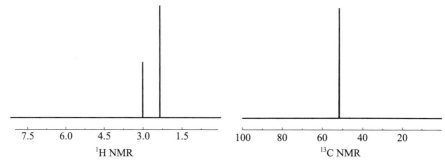

^{1}H NMR　　　　　　　　　　　^{13}C NMR

（3）质谱图

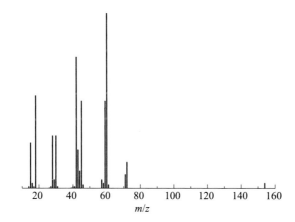

m/z

参 考 文 献

［1］　化学工业出版社 . 中国化工产品大全：上卷 ［M］. 2 版 . 北京：化学工业出版社，1998：699 - 700.

［2］　国防科工委后勤部 . 火箭推进剂监测防护与污染治理 ［M］. 长沙：国防科技大学出版社，
　　　1993：128.

［3］　牛桂然，曾金魁，徐文锋，等 . 偏二甲肼：GJB 753—1989 ［S］. 北京：国防科学技术工业委员
　　　会，1989.

［4］　刘卫国，李树斌，陈建平，等 . 偏二甲肼安全应用准则：GJB 5404—2005 ［S］. 北京：中国人民
　　　解放军总装备部，2005.

5.13　叠氮化钠

中文名称：叠氮化钠

英文名称：sodium azide

中文别称：叠氮钠，迭氮钠，迭氮化钠

英文别称：azide sodium

分子式：NaN_3

相对分子质量：65.02

结构式：如图

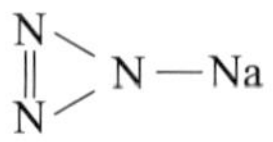

CAS 登记号：26628 - 22 - 8

1. 物理性质

无色六方形晶体。密度 1.846 g/cm³，熔点 275 ℃，沸点 300 ℃（分解）。易溶于水，水中溶解度为 42 g/100 g（17 ℃）。溶于液氨，微溶于乙醇，不溶于乙醚。

2. 化学性质

pK＝4.8，水溶液呈碱性（强碱弱酸盐）。叠氮化钠的固体属离子晶体。与醋酸铅反应生成叠氮化铅。常温下稳定，高温分解，在撞击下爆炸性分解，产生氮气和固态钠：

$$2NaN_3 \rightarrow 2Na + 3N_2 \uparrow$$

3. 理化指标和检验方法

叠氮化钠理化指标和检验方法列于表 5 - 13。

表 5 - 13 叠氮化钠理化指标和检验方法

项目		GB 26754	检验方法
含量（NaN_3）（%）	≥	99.0	氧化还原/沉淀滴定法
氢氧化钠（NaOH）（%）	≤	0.15	酸碱滴定法
碳酸钠（Na_2CO_3）（%）	≤	0.35	酸碱返滴定法
水不溶物含量（%）	≤	0.1	重量法
氯化物含量（%）	≤	0.01	比浊法
硫酸盐（Na_2SO_4）含量（%）	≤	0.1	比浊法
硝酸盐含量（%）	≤	0.05	比色法
铁含量（%）	≤	0.05	分光光度法
水分（%）	≤	0.15	烘干重量法
重金属（以 Pb 计）含量（%）	≤	0.001	比色法

4. 制备方法

用胺基钠与一氧化二氮反应而成：$NaNH_2 + N_2O \rightarrow NaN_3 + H_2O$

用亚硝酸钠与联氨制备：$NaNO_2 + N_2H_4 \rightarrow NaN_3 + 2H_2O$

5. 贮存、运输和应用

用内衬塑料袋的金属盒或内放玻璃瓶的塑料盒盛装，严封后再装入坚固严密的木箱运输，严禁与酸类、氧化剂、食品及食品添加剂混运。运输时运输车辆应配备泄漏应急处理设备。储存于阴凉、通风的库房。远离火种、热源。应与氧化剂、酸类、酰基氯、活性金属粉末、食用化学品分开存放，切忌混储。

主要用于姿态控制动力源的固体推进剂的燃气发生剂作为产生氮气的燃料，用于合成医药用品甲基巯基四唑、四唑乙酸、5-巯基-1H-1-甲磺酸二钠盐、头孢替胺侧链。水溶液可以使蛋白质变性，在生化分析中用于沉淀蛋白质。高血压病人口服有显著降压作用。在有机合成中用于合成叠氮酸、叠氮铅、高纯钠、有机叠氮化物。它还广泛用于自动血球计数仪、防腐杀菌、农用杀虫剂及汽车安全气囊。

6. 毒性与防护

叠氮化钠有剧毒，小鼠口服半致死量为 37.4 mg/kg。对细胞色素氧化酶和其他酶有抑制作用，并能使体内氧合血红蛋白形成受阻，有显著的降压作用。对眼和皮肤有刺激性。如吸入、口服或经皮肤吸收，可引起中毒死亡。叠氮化钠是一种呼吸抑制剂，能引起基因突变，可获得较高的突变频率，而且无残毒。

7. 理化分析谱图

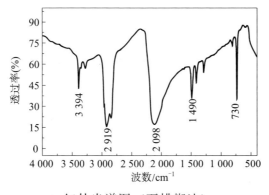

红外光谱图（石蜡糊法）

参 考 文 献

［1］ 全国化学标准化技术委员会无机化工分会 . 工业叠氮化钠：GB 26754—2011［S］. 北京：中国标准出版社，2011.

5.14 碳化硼

中文名称：碳化硼
英文名称：boron carbide
分子式：B_4C

相对分子质量：55.26

CAS 登记号：12069 - 32 - 8

1. 物理性质

黑色粉末，密度 2.52 g/cm³（20 ℃），熔点 2 350 ℃，沸点 ≥3 500 ℃。努氏硬度 3 000 kg/mm²，莫氏硬度 9.5。不溶于水和有机溶剂。

2. 化学性质

与酸碱溶液不起反应，具有高化学位，是对酸最稳定的物质之一，在所有浓或稀的酸或碱水溶液中都稳定。用硫酸、氢氟酸混合酸处理后，在空气中 800 ℃ 煅烧 21 h，可完全分解并形成三氧化硼。未经处理的则稳定，在氧气中可加热至 1 000 ℃ 时缓慢氧化成二氧化碳和三氧化二硼。当与一些过渡金属及其碳化物共存时，有特殊的不稳定性，在 1 000～1 100 ℃ 条件下元素周期表中第Ⅳ、Ⅴ 和Ⅵ族过渡金属与碳化硼粉末强烈反应形成金属硼化物。用氢氧化钠、氢氧化钾、碳酸钠、碳酸钾熔融后，在硝酸存在下碳化硼容易分解和制成溶液。

3. 理化指标和检验方法

碳化硼理化指标和检验方法列于表 5 - 14。

表 5 - 14　碳化硼理化指标和检验方法

项 目	指　标		检验方法
	国内	美国核级标准	
纯度（%）	≥96.0	≥98.0	酸碱滴定法
总 B 含量（%）	≥77.0	76.5～81.0	酸碱滴定法
Fe_2O_3 含量（%）	≤0.25	≤1.0	分光光度法
B_2O_3 含量（%）	≤0.15	≤0.7	酸碱滴定法
总 C 含量（%）	≥20.5	≥20.5	气体容量法
粒度 $D_{50}/\mu m$	≤10	—	激光粒度法
吸湿率（%）	≤1.0	—	饱和水蒸气法
水分（%）	≤0.5	—	干燥重量法
密度/(g/cm³)	2.5±0.5	—	密度计

4. 制备方法

碳热还原法：将石墨、煤粉碎后，与硼酸按 0.5：0.5：3 的配料比放入球磨机充分混匀后，置于单相双极卧式电弧炉内，在 1 700～2 300 ℃ 进行碳化反应。反应完成后，出料、冷却、破碎、选取、热水洗涤，再经粗碎、磨粉、酸洗后，用水洗至中性，用沉降和串联水洗法分选、干燥、筛分，制得碳化硼成品。

5. 运输、贮存和应用

用聚乙烯塑料盒、袋包装，按一般化学品规定贮运。贮存于清洁、干燥库房内。

在推进剂领域主要用于冲压喷气式发动机富燃料推进剂的燃料。用于硬质合金、宝石等硬质材料的磨削、研磨、钻孔及抛光，金属硼化物的制造以及冶炼硼钢、硼合金和特殊焊接等。

6. 毒性及其防护

毒性很小，有粉尘危害、刺激性。用雾状水、砂土灭火。

7. 理化分析谱图

（1）红外光谱图

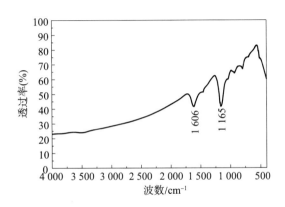

（2）热分析谱图

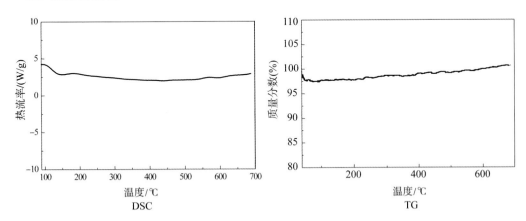

参 考 文 献

[1] 化学工业出版社. 中国化工产品大全：上卷 [M]. 2 版. 北京：化学工业出版社，1998：64.

[2] NATAN B，NETZER D W. Boron carbide combustion in solid - fuel ramjets using bypass air. Part I：Experimental investigation. [J]. Propel Explo Pyrot，1996，21 (6)：289.

［3］　全国磨料磨具标准化技术委员会．碳化硼化学分析方法：JB/T 7993—2012［S］．北京：机械工业
　　　　出版社，2012．

［4］　全国磨料磨具标准化技术委员会．普通磨料　碳化硼：JB/T 3294—2017［S］．北京：机械工业出
　　　　版社，2018．

［5］　Standard Specification for Nuclear‐Grade Boron Carbide Powder［S］．ASTM C750‐09，2014．

第6章　氧化剂或炸药

聂海英　赵志刚　黄志萍　吴　倩

氧化剂或炸药在复合固体推进剂中比例最高，一般为$60\%\sim85\%$，氧化剂品种、含量、颗粒形状、粒度及粒度分布对推进剂的能量、燃烧、力学、工艺、安全等性能有重要影响。其作用一是提供推进剂燃烧所需的氧，二是通过控制其粒度大小及分布调节推进剂燃烧速度，三是燃烧产生气态产物通过做功提高比冲，四是作为固体填料提高推进剂模量。氧化剂一般要求有效氧含量高、密度大、生成热高、分解产物为气体、安定性好、与推进剂组分化学相容。

6.1　1，3，5-三硝基-1，3，5-三氮杂环己烷

中文名称：1，3，5-三硝基-1，3，5-三氮杂环己烷

英文名称：cyclotrimethylenetrinitramine

中文别称：黑索今；环三甲撑三硝胺；1，3，5-三硝基六氢-1，3，5-三嗪；黑索金；旋风炸药

英文别称：hexogen；cyclonite；1，3，5-trinitro-1，3，5-triaza-cyclohexane；trimethylenetrinitramine；RDX

分子式：$C_3H_6N_6O_6$

相对分子质量：222.13

结构式：如图

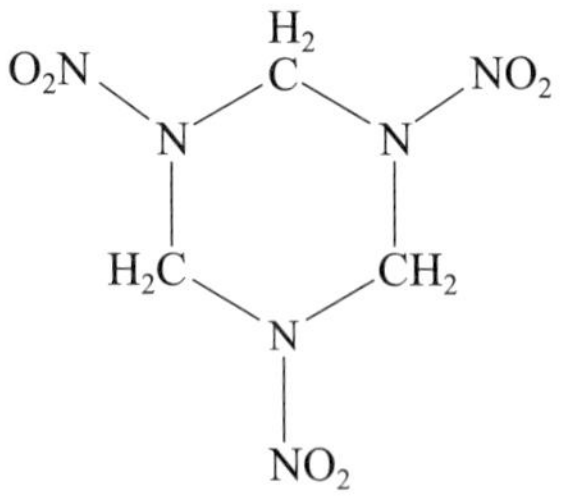

CAS登记号：121-82-4

1. 物理性质

白色斜方结晶，在硝酸中结晶为针状，在乙酸中结晶为片状。经钝化处理的因加有染料而有其他颜色。工业品熔点为201℃，化学纯熔点为203.5℃，军品熔点为204.1℃，

熔化前易升华。溶解热 30 J/mol（28%～55% HNO_3），结晶热 89.12 kJ/mol，蒸发热 105.78 kJ/mol，升华热 130.12 kJ/mol。密度 1.799～1.820 g/cm^3，介电常数 3.14（$\rho =$ 1.61 g/cm^3），莫氏硬度 2.5。折射率 α 晶型 1.597～1.572，β 晶型 1.620～1.591，γ 晶型 1.624～1.596。在 25 ℃，65% 相对湿度下不吸湿，100% 相对湿度下吸湿率 0.02%。易溶于丙酮、二甲基甲酰胺、环己酮、环戊酮、浓硝酸、乙酸，微溶于乙醇、乙醚、苯、甲苯、氯仿、二硫化碳及乙酸乙酯，难溶于水及四氯化碳。

2. 化学性质

RDX 的安定性比特屈儿稍好，但比梯恩梯稍差。5 s 爆发点 230 ℃，爆速为 8.64 km/s，RDX 是中性物质，不与大多数酸作用，溶于浓度 70% 的硝酸中，也不发生分解，用水将溶液稀释后可以回收 RDX，与冷的或热的浓盐酸不发生反应，与浓硫酸相遇，可使其溶解并发生分解。溶于浓硫酸时放出气体，与稀硫酸一起煮沸时发生水解：

$$(CH_2NNO_2)_3 + 6H_2O \rightarrow 3HNO_3 + 3NH_3 + 3HCHO$$

RDX 与碱反应，与 $Ca(OH)_2$、NaOH 溶液一起加热时可分解。RDX 在碱性溶液中的分解产物有：N_2、NH_3、硝酸盐、亚硝酸盐、甲醛、乌洛托品和有机酸（如甲酸）。在常压下，黑索今用水煮洗不发生水解作用，只有在高压中，煮洗温度高于 150 ℃才发生水解。在日光照射下不发生分解，热稳定性好。与重金属（例如铁和铜）的氧化物混合时，RDX 生成不安定的化合物，使混合物分解，并在 100 ℃低温时引起燃烧。

RDX 分解爆炸反应方程式为

$$(CH_2NNO_2)_3 \rightarrow 3N_2\uparrow + 3H_2O\uparrow + 3CO\uparrow$$

或

$$(CH_2NNO_2)_3 \rightarrow 2CO\uparrow + CO_2\uparrow + 2H_2O\uparrow + H_2\uparrow + 3N_2\uparrow$$

3. 理化指标和检验方法

黑索今理化指标和检验方法列于表 6-1。

表 6-1　黑索今理化指标和检验方法

项目		指标	检验方法	检验标准
熔点/℃		≥200.0	熔点法	GJB 772.110
丙酮不溶物含量（%）		≤0.05	重量法	GJB 772.408
无机不溶物含量（%）		≤0.03	重量法	GJB 296A　4.6.3
水分和挥发分含量（%）		≤0.10	真空烘箱法	GJB 772.103
筛上不溶颗粒数(0.250 mm 试验筛)(个)		≤5	水筛法	GJB 772.403
酸度（以硝酸计）（%）	Ⅰ 型	≤0.050	酸碱滴定法	GJB 296A　4.6.6
	Ⅱ 型	≤0.063		
堆积密度/(g/cm³)		≥0.80	筛分法	GJB 296A　4.6.7
粒度/mm		0.045～2.36	水筛法	GJB 772.101

4. 制备方法

生产制造黑索今的方法主要有四种。

（1）直接硝解法

也叫伍尔维次法：用浓硝酸直接硝解六甲基四胺（俗称乌洛托品，HA）。硝酸的用量为乌洛托品的 11 倍，反应温度控制在 30 ℃ 以下，其反应为乌洛托品经硝酸的硝解作用后，生成 RDX、NH_4NO_3 及甲醛。生成的 RDX 熔点约 200 ℃，含有约 2% 的 HMX，68% 的产率。生产过程包括：1）将原料乌洛托品进行粉碎、筛选和干燥。2）在硝化机内使乌洛托品与硝酸进行硝解反应，然后在成熟机内进行补充反应并生成黑索今。硝解反应剧烈并大量放热。3）以水稀释硝化液使其温度升高，将不安定的副产物氧化掉，并使黑索今结晶析出，过滤。4）将过滤后的黑索今用水漂洗和煮洗以除去残留的酸。5）用蜡类等钝化剂包覆药粒表面，降低其机械感度。6）用真空干燥获得合格成品。反应式为

$$(CH_2)_6N_4 + 4HNO_3 \rightarrow (CH_2NNO_2)_3 + NH_4NO_3 + 3CH_2O$$

（2）乙酸酐法

即兹贝雷－奚斯勒－罗斯法，该法制造黑索今的工艺可分两步法和一步法两种：两步法是先以稀硝酸与乌洛托品反应生成乌洛托品的二硝酸盐。将此盐分离，经干燥后再投入硝酸、硝酸铵、乙酸酐和乙酸的混合液中进行硝解生成黑索今。一步法则是将乌洛托品直接投入乙酸酐硝解液中反应生成黑索今。乌洛托品由氨和甲醛作用制得，实际上直接将甲醛及硝酸铵加入乙酸酐中，反应生成黑索今。用乙酸酐法生产的黑索今常含有一定量同时生成的奥克托今，将其分离较困难。由于此法须用大量乙酸酐且收率较低，故此合成法亦不理想。乙酸酐法与其他方法比较，甲醛利用率最佳，在乙酸酐价廉的国家，它是比较经济的方法。反应方程式为

$$3CH_2O + 3NH_4NO_3 + 6Ac_2O \rightarrow (CH_2NNO_2)_3 + 12HOAc$$

（3）巴克曼法

巴克曼法是将伍尔维次法和兹贝雷－奚斯勒－罗斯法合并而成，因此巴克曼将此法称为组合法。此法所用原料为乌洛托品、硝酸铵、硝酸及乙酸酐。巴克曼法的产率约为 80%，其所得 RDX 熔点约 190 ℃，其中含有约 10% 的 HMX。由于巴克曼法的乙酸酐及硝酸的用量较少，产率较高，RDX 的生产成本低。组合法的反应方程式为

$$C_6H_{12}N_4 + 2NH_4NO_3 + 4HNO_3 + 6Ac_2O \rightarrow 2(CH_2NNO_2)_3 + 12HOAc$$

（4）沃尔夫拉姆法

沃尔夫拉姆（Wolfram）在德国发明了第四种制备 RDX 的方法。甲醛和胺基磺酸钾（potassium sulfamate）生成次甲基胺基磺酸钾（potassium methylenesulfamate）。次甲基胺基磺酸钾为三聚体，即 1，3，5 -三氮代环己烷三磺酸三钾。该环状化合物以 80% 的发烟硝酸及 20% 的三氧化硫为硝化剂进行硝化后，即得 RDX。沃尔夫拉姆法的产率为 80% ～ 90%。反应方程式为

$$CH_2O + H_2N-SO_3K \rightarrow CH_2=N-SO_3K \rightarrow (CH_2NNO_2)_3$$

5. 贮存、运输和应用

黑索今用内衬三层纸袋的包装箱或内衬二层聚乙烯的包装桶包装，按照炸药运输规则运输，贮存在温度−5~35 ℃，湿度45%~80%，配备消防、防雷、安防监控设备的库房内。

用钝感剂（如蜡）包覆的钝化黑索今（passivated hexogen，passivated RDX），是固体火箭推进剂的高能添加剂，现代武器主要弹药之一，广泛应用于导弹中。用于制造雷管、传爆药柱、导爆索及发射药。钝化黑索今与其他炸药制成混合炸药，如与梯恩梯混合而成的 B9 炸药和黑梯炸药，混合炸药大量用于装填炮弹、导弹战斗部、航弹鱼雷、地雷、水雷等。

6. 毒性与防护

黑索今为有毒危险品。但比梯恩梯、特屈儿的毒性小得多。粉尘可经呼吸道、消化道和皮肤吸收而造成中毒，慢性中毒症状为头痛、消化障碍、小便频繁、妇女发生闭经，大多数患者发现贫血。黑索今生产过程中会产生燃烧爆炸，硝化设备易着火而引起火灾，结晶设备易喷料而使操作人员因氧化氮而中毒，黑索今机械感度比较高，也可因撞击摩擦而引起爆炸。

应严格控制生产工艺条件，防止硝化结晶时的着火和喷料。应设置事故备用电源，当停电时，在备用电源的供电下可安全地停止生产。应有良好的送排风设施，以排除有毒气体和粉尘。

7. 理化分析谱图

（1）红外光谱图

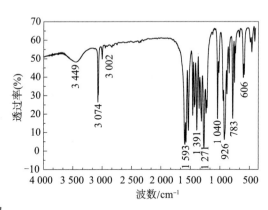

（2）核磁共振谱图

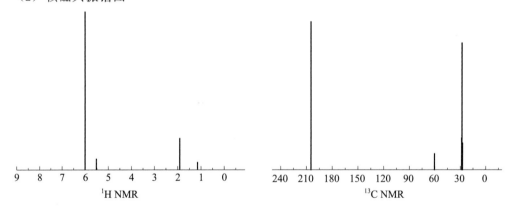

（3）质谱图

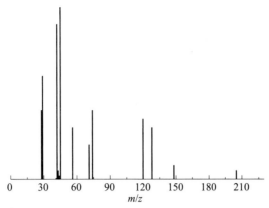

（4）X 射线衍射谱图

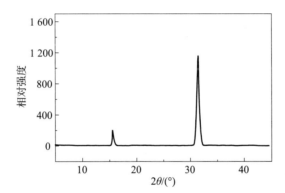

（5）热分析谱图

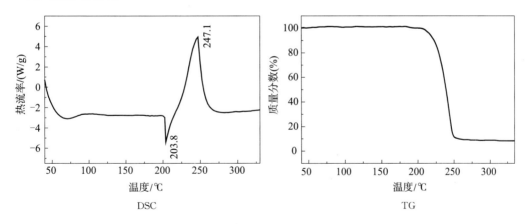

DSC　　　　　　　　　　　　　　　　TG

参 考 文 献

［1］　张杏芬 . 国外火炸药原材料性能手册 ［M］. 北京：兵器工业出版社，1991：17 - 22.

［2］　陈冠荣 . 化工百科全书：第 3 卷 ［M］. 北京：化学工业出版社，1993.

［3］　卫九泽，余昆，梁小菱 . 黑索今规范：GJB 296A—1995 ［S］. 北京：国防科学技术工业委员会，1995.

［4］　张维凡 . 常用化学危险品安全手册 ［M］. 北京：化学工业出版社，1994.

［5］　李斌杰，王兵辉，谷福生．爆炸、剧毒、放射性物品及枪支安全管理双向实用手册［M］. 北京：群众出版社，2003：11 - 12.

［6］　王爱玉，阮庆云，陈海红，等．炸药试验方法：GJB 772A—1997［S］. 北京：国防科学技术工业委员会，1995.

［7］　韩芳，衡淑云，刘菊平，等．火炸药贮存安全规程：GJB 1054A—2006K［S］. 北京：国防科学技术工业委员会，2006.

［8］　蒋芸．复合固体推进剂原材料毒性与防护［M］. 乌鲁木齐：新疆科技卫生出版社，1996.

［9］　李静．直接法制备黑索今的硝解机理研究［D］. 太原：中北大学，2016.

6.2　环四亚甲基四硝胺

中文名称：环四亚甲基四硝胺

英文名称：cyclotetramethylenetetramine

中文别称：奥克托今，环四甲撑四硝胺

英文别称：octogen，HMX

分子式：$C_4H_8N_8O_8$

结构式：如图

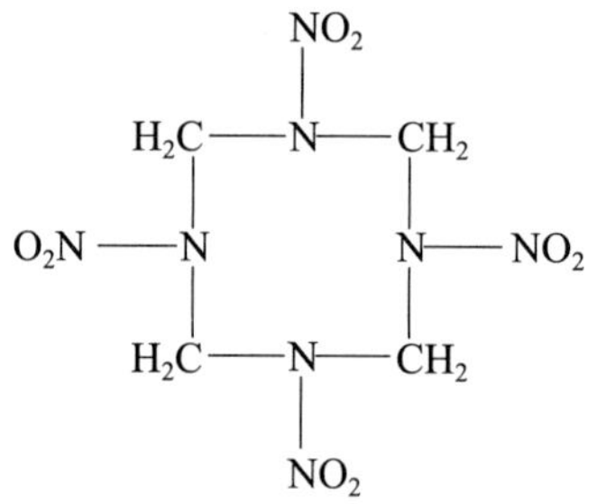

相对分子质量：296.17

CAS 登记号：2691 - 41 - 0

1. 物理性质

HMX 为白色结晶或无色结晶，在室温至其熔点之间存在着 α、β、δ 和 γ 四种不同的晶型，每种晶型都有一个安定范围，并有不同的密度、溶解度和折射率。这些晶型可以互相转变，其中常温下的稳定晶型为 β 型，实际使用的通常是 β - HMX。晶型转变温度：α→δ：193～201 ℃，β→δ：167～183 ℃，γ→δ：175～182 ℃，α→β：116 ℃，α→γ：160～164 ℃，β→γ：154 ℃，β→α：102～104.5 ℃。晶型的转变熔：α→δ：25.0 kJ/kg，β→δ：33.1 kJ/kg，γ→δ：9.46 kJ/kg，β→γ：23.6 kJ/kg，α→γ：15.5 kJ/kg，α→β：8.04 kJ/kg。介电常数Ⅰ：3.087（ρ=1.90 g/cm³），Ⅱ：4.671（ρ=1.87 g/cm³），Ⅲ：3.867（ρ=1.82 g/cm³）。蒸发热 368 J/g，蒸气压（4.27～55.7）×10^{-7} Pa，升华热 175.31 kJ/mol（β - HMX），线胀系数 50.4 μm/(m·K)，体胀系数 162.5 μm/(m·K)，

导热系数 0.4～0.5 W/(m・K)，比热 0.64～1.32 J/(g・K)（－75～150 ℃）。密度 1.90～1.96 g/cm³，熔点 276～282 ℃。莫氏硬度 2.3。溶于二甲基亚砜，可溶于二甲基甲酰胺、乙腈、环己酮、甲基异己酮、二噁烷、硝基甲烷，微溶于丙酮、吡啶，不溶于二硫化碳、四氯化碳、氯仿、乙醚、水。

2. 化学性质

HMX 比 RDX 更安定，与 TNT 和苦味酸铵相当。5 s 爆发点 327 ℃。生成热为 －253.1 kJ/kg（定压），－354.0 kJ/kg（定容）。对酸碱的耐受能力比黑索今强。点火温度 233.5～241.5 ℃，密闭受热分解温度 210 ℃，爆燃点 287 ℃。HMX 氧平衡－22%，活化能 220.5 kJ/mol，分解热 2 092 kJ/kg，做功能力 162%，燃烧热 9 434～9 882 kJ/kg，爆热 6 292～6 780 kJ/kg。HMX 分解爆炸反应方程式为：

$$(CH_2NNO_2)_4 \rightarrow 4N_2 \uparrow + 4H_2O \uparrow + 4CO \uparrow$$

3. 理化指标和检验方法

HMX 理化指标和检验方法列于表 6-2。

表 6-2　HMX 理化指标和检验方法

项目	指标				检验方法
	特级品	一级品	二级品	三级品	
晶型	β 型	β 型	β 型	β 型	X 射线衍射法 偏光显微镜法
奥克托今含量(m/m,%),≥	99.5	99.0	98.0	93.0	X 射线衍射法 液相色谱法
黑索今含量(m/m,%),≤	0.3	1.0	2.0	7.0	X 射线衍射法 液相色谱法
熔点/℃,≥	273.5280	273.0279	271.0278	268.0277	毛细管法 显微镜温台法
丙酮不溶物含量(m/m,%),≤	0.05	0.05	0.05	0.05	重量法
无机不溶物含量(m/m①,%),≤	0.03	0.03	0.03	0.03	重量法
酸度(以乙酸计)(m/m,%),≤	0.02	0.02	0.02	0.02	酸碱滴定法
水分和挥发分(m/m,%),≤	0.10	0.10	0.10	0.10	真空烘箱法
粒度/mm	0.045～2.36				水筛法

①若丙酮不溶物含量不超过无机不溶物含量时,不测定无机不溶物含量。

4. 制备方法

有乙酸酐法、RDX－HMX 综合工艺（新乙酸酐法）、硝基脲法（尿素法）、TAT 法、

DADN法。目前应用较广的是乙酸酐法，得率仅50%左右。乙酸酐法的改进型方法很多，例如用多聚甲醛作稳定剂的乙酐法，得率可以提高到80%。用上述方法制出的HMX一般是多种晶型的混合物，感度高，安定性差，需要转晶，即将各种晶型的HMX转为β-HMX，同时除去不安定的副产物。常用的转晶方法有溶剂法和硝酸法。醋酐法的反应式为

$$(CH_2)_6N_4 + 4HNO_3 + 2NH_4NO_3 + 6(CH_3CO)_2O \longrightarrow 3/2(CH_2NNO_2)_4 + 12CH_3COOH$$

5. 贮存、运输和应用

用内衬三层纸袋的包装箱或内衬二层聚乙烯的包装桶包装，干燥的HMX禁止装运，应带水30%~60%或异丙醇或用丙酮稀释，作为A级爆炸物装运。贮存在通风低温干燥库房，与氧化剂、酸类分开存放。

HMX作为高能添加剂，可部分代替高氯酸铵用于火箭推进剂以及要求耐热特殊用途的爆破药柱，是一种爆速高、密度大、有良好热安定性的高熔点炸药，作为高能耐热炸药，能单独作为弹药，是爆炸性最好的单质猛炸药，和TNT混合使用可用于高威力导弹及火箭战斗部。

6. 毒性与防护

HMX有中等毒性，中毒动物体重减少，激动，凶暴，经常抽搐，最后因阵挛性抽搐而衰竭。人接触可引起中枢神经系统中毒症状，发生癫痫样抽搐，发病无预兆或有1~2天失眠、不安和易激动症。癫痫发作后患者有健忘、软弱、疲劳和无力表现，脱离接触后可完全恢复。加强通风，采用封闭式、自动化操作防尘。

7. 理化分析谱图

（1）红外光谱图

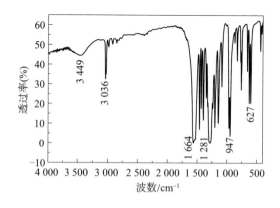

（2）核磁共振谱图

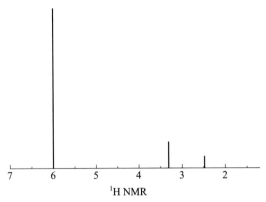

^{1}H NMR

（3）X 射线衍射谱图

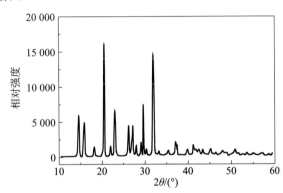

（4）热分析谱图

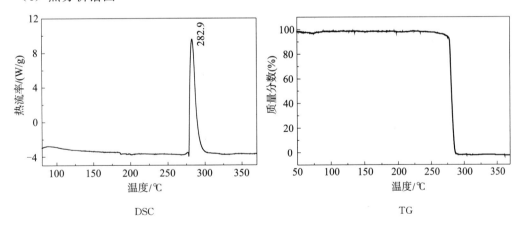

DSC　　　　　　　　　　　　　　　　　　TG

参 考 文 献

［1］　张杏芬. 国外火炸药原材料性能手册［M］. 北京：兵器工业出版社，1991：22 - 27.

［2］　肖鹤鸣. 高能化合物的结构和性质［M］. 北京：国防工业出版社，2004.

［3］　陈冠荣. 化工百科全书：第 3 卷［M］. 北京：化学工业出版社，1993.

［4］　卫九泽，张治华，陈翠英，等. 奥克托今规范：GJB 235—1995［S］. 北京：国防科学技术工业委

员会，1995.

［5］ LICHT H. H. Symposium on Chemical Problems Connected with the Stability of Explosives ［J］. Tyringe，1970（72）：168 - 179.

［6］ 张维凡. 常用化学危险品安全手册［M］. 北京：化学工业出版社，1994.

［7］ 王爱玉，阮庆云，陈海红，等. 炸药试验方法：GJB 772A—1997［S］. 北京：国防科学技术工业委员会，1997.

［8］ 韩芳，衡淑云，刘菊平，等. 火炸药贮存安全规程：GJB 1054A—2006K［S］. 北京：国防科学技术工业委员会，2006.

［9］ 蒋芸. 复合固体推进剂原材料毒性与防护［M］. 乌鲁木齐：新疆科技卫生出版社，1996.

［10］ 曹宇. 基于 N_2O_5 合成 HMX 的工艺研究［D］. 南京：南京理工大学，2013.

［11］ 赵孝彬，张小平，郑剑，等. NEPE 推进剂中聚乙二醇的结晶性［J］. 推进技术，2002，23（13）：252 - 257.

［12］ 李丽，尹婷，伍波，等. 基于溶剂/非溶剂法的微通道结晶制备 CL - 20/HMX 共晶［J］. 含能材料，2021，29（1）：62 - 69.

6.3　六硝基六氮杂异伍兹烷

中文名称：六硝基六氮杂异伍兹烷

英文名称：hexanitrohexaazaisowurtzitane

中文别称：2，4，6，8，10，12 -六硝基 - 2，4，6，8，10，12 -六氮杂四环 $[5.5.0.0^{5,9}0^{3,11}]$

英文别称：cyclotetramethylenetetramine，HNIW，CL - 20

分子式：$C_6H_6N_{12}O_{12}$

相对分子质量：438.38

结构式：如图

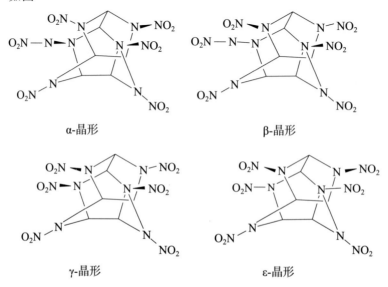

α-晶形　　　　　　　　β-晶形

γ-晶形　　　　　　　　ε-晶形

CAS 登记号：135285 - 90 - 4

1. 物理性质

白色晶体，在常温常压下以 α、β、γ 和 ε 四种晶型存在，四种晶体的密度大小依次为 ε＞β＞α＞γ，其中 ε 晶体的密度和能量最高，密度为 2.03～2.04 g/cm^3（ε 型），四种晶型在不同的温度和不同的溶剂条件下发生相互转化。易溶于丙酮（94.6 g/100 g）、乙酸乙酯（45.0 g/100 g），可溶于二甲基甲酰胺、甲酰胺等，微溶于三羟甲基乙烷硝酸酯、乙醇，不溶于水、苯、甲苯、石油醚、氯代烃等。

2. 化学性质

CL - 20 是一种高能量密度的笼形硝胺，标准生成焓 860 kJ/kg，活化能 190.9 kJ/mol（110～140 ℃），氧平衡 -11.95%，热分解峰温为 244～250 ℃。四种晶型热力学稳定性依次为 ε＞γ＞α＞β，晶型转变温度 α→γ 178.0 ℃，β→γ 140.9 ℃，ε→γ 169.5 ℃。CL - 20 分解爆炸反应方程式为

$$C_6H_6N_{12}O_{12} \rightarrow 6N_2\uparrow + 3H_2O\uparrow + 3CO_2\uparrow + 3CO\uparrow$$

3. 理化指标和检验方法

CL - 20 理化指标和检验方法列于表 6 - 3。

表 6 - 3　CL - 20 理化指标和检验方法

项目	指标	检验方法
晶型	ε	XRD 或红外光谱法
外观	白色颗粒状结晶	目视法
化学纯度（%）　　　　≥	99.0	液相色谱法
粒度（D_{50}）/μm	50～100	激光粒度仪法
酸度（以醋酸计）（%）　≤	0.06	酸碱滴定法
丙酮不溶物（%）　　　≤	0.2	重量法

4. 制备方法

CL - 20 的合成分为以下三步：第一步苄胺和乙二醛在甲酸催化下反应结合为笼形前体六苄基六氮杂异伍兹烷（HBIW）；第二步将 HBIW 上的六个苄基部分或全部转变为乙酰基或其他取代基以生成硝化前体，可采用两种方式脱苄，一种是采用二次氢解脱苄，另一种是采用四氧化二氮硝化脱苄；第三步是将硝化前体硝化合成 HNIW。

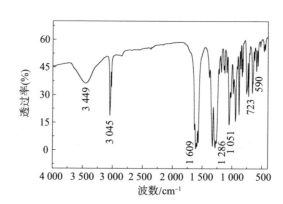

5. 运输和应用

CL-20 应带水作为 A 级爆炸物装运。包装箱为专用包装箱,包装箱底部铺满锯末,每个包装箱放入的 CL-20 不超过 10.0 kg,并在其上部用棉花将其压紧固定。贮存在通风低温干燥库房,与氧化剂、酸类分开存放。

CL-20 用作固体推进剂高能添加剂,应用于高性能、低信号的推进剂、混合炸药、炮用发射药、战术和战略导弹。

6. 毒性与防护

CL-20 有致突变性,无胚胎毒性及致畸性。穿抗静电服、鞋,防止粉尘吸入。

7. 理化分析谱图

（1）红外光谱图

（2）拉曼光谱图

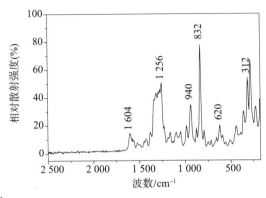

（3）核磁共振谱图

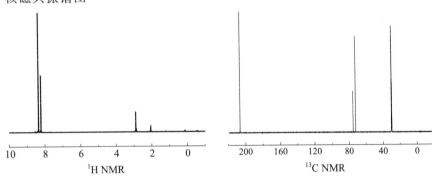

（4）X 射线衍射谱图

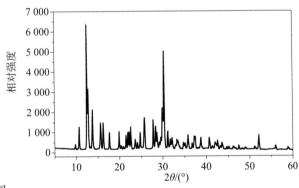

（5）热分析谱图

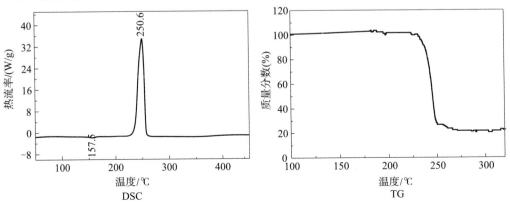

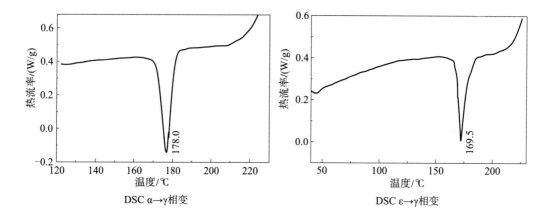

DSC α→γ相变　　　　　　　　　　　DSC ε→γ相变

参 考 文 献

［1］　郑剑.新型含能材料：CL-20［J］.推进技术，1994（1）：65-72.

［2］　汪嗣良.压装 CL-20 炸药爆轰特性参数测试［D］.北京：北京理工大学，2016.

［3］　欧育湘，刘进全.高能量密度化合物［M］.北京：国防工业出版社，2005.

［4］　欧育湘.六硝基六氮杂异伍兹烷的感度［J］.含能材料，1999，7（3）：100-102.

［5］　陈松林.六硝基六氮杂异伍兹烷的热分解反应动力学研究［J］.含能材料，2002，11（3）：46-48.

［6］　赵信岐.六硝基六氮杂异伍兹烷四种晶型的 FTIR 变换红外光谱［J］.兵工学报，1995，40（23）：21-23.

［7］　杜文霞，刘亚杰，王玉玲.六硝基六氮杂异伍兹烷的致突变性和致畸性研究［J］.中华劳动卫生职业病杂志，2007，25（1）：41-42.

［8］　胡银，宁艳利，康莹，等.ε型六硝基六氮杂异伍兹烷的结构确证［J］.化学分析计量，2015，24（5）：44-47.

［9］　任晓婷，孙忠祥，曹一林.细粒度 ε-CL-20 的制备及钝化［J］.火炸药学报，2011，34（4）：21-25.

［10］　黄志萍，曹庆伟，秦芳.HNIW 中间体纯度测定方法［J］.固体火箭技术，2006，29（2）：154-156.

［11］　黄志萍，郭兴玲，曹庆伟.HNIW 纯度测定方法研究［J］.含能材料，2001，9（1）：44-48.

［12］　李丽，尹婷，伍波，等.基于溶剂/非溶剂法的微通道结晶制备 CL-20/HMX 共晶.含能材料，2021，29（1）：62-69.

［13］　欧阳刚，郭效德，席海军，等.亚微米六硝基六氮杂异伍兹烷的制备及其性能研究［J］.兵工学报，2015，36（1）：64-69.

［14］　刘燕，安崇伟，罗进，等.纳米六硝基六氮杂异伍兹烷与三氨基三硝基苯含能复合物的制备及性能研究［J］.兵工学报，2020，41（1）：49-55.

6.4　二硝酰胺铵

中文名称：二硝酰胺铵

英文名称：ammoniumdinitramide

英文别称：ADN

分子式：$NH_4N(NO_2)_2$

相对分子质量：124.26

结构式：如图

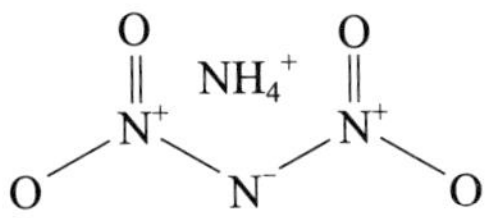

CAS 登记号：140456 - 78 - 6

1. 物理性质

白色蓬松的片状或针状晶体。密度 1.8 g/cm^3，熔点 90～92 ℃，改良后 ADN 的熔点为 92～94 ℃。在 2.0～10.0 GPa 高压下，ADN 的晶型由 α 单斜晶型转化为 β 单斜晶型，压力降低时，β 单斜晶型自动转化为 α 单斜晶型，具有很强的吸湿性。当相对湿度大于 50％时，ADN 晶体在 10 h 内就会发生潮解。极易溶于水，在 0 ℃的水中，ADN 的溶解度高达 233 g/100 g。

2. 化学性质

由阳离子 NH_4^+ 和阴离子 $N(NO_2)_2^-$ 组成，β 单斜晶型不经熔融状态分解为 NH_3 和 HNO_3，热分解温度较 α 单斜晶型高。酸、水、硝酸铵及其他一些杂质都会降低 ADN 的稳定性，对光敏感。ADN 热稳定性比 RDX、HMX 和 AP 差，生成热为 -148.5～149.8 kJ/mol。ADN 放热分解温度 127 ℃，熔融盐的放热分解反应约在 200 ℃ 完成，分解热为 255 kJ/mol。在常压及低于 160 ℃ 时，是气相分解机理，即由 ADN 分子通过重排而产生硝酸胺和 N_2O，分解反应受酸度的影响很大，是一种酸催化的自动加速分解过程。在 160～200 ℃ 时，ADN 的分解是自由基反应，即由 N - N 键断裂而形成 NO_2，酸和碱都不影响 ADN 的分解速率。ADN 的燃烧特点是高燃速、低的燃烧表面温度、存在不稳定燃烧区。ADN 催化热分解的中间产物 $HN(NO_2)_2$ 不稳定，生成后快速分解，而反应中生成的 HNO_3 和 NH_3 能快速发生反应生成 NH_4NO_3。

$$NH_4N(NO_2)_2 \rightarrow NH_3 + HN(NO_2)_2$$

$$NH_4N(NO_2)_2 \rightarrow NH_3 + N_2O + HNO_3$$

$$NH_4N(NO_2)_2 \rightarrow N_2O + NH_4NO_3$$

$$HN(NO_2)_2 \rightarrow N_2O + HNO_3$$

$$HN(NO_2)_2 \rightarrow NO_2 + HNNO_2$$

$$NH_3 + HNO_3 \rightarrow NH_4NO_3 (烟雾)$$

$$NH_4N(NO_2)_2(s) \rightarrow [NH_3][HN(NO_2)_2](g) \rightarrow NH_3 + HN(NO_2)_2$$

$$NH_4N(NO_2)_2(s) \rightarrow [NH_3][HON(O)NNO_2](g) \rightarrow NH_3 + HON(O)NO_2$$

3. 理化指标和检验方法

ADN 理化指标和检验方法列于表 6-4。

表 6-4　ADN 理化指标和检验方法

项目	指标	检验方法
外观	白色颗粒状结晶	目视法
化学纯度（%）　≥	99.0	液相色谱法
粒度（D_{50}）/μm	50~100	激光粒度仪法
氯（%）　　　　≤	0.05	离子色谱法

4. 制备方法

ADN 的合成方法主要有氨基丙氰法、二丙腈胺法。

1）氨基丙氰法：以氢氧化钠的水溶液作为溶剂，用 β-氨基丙腈与氯甲酸丙酯反应制得 N-正丙酯基-β-氨基丙腈（Ⅰ）。然后将化合物（Ⅰ）进行硝化、氨化反应制得 N-硝基-β-氨基丙腈铵（Ⅱ）。以无水甲醇作为溶剂、硝酰四氟化硼作为硝化剂，将化合物（Ⅱ）进行二次硝化制得 N，N-二硝基-β-氨基丙腈（Ⅲ）。最后将化合物（Ⅲ）在无水乙醚中与氨气反应得到 ADN。该法 ADN 产率较高，反应条件温和，合成成本较低，具有工业应用前景。合成反应式如下：

$$H_2NCH_2CH_2CN + ClCOCH_2CH_2CH_3 \xrightarrow{NaOH,H_2O} NCCH_2CH_2NHCOCH_2CH_2CH_3$$
（Ⅰ）

$$\xrightarrow{HNO_3,NH_3} \underset{(Ⅱ)}{NH_2NCH_2CH_2CH_3NH_2} \xrightarrow{BF_4NO_3,CH_3OH} \underset{(Ⅲ)}{O_2N{\diagdown}N{-}CH_2CH_2CN}$$

$$\xrightarrow[Et_2O]{NH_3} O_2N{\diagdown}N^-NH_4^+$$
（ADN）

在 β-氨基丙腈与氯甲酸丙酯的缩合反应中，也可以在有机溶剂中加入三乙胺等有机碱，除去缩合过程中产生的氯化氢，然后过滤除去三乙胺盐酸盐，除去母液中溶剂后得到缩合产物（Ⅰ）。

2）二丙腈胺法：产品总收率较氨基丙腈法有所提高。合成反应式如下：

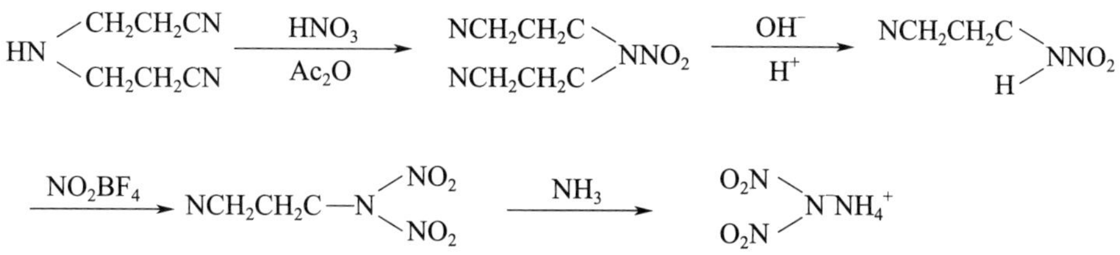

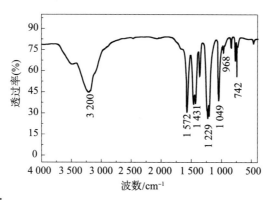

5. 贮存、运输和应用

在生产、运输、储存和应用过程中均须对环境的温度和湿度进行严格控制，处理条件为相对湿度不高于 50%。

可用作固体推进剂、液体推进剂和炸药的氧化剂。作为新型氧化剂，ADN 不仅能用于小型地空导弹，而且可用于洲际导弹的助推器，是未来战术、战略导弹最有发展前途的新一代固体推进剂高能组分之一。

6. 毒性与防护

ADN 急性毒性分级属低毒级，其无可见有害作用水平为 30.8 mg/kg，毒作用的靶器官主要为肝脏。

7. 理化分析谱图

（1）红外光谱图

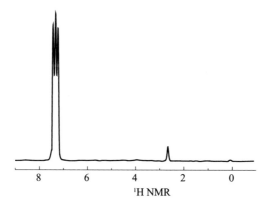

（2）核磁共振谱图

（3）热分析谱图

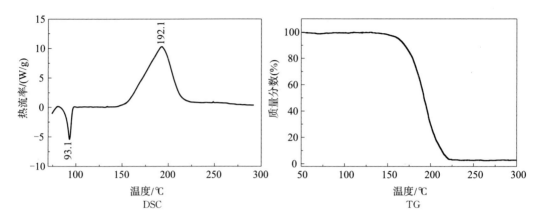

DSC

TG

参 考 文 献

［1］ 任晓雪，赵凤起，郑斌 . ADN 推进剂的研究发展 ［J］. 飞航导弹，2007（12）：53-55.

［2］ 欧育湘，王艳飞，刘进全，等 . 近 20 年问世的高能量密度化合物 ［J］化学通报，2006（69）：1-7.

［3］ 欧育湘，刘进全 . 高能量密度化合物 ［M］. 北京：国防工业出版社，2005.

［4］ 王伯周，朱春华，张志忠，等 . ADN 的合成及性能研究 ［J］. 含能材料，2000，8（4）：145-148.

［5］ 何利明，肖忠良，经德齐，等 . ADN 氧化剂的合成及其在推进剂中的应用 ［J］. 含能材料，2003，11（3）：170-173.

［6］ 孔令瑞 . 二硝酰胺铵的催化及表面改性研究 ［D］. 南京：南京理工大学，2007.

［7］ 黄洪勇 . 高能氧化剂二硝酰胺铵研究进展 ［J］. 上海航天，2005（4）：31-35.

［8］ 黄洪勇，曹明宝，曹瑞林 . 新型氧化剂 ADN 的合成研究进展 ［J］. 安徽化工，2003（5）：18-19.

［9］ 中国兵工学会火炸药专业委员会，推进剂专业组 . ADN 合成与应用研讨会论文集 ［C］. 北京：北京理工大学，2006.

［10］ OSTMARK H, et al. ADN：A new High Performance Oxidizer for Solid Propellants//16th international Symposiumon Ballistics ［C］. 1996，285-294.

［11］ LOBBECKES，KRAUSEH，PFEIL. A Thermal analysis of ammonium dinitramide decomposition ［J］. Propellant Explosives，Pyrotechnics，1997（22）：184-188.

［12］ SCHMITT R J，BOTTARO J C，PENWELL P E. The development of new protecting/leaving groups and application to the synthesis of cagenitramines ［R］. ADA-261496. US. Department of Commerce Technology Administration.

［13］ TARTAKOVSKY V A，LUKYANOVO A. Synthesis of dinitramide salts ［C］. Pfinztal，Germany：25 Int. Annu. Conf. ICT，1994.

［14］ BOTTARO J C，JEFFREYC，SCHMITT R J，et al. Dinitramide salts and method of making same ［P］. USP5254324.

［15］ SCHMITT R J，ROBERT J，BOTTARO J C，et al. Process for forming adinitramide salt or acid by reaction of a salt or free acid of an N（alkoxycarbonyl）N-ni-tro amide with anitronium-containing compound followed by reaction of the intermediate product respectively with abase or alcohol ［P］. USP5415852.

[16]　SCHMITT R J，BOTTARO J C，PENWELL P E. Synthesis of cubane base denergetic molecules [R]. ADA‐263271. US. Department of Commerce Technology Administration.

[17]　SCHMITT R J，ROBERT，BOTTARO J C，et al. Process for forming ammonium dinitramide salt by reaction between ammonia and anitronium‐containing compound [P]. USP5316749.

[18]　LOBBECKES，KRAUSEH，PFEIL. A Thermal decomposition and stabilization of ammonium dinitramide [C]. Karlsruhe，Germany：28th ICT，1997，1‐8.

[19]　李上文，赵凤起. 国外含能材料的新进展 [J]. 兵工学报，1997（1）：63‐64.

[20]　赵凤起，李上文，刘子如，等. 俄罗斯 ADN 的热分解及其推进剂燃烧研究情况 [J]. 飞航导弹，1998，（6）：43‐45.

[21]　李洪旭，周明川，周雷，等. HEDM 在推进剂中的研究及进展 [C]. 2002 年中国宇航学会固体推进剂专业委员会年会，2002：474‐479.

[22]　张志忠，姬月萍，王伯周，等. 二硝酰胺铵在火炸药中的应用 [J]. 火炸药学报，2004，27（3）：36‐41.

[23]　王伯周，张志忠，朱春华. ADN 的合成及性能研究（Ⅰ）[J].1999，7（4）：145‐148.

[24]　张皋. 新型含能化合物数据手册 [M]. 北京：化学工业出版社，2016.

6.5　硝仿肼

中文名称：硝仿肼
英文名称：hydrazine nitroform
中文别称：三硝基甲酸肼
英文别称：HNF
分子式：$CH_5O_6N_5$
相对分子质量：183.09
结构式：$N_2H_5 \cdot C(NO_2)_3$

1. 物理性质

HNF 外观为黄色针状晶体，属单斜晶型，在自然条件下不吸湿。密度为 1.86～1.93 g/cm³。熔点为 110～124 ℃。HNF 易溶于水、甲醇、乙醇、乙酸乙酯，可溶于无水肼，不溶于苯、醚、四氯化碳等大多数有机溶剂。

2. 化学性质

HNF 晶体中包含两种相互独立且结构不同的单元 $N_2H_5^+$ 与 $C(NO_2)_3^-$，两者之间通过氢键连接。$N_2H_5^+$ 的排列有交错和重叠两种方式。$C(NO_2)_3^-$ 的 CN_3 骨架是平面，这些负离子具 4°～74° 的 $N_2C—NO_2$ 二面角。HNF 生成热 −72 kJ/mol，氧平衡按生成 CO 计为 21.858%，按生成 CO_2 计为 13.11%，燃烧热是 −5 824 kJ/mol。HNF 易发生热分解，热分解分为 3 个温度区域：

第一个温度区域为 25～123 ℃，HNF 缓慢分解形成 ANF [$NH_4C(NO_2)_3$]，后者快

速分解为 NH_4NO_3 和 CO 等气相产物。

$$2N_2H_5 \cdot C(NO_2)_3 \rightarrow 2NH_4 \cdot C(NO_2)_3 + N_2 \uparrow + H_2 \uparrow$$

$$NH_4 \cdot C(NO_2)_3 \rightarrow NH_4NO_3 + N_2 \uparrow + O_2 \uparrow + CO \uparrow$$

第二个温度区域为 123～260 ℃，是一个两相的泡沫反应区。在此反应区，硝仿肼表面形成熔化/泡沫层。反应式如下：

$$2N_2H_5 \cdot C(NO_2)_3 \rightarrow 2NH_4 \cdot C(NO_2)_3 + N_2 + H_2$$

$$N_2H_5 \cdot C(NO_2)_3(l) \rightarrow HC(NO_2)_3(g) + N_2H_4(g)$$

$$2N_2H_5 \cdot C(NO_2)_3(l) \rightarrow 2N_2O + 2CO + 5H_2O + 1/2O_2 + 3N_2$$

第三个温度区域为 260 ℃以上，主要发生 HNF 的降解，形成 CO_2 等气相产物，反应式如下：

$$N_2H_5 \cdot C(NO_2)_3 \rightarrow 2NO + CO_2 + 2H_2O + 3/2N_2 + 1/2H_2$$

HNF 的感度极大地取决于晶体粒子的纯度、大小和形状，纯的 HNF 是非常稳定的，含有杂质的 HNF 的冲击感度小于 1J，针形的 HNF 晶体对于冲击和摩擦都比较敏感。

纯的 HNF 真空热安定试验结果为在 60 ℃，放置 48 h 放气量为 0.41 mL/g，小于此条件下 5 mL/g 的标准。HNF 中的杂质主要为 HNF 及肼和硝仿的复盐。为了改善 HNF 的热安定性，可以加入稳定剂，如 $MgSO_4$、$CaCO_3$、$ZnCl_2$ 和二苯胺等，前两种稳定剂是非常有效的。

HNF 与 HTPB 粘合剂不相容，HNF 可进攻 HTPB 粘合剂的不饱和双键，使粘合剂大分子链遭到破坏，放出气体，导致推进剂膨胀变软。HNF 与推进剂中常用的异氰酸酯类固化剂也不相容，HNF 中的 H 可转移至异氰酸酯—N＝C＝O 基团的 N 上，与 GAP 等含能粘合剂和铝能够相容。

3. 理化指标和检验方法

HNF 理化指标和检验方法列于表 6-5。

表 6-5　HNF 理化指标和检验方法

项目	指标	检验方法
外观	黄色针状结晶	目视法
化学纯度（%）	≥97.0	紫外分光光度法/液相色谱法
粒度（D_{50}）/μm	≤50	激光粒度仪法
水不溶物（%）	≤0.1	重量法

4. 制备方法

HNF 是弱碱肼（NH_2NH_2）和弱酸三硝基甲烷（俗称硝仿，NF）生成的一种盐。在惰性溶剂甲醇中，无水肼和硝仿在室温条件下 2～3 min 内即可完成反应，或用三硝基甲烷中和水合肼的水溶液即制得。HNF 四步合成工艺如下：

1) 用发烟 HNO_3 处理乙酸酐，在 25～30 ℃下搅拌，得到 $C(NO_2)_4$。为了生产安全，

最好将得到的 $C(NO_2)_4$ 倒入水中。

2）得到的 $C(NO_2)_4$ 在甘油的水溶液中用 KOH 处理，得到 $C(NO_2)_3K$。

3）用 1∶1 的 H_2SO_4 处理 $C(NO_2)_3K$，得到 $CH(NO_2)_3$，然后用乙醚在冰水冷却条件下提取溶解在水中的 $CH(NO_2)_3$，然后回收乙醚。

4）用 H_2NNH_2 处理 $CH(NO_2)_3$ 的甲醇溶液得到硝仿肼。

5. 贮存、运输和应用

凭到达地公安机关的运输证托运，禁止振动、撞击和摩擦。干放贮存于阴凉、干燥、通风的专用爆炸品库房。远离火种、热源。禁止使用易产生火花的机械设备和工具。

HNF 是一种高能、无卤素氧化剂，可用于高比冲、无烟推进剂。荷兰 TND－PML 已制备出室温下稳定贮存 1 年以上的 HNF/HTPB 推进剂。

6. 毒性与防护

毒性实验证实 HNF 基本无毒。

7. 理化分析谱图

（1）红外光谱图

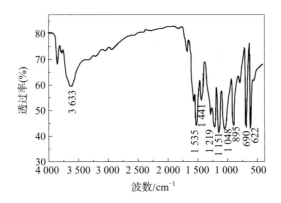

（2）紫外光谱图

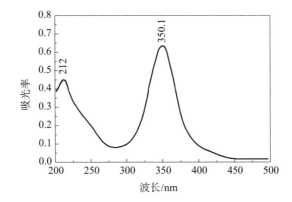

（3）热分析谱图

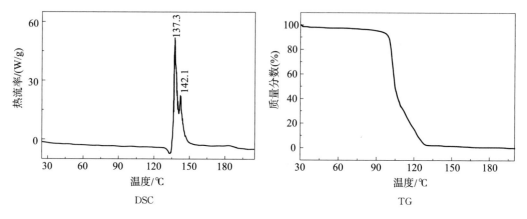

DSC　　　　　　　　　　　　　　TG

参 考 文 献

［1］　丁黎，陆殿林．硝仿肼及其推进剂的研究进展［J］．火炸药学报，2003，26（3）：35-38.

［2］　张杏芳．国外火炸药原材料性能手册［M］．北京：兵器工业出版社，1991：62-64.

［3］　沈海琴．硝仿肼研究进展［J］．化学推进剂与高分子材料，1998（1）：14-18.

［4］　赵孝彬，侯林法，张小平．高性能的推进剂氧化剂：硝仿肼［J］．飞航导弹，1998（7）：29-31.

［5］　张海燕，陈红．高能氧化剂硝仿肼及其推进剂研究的新进展［J］．火炸药学报，1999（1）：67-70.

［6］　洪伟良，赵凤起，刘剑洪．含硝仿肼的固体推进剂能量特性研究［J］．火炸药学报，2000（3）：22-24.

［7］　居学海，肖继军，肖鹤鸣．硝仿肼离子对相互作用的密度泛函理论研究［J］．高等学校化学学报，2003，24（6）：1067-1071.

［8］　孙笑．硝仿肼的安全合成及其性能研究［D］．南京：南京理工大学，2015.

［9］　芦雷鸣，孙鲜明，李俊贤，等．紫外分光光度法测定硝仿肼含量［J］．火炸药学报，2009，32（2）：84-86.

［10］　孙笑，王娟，周新利．HNF的热分解动力学和热安全性［J］．含能材料，2014，22（6）：774-779.

6.6　1，1-二氨基-2，2-二硝基乙烯

中文名称：1，1-二氨基-2，2-二硝基乙烯

英文名称：1，1-diamino-2，2-dinitroethylene

英文别称：FOX-7，DADNE

分子式：$C_2H_4N_4O_4$

相对分子质量：148.08

结构式：如图

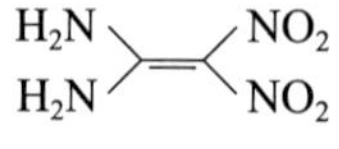

CAS 登记号：145250 - 81 - 3

1. 物理性质

橙黄色晶体，密度 $1.688\sim1.885\text{g/cm}^3$，112 ℃时，FOX - 7 发生晶型转变，标准大气压下沸点 194.6 ℃。可溶于 DMSO、DMF、γ - 丁内酯和甲基吡咯烷酮，难溶于水和普通有机溶剂。

2. 化学性质

FOX - 7 是一种弱碱，分子结构是硝基-烯胺结构，属于推-拉型链烯烃，有一个高度极化的碳碳双键，推电子的氨基和拉电子的硝基分别使正电荷和负电荷稳定。标准生成焓 ΔH_f^θ 为 -133.8 kJ/mol，闪点为 71.5 ℃。氧平衡 -21.61%。在 238 ℃分解，碳碳双键正电性的一端有可能受到亲核进攻，然后脱去氨基生成取代产物。可以与某些胺和肼发生取代反应，与肼和氢氧化钾等反应生成盐，还可发生水解反应和质子交换反应。

FOX - 7 与胺的反应：

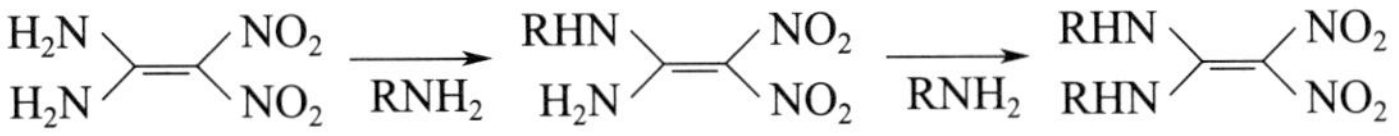

FOX - 7 与胍的反应：

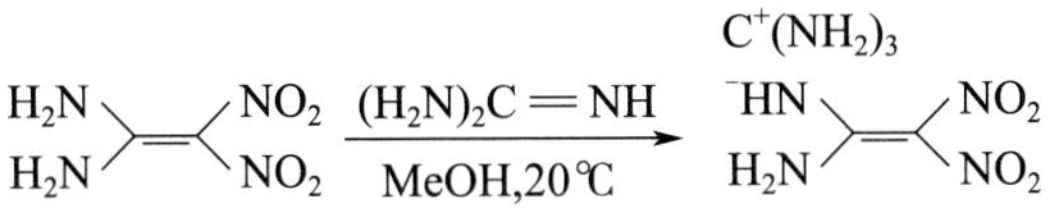

FOX - 7 在 HNO₃ 和三氟乙酸酐或三氟乙酸混合物中的硝化反应：

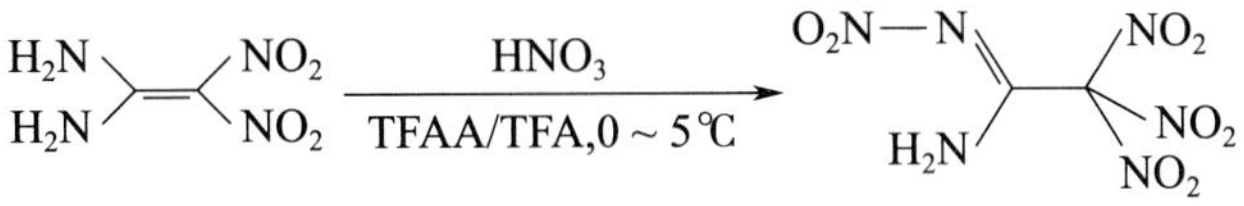

FOX - 7 的 PKa 值为 10.6，有两种不同的结构，反应如下：

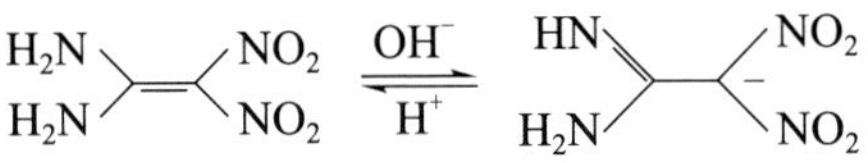

在高于 70 ℃时，在 KOH 水溶液中，FOX - 7 易水解为二硝基甲烷的钾盐，反应如下：

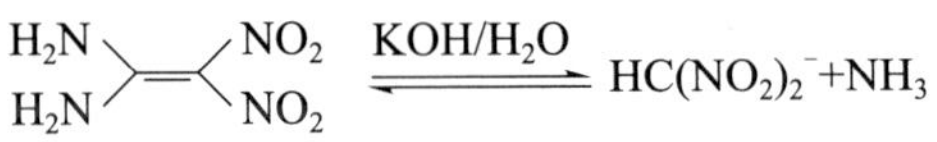

3. 理化指标和检验方法

FOX - 7 理化指标和检验方法列于表 6 - 6。

表 6-6 FOX-7 理化指标和检验方法

项目	指标	检验方法
外观	橙黄色晶体	目视法
化学纯度(%) ≥	98.0	液相色谱法
粒度(D_{50})/μm	50～100	激光粒度仪法

4. 制备方法

1）通过 2-甲基咪唑硝化，生成中间体 2-（二硝基亚甲基）-4，5-咪唑烷二酮，然后胺化得到 FOX-7：

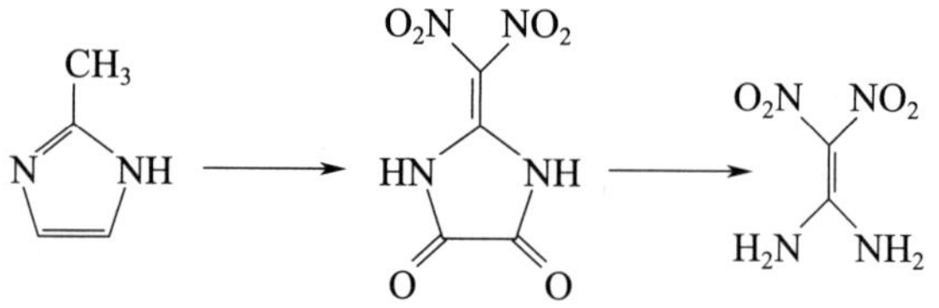

2）通过成环反应，然后胺化：

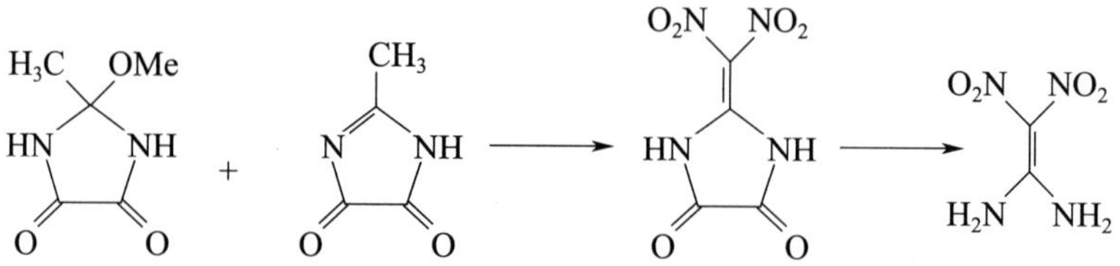

3）先合成衍生物，然后去掉保护基：

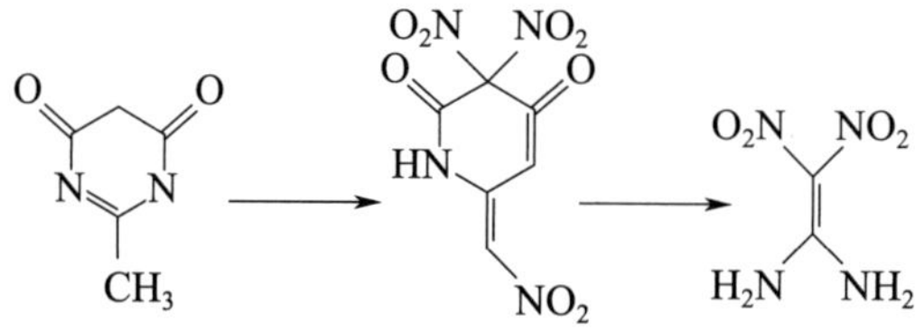

5. 贮存、运输和应用

用塑料袋包装。避免阳光曝晒，避免与金属燃料同时运输，避免剧烈摩擦、碰撞。搬运时要轻装轻卸，防止包装及容器损坏。储存于阴凉、通风的库房，远离火种、热源，应与易（可）燃物、还原剂、酸类、活性金属粉分开存放，切忌混储。禁止振动、撞击和摩擦。

用作固体推进剂高能添加剂，可用于各种武器弹药。

6. 毒性与防护

FOX-7 属低毒类物质，是易爆品，侵入途径是消化道和呼吸道。穿操作工服和工鞋。戴防护手套、防毒面罩和防护眼罩，密闭操作、加强通风。操作人员必须经过专门培训，严格遵守操作规程。远离火种、热源，工作场所禁烟，远离易燃物、可燃物。

7. 理化分析谱图

（1）红外光谱图

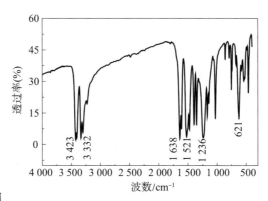

（2）核磁共振谱图

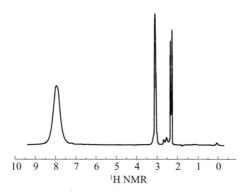

（3）质谱图

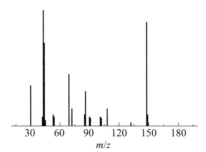

（4）热分析谱图

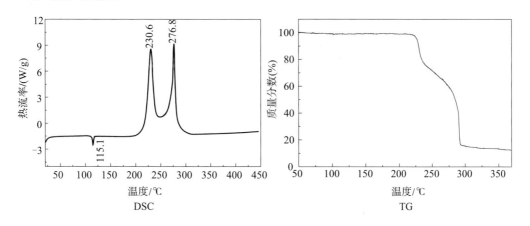

参 考 文 献

［1］ 欧育湘，刘进全. 高能量密度化合物［M］. 北京：国防工业出版社，2005.

［2］ 蔡华强. FOX-7 的合成和反应机理研究［J］. 化学学报，2004（3）：295-301.

［3］ 蔡华强. 1，1-二氨基-2，2-二硝基乙烯的研究进展［J］. 含能材料，2004（2）：124-128.

［4］ 付秋波. 1，1-二氨基-2，2-二硝基乙烯的合成及其性能研究［D］. 成都：四川大学，2007：
23-120.

6.7 N-脒基脲二硝酰胺盐

中文名称：N-脒基脲二硝酰胺盐

英文名称：N-gualnylurea-dinitriamide

英文别称：FOX-12，GUDN

分子式：$C_2H_7O_5N_7$

相对分子质量：209.12

结构式：如图

$$[NH_2\overset{NH}{\overset{\|}{C}}NH\overset{O}{\overset{\|}{C}}NH_2]HN(NO_2)_2$$

1. 物理性质

FOX-12 是白色晶体，密度为 1.755 g/cm^3，熔点 214 ℃，溶于热水，不溶于冷水，不吸潮。

2. 化学性质

稳定性好，氧平衡为 -19.1%，分解温度 213~238 ℃，撞击感度 ≥159 cm（2 kg 落锤），摩擦感度 ≥350 N/m，标准摩尔生成焓 H_f 为 -355 kJ/mol，活化能为 277 kJ/mol（200~225 ℃）。FOX-12 与 RDX、HMX、NG+NC、NG+BTTN、AP 相容性较好。分解产生大量气体。

$$C_2H_7O_5N_7 \rightarrow 2CO + N_2O + 2H_2O + 5/2\,N_2 + 3/2H_2$$

3. 理化指标和检验方法

FOX-12 理化指标和检验方法列于表 6-7。

表 6-7 FOX-12 理化指标和检验方法

项目	指标	检验方法
外观	白色晶体	目视法
化学纯度（%）	≥97.0	液相色谱法
粒度（D_{50}）/μm	≤50	激光粒度仪法

4. 制备方法

1）以双氰胺为原料，酸性条件下水解成中间体脒基脲盐酸盐，然后与 ADN 进行复分解反应得到目标化合物 FOX - 12。反应路线如下：

$$NH_2CNHCN \xrightarrow[H_2O]{H^+} NH_2CNHCNH_2 \cdot HCl \xrightarrow{NH_4N(NO_2)_2} [NH_2CNHCNH_2]HN(NO_2)_2$$
$$\text{(GUDN)}$$

2）将氨基磺酸铵在硫酸硝酸混酸中硝化，倒入配制好的脒基脲惰性溶剂悬浮液中，沉淀出 N -脒基脲二硝酰胺盐（FOX - 12），过滤即可平稳、高效地制备二硝酰胺盐。

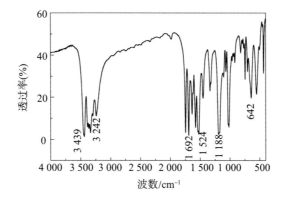

$$NH_2SO_3NH_4 \xrightarrow{HNO_3/H_2SO_4} HN\begin{smallmatrix}NO_2\\NO_2\end{smallmatrix} \xrightarrow{\text{脒基脲}} H_2N-\overset{O}{C}-\underset{H}{N}-\overset{NH}{C}-NH_2 \cdot HN\begin{smallmatrix}NO_2\\NO_2\end{smallmatrix}$$

5. 贮存、运输和应用

用内衬塑料袋的金属盒或内放玻璃瓶的塑料盒盛装，严封后再装入坚固严密的木箱运输，严禁与酸类、氧化剂、食品及食品添加剂混运。储存于阴凉、通风的库房。远离火种、热源。应与氧化剂、活性金属粉末分开存放。

FOX - 12 作为含能添加剂可单独或配合其他组分用于推进剂，还可用于气体发生剂，具有化学稳定性好、产气量大、燃烧稳定、燃速对压强依赖小、燃烧产物环保无毒以及能够回收利用的优点，其感度低、不吸潮，和常用火炸药相容性好，大量装药时可用于钝感炸药。也可用作医药中间体。

6. 毒性与防护

低毒。穿操作工服和工鞋。戴防护手套、防毒面罩和防护眼罩，密闭操作、加强通风。

7. 理化分析谱图

（1）红外光谱图

透过率(%)

波数/cm⁻¹

（纵轴标注：3 439　3 242　1 692　1 524　1 188　642）

（2）紫外光谱图

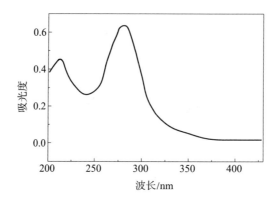

（3）热分析谱图

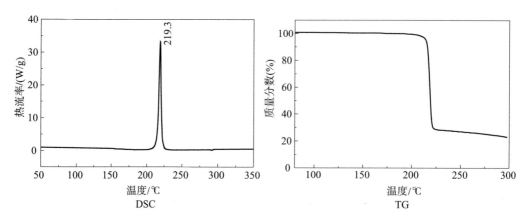

DSC

TG

参 考 文 献

［1］ 雷永鹏. 钝感高能材料 N-脒基脲二硝酰胺盐的研究进展 ［J］. 含能材料，2007（3）：289-293.

［2］ 欧育湘，刘进全. 高能量密度化合物 ［M］. 北京：国防工业出版社，2005.

［3］ 刘愆，王伯周，张志忠，等. N-脒基脲二硝酰胺盐的合成与性能 ［J］. 火炸药学报，2006，29（1）：29-31.

［4］ VOERDE CARIN, SKIFS HENRIK. Method of producing salts of dinitramide acid ［P］. WO：2005070823. 2005.

［5］ 高红旭. N-脒基脲二硝酰胺放热分解反应的动力学行为 ［J］. 物理化学学报，2008，24（3）：453-458.

［6］ 雷晴，卢艳华，何金选，等. 二硝酰胺盐的放大合成工艺及性能表征 ［J］. 含能材料，2016，24（11）：1093-1096.

［7］ 杨通辉，何金选，张海林. N-脒基脲二硝酰胺盐（FOX-12）的合成与表征 ［J］. 含能材料，2004，12（1）：36-37.

6.8　二硝酰胺胍

中文名称：二硝酰胺胍

英文名称：guanidine dinitramide

英文别称：GDN

分子式：$CH_6N_6O_4$

相对分子质量：166.10

结构式：如图

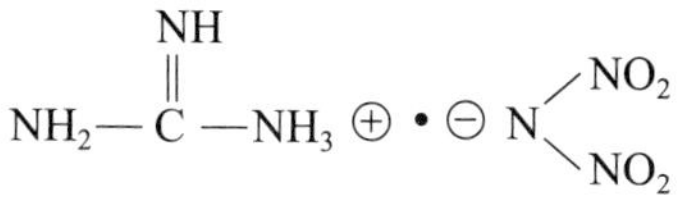

$$NH_2—\overset{\displaystyle NH}{\overset{\|}{C}}—NH_3 \oplus \cdot \ominus N\begin{matrix} NO_2 \\ NO_2 \end{matrix}$$

1. 物理性质

白色固体，熔点为 143.8～145.2 ℃，密度为 1.70 g/cm^3。可溶于乙腈，二甲基亚砜，水。

2. 化学性质

200 ℃开始缓慢分解，生成热为 145kJ/mol，与硝酸铵反应为

$$NH_2CNHNH_2 \cdot HN(NO_2)_2 + NH_4NO_3 \longrightarrow 4N_2 + 5H_2O + CO_2$$

3. 理化指标和检验方法

GDN 理化指标和检验方法列于表 6-8。

表 6-8　GDN 理化指标和检验方法

项目	指标	检验方法
外观	白色粉末	目视法
化学纯度（%）　≥	98.0	液相色谱法
粒度（D_{50}）/μm	50～100	激光粒度仪法

4. 制备方法

采用氨基磺酸铵为原材料，通过混酸硝化法制备 ADN，然后直接用碳酸胍与 ADN 的混合液反应制备 GDN。

5. 贮存、运输和应用

用内衬塑料袋的金属盒或内放玻璃瓶的塑料盒盛装，干放贮存于阴凉、干燥、通风的专用爆炸品库房。远离火种、热源。禁止使用易产生火花的机械设备和工具。

可替代 HMX 和 RDX 应用于固体推进剂中。可应用于汽车安全气囊气体发生器配方中，稳定性好，燃温低，燃速高，产生的气体无毒。

6. 毒性与防护

低毒。操作时应佩戴橡胶手套，防止皮肤接触，必要时佩戴防护眼镜。

7. 理化分析谱图

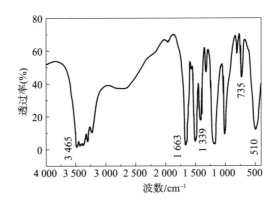

红外光谱图

参 考 文 献

［1］ 何金选，杨通辉，张海林，等. 新型含能材料二硝酰胺胍的合成及性能测试［J］.固体火箭技术，2001，24（4）：53－55.

［2］ XU K Z. Crystal Structure and Thermal Behavior of GDN［J］. 含能材料，2008（5）：577－580.

6.9　三硝基均苯三胺

中文名称：三硝基均苯三胺
英文名称：1，3，5－triamino－2，4，6－trinitrobenzene
中文别称：1，3，5－三氨基-2，4，6－三硝基苯；三硝基间苯三胺
英文别称：TATB，TATNB，trinitrometaphenylidyne triamine
分子式：$C_6H_6O_6N_6$
相对分子质量：258.14
结构式：如图

CAS 登记号：3058 - 38 - 6

1. 物理性质

黄色粉状结晶或嫩黄三斜晶固体，熔点 325 ℃。蒸气压 133 Pa（150 ℃），220 kPa（177 ℃）。结晶密度 1.937 g/cm³，压制密度 1.860 g/cm³（2.07×10⁷ Pa），理论最大密度 1.938 g/cm³。TATB 结晶是各向异性的，与 x 轴平行为无色，在 y-z 平面内呈黄色。折射率是 $N_x=1.45$，$N_y=2.3$ 和 $N_z=3.1$。升华热−139.75 kJ/mol（定压），不吸湿，高温下微溶于环丁砜、二甲基甲酰胺和二甲基亚砜。不溶于丙酮、苯、二硫化碳、四氯化碳、氯仿、乙醇、乙酸乙酯、乙醚、水等，几乎不溶于所有有机溶剂，在 1-乙基-3-甲基咪唑的乙酸盐和 DMSO 离子液体中溶解度可达 9～10 g/100 g。

2. 化学性质

330 ℃分解，溶于浓硫酸，在浓硫酸中溶解度为 14 g/100 g，生成 TATB 硫酸氢盐，在 NaOH - DMSO 混合溶剂中，溶解度为 2.3 g/100 g，生成可溶性中间体以及三硝基间苯三酚。自动点火温度 320～325 ℃，分解热 2510.4 kJ/kg，生成热−139.75 kJ/mol（定压），比容 651 cm³/g（标准压力），燃烧热＋3 079.00 kJ/mol（25 ℃）。在 330～350 ℃发生放热。密度 1.857 g/cm³ 时爆速 7.60 km/s，做功能力 89.5%（TNT 当量），撞击感度及摩擦感度均为 0%，5 s 爆发点 340 ℃。暴露于阳光或紫外光下变淡绿色。延长暴露时间变暗棕色至黑色。与铝、钢、铬、不锈钢、钼、钨、铅、铜、锡、锌、铁等都不发生反应。但甲撑二苯胺可使其化学安定性降低。

3. 理化指标和检验方法

TATB 理化指标和检验方法列于表 6 - 9。

表 6 - 9　TATB 理化指标和检验方法

项目	指标	检验方法
外观	白色粉末	目视法
熔点/℃　≥	325	熔点仪法
粒度(D_{50})/μm	50～100	激光粒度仪法

4. 制备方法

1）用 1，3，5-三氯苯（或 1，3，5-三溴苯），经高温（150 ℃）硝化为 1，3，5-三氯-2，4，6-三硝基苯（TCTNB），然后在甲苯中用氨胺化为 TATB。该法的缺点是 1，3，5-三氯苯不易得到、价格高、硝化温度太高、有潜在的危险性，还有环境问题。

2）采用 3，5-二氯苯胺和三聚氰氯为原料，经缩合、硝化、氨化反应制备 TATB。缩合反应采用氯苯作溶剂，氯苯具有一定极性并能很好地溶解间-二氯苯胺和三聚氰氯，通过蒸馏可重复使用。

3）在强碱性物质甲醇钠存在下，利用胺化剂 4 -氨基- 1，2，4 -三唑（ATA）对苦酰胺胺化制得 TATB。此法是一个氢的亲核取代反应，该法使用的原料价廉，危险性小，且对环境有利。

5. 贮存、运输和应用

贮存于棕色瓶中，干或湿 TATB 作为 A 级炸药装运，贮存于阴凉、干燥、通风的专用爆炸品库房，避免光照。

用作固体推进剂的添加剂，火箭、导弹及宇航设备中所需的耐热炸药，也可民用，用于石油深井射孔弹和制作液晶及电磁材料之原始材料。以它为主体，加进高分子材料，制成的高分子粘结混合炸药，具有良好的压药性能，药栓强度高，该单质炸药密度高，爆炸性能好，制造和使用安全。该炸药在美国已进行中型规模生产。

6. 毒性与防护

毒性低。空气中的最大允许浓度 $1.5\ mg/m^3$。

7. 理化分析谱图

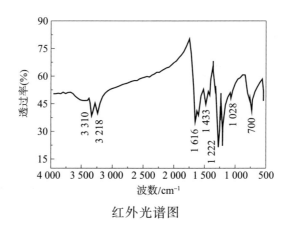

红外光谱图

参 考 文 献

［1］ 杨福助，叶早发. 1，3，5 -三氨基 2，4，6 -三硝基苯合成方法研析 ［J］. 黄埔学报，2006（50）：47 - 62.

［2］ 张杏芬. 国外火炸药原材料性能手册 ［M］. 北京：兵器工业出版社，1992：90 - 92.

［3］ 贾建慧，陈建波，刘渝. TATB 在不同溶剂中的溶解特性研究进展 ［J］. 含能材料，2020，28（10）：1026 - 1034.

6.10 1，3，3-三硝基氮杂环丁烷（TNAZ）

中文名称：1，3，3-三硝基氮杂环丁烷

英文名称：1，3，3-trinitroazetidine

英文别称：TNAZ

分子式：$C_3H_4N_4O_6$

相对分子质量：192.08

结构式：如图

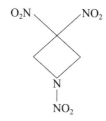

1. 物理性质

白色晶体。熔点 99～102.4 ℃，密度 1.84 g/cm³。TNAZ 有两种晶型，Ⅰ 型较 Ⅱ 型密度高。具有很高的蒸气压，容易升华，且挥发和升华速度很快。从熔融液冷却为固态时，体积变小并且会形成孔隙，孔隙率为 10%～12%。可溶于丙酮、乙酸乙酯、二甲基甲酰胺、乙腈、二氯甲烷、氯仿、四氯化碳，微溶于乙醇、冰乙酸，不溶于水、乙醚和甲苯。

2. 化学性质

TNAZ 是一个四元环硝胺，为多硝基小环化合物。氧平衡 8.3%，燃温 3 247 ℃。TNAZ 标准生成热 36.4 kJ/mol，280 kJ/kg。两种晶型中 Ⅰ 型较 Ⅱ 型稳定。TNAZ 所具有的热效率和感度参数与 RDX 相关参数相当，热稳定性较好，感度与 HMX 接近，比 RDX 更稳定，但反应性比 HMX 强。TNAZ 与 HMX、RDX 的相容性较好，与二甲基二苯脲的相容性较差，与 NC 不相容。TNAZ 的撞击感度与其颗粒大小密切相关。TNAZ 在其熔点下分解，110～120 ℃ 时的热失重约为 20%，最大放热峰 240 ℃ 以上。TNAZ 比冲为 140 s。TNAZ 分解中间产物主要是 NO_2、NO、CO_2、CO、N_2O、HCN、NCCN，最终产物 N_2、CO_2、CO、H_2O。热分解式如下：

$$C_3H_4N_4O_6 \rightarrow 2N_2 + CO_2 + 2CO + 2H_2O$$

3. 理化指标和检验方法

TNAZ 理化指标和检验方法列于表 6-10。

表 6 - 10　TNAZ 理化指标和检验方法

项目	指标	检验方法
外观	白色粉末	目视法
化学纯度(%)　　≥	98.0	液相色谱法
粒度(D_{50})/μm	50~100	激光粒度仪法

4. 制备方法

TNAZ 于 1984 年被首次成功合成，现已公开发表的合成方法已超过 16 种。以下反应式中，R、R′为 H、烷基、酰基、酰胺基、砜基等，t - BuNH$_2$ 为叔丁胺，p - Ts 为对甲苯磺酰基，Ph$_3$P 为三苯基膦，DIAD 为二异丁基偶氮二羧酸盐，t - BDMSCl 为叔丁基二甲基氯化硅烷。

（1）以环氧氯丙烷为原料

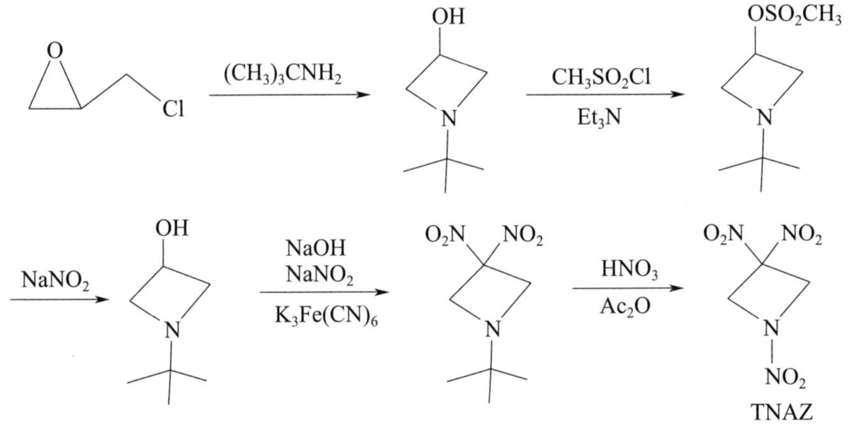

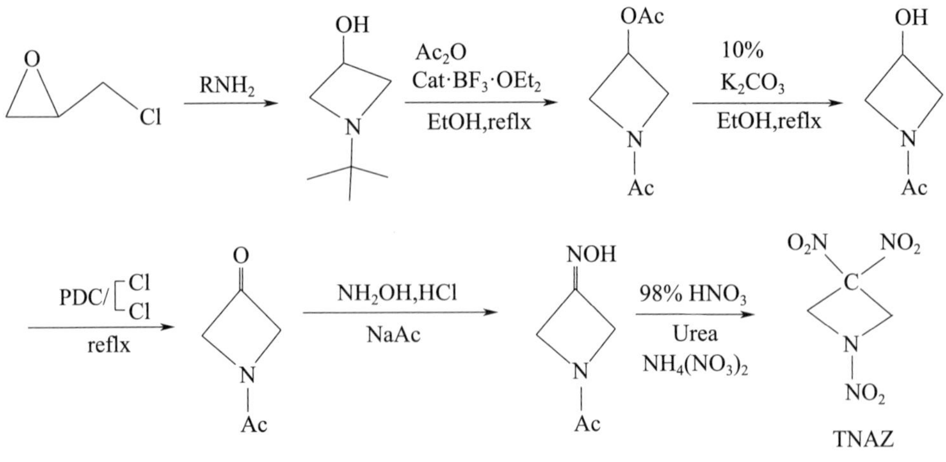

（2）以 3-氨基-1，2-丙二醇或 1，3-二溴-2-丙醇为原料

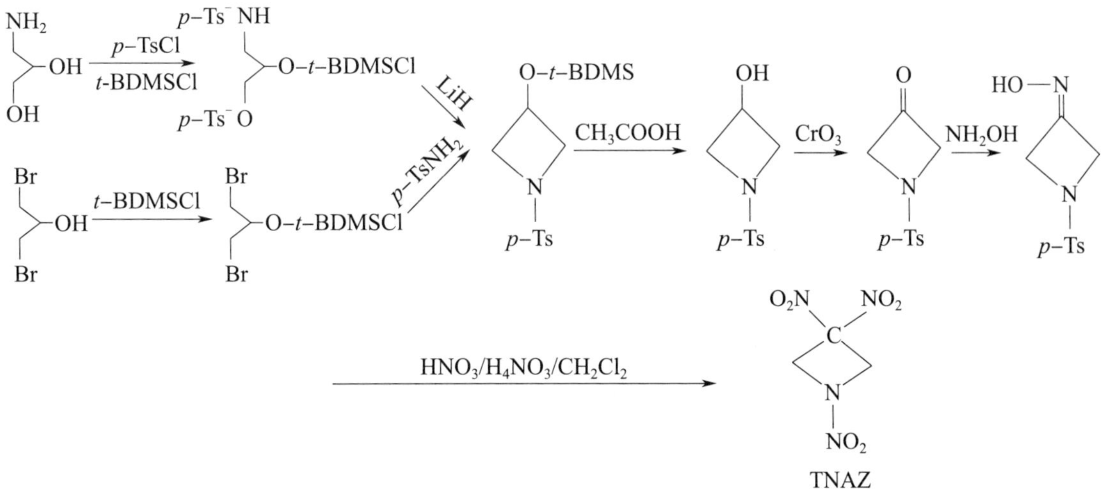

（3）以 1，3-二卤代丙酮或氨基酰卤为原料

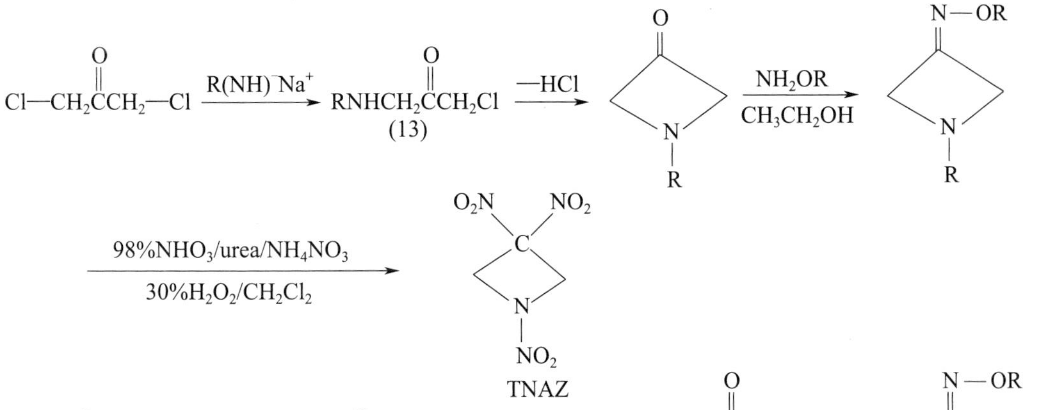

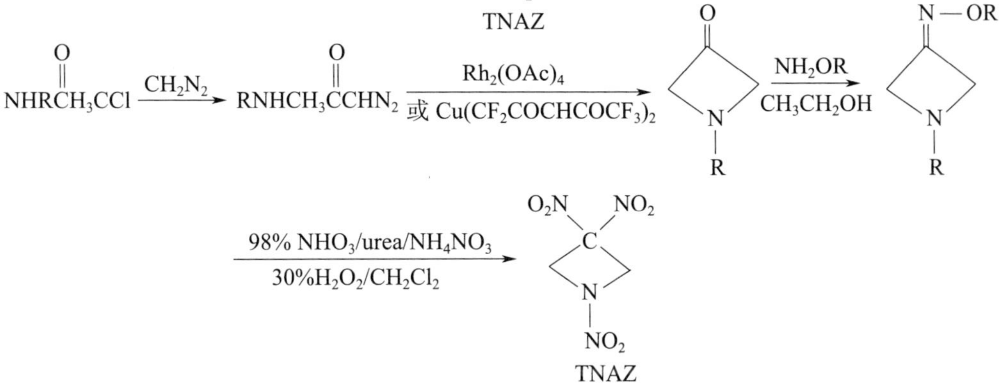

（4）以三羟甲基氨基甲烷为原料

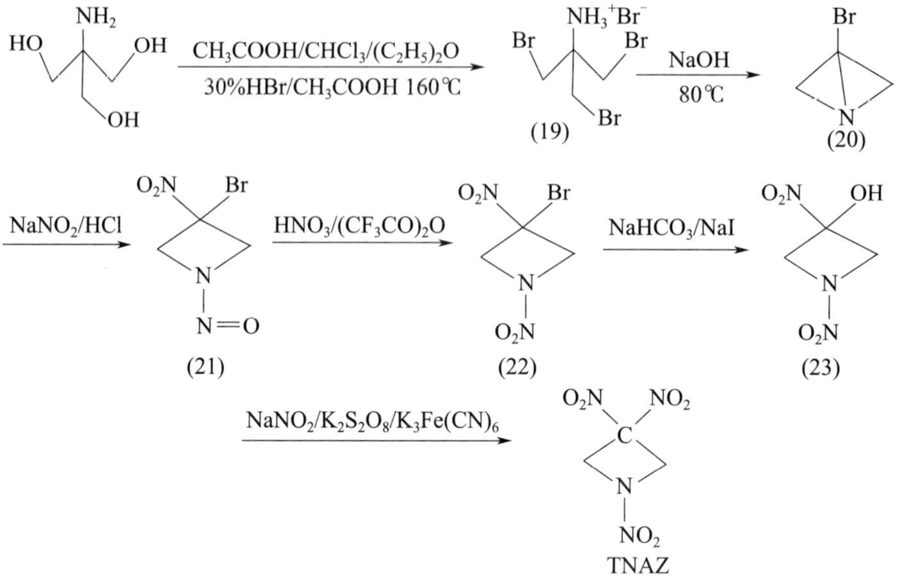

（5）以硝基甲烷为原料

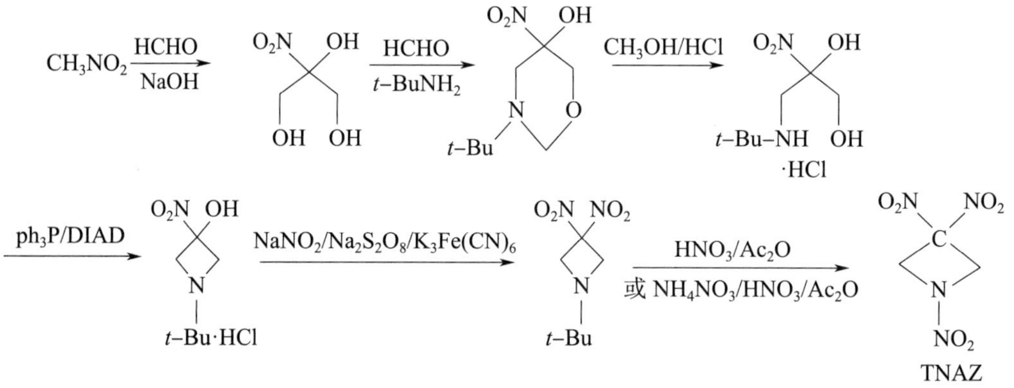

在上述方法中，方法（1）和（5）具有工业应用潜力。

5. 贮存、运输和应用

用玻璃瓶包装，干或湿 TATB 作为 A 级炸药装运，贮存于阴凉、干燥、通风的专用爆炸品库房。

用作固体推进剂的氧化剂，其推进剂比冲为 273.5 s（相应的 HMX 为 267.4 s）。TNAZ 在 10 MPa 的燃速为 17.5 mm/s，该值接近 HMX 与 RDX 的燃速。TNAZ 用作浇注炸药，或单独使用，或用作其他炸药的浇注基体。用于浇注炸药或固体推进剂和枪炮发射药中的组分，其性能与 Cl-20 相当。TNAZ 是一种浇铸-熔融炸药，因此，可将它用作可回收再利用的含能材料。由于它的价格及汽化压力偏高，使该物质的应用受到限制。

6. 毒性与防护

毒性低，按一般化学品要求防护。空气中的最大允许浓度 1.5 mg/m³。

7. 理化分析谱图

（1）红外光谱图

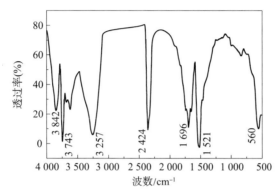

（2）核磁共振谱图

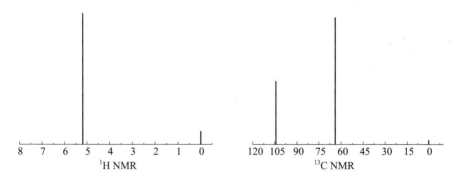

^{1}H NMR　　　　　　　　　　^{13}C NMR

参 考 文 献

［1］ 张教强. 氮杂环丁烷硝基衍生物的合成、表征及非等温反应的力学研究［D］. 北京：北京理工大学，1998.

［2］ 马会强，冯晓晶，朱天兵，等. 高能量密度材料 1，3，3 -三硝基氮杂环丁烷研究进展［J］. 化学推进剂与高分子材料，2012，10（4）：20 - 23.

［3］ ARCHIBALD T G，GILARDI R，BAMM，K，et al. Synthesis and X - ray structure of 1，3，3 - trinitroazetidine［J］. J Org Chem，1990（55）：2922 - 2924.

［4］ ZDENEK J，SVATOPLUK Z. Muhamed S. 1，3，3 - Tinitroazetidine（TNAZ）- Part I：Synthesis and properties［J］. J nerg Mat，2001，19（2）：219 - 239.

［5］ THEODORE A，CLARA W，HAMID Y. Synthesis of 1，3，3 - Tinitroazetidine［J］. Tetrahedron Lett，1993，34（42）：6677 - 6680.

［6］　PARITOSH R D，THEODORE A. Synthesis of trinitroazetidine compounds［P］. US

5476951，1995.

[7] ALAN P M，RAJAGOPAL D，SIMON G B. A novel approach to the synthesis of 1，3，3 - Tinitroazetidine [J]. J. Org. Chem. ，1995，60（15）：4943 - 4946.

[8] MICHAEL A H，MICHAEL D C. Synthesis of 1，3，3 - Tinitroazetidine [P]. US 5336784，1994.

[9] 任晓雪. 国外高能量密度材料（HEDM）在火炸药中的应用研究 [C]. 2006 年火炸药新技术研讨会论文集，2006：84 - 86.

[10] PAVAL M KAMIL D. Laboratory testing of TNAZ mixtures [C]. 32th Int Conf of ICT，2001：90 - 98.

[11] V P SINDITSKII，V YU EGORSHEV. Combustion Behavior and Flame structure of a melt - castable high explosive 1，3，3 - trinitroazetidine（TNAZ）[C]. 36th Int Conf of ICT，2005：78 - 87.

[12] C F WILCOX，Y - X ZHANG，S H BAUER. The thermochemistry of TNAZ（1，3，3 - trinitroazetidine）and related species：G3（MP2）//B3LYP heats of formation [J]. Journal of Molecular Structure：THEOCHEM，2001，538（1 - 3）：67 - 72.

[13] QINGHUA ZHAO，SHAOWEN ZHANG，QIAN SHU LI. A direct ab initio dynamics study of the initial decomposition steps of gas phase 1，3，3 - trinitroazetidine [J]. Chemical Physics Letters，2005，412（4 - 6）：317 - 321.

[14] 赵清华，张绍文，李前树. 1，3，3 -三硝基氮杂环丁烷的 HONO 消去反应机理的理论研究 [J]. 北京理工大学学报，2006，26（2）：166 - 170.

[15] LI JI - ZHEN，ZHANG GUO - FANG. Thermal behavior of 1，3，3 - trinitroazetidine [J]. Journal of Analytical and Applied Pyrolysis，2006，76（1 - 2）：1 - 5.

[16] 丁黎，李英勃. 1，3，3 -三硝基氮杂环丁烷的合成方法及性能研究 [J]. 火炸药学报，2002（4）：42 - 44.

[17] 范敏. 1，3，3 -三硝基氮杂环丁烷研究进展 [J]. 化学推进剂与高分子材料，2003，1（4）：24 - 28.

[18] 李吉祯，樊学忠，王伯周. 1，3，3 -三硝基氮杂环丁烷的性能及应用研究进展 [J]. 含能材料，2004，12（5）：305 - 308.

[19] 张教强，朱春华，马兰. TNAZ 炸药的合成 [J]. 火炸药学报，1998，21（3）：25 - 26.

[20] 舒远杰，李洪珍. 1，3，3 - 三硝基氮杂环丁烷的合成 [J]. 有机化学，2000，23（10）：1139 - 1141.

[21] 谭国洪. 1，3，3 -三硝基氮杂环丁烷合成研究的现状与进展 [J]. 化学通报，1998（6）：16 - 20.

[22] 张教强，朱春华，贡雪东. 1，3，3 -三硝基氮杂环丁烷及其衍生物的热解机理的 AMI 研究 [J]. 物理化学学报，1997，13（7）：612 - 616.

[23] 郑剑. HEDM 作为固体推进剂组分的评价（一）[C]. 烟台：新型含能材料研讨会文集，1992：24 - 33.

[24] 程进，渠冰. HEDM 中目标化合物的合成探索 [C]. 烟台：新型含能材料研讨会文集，1992：1 - 5.

[25] 朱春华. 高能量密度材料的合成进展 [C]. 烟台：新型含能材料研讨会文集，1992：34 - 42.

[26] 郑剑. 美国高能量密度物质研究综述 [J]. 固体火箭技术，1991（4）：55 - 67.

6.11　3-硝基-1，2，4-三唑-5-酮

中文名称：3-硝基-1，2，4-三唑-5-酮
英文名称：3-nitro-1，2，4-triazol-5-one
英文别称：NTO
分子式：$C_2H_2N_4O_3$
相对分子质量：130
结构式：如图

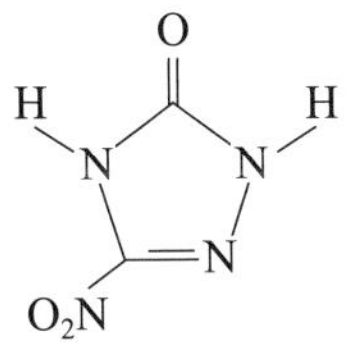

1. 物理性质

NTO 熔点 270 ℃，晶体密度为 1.93 g/cm^3，可溶于水、丙酮、乙腈、二氧六环、N-甲基吡咯烷酮、二甲基甲酰胺、三氟乙酸和二甲基亚砜，微溶于乙酸乙酯、乙醚、氯仿和甲苯，不溶于二氯乙烷。

2. 化学性质

氧平衡为 -24.60%，加热易分解，经 $C-NO_2$ 键均裂，硝基-亚硝基重排，环断裂分解成 N_2、CO 和 H_2O。热分解式如下：

$$C_2H_2N_4O_3 \longrightarrow 2N_2 + 2CO + H_2O$$

3. 理化指标和检验方法

NTO 理化指标和检验方法列于表 6-11。

表 6-11　NTO 理化指标和检验方法

项目	指标	检验方法
外观	白色粉末	目视法
化学纯度(%)　　≥	98.0	液相色谱法
粒度(D_{50})/μm	50～100	激光粒度仪法

4. 制备方法

由盐酸氨基脲和甲酸反应生成 TO，TO 硝化制得 NTO，反应式如下：

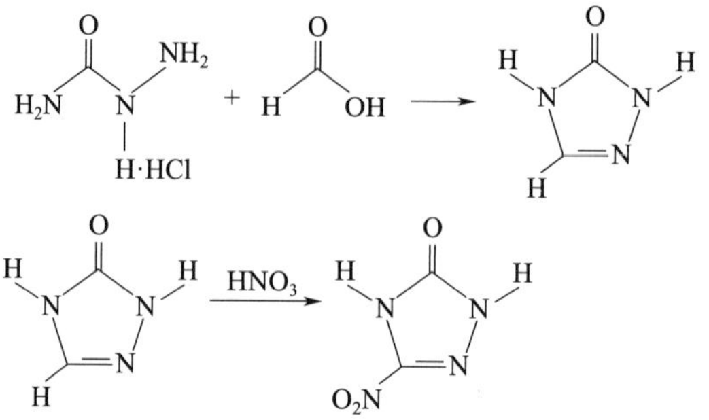

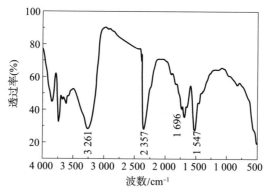

5. 贮存、运输和应用

用玻璃瓶包装，作为 A 级炸药装运，贮存于阴凉、干燥、通风的专用爆炸品库房。

NTO 用作固体推进剂的添加剂，可用作汽车安全气囊的气体发生剂，主要应用于高能钝感炸药。

6. 毒性与防护

毒性低。空气中的最大允许浓度：1.5 mg/m³。

7. 理化分析谱图

（1）红外光谱图

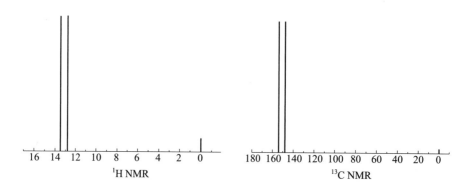

（2）核磁共振谱图

（3）热分析谱图

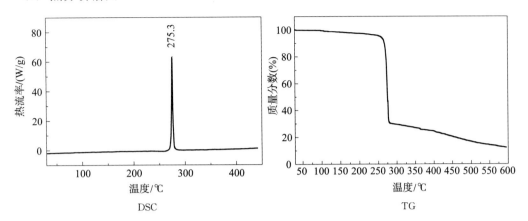

参 考 文 献

［1］　汪洪涛，等.NTO 及其盐的制备、表征与应用［J］.化学推进剂与高分子材料，2006（5）：25 - 29.
［2］　马海霞，宋纪蓉，胡荣祖.3 - 硝基 - 1，2，4 - 三唑 - 5 - 酮及其盐的研究概述［J］.火炸药学报，
　　　2006，29（6）：9 - 12.

6.12　硝基胍

中文名称：硝基胍

英文名称：nitroguanidine

中文别称：硝基亚胺脲

英文别称：nitroimino urea，NQ

分子式：$CH_4N_4O_2$

相对分子质量：104.07

结构式：如图

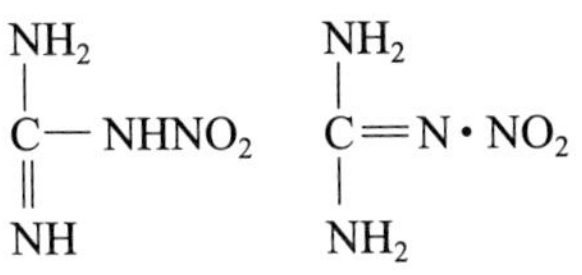

$$
\begin{array}{cc}
NH_2 & NH_2 \\
| & | \\
C\!-\!NHNO_2 & C\!=\!N \cdot NO_2 \\
\| & | \\
NH & NH_2 \\
(\text{Ⅰ型}) & (\text{Ⅱ型})
\end{array}
$$

CAS 登记号：556 - 88 - 7

1. 物理性质

　　白色针状晶体，属斜方晶系。硝基胍有两种晶型，α 和 β 型。α 晶型为细小长针、中空的，假密度在 $0.15g/cm^3$ 左右，一团一团地粘结在一起，流散性很差。β 晶型为棱柱状，假密度大约 $0.8g/cm^3$，具有良好的流散性。密度 $1.55g/cm^3$，熔点 239 ℃，沸点

323.3 ℃。溶于硫酸、二甲基甲酰胺、二甲亚砜和热水,微溶于乙醇和硝酸,不溶于冷水、丙酮、苯、二硫化碳、四氯化碳、氯仿、醋酸乙酯和乙醚。

2. 化学性质

硝基胍闪点 149.3 ℃,5 s 爆发点 275 ℃,爆温 2 098 ℃。β 晶型、α 晶型的硝基胍撞击感度、摩擦感度都较低。燃烧热 8 347.08 kJ/kg,爆热为 3 016.66 kJ/kg。有酸碱两性,酸性和碱性都极弱,酸性与苯酚接近,碱性与尿素相当。

3. 理化指标和检验方法

NQ 理化指标和检验方法列于表 6 - 12。

表 6 - 12   NQ 理化指标和检验方法

项目	指标		检验方法
	I 类	II 类	
硝基胍质量分数(%)	≥99.00		化学滴定法
灰分质量分数(%)	≤0.30		灼烧称量法
硫酸盐质量分数(%)	≤0.20		灼烧称量法
水不溶物质量分数(%)	≤0.20		恒重法
总挥发分质量分数(%)	≤0.25		差减法
pH 值	4.5~7.0		pH 计
酸度(以 H_2SO_4 计)	≤0.06		酸碱滴定法
平均粒度/μm	3.4~6.0	≤3.3	粒度测定仪

4. 制备方法

硝酸胍在浓硫酸存在下脱水生成硝基胍。具体步骤为:将硝酸胍在搅拌下缓慢加入预先已冷却的浓硫酸(相对密度为1.84)中,在加入过程中严格控制反应温度在20 ℃以下,全部加完后间断搅拌,直至均匀无晶体为止。随后倒入碎冰和水的混合物中,充分搅拌并过滤,水洗至中性,再经重结晶,即得到硝基胍。反应式如下:

$$HN{=}C(NH_2)_2 \cdot HNO_3 \longrightarrow \underset{\underset{NH}{\parallel}}{NH_2CNHNO_2} + H_2O$$

5. 贮存、运输和应用

用内衬聚氯乙烯塑料袋的塑料编织袋或铁桶包装,贮存于阴凉、干燥、通风的危险品仓库内,装运时应小心轻放,不得敲击或扔摔,不得与可燃物质同车装运。

用作低燃速的固体火箭推进剂的氧化剂。主要采用 β 晶型的硝基胍,用于单基或双基火药以及含硝酸酯的火药中,可用作低温无烟火药组分,以稳定推进剂的弹道性能。

6. 毒性与防护

微毒，毒性比 TNT 小得多，急性实验表明小白鼠口服致死量为 5 000 mg/kg，基本上无毒。硝基胍对眼睛、粘膜和皮肤有刺激作用。操作时应佩戴橡胶手套，防止皮肤接触，必要时佩戴防护眼镜。注意工作场所应加强局部抽风。硝基胍材料是不稳定的，并有爆炸危险。当暴露于热源或火焰中及和氧化剂发生化学反应时是危险的。可以用水灭火。

7. 理化分析谱图

（1）红外光谱图

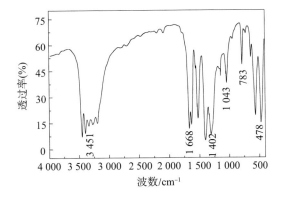

（2）质谱图

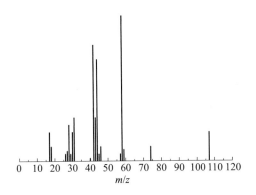

（3）热分析谱图

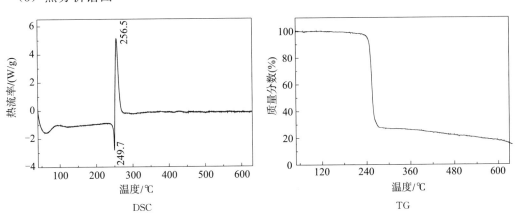

DSC　　　　　　　　　　　　　　　　　　TG

参 考 文 献

[1] 张杏芬. 国外火炸药原材料性能手册 [M]. 北京：兵器工业出版社，1991：33 - 36.

[2] A 达维纳. 固体火箭推进剂技术 [M]. 张德雄，等译. 北京：宇航出版社，1997：442.

[3] 丁建刚，张振江. 硝基胍的量子化学研究 [J]. 苏州大学学报（自然科学版），2003，19（1）：80 - 82.

[4] 中国兵器工业标准化研究所. 硝基胍规范：GJB 1441A—2005 [S]. 北京：国防科工委军标出版发行部，2005.

[5] 段卫东，吕早生. 硝基胍炸药的机械感度和爆炸性能研究 [J]. 含能材料，2003，11（4）：209 - 212.

[6] 杨利，张同来，张建国，等. 硝基胍分子结构的研究 [J]. 火工品，2001（1）：11 - 13.

[7] 杜成中. 硝基胍对硝胺发射药点火性能影响的研究 [J]. 火炸药学报，1999，22（4）：27.

[8] 张明，方乃相. 高松装密度硝基胍的制备 [J]. 含能材料，1996，4（3）：137 - 142.

[9] 蒋芸. 复合固体推进剂原材料毒性与防护 [M]. 乌鲁木齐：新疆科技卫生出版社，1996：52.

[10] 王渭娜，任福德，毕艳丽，等. 硝基胍 H 迁移异构化反应动力学的从头计算研究 [J]. 化学物理学报，2005，18（5）：765 - 770.

6.13 三氨基胍硝酸盐

中文名称：三氨基胍硝酸盐

英文名称：triaminoguanidine nitrate

中文别称：硝酸三氨基胍

英文别称：TAGN

分子式：$CH_9N_7O_3$

相对分子质量：167.13

结构式：如图

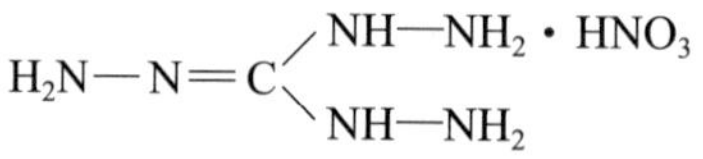

$$H_2N—N=C \begin{matrix} NH—NH_2 \cdot HNO_3 \\ NH—NH_2 \end{matrix}$$

1. 物理性质

无色或白色结晶，密度 1.5 g/cm³。熔点 206～216 ℃。在 21 ℃高达 90％相对湿度不吸湿。在水中溶解度 1.47 g/100 g（0 ℃），4.5 g/100 g（25 ℃），22.0 g/100 g（65 ℃）。

2. 化学性质

生成热－280.6 kJ/kg（定压），－46.90 kJ/mol（定压），－279.49 kJ/kg（定容）。5 s 爆发点 227 ℃，火焰温度 2 300.4 ℃（定容）、1 778 ℃（定压），热量系数：37.85 kJ/kg，燃烧热 9 768.38 kJ/kg，爆热系数 39.18 kJ/kg，爆热 3 472.72 kJ/kg，爆温 260 ℃。

3. 理化指标和检验方法

TAGN 理化指标和检验方法列于表 6 - 13。

表 6 - 13　TAGN 理化指标和检验方法

项目	指标	检验方法
TAGN 质量分数(%)	≥99.00	化学滴定法
水不溶物质质量分数(%)	≤0.20	恒重法
pH 值	4.5～7.0	pH 计
粒度(D_{50})/μm	3.4～6.0	粒度测定仪

4. 制备方法

1) 硝酸胍和水合肼在水中由硝酸催化反应 4 h 制得。

$$HN=C(NH_2)_2 \cdot HNO_3 + 2NH_2NH_2 \longrightarrow H_2N-N=C \begin{matrix} NH-NH_2 \cdot HNO_3 \\ NH-NH_2 \end{matrix}$$

2) H_2NCN 在水或有机溶剂中与 N_2H_4 和硝酸反应制得。

$$H_2NCN + HNO_3 + 2NH_2NH_2 \xrightarrow{H_2O} H_2N-N=C \begin{matrix} NH-NH_2 \cdot HNO_3 \\ NH-NH_2 \end{matrix}$$

5. 贮存、运输和应用

用塑料编织袋或铁桶包装,内衬聚氯乙烯塑料袋,包装物应注明爆炸物标志。贮存于阴凉、干燥、通风的危险品仓库内,一旦着火,用大量水灭火。装运时应小心轻放,不得敲击或扔摔,不得与可燃物质同车装运。

TAGN 是一种多效能的晶体炸药,用作推进剂和发射药的含能组分。在推进剂和火药中起氧化剂和冷却剂的作用,它比硝基胍和草酰胺可达到更高的火药力和更低的火焰温度。用作火药的添加剂,能提高能量,又能降低温度。

6. 毒性与防护

具有中等毒性,对皮肤和呼吸道有刺激性。操作时应佩戴橡胶手套,防止皮肤接触,必要时佩戴防护眼镜。

7. 理化分析谱图

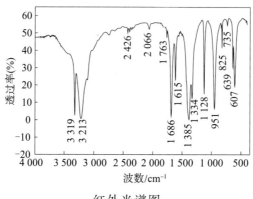

红外光谱图

参 考 文 献

［1］ 张杏芬 . 国外火炸药原材料性能手册 ［M］. 北京：兵器工业出版社，1991：48.

［2］ 王锐，肖金武，张先瑞，等 . 一种适合工业化生产的三氨基胍硝酸盐的合成方法：201510887960.9 ［P］. 2019 - 07 - 02.

6.14　三氨基胍高氯酸盐

中文名称：三氨基胍高氯酸盐

英文名称：triaminoguanidine perchlorate

中文别称：高氯酸三氨基胍

分子式：$CH_9N_6ClO_4$

相对分子质量：204.5

结构式：如图

$$H_2N—N=C\underset{NHNH_2}{\overset{NHNH_2}{\diagdown}}HClO_4$$

1. 物理性质

高氯酸三氨基胍为针状物，密度为 1.56 g/cm³，熔点为 132 ℃，吸湿性极强，易溶于水，可溶于醇、胺，不溶于氯仿、苯。

2. 化学性质

生成热为 － 99.58 kJ/mol（定压），210 ℃ 开始分解，317 ℃ 猛烈分解，爆热为 2 146.8 kJ/mol，爆速为 7 730 m/s。

3. 理化指标和检验方法

高氯酸三氨基胍理化指标和检验方法列于表 6 - 14。

表 6 - 14　高氯酸三氨基胍理化指标和检验方法

项目	指标	检验方法
质量分数(%)	≥99.00	化学滴定法
水不溶物质量分数(%)	≤0.20	恒重法
pH 值	4.5~7.0	pH 计
粒度(D_{50})/μm	3.4~6.0	度测定仪

4. 制备方法

由三氨基胍和高氯酸反应制得。反应在常温进行，反应时间短。目标产物得率高达 80% 以上，产物中杂质含量少。反应式为

$$\underset{\underset{\text{H}_3\text{N}_2-}{\overset{\text{N}_2\text{H}_2}{\overset{\|}{\text{C}}}}-\text{N}_2\text{H}_3} + \text{HClO}_4 \longrightarrow \underset{\underset{\text{H}_3\text{N}_2-}{\overset{\text{N}_2\text{H}_2}{\overset{\|}{\text{C}}}}-\text{N}_2\text{H}_3 \cdot \text{HClO}_4}$$

5. 贮存、运输和应用

用内衬聚氯乙烯塑料袋的塑料编织袋或铁桶包装，贮存于阴凉、干燥、通风的危险品仓库内，装运时应小心轻放，不得敲击或扔摔，不得与可燃物质同车装运。

用作固体推进剂的氧化剂。

6. 毒性与防护

具有中等毒性，对皮肤和呼吸道有刺激性。操作时应佩戴橡胶手套，防止皮肤接触，必要时佩戴防护眼镜。

7. 理化分析谱图

（1）红外光谱图

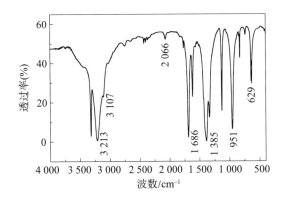

（2）热分析谱图

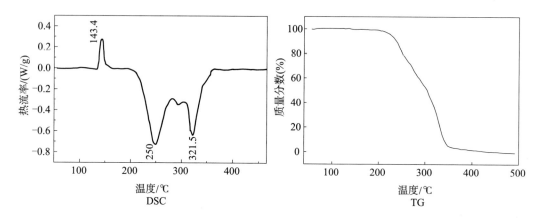

DSC　　　　　　　　　　　　　TG

参 考 文 献

［1］　张杏芬. 国外火炸药原材料性能手册［M］. 北京：兵器工业出版社，1991：15－16.

［2］　齐书元，张同来，敖国军，等.（TAGH）ClO₄ 的结构、热力学及感度性能［J］. 火炸药学报，2009，32（6）：35－39.

［3］　敖国军，刘振华，张同来，等. 三氨基胍系列含能化合物的研究进展［J］. 含能材料，2008，16（4）：450－457，461.

6.15　硝酸胍

中文名称：硝酸胍

英文名称：guanidine nitrate

中文别称：胍硝酸盐，硝酸亚氨脲

分子式：$CH_5N_3 \cdot HNO_3$

相对分子质量：122.08

结构式：$HN{=}C(NH_2)_2 \cdot HNO_3$

CAS 登记号：506－93－4

1. 物理性质

白色结晶粉末或颗粒。熔点 213～215 ℃，密度 1.44 g/cm³，易溶于水和醇，在水中的溶解度 12.5 g/100 g（20 ℃），41g/100 g（50 ℃），99g/100 g（80 ℃）。在甲醇中的溶解度 5.5g/100 g（20 ℃），9.4 g/100 g（40 ℃），15.69g/100 g（60 ℃）。不溶于丙酮、苯和乙醚。

2. 化学性质

偏酸性，25 ℃时 1% 水溶液的 pH 值为 5.7。有氧化性。在高温下分解并爆炸。

3. 理化指标和检验方法

硝酸胍理化指标和检验方法列于表 6 - 15。

表 6 - 15 硝酸胍理化指标和检验方法

项目		指 标			检验方法
		优级品	一级品	合格品	
含量(%)	≥	98.0	97.0	90.0	沉淀重量法
加热减量(%)	≤	0.3	0.5	1.0	重量法
水不溶物含量(%)	≤	0.05	0.10	0.15	重量法
游离酸(以 HNO_3 计)(%)	≤	0.3	0.5	—	酸碱滴定法
游离硝酸铵含量(%)	≤	0.3	0.5	—	化学滴定法

4. 制备方法

1) 以双氰胺和硝酸铵为原料，以 1：2 配比投料在 170~210 ℃下进行缩合反应，生成硝酸胍，放出氰胺，由于氰胺又生成双氰胺，最终只生成硝酸胍。经结晶、切片，制得。

$$NH_2CNH_2CN + NH_4NO_3 \longrightarrow HN = C(NH_2)_2 \cdot HNO_3 + NH_2CN$$

$$NH_2CNH_2CN + 2NH_4NO_3 \longrightarrow HN = C(NH_2)_2 \cdot HNO_3$$

2) 以尿素和硝酸铵为原料，在 180~200 ℃下进行缩合反应，制得硝酸胍。

$$NH_2CNH_2 + NH_4NO_3 \longrightarrow HN = C(NH_2)_2 \cdot HNO_3 + H_2O$$

5. 贮存、运输和应用

用塑料编织袋或铁桶包装，内衬聚氯乙烯塑料袋，包装物应注明爆炸物标志。装运时应小心轻放，不得敲击或扔摔，不得与可燃物质同车装运。贮存于阴凉、干燥、通风的危险品仓库内，一旦着火，用大量水灭火。

用于固体推进剂氧化剂。主要用作炸药，生产衍生物硝酸盐、苦味酸盐、氯酸盐及过氧酸盐亦用作炸药。可作为安全气囊材料。在医药工业中用作生产磺胺脒、磺胺嘧啶等磺胺类药物的原料。用于制取油漆工业用的碳酸胍及其他胍盐，以及照相材料和消毒剂。还可用作分析试剂，以检验络合酸中的胍盐。

6. 毒性与防护

具有中等毒性，吸入过量硝酸胍可致死。对皮肤和呼吸道有刺激性。如吸入应立即用温水或温肥皂水洗胃，并及时请医生治疗。

7. 理化分析谱图

（1）红外光谱图

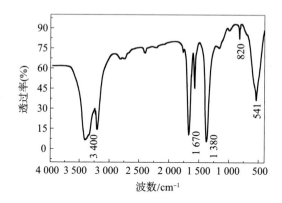

（2）热分析谱图

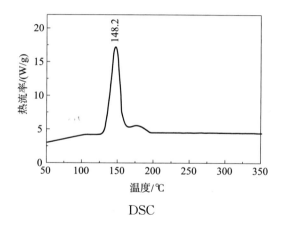

DSC

参 考 文 献

［1］ 化学工业出版社. 中国化工产品大全：上卷［M］. 2 版. 北京：化学工业出版社，1998：715 - 716.

［2］ 张皋. 新型含能化合物数据手册［M］. 北京：化学工业出版社，2016.

［3］ 全国化学标准化技术委员会有机分会. 工业用硝酸胍：HG/T 3269—2002［S］. 北京：中华人民共和国国家经济贸易委员会，2002.

6.16　高氯酸铵

中文名称：高氯酸铵

英文名称：ammonium perchlorate

中文别称：过氯酸铵

英文别称：AP

分子式：NH_4ClO_4

相对分子质量：117.5

CAS 登记号：7790-98-9

1. 物理性质

AP 为无色或白色结晶，密度 1.956 g/cm^3（25 ℃），熔点 245 ℃，导热率 0.502 W/(m·K)，折光率（n_D^{25}）1.483 3，比热容 1.11 J/(g·K)（310 K）。在 240 ℃ 以下为斜方晶型，在 240 ℃ 以上为立方晶型，晶型转化热为 9.6k J/mol。在潮湿空气中长期贮存有结块现象。在相对湿度约 75%～95% 之间吸湿，而超过 95% 以上开始潮解。溶于水和二甲基甲酰胺，微溶于丙酮和乙醇，不溶于乙醚和乙酸乙酯。25 ℃ 时水中溶解热 −26.8 kJ/mol，−33.47 kJ/mol（结晶）。

2. 化学性质

高氯酸铵燃烧热 8 830 kJ/kg，爆热 1 112.9 kJ/kg，爆压 ρ=1.95 g/cm^3（187 kbar），爆速 3 800 m/s（在直径为 60 mm 的铁管中，用 5 个 8 号雷管引爆时）。100 ℃ 热安定性试验第一个 48 h 内损失 0.02%，第二个 48 h 内无损失，100 h 内不爆炸。它是一种强氧化剂，当与硫、有机物或细金属粉（特别是镁和铝）一起加热时会产生猛烈的爆炸。加热后分解，约 450 ℃ 开始爆燃或快速燃烧。分解反应式如下：

$$NH_4ClO_4(s) \rightarrow NH_4^+ + ClO_4^- \rightarrow NH_3(s) + HClO_4(s) \rightarrow NH_3(g) + HClO_4(g)$$

$$2 HClO_4(g) \rightarrow 2ClO_3(g) + H_2O + O$$

$$ClO_3 + ClO_4 \rightarrow 2ClO + 5O$$

$$NH_3 + 2O \rightarrow HNO + H_2O$$

$$2NH_4ClO_4 \rightarrow 2HCl + 1/2\ O_2 + 2\ NO_2 + 3H_2O$$

3. 理化指标和检验方法

高氯酸铵的理化指标和检验方法列于表 6-16。

表 6-16　高氯酸铵的理化指标和检验方法

项目	指标	检验方法
高氯酸铵质量分数(以 NH_4ClO_4 计)(%)≥	99.5	分解吸收法/甲醛法
氯化物(按 NaCl 计)(%)　　　　≤	0.1	比浊法
氯酸盐(按 $NaClO_3$ 计)(%)　　　≤	0.02	氧化还原法
溴酸盐(按 $NaBrO_3$ 计)(%)　　　≤	0.004	碘量法
铬酸盐(按 K_2CrO_4 计)(%)　　　≤	0.015	比色法
铁质量分数(按 Fe 计)(%)　　　≤	0.001	比色法
水不溶物质量分数(%)　　≤	0.02	重量法
硫酸盐灰分质量分数(%)　　　≤	0.25	重量法

续表

项目		指标	检验方法
pH 值		4.3~5.8	酸度计
热稳定性[(177±2)℃]/h	≥	3	碘量法
十二烷基硫酸钠质量分数(%)	≤	0.020	分光光度比色法
总水质量分数(%)	≤	0.05	卡尔·费休法
表面水质量分数(%)	≤	0.060	加热重量法
粒度/μm		90~450	筛分重量法

4. 制备方法

采用电解法制备。电解氯化钠，然后用氯化铵置换，反应式如下：

$$NaCl + 4H_2O = NaClO_4 + 4H_2$$

$$NaClO_4 + NH_4Cl = NH_4ClO_4 + NaCl$$

不同粒度的高氯酸铵制备方法如下：将高氯酸铵溶解在有机溶剂中，然后在有机溶剂和非溶剂的混合物中沉淀高氯酸铵，由溶剂与非溶剂比例决定所得晶体的大小。

5. 贮存、运输和应用

用涂防锈涂料的铁桶包装，贮存在阴凉、干燥、通风的场所，运输过程中要防雨淋和烈日曝晒。装卸时要轻拿轻放，防止摩擦，严禁撞击。

主要作为固体推进剂氧化剂，用于导弹和宇宙航行中。作为混合炸药的一种组分。

6. 毒性与防护

粉尘对眼睛、皮肤、呼吸系统有刺激作用，如不慎溅入眼睛或皮肤上应立即用水冲洗干净，严重者速送入医院治疗。穿防护服，戴防护口罩或防毒面罩，戴橡胶手套，穿长筒胶靴等劳保用品。生产设备要密闭，操作场所通风应良好。

7. 理化分析谱图

（1）红外光谱图

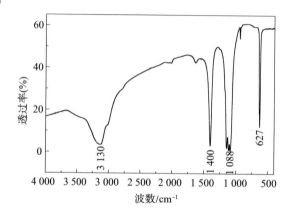

（2）质谱图

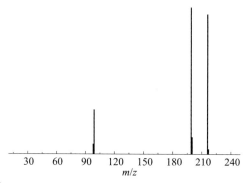

（3）X 射线衍射谱图

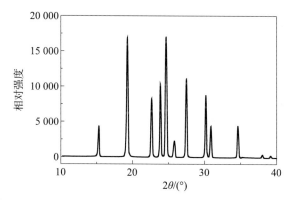

（4）热分析谱图

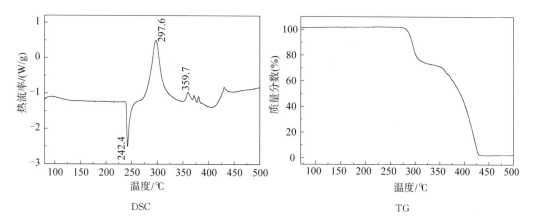

　　　　　　DSC　　　　　　　　　　　　　　　　　　　TG

参 考 文 献

［1］　张杏芬. 国外火炸药原材料性能手册［M］. 北京：兵器工业出版社，1991：6 - 9.

［2］　蒋芸. 复合固体推进剂原材料毒性与防护［M］. 乌鲁木齐：新疆科技卫生出版社，1996：44 - 45.

［3］　陈冠荣. 化工百科全书：第 3 卷［M］. 北京：化学工业出版社，1993.

［4］　张维凡. 常用化学危险品安全手册［M］. 北京：化学工业出版社，1994.

［5］　化学工业出版社. 中国化工产品大全：上卷［M］. 2 版. 北京：化学工业出版社，1994，136 - 137.

［6］ 国防科学技术工业委员会. 高氯酸铵规范：GJB 617A—2003［S］. 北京：国防科学技术工业委员会，2003.

［7］ 赵孝彬，张小平，郑剑，等. NEPE 推进剂中聚乙二醇的结晶性［J］. 推进技术，2002，23（13）：252-257.

6.17 高氯酸钾

中文名称：高氯酸钾
英文名称：potassium perchlorate
中文别称：过氯酸钾
分子式：$KClO_4$
相对分子质量：138.55
CAS 登记号：7778-74-7

1. 物理性质

无色斜方晶系结晶或白色粉末。密度 2.52 g/cm^3（25 ℃），熔点 610 ℃，微溶于水，几乎不溶于醇和乙醚。

2. 化学性质

高氯酸钾为强氧化剂，与还原剂、有机物、易燃物如硫、磷或金属粉等混合可形成爆炸性混合物。高氯酸钾加热至 400 ℃时分解，在熔点下分解为氯化钾和氧气。当有氯化钾、溴化钾、铜、铁等存在时，分解反应会加速进行。高氯酸钾与蔗糖的混合物还算稳定，但与其他还原剂混合很可能发生爆燃，发生剧烈氧化还原反应，火焰呈钾的焰色紫色，与葡萄糖（$C_6H_{12}O_6$）的反应如下：

$$KClO_4 \rightarrow 2O_2 \uparrow + KCl$$

$$3KClO_4 + C_6H_{12}O_6 \rightarrow 6H_2O + 6CO_2 \uparrow + 3KCl$$

3. 理化指标和检验方法

高氯酸钾理化指标和检验方法列于表 6-17。

表 6-17 高氯酸钾理化指标和检验方法

项目		指标		检测方法
		Ⅰ 型	Ⅱ 型	
外观		白色结晶粉末		目视法
高氯酸钾（$KClO_4$）（%）	≥	99.2	99.0	化学滴定法
水分（%）	≤	0.02	0.03	烘箱法
氯化物（以 KCl 计）（%）	≤	0.05	0.10	化学滴定法

续表

项目		指　标		检测方法
		Ⅰ 型	Ⅱ 型	
氯酸盐(以 KClO$_3$ 计)(%)　　　≤		0.05	0.15	化学滴定法
次氯酸盐		无	无	化学滴定法
溴酸盐(以 KBrO$_3$ 计)(%)　　≤		0.02	—	化学滴定法
钠(以 NaClO$_4$ 计)(%)　　　≤		0.20	—	火焰分光光度计
钙镁盐(以氧化物计)(%)　≤		0.20	—	化学滴定法,重量法
水不溶物(%)　　　　　　≤		0.01	—	重量法
铁(Fe$_2$O$_3$ 计)(%)　≤		0.002	—	比色法
pH 值		7±1.5	7±1.5	酸度计法
粒度:通过率(%)	420 μm 试验筛≥	100	—	重量法
	180 μm 试验筛≥	99.9	—	
	150 μm 试验筛≥	99.5	99.0	
	75 μm 试验筛≥	90.0	—	

4. 制备方法

高氯酸钾制备方法有氯酸钾加热分解法和电解法两种。前者因不经济,已很少采用。电解法的步骤为:1) 电解氯化钠溶液制取氯酸钠;2) 电解氯酸钠水溶液制取高氯酸钠,高氯酸钠吸湿性强,在空气中易潮解,用途受到限制;3) 高氯酸钠与氯化钾(铵)进行复分解制取高氯酸钾或高氯酸铵。电解在无隔膜电解槽中进行。阴极为蛇形铅管。氯化钠溶液的 pH 为 7~8,以二氧化铅为阳极时,溶液中添加少量氟化钠,以减少阴极还原,提高电流效率。经复分解制得高氯酸钾结晶,再经分离、水洗、干燥等工序,使水分含量减少到 0.01%~0.04%,成品高氯酸钾纯度达 99.5%。

5. 贮存、运输和应用

用内衬聚乙烯塑料袋的铁桶或阻燃塑料桶包装,不得与易燃易爆物、油类和有机物等物品共贮混运。运输过程中要防雨淋和烈日曝晒。装卸时要轻拿轻放,防止摩擦,严禁撞击。置于凉爽、通风良好地点,最好专仓专贮。

高氯酸钾用作固体推进剂氧化剂、火箭及喷气推进器、潜艇等的供氧剂,在炸药、烟花爆竹、照相、化学试剂方面也有应用。

6. 毒性与防护

有强烈刺激性,高浓度接触,严重损害粘膜、上呼吸道、眼睛及皮肤。中毒表现有烧灼感、咳嗽、喘息、气短、喉炎、头痛、恶心和呕吐等。工作场所应合理通风,工人应佩戴防护眼镜、头罩型电动送风过滤式防尘呼吸器、橡胶手套、穿防护服,以防灼伤。

7. 理化分析谱图

（1）红外光谱图

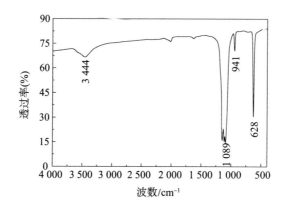

（2）热分析谱图

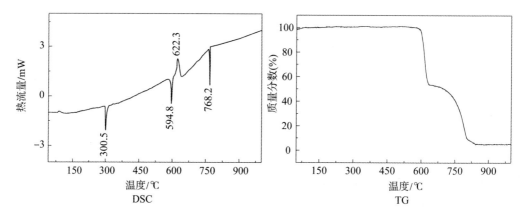

　　　　　DSC　　　　　　　　　　　　　　　　TG

参 考 文 献

［1］　化学工业出版社. 中国化工产品大全：上卷［M］. 2 版. 北京：化学工业出版社，1998：
　　　　303 - 304.

［2］　蒋芸. 复合固体推进剂原材料毒性与防护［M］. 乌鲁木齐：新疆科技卫生出版社，1996：75 - 76.

［3］　谢俊磊，张怀智，曹宏安，等. Mg - Al/NC 高能点火药的制备及性能研究［J］. 工程爆破，2015.

［4］　徐厚材，钱新明. 二元体系烟火药氧化剂的制备及性能研究［C］. 全国危险物质与安全应急技术
　　　　研讨会论文集（上），2011.

［5］　王伟. 高氯酸钾行业清洁生产评价指标体系初步研究［J］. 环境科学与管理，2011，36（10）：
　　　　183 - 187.

［6］　邓元平. 花炮生产技术知识［J］. 花炮科技与市场，1995：42 - 45.

［7］　全国化学标准化技术委员会无机化工分会. 工业高氯酸钾：HG 3247—2008［S］. 北京：化学工
　　　　业出版社，2008.

6.18　高氯酸锂

中文名称：高氯酸锂

英文名称：lithium perchlorate

中文别称：过氯酸锂，无水高氯酸锂

分子式：$LiClO_4$

相对分子质量：106.4

CAS 登记号：7791 - 03 - 9

1. 物理性质

高氯酸锂为白色细小结晶，三水物为无色结晶，密度 2.43 g/cm^3（25 ℃），熔点为 236 ℃，易潮解，易溶于水，溶于醇、丙酮、醚、乙酸乙酯。

2. 化学性质

在 100 ℃时失去二分子结晶水，150 ℃时成无水物，约 400 ℃开始分解，至 430 ℃分解为氯化锂和氧气。与有机物、还原剂、易燃物如硫、磷及金属粉末接触可燃烧爆炸，生成氯化锂和相应硫、磷及金属氧化物。

3. 理化指标和检验方法

$LiClO_4$ 的理化指标和检验方法列于表 6 - 18。

表 6 - 18　$LiClO_4$ 的理化指标和检验方法

项目	指标	检验方法	检验标准
$LiClO_4$(%)　≥	99.5	沉淀重量法	GB/T 23835.2
H_2O(%)　　≤	0.3	重量法	GB/T 23835.3
水不溶物(%)≤	0.008	重量法	GB/T 23835.4
Cl^-(%)　　≤	0.002	分光光度法	GB/T 23835.5
ClO_3^-(%)　≤	0.01	分光光度法	GB/T 23835.6
SO_4^{2-}(%)　≤	0.005	分光光度法	GB/T 23835.7
K(%)　　　≤	0.002	原子吸收光谱法	GB/T 23835.8
Na(%)　　≤	0.002	原子吸收光谱法	GB/T 23835.8
Ca(%)　　≤	0.002	原子吸收光谱法	GB/T 23835.9
Fe(%)　　≤	0.000 5	分光光度法	GB/T 23835.10
Pb(%)　　≤	0.000 2	原子吸收光谱法	GB/T 23835.11
N(%)　　　≤	0.003	分光光度法	GB/T 23835.12
透光率(%)　≥	90	分光光度法	GB/T 23835.13

4. 制备方法

1）将金属锂、氢氧化锂或碳酸锂等锂盐溶于高氯酸中，生成高氯酸锂中性盐，再浓缩结晶。

2）高氯酸盐的复分解，将氯化钠水溶液电解，制得高氯酸钠的浓溶液，再在其中加入氢氧化锂或锂盐，进行复分解反应得高氯酸锂。

3）氯酸锂电解，将氯酸锂电解成高氯酸锂，浓缩结晶制得三水化合物，加热干燥后可得无水物。

5. 贮存、运输和应用

内包装两层真空包装，外包装为纸箱，在运输过程中应注意防潮和包装破损，防止火灾和爆炸，储存在小的密闭容器中，置于凉爽、通风良好地点，并注意防震和避免冲击。

用作固体推进剂氧化剂。在电池行业用于生产锂电池电解液。

6. 毒性与防护

高氯酸锂有强氧化性，与身体接触有强烈的皮肤和粘膜刺激作用。佩戴头罩型电动送风过滤式防尘呼吸器，穿聚乙烯防毒服，戴橡胶手套。

7. 理化分析谱图

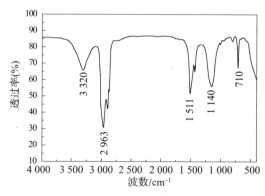

红外光谱图（石蜡糊法）

参 考 文 献

［1］ 俞志明. 化学危险品实用手册 ［M］. 北京：化学工业出版社，1992：513-514.

［2］ 蒋芸. 复合固体推进剂原材料毒性与防护 ［M］. 乌鲁木齐：新疆科技卫生出版社，1996：75-76.

［3］ 孙露敏，李艳敏，侯景芳. 高氯酸锂对 PEO 结晶结构和结晶行为的影响 ［J］. 分子科学学报，2013，29（2）：171-176.

6.19　硝酸铵

中文名称：硝酸铵

英文名称：ammonium nitrate

中文别称：硝铵，铵硝石

英文别称：AN

分子式：NH_4NO_3

相对分子质量：80.05

CAS 登记号：6484 - 52 - 2

1. 物理性质

硝酸铵为无色或白色结晶，有 5 种晶型，分别为 α（四面晶系）、β（斜方晶系）、γ（斜方晶系）、δ（四方晶系）、ε（正方晶系）。每种晶型仅在一定温度范围内稳定，晶型转变时伴有热效应和体积变化。吸湿性强，在空气中遇潮易结块。密度 1.60～1.79 g/cm^3，折射率 1.611，熔点 169.6 ℃，沸点 210 ℃，熔解热 75 kJ/kg，5.44 kJ/mol，升华热 174.8 kJ/mol，2 180 kJ/kg（25 ℃），导热系数 0.25 W/（m·K），介电常数（室温）7.1。易溶于水，可溶于甲醇、乙醇、丙酮和液氨，不溶于醚。

2. 化学性质

硝酸铵的化学安定性较低，在常温下也会缓慢分解，放出氨。分解温度 230 ℃，爆燃点 325 ℃以上，5 s 爆发点 465 ℃，火焰温度 1 500 ℃，比容 980 cm^3/g。当有其他杂质，如 NH_4Cl、$NaCl$、$BaSO_4$ 和铂黑等存在时，即使少量，也会大大增加分解速度。具有氧化性，与有机物、亚硝酸钠、硫磺、酸、漂白粉和金属粉末（特别是锌）作用时，分解析出有毒的氮氧化物和氧，能引起爆炸或燃烧。在有潮气的情况下，硝酸铵和铜、铁、钢、黄铜、铅及镉反应生成相应的硝酸盐。

3. 理化指标和检验方法

硝酸铵理化指标和检验方法列于表 6 - 19。

表 6 - 19　硝酸铵理化指标和检验方法

项目	指标			检验方法
	优级纯	分析纯	化学纯	
含量(NH_4NO_3)(%)　　≥	99.5	99.0	98.0	甲醛碱滴定法
游离水(%)　　　　　≤	0.3	0.5	—	卡尔·费休法
pH 值(50 g/L 溶液,25 ℃)	4.5～6.0	4.5～6.0	4.5～6.0	pH 计

续表

项目	指标			检验方法
	优级纯	分析纯	化学纯	
澄清度实验	合格	合格	合格	比浊法
水不溶物(%) ≤	0.002	0.005	0.01	重量法
灼烧残渣(以硫酸盐计)(%)	0.005	0.01	0.03	重量法
氯化物(Cl)(%) ≤	0.000 3	0.000 5	0.001	比浊法
硫酸盐(SO_4)(%) ≤	0.002	0.005	0.01	比浊法
亚硝酸盐(NO_2)(%) ≤	0.000 2	0.000 5	0.001	比色法
磷酸盐(PO_4)(%) ≤	0.000 5	0.001	0.002	比色法
钙(Ca)(%) ≤	0.000 5	0.001	0.003	比色法
铁(Fe)(%) ≤	0.000 1	0.000 2	0.001	比色法
重金属(以 Pb 计)(%) ≤	0.000 2	0.000 5	0.001	比色法

4. 制备方法

用硝酸中和氨水，再将溶液蒸发就可制得硝酸铵。具体步骤为：将预热至 $50 \sim 60$ ℃ 的硝酸和 $70 \sim 80$ ℃ 的氨气在 $105 \sim 140$ ℃ 下进行中和反应生成硝酸铵溶液，在一段蒸发室的上部溢流出，硝酸铵浓度为 $55\% \sim 85\%$，进入贮槽，然后补加少量氨气，使之呈中性或微碱性，再送入二段蒸发器进行减压蒸发，其最终浓度根据结晶方式而定，如采用结晶器结晶，溶液浓缩到 $83\% \sim 93\%$，如采用造粒塔造粒，则溶液需蒸浓到 $98.5\% \sim 99.5\%$，经结晶造粒，制得硝酸铵成品。其反应式如下：

$$NH_3 + HNO_3 \rightarrow NH_4NO_3$$

5. 贮存、运输及应用

用内衬聚乙烯塑料袋的塑料编织袋包装，不得与金属性粉末、油类、有机物质、木屑等易燃、易爆物品共贮混运，应与有机物、酸类等隔离，也不能和石灰、草木灰等碱性肥料混合贮存，以防引起爆炸。应贮存在阴凉、通风、干燥的库房内。

作为火箭推进剂、混合炸药和枪炮发射药的氧化剂，主要用于制造工业炸药和弹药，也用于制造烟火剂。是制造氧化氮、维生素 B 和无碱玻璃等的原料。用作杀虫剂、冷冻剂、胶版印刷组分及肥料。

6. 毒性与防护

中等毒性，可引起恶心和呕吐，能刺激眼睛和粘膜，并对擦伤的皮肤产生化学烧伤。可以引起尿过多和酸液过多症，大剂量吸入会引起酸中毒。避免与皮肤和眼睛接触以及吸入和吞入，避免饮用被污染的水。

7. 理化分析谱图

（1）红外光谱图

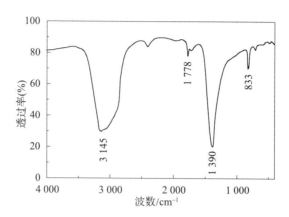

（2）热分析谱图

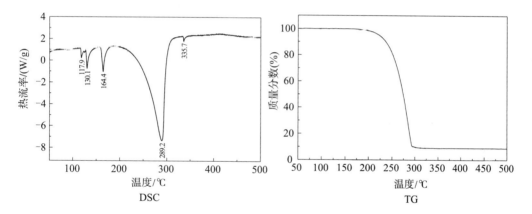

DSC　　　　　　　　　　　　TG

参 考 文 献

［1］　张杏芬. 国外火炸药原材料性能手册［M］. 北京：兵器工业出版社，1991：46.

［2］　张维凡. 常用化学危险品安全手册［M］. 北京：化学工业出版社，1994.

［3］　化学工业出版社. 中国化工产品大全：上卷.［M］. 2 版. 北京：化学工业出版社，1998：136 - 137.

［4］　全国化学标准化技术委员会化学试剂分会. 化学试剂　硝酸铵：GB/T 659 — 2011［S］. 北京：中国标准出版社，2011.

［5］　全国肥料和土壤调理剂标准化技术委员会氮肥分技术委员会. 硝酸铵：GB/T 2945—2017［S］. 北京：中国标准出版社，2017.

［6］　陈冠荣. 化工百科全书：第 3 卷［M］. 北京：化学工业出版社，1993.

［7］　北京化学试剂公司. 化学试剂标准手册［M］. 北京：化学工业出版社，2003：47.

［8］　蒋芸. 复合固体推进剂原材料毒性与防护［M］. 乌鲁木齐：新疆科技卫生出版社，1996.

6.20　硝酸钾

中文名称：硝酸钾

英文名称：potassium nitrate

中文别称：钾硝石、火硝、土硝、朴硝

英文别称：saltpetre

分子式：KNO_3

相对分子质量：101.10

CAS 登记号：7757 - 79 - 1

1. 物理性质

无色斜方结晶或白色粉末。密度 2.109 g/cm^3，熔点 334 ℃，折射率 1.5038（菱形晶）。易溶于水（表 6 - 20）及稀的酒精，可溶于液氨和甘油，不溶于无水乙醇和乙醚。在空气中不易潮解。硝酸钾在水中的溶解度随水温上升而剧烈增大，在化学物质之中，硝酸钾溶解度变化是相当明显的。

表 6 - 20　硝酸钾在水中的溶解度

温度/℃	0	10	20	30	40	50	60	70	80	90	100
溶解度/(g/100 g)	13.3	20.9	31.6	45.8	63.9	85.5	110	138	169	202	246

2. 化学性质

氧平衡＋39.6％（按生成 K_2O 和 N_2 计）。约 400 ℃时分解放出氧，并转变成亚硝酸钾，继续加热则生成氧化钾。为强氧化剂，与有机物接触能引起燃烧爆炸，并放出有刺激性气味的有毒气体。与碳粉或硫磺共热时，能发出强光和燃烧。

3. 理化指标和检验方法

硝酸钾理化指标和检验方法列于表 6 - 21。

表 6 - 21　硝酸钾理化指标和检验方法

项目		指　标			检验方法
		优等品	一等品	合格品	
硝酸钾(KNO_3)(％)	≥	99.7	99.4	99.0	沉淀重量法
水分(％)	≤	0.10	0.20	0.30	干燥重量法
碳酸盐(以 K_2CO_3 计)(％)	≤	0.01	0.01	—	酸滴定法
硫酸盐(以 SO_4 计)(％)	≤	0.005	0.01	—	比浊法
氯化物(以 Cl 计)(％)	≤	0.01	0.02	0.10	汞量法/比浊法

续表

项目	指标			检验方法
	优等品	一等品	合格品	
水不溶物(%)　≤	0.01	0.02	0.05	重量法
吸湿率(%)　≤	0.25	0.30	—	饱和硝酸钾法
铁(Fe)(%)　≤	0.003	—	—	分光光度法

4. 制备方法

1) 硝酸钠-氯化钾复分解转化法：将硝酸钠加入盛有适量水的反应器中，用蒸气加热，在搅拌下使硝酸钠全部溶解，再按 $NaNO_3$：$KCl=100$：85 配料比缓慢加入氯化钾进行复分解反应，生成硝酸钾。加热蒸发温度达 120 ℃并达到一定浓度时，首先析出氯化钠。经真空过滤，除去氯化钠晶体。滤液送入结晶器，用 $10\%\sim15\%$ 滤液体积的水稀释，边搅拌边冷却，经 24 h 后，析出硝酸钾结晶，经真空过滤、水洗、离心分离后，送至气流干燥器在 80 ℃以上进行干燥，制得硝酸钾成品。其反应式如下：

$$NaNO_3 + KCl \rightarrow KNO_3 + NaCl$$

2) 离子交换法：以氯化钾和硝酸铵为原料，使氯化钾和硝酸铵溶液中的钾铵离子在离子交换树脂（R）上进行转换，得到硝酸钾和氯化铵溶液。经蒸发浓缩、过滤，滤液冷却结晶、过滤、水洗、离心分离、气流干燥，得硝酸钾成品。其反应式如下：

$$KCl + NH_4R \rightarrow KR + NH_4Cl$$

$$NH_4NO_3 + KR \rightarrow NH_4R + KNO_3$$

5. 贮存、运输和应用

用内衬聚乙烯塑料编织袋密封包装或钢桶包装，包装上应有明显的"氧化剂"标志，不得与有机物、硫磺、木炭、磷等易燃物及还原剂和酸类共贮混运，贮存在阴凉、通风、干燥的库房内。

在固体推进剂、发射药、工业炸药、烟火药、火柴、黑色火药作为氧化剂。用于焰火产生紫色火花。机械热处理作淬火的盐浴。陶瓷工业用于制造瓷釉彩药。用作玻璃澄清剂，用于制造汽车灯玻壳、光学玻璃显像管玻壳。医药工业用于生产青霉素钾盐、利福平药物。用于制卷烟纸。用作催化剂、选矿剂、分析试剂。用作农作物和花卉的复合肥料。

6. 毒性与防护

微毒，硝酸钾粉尘引起鼻粘膜溃疡，对皮肤有刺激作用，饮用含有 $50\sim100$ mg/L 硝酸钾的水溶液，血中变性血红蛋白含量明显升高。戴口罩，穿工作服，戴乳胶手套。可用水、砂土和各种灭火器扑救，避免水溶液与易燃货物接触。

7. 理化分析谱图

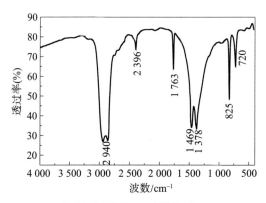

红外光谱图（石蜡糊法）

参 考 文 献

［1］　化学工业出版社．中国化工产品大全：上卷［M］. 2 版．北京：化学工业出版社，1998：213 - 214.

［2］　张杏芳．国外火炸药原材料性能手册［M］．北京：兵器工业出版社，1991：38 - 40.

［3］　全国化学标准化技术委员会无机化工分会．工业硝酸钾：GB 1918—2011［S］．北京：中国标准出版社，2011.

［4］　全国化学标准化技术委员会化学试剂分会．化学试剂 硝酸钾：GB/T 647—2011［S］．北京：中国标准出版社，2011.

6.21　硝酸钠

中文名称：硝酸钠

英文名称：sodium nitrate

中文别称：钠硝石，盐硝，智利硝石，粉硝

英文别称：sodium nitre，chile saltpetre

分子式：$NaNO_3$

相对分子质量：84.99

CAS 登记号：7631 - 99 - 4

1. 物理性质

无色无臭三方结晶或菱形结晶，或白色至微黄色细小结晶或粉末。味咸，略苦。略有潮解性，几乎不结块，含有极少量氯化钠杂质时，潮解性急剧增加。密度 2.257 ～ 2.261 g/cm³。折射率 1.503 8（菱形晶），熔点 306.8～308 ℃，沸点 653 ℃。极易溶于液氨，溶于水、甲醇、乙醇，微溶于甘油和丙酮。溶解于水时吸热，在水中溶解度87.4 g/100 g。

2. 化学性质

生成热 −468 kJ/mol。氧平衡按生成 Na_2O 和 N_2 计 +47%。在 380 ℃时开始分解成亚硝酸盐和氧气，400～600 ℃时放出氮气和氧气，加热至 700 ℃时放出一氧化氮，至 775～865 ℃时才有少量二氧化氮和一氧化二氮产生。分解残余物为 Na_2O。分解速度随温度增加，当加热到 1 000 ℃以上时或与还原物特别是氰化物一起加热时，分解放出有毒的烟。与硫酸共热，则生成硝酸及硫酸氢钠。与盐类能起复分解作用。硝酸钠为强氧化剂，有着火爆炸的危险，可摩擦着火。与硫磺和木屑、布、油类等有机物接触，能引起燃烧和爆炸。其主要分解反应式为：

$$2NaNO_3 \rightarrow Na_2O + N_2 \uparrow + 5/2O_2 \uparrow$$

3. 理化指标和检验方法

硝酸钠理化指标和检验方法列于表 6 - 22。

表 6 - 22　硝酸钠理化指标和检验方法

项目		指标		检验方法	检验标准
		优等品	一等品		
硝酸钠($NaNO_3$)(%) ≥		99.9	99.7	杂质减去法	GB/T 4553
水分(%) ≤		0.2	0.5	烘箱干燥法	GB/T 4553
水不溶物(%) ≤		0.004	0.02	重量法	GB/T 4553
氯化物(以 NaCl 计)(%) ≤		0.01	0.04	汞量法/银量法	GB/T 4553
亚硝酸钠($NaNO_2$)(%) ≤		0.01	0.02	氧化还原法	GB/T 4553
碳酸钠(Na_2CO_3)(%) ≤		0.01	0.03	酸碱滴定法	GB/T 4553
硝酸钙[$Ca(NO_3)_2$](%) ≤		0.01	0.03	络合滴定法	GB/T 4553
硝酸镁[$Mg(NO_3)_2$](%) ≤		0.01	0.03	络合滴定法	GB/T 4553
硼酸(H_3BO_3)(%) ≤		0.1	0.2	比色法	GB/T 12684
铁(Fe)(%) ≤		0.002	0.005	分光光度法	GB/T 3049
松散度		90		重量法	GB/T 4553

4. 制备方法

1）吸收法：将稀硝酸生产中排出的尾气（含 $NO+NO_2$ 0.5%～1.5%）从吸收塔底通入，用相对密度为 1.24～1.30、温度为 25～60 ℃的纯碱（Na_2CO_3）溶液，从吸收塔的顶部淋下吸收气体中的氧化氮，得到中和液。将中和液送入转化器中，加入硝酸将亚硝酸钠转化成硝酸钠，转化反应温度维持在 90～105 ℃，同时通入空气搅拌。转化后的溶液，用纯碱溶液中和游离酸，使碱度保持在 0.3 g/L 以下，在常压蒸发至溶液沸点达 123～125 ℃为止，经冷却结晶、离心分离、干燥，制得硝酸钠成品。其反应式如下：

$$Na_2CO_3 + NO + NO_2 \rightarrow 2NaNO_2 + CO_2 \uparrow$$

$$Na_2CO_3 + 2NO_2 \rightarrow NaNO_2 + NaNO_3 + CO_2 \uparrow$$

$$3NaNO_2 + 2HNO_3 \rightarrow 3NaNO_3 + H_2O + 2NO \uparrow$$

反应过程放出的氧化氮气体,可返回硝酸生产系统,制造硝酸。

在硝酸镉、硝酸钴、硝酸镍、硝酸银等硝酸盐生产中,反应过程放出的氧化氮气体,工业上常用烧碱（NaOH）溶液吸收,因其吸收速度较快,得到的中和液,用于生产硝酸钠。

2）复分解法:将 50%～52% 硝酸钙溶液和工业硫酸钠及循环的硝酸钠溶液加入带搅拌的反应器中,在搅拌下于 50～55 ℃ 进行反应 3～4 h,用真空过滤机滤去石膏,滤液再进一步过滤除去杂质,石膏用水洗涤后排出,洗水与滤液合并,一部分返回反应器稀释料浆,一部分蒸发浓缩,经冷却结晶、离心分离、干燥,制得硝酸钠成品。其反应式如下:

$$Ca(NO_3)_2 + Na_2SO_4 \longrightarrow 2NaNO_3 + CaSO_4 \downarrow$$

3）直接提取法:将钠硝石矿破碎至一定粒度,用淡水（或卤水）喷淋堆浸,得到一定浓度的硝酸钠卤水,经冷硝分离芒硝,把卤水送入盐田中进行日晒蒸发,待有钠硝矾（$NaNO_3 \cdot Na_2SO_4 \cdot H_2O$）晶体出现时,经过滤,得到含有钠硝矾的半成品。然后将半成品用一定量的卤水（或结晶母液）加热溶解,过滤除去杂质,滤液冷却结晶,离心分离、干燥,制得硝酸钠成品。母液返回用于加热溶解半成品。

5. 贮存、运输和应用

用内衬聚乙烯塑料编织袋密封包装,包装上应有明显的"氧化剂""防热""防湿"标志。运输过程中要防雨淋和烈日曝晒,不得与纱布、纸张、油、糖、木屑、硫磺、有机物、酸类和碱类及其他氧化剂共贮混运。贮存在阴凉、通风、干燥的库房内。

用于固体推进剂氧化剂。是制造硝酸钾、矿山炸药、苦味酸、染料中间体的原料。玻璃工业中用于生产各种玻璃及其制品的消泡剂、脱色剂、澄清剂及氧化助熔剂。搪瓷工业中用作氧化剂和助熔剂,用于配制珐琅粉。机械工业中用作金属清洗剂,也用于配制黑色金属发蓝剂。冶金工业中用作炼钢和铝合金热处理剂。轻工业中用于制造香烟的助燃剂。医药工业中用作青霉素的培养基。化肥工业中用作适于酸性土壤的速效肥料,特别适用于块根作物,如甜菜和萝卜等。分析化学中用作化学试剂,还用作熔融烧碱的脱色剂。

6. 毒性与防护

粉尘对呼吸器官和皮肤有刺激作用。硝酸钠在体内还原为亚硝酸钠的特性,经常造成变性血红蛋白的形成,在饮用的水中含有 50～100 mg/L 硝酸钠时,血中变性血红蛋白含量明显升高。操作时穿工作服、戴防护口罩、戴乳胶手套。可用水、砂土和各种灭火器扑救,但要避免水溶液与易燃货物接触。

7. 理化分析谱图

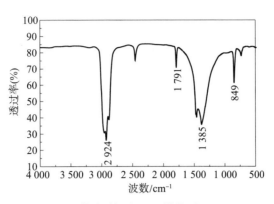

红外光谱图（石蜡糊法）

参 考 文 献

［1］ 化学工业出版社 . 中国化工产品大全：上卷 ［M］. 2 版 . 北京：化学工业出版社，1998：213 - 214.

［2］ 张杏芬 . 国外火炸药原材料性能手册 ［M］. 北京：兵器工业出版社，1991：37 - 38.

［3］ 蒋芸 . 复合固体推进剂原材料毒性与防护 ［M］. 乌鲁木齐：新疆科技卫生出版社，1996：134.

［4］ 宋心琦 . 实用化学化工辞典 ［M］. 北京：宇航出版社，1995：531.

［5］ 全国化学标准化技术委员会无机化工分技术委员会 . 工业硝酸钠：GB/T 4553—2016 ［S］. 北京：中国标准出版社，2016.

第 7 章　增塑剂

程新丽　　徐胜良　　刘琮佩璘

增塑剂是固体推进剂的主要组分之一，增塑剂分为含能增塑剂和惰性增塑剂两种。增塑剂在固体推进剂中的主要作用为：降低粘度以改善推进剂药浆的流变性能，降低玻璃化温度以改善推进剂的低温力学性能，含能增塑剂可以提高推进剂的能量。增塑剂一般要求沸点高、蒸气压低、挥发性小，与粘合剂有良好的互溶性，化学稳定性良好，不影响固化反应。目前主要研究和发展方向是含能增塑剂。

7.1　丙三醇三硝酸酯

中文名称：丙三醇三硝酸酯

英文名称：glyceryl trinitrate

中文别称：甘油三硝酸酯，硝化甘油

英文别称：nitroglycerin（NG）

分子式：$C_3H_5N_3O_9$

相对分子质量：227.1

结构式：如图

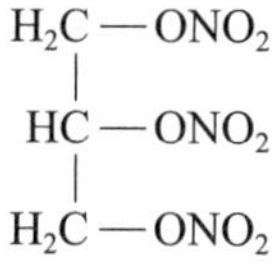

$$
\begin{array}{c}
H_2C-ONO_2 \\
| \\
HC-ONO_2 \\
| \\
H_2C-ONO_2
\end{array}
$$

CAS 登记号：55-63-0

1. 物理性质

无色或微黄色油状粘稠液体，略带甜味。密度 1.59 g/cm³，凝固点 13.1 ℃，熔点 2.9 ℃，沸点 218 ℃，蒸气压 3.3×10⁻⁵ kPa（20 ℃），蒸气密度 7.84 g/L，微溶于水，部分溶于乙醇、苯，可与乙醚、氯仿、丙酮、甲醇混溶。

2. 化学性质

生成焓 ΔH_f 为 $-1\,633$ kJ/kg。受阳光照射、机械冲击、遇热或加热至 260 ℃ 可剧烈爆炸。其分解反应式为

$$4C_3H_5N_3O_9 \rightarrow 12CO_2 + 6N_2 + O_2 + 10H_2O$$

3. 理化指标和检验方法

硝化甘油理化指标和检验方法列于表 7－1。

表 7－1　硝化甘油理化指标和检验方法

项目	指　　标		检验方法
	火药用	炸药用	
外观	无色或淡黄色透明液体		目视法
NG 含量(%)	≥98.0		GC 法
酸度	合格		甲基橙不变红
阿贝尔安定性实验/min	≥30(72 ℃)	≥15(75 ℃)	碘化钾淀粉试纸出现黄棕色
碱度(以 Na₂CO₃计)(%)	≤0.010	≤0.005	酸碱滴定法
水分(%)	不测定	≤0.5	变色硅胶干燥重量法

4. 制备方法

在浓硫酸催化下，甘油与浓硝酸常温发生酯化反应，生成三硝酸甘油酯。用水洗分离酸，油状物碳酸钠中和后用水洗至中性，分层，取下层油状物。

$$C_3H_5(OH)_3 + 3HNO_3 \xrightarrow{H_2SO_4} C_3H_5(ONO_2)_3 + 3H_2O$$

5. 贮存、运输和应用

用棕色瓶子盛放。运输过程中要确保容器不泄漏、不倒塌、不坠落、不损坏。车速要加以控制，避免颠簸、振荡。运输途中应防曝晒、雨淋，防高温。贮存于阴凉、干燥、通风的专用爆炸品库房。远离火种、热源。库温不宜超过 30 ℃。存放处不能放强氧化剂、活性金属粉末、酸类且通风要良好，室温要较低。

在固体推进剂中作为含能增塑剂。广泛用于制造炸药和治疗心绞痛药物，也是优良溶剂。硝化甘油可以掺加其他硝酸酯，如：硝化乙二醇、硝化二乙二醇、硝化三乙二醇等，作为混合硝酸酯用于火药和炸药生产。

6. 毒性与防护

属于中等毒性，可经皮肤、粘膜和呼吸道吸收。引起血管扩张及形成高铁血红蛋白血症，引起血压下降，头痛，心率加快，心搏出量增加，血液重新分配。反复接触可产生耐受性。

侵入眼睛，应立即用清水冲洗干净，对皮肤污染可用10％硫代硫酸钠溶液或肥皂水清洗，如食入，应洗胃，大量饮水。再用泻盐导泻。中毒引起头痛，可适量应用肾上腺素和酒石酸缓泻。

7. 理化分析谱图

（1）红外光谱图

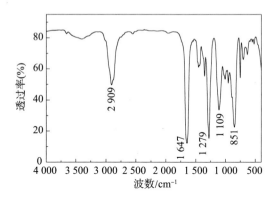

（2）质谱图

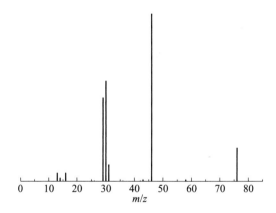

（3）热分析谱图

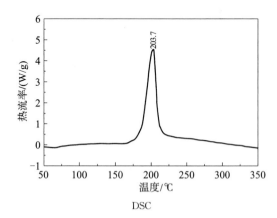

DSC

参 考 文 献

［1］ 蒋芸. 复合固体推进剂原材料毒性与防护 ［M］. 乌鲁木齐：新疆科技卫生出版社，1996：99.

［2］ A 达维纳. 固体火箭推进剂技术 ［M］. 张德雄，等译. 北京：宇航出版社，1997：380 - 381.

［3］ 侯林法. 复合固体推进剂 ［M］. 北京：宇航出版社，1994：107.

［4］　韩光烈，黎留鑫，戴安全，等 . 硝化甘油规范：GJB 2012—1994［S］. 1994.

［5］　邹月琴，王建平，樊聪枫，等 . 火药性能试验方法 阿贝尔安定性试验：GJB 771.201—1991［S］. 1991.

［6］　党云飞，卫芝贤，岳盼，等 . 硝化甘油废水处理的研究进展［J］. 精细化工中间体，2018，48（6）：6 - 11.

［7］　温晓燕，陈曼，严蕊，等 . 硝化甘油生产过程中硝化酸的快速检测方法［J］. 火炸药学报，2018，41（6）：599 - 604.

［8］　唐杰，魏应东，吴兴龙，等 . 微反应系统合成硝化甘油的工艺研究［J］. 爆破器材，2020，49（5）：36 - 41.

7.2　1，2，4 -丁三醇三硝酸酯

中文名称：1，2，4 -丁三醇三硝酸酯

英文名称：1，2，4 - butanetriol trinitrate

英文别称：BTTN

分子式：$C_4H_7O_9N_3$

相对分子质量：241.1

结构式：如图

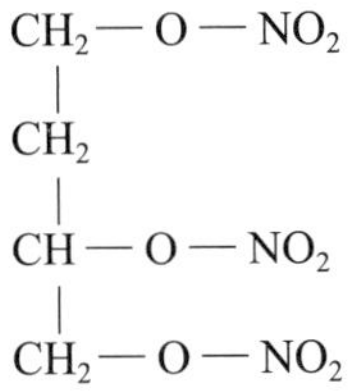

$$
\begin{array}{l}
CH_2 - O - NO_2 \\
| \\
CH_2 \\
| \\
CH - O - NO_2 \\
| \\
CH_2 - O - NO_2
\end{array}
$$

CAS 登记号：6659 - 60 - 5

1. 物理性质

BTTN 为淡黄色油状液体，密度为 1.52 g/cm³。熔点为 - 27 ℃，60 ℃挥发性为 46 mg/(cm² • h)，折射率 n_{20}^D 为 1.473 8，粘度为 0.059 Pa • s (25 ℃)。37.7 ℃和 95% 相对湿度、24 h 吸湿性 0.14%。微溶于水，在水中溶解度为 0.08 g/100 g 水（20 ℃），0.15 g/100 g 水（60 ℃）。与醇、醚、醋酸、酮类物质及 2:1 乙醚-醇互溶，溶于四氢呋喃、乙腈。

2. 化学性质

生成热为 - 1 553.10 kJ/kg（定压），- 1 553.10 kJ/kg（定容）。生成焓 ΔH_f（等压）- 1 185 J/g。摩擦感度 20%，50% 爆发临界冲击能 5.8J。真空稳定性（200 h）为 1.7 cm³/g（80 ℃），16 cm³/g（100 ℃）。爆热 5941.28 kJ/kg，燃烧热 9 070.91 kJ/kg，爆发点 5 s 230 ℃（分解）。受阳光照射、机械冲击、遇热或加热可剧烈爆炸。其分解反应式为

$$2C_4H_7N_3O_9 \rightarrow 8CO + 3N_2 + 3/2O_2 + 7H_2O$$

3. 理化指标和检验方法

BTTN 理化指标和检验方法列于表 7-2。

表 7-2　BTTN 理化指标和检验方法

项目	指标	检验方法
外观	无色或淡黄色透明液体	目视法
BTTN 含量(%)	≥98	GC 法
酸度	合格	甲基橙不变红
阿贝尔安定性实验/min	≥30(72 ℃) ≥15(75 ℃)	碘化钾淀粉试纸出现黄棕色

4. 制备方法

将 1,2,4-丁三醇用硝酸和硫酸混合酸硝化而制得。硝酸和硫酸混合酸硝化的最佳反应条件为：95%硝酸与98%硫酸的质量比为 45:55，混酸与 BT 的质量比为 7:1，硝化温度为 20 ℃，硝化时间为 30 min。用水分离酸，无水碳酸钠中和油状物后用水洗至中性，分层，取下层油状物。BTTN 收率为 79.7%。

$$HOCH_2CH_2\underset{\overset{|}{OH}}{CH}CH_2OH + 3HNO_3 \xrightarrow{H_2SO_4} O_2NOCH_2CH_2\underset{\overset{|}{ONO_2}}{CH}CH_2ONO_2 + 3H_2O$$

5. 贮存、运输和应用

密封包装，竖放，防止泄露。贮存库房低温，干燥，通风，防火。建议的贮存温度：-20 ℃。轻拿轻放，防止振动和摩擦。

用作复合固体推进剂的增塑剂。BTTN 一般不单独储存和使用，常和硝化甘油不同比例混合，常用的比例二者为 1:1。可以取代硝化甘油（NG）改善推进剂的低温力学性能，提高使用安全性。BTTN 的凝固点是 -27 ℃，不容易出现冻结问题，用它作增塑剂可以有效避免固体推进剂发生低温脆变。用于制造炸药。

6. 毒性与防护

BTTN 与硝化甘油相似，具有降低血压、扩张血管及形成高铁血红蛋白的作用。侵入眼睛，应该立即用清水冲洗，对皮肤的污染可用 10%硫代硫酸钠溶液或肥皂水清洗，如食入，应洗胃，大量饮水，再用泻盐导泻，但不要促使昏迷病人呕吐。大量吸入时，应迅速将病人脱离现场，移至新鲜空气处，必要时进行人工呼吸，中毒引起头痛，可适量应用肾上腺素和酒石酸缓解，或应用咖啡因和苯甲酸钠 0.5 mg，再用 10 mg 安非他明，配合对症治疗。

7. 理化分析谱图

（1）红外光谱图

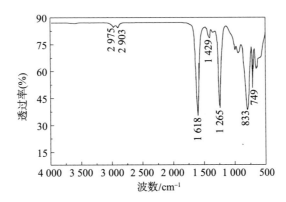

（2）质谱图

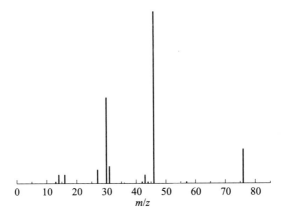

（3）热分析谱图

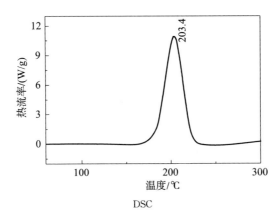

DSC

参 考 文 献

［1］　张杏芬. 国外火炸药原材料性能手册［M］. 北京：兵器工业出版社，1991：106 – 107.

［2］　蒋芸. 复合固体推进剂原材料毒性与防护［M］. 乌鲁木齐：新疆科技卫生出版社，1996：98.

［3］ 侯林法. 复合固体推进剂［M］. 北京：宇航出版社，1994：300－301.

［4］ A 达维纳. 固体火箭推进剂技术［M］. 张德雄，等译. 北京：宇航出版社，1997：452，498－500.

［5］ 邹月琴，王建平，樊聪枫，等. 火药性能试验方法 阿贝尔安定性试验：GJB 771.201—1991 ［S］. 1991.

［6］ 田林祥，李春清. 硝化甘油和 1，2，4 - 丁三醇三硝酸酯的气相色谱分析［J］. 北京理工大学学报，1992（S1）：54－60.

［7］ 赵郑通，田林祥. 硝化甘油和 1，2，4 - 丁三醇三硝酸酯的高效液相色谱分析［J］. 火炸药，1992（3）：41－43.

7.3 二缩三乙二醇二硝酸酯

中文名称：二缩三乙二醇二硝酸酯

英文名称：triethylene glycol dinitrate

中文别称：三甘醇二硝酸酯，硝化三乙二醇

英文别称：glyceryl trinitrate，TEGDN，2 -［2 -（2 - nitrooxyethoxy）ethoxy］ethyl nitrate

分子式：$C_6H_{12}O_8N_2$

相对分子质量：240.18

结构式：如图

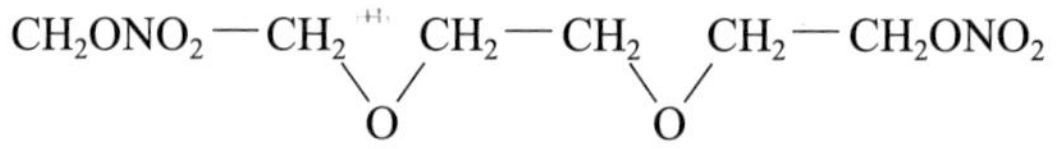

$$CH_2ONO_2—CH_2 \overset{+}{\underset{O}{|}} CH_2—CH_2 \quad CH_2—CH_2ONO_2$$
$$\underset{O}{|}$$

CAS 登记号：111 - 22 - 8

1. 物理性质

TEGDN 为淡黄色油状液体，密度 1.33g/cm³（20 ℃），熔点 －25 ℃，沸点 280 ℃，折射率 1.454 0（20 ℃），微溶于水，溶于乙醚、乙酸、2：1 乙醚/乙醇、二硫化碳、四氢呋喃和乙腈。

2. 化学性质

生成热 －631.366 kJ/mol（定压），－2 414.49 kJ/mol（定容）。生成焓为 －2 621 J/g（等压）。爆燃点 245 ℃，爆发点 5 s（223 ℃），爆温 1 827 ℃，爆热 2 827.38 kJ/mol，爆炸分解热 2 510.4kJ/kg，热值 Q_a 为 ＋2 579 J/g。易燃，燃烧热 3427.53 kJ/mol（定压），燃烧产物为 CO、CO_2 和氮的氧化物。遇热或加热可剧烈分解。其燃烧和分解反应式为

$$C_6H_{12}O_8N_2 + 5O_2 \rightarrow 4CO + 2CO_2 + 2NO_2 + 6H_2O$$
$$C_6H_{12}N_2O_8 \rightarrow 6CO + N_2 + 4H_2 + 2H_2O$$

3. 理化指标和检验方法

TEGDN 理化指标和检验方法列于表 7 - 3。

表 7 - 3　TEGDN 理化指标和检验方法

项目	指标	检验方法
TEGDN 含量(%)	$\geqslant 98.0$	GC 法
水分(%)	$\leqslant 0.5$	变色硅胶干燥重量法
酸度(以 H_2SO_4 计)(%)	$\leqslant 0.02$	酸碱滴定法
皂化值(以 Na_2O 计)(%)	$\leqslant 0.05$	酸碱滴定法
沸程	295 ℃蒸馏出 90%	沸程计

4. 制备方法

在浓硫酸催化下，温度控制在 $20\sim25$ ℃，反应 $5\sim15$min，二缩三乙二醇与浓硝酸快速发生酯化反应硝化，生成 TEGDN。经 15 ℃冷水洗涤除去酸性酯中的绝大部分硝酸和未完全反应的醇，碳酸钠碱水洗涤洗去硝酸酯中带酸性的有机杂质，热水洗涤洗掉硝酸酯中残留的碱和剩余的有机物，经过沉淀、除水，得到 TEGDN 纯品。

$$C_6H_{10}O_2(OH)_2 + 2HNO_3 \xrightarrow{H_2SO_4} C_6H_{10}O_2(ONO_2)_2 + 2H_2O$$

5. 贮存、运输和应用

用交通运输部 2A 型聚乙烯桶包装，再装入交通运输部规格 6J 型金属桶中，每个金属桶的外边用一个开口的钢制桶装运，运输过程中按照危险品规定，轻拿轻放，防止颠簸和碰撞，防止雨淋和太阳曝晒。贮存于干燥通风的地方，远离热源。

用于高能固体推进剂增塑剂。TEGDN 挥发性比一缩二乙二醇二硝酸酯小，是硝化纤维素的低感爆炸增塑剂，对硝化纤维素有较好的增塑能力，特别适用于生产低热值的双基发射药，并用于制造火炸药和烟火药。

6. 毒性与防护

TEGDN 最大允许浓度：0.2×10^{-6}。通过吸入、皮肤接触或吞入而被身体吸收。与其他脂肪族硝酸酯相似，所不同的仅仅是程度、发作情况和持续效果。其症状为头痛、恶心、血管扩张以及血压降低。严重的中毒可导致中枢神经系统衰弱、昏迷以及呼吸器官麻痹。中毒症状为产生剧烈的头痛，可由于耐力的增加而减轻。但脱离此工作几天后，这种耐力就中止。为了减少吸入的危险，必须进行通风。戴防护手套和围裙，有助于防止皮肤接触。由于脂肪硝酸酯可以渗透橡胶，所以手套要经常更换。用肥皂和水彻底清洗，以减少皮肤的吸收。不能使用酒精和其他溶剂作为皮肤清洗剂。

7. 理化分析谱图

（1）红外光谱图

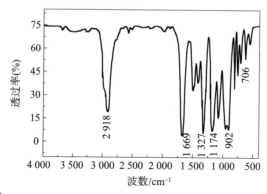

（2）核磁共振谱图

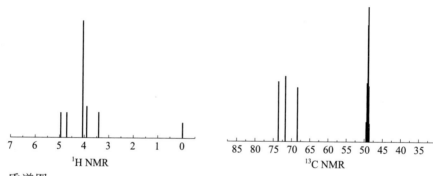

（3）质谱图

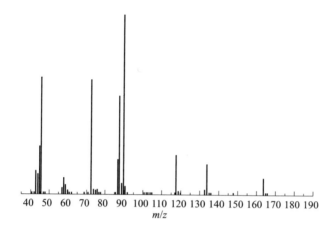

（4）热分析谱图

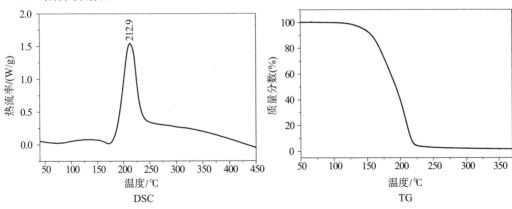

DSC　　　　　　　　　　　　　　　　　　　TG

参 考 文 献

［1］　张杏芳. 国外火炸药原材料性能手册 ［M］. 北京：兵器工业出版社，1991：100-102.

［2］　A 达维纳. 固体火箭推进剂技术 ［M］. 张德雄，等译. 北京：宇航出版社，1997：498-500.

［3］　HUANG XIAORUI, LUO QINGPING, ZHU JUAN, et al. Development rheological and thermal properties of a novel propellant RDX/TEGDN/NBC ［J］. SN Applied Sciences，2020，2 (12)：2041.

［4］　张小军，冯渐超，何小民，等. 工业化生产 NG/TEGDN 混合硝酸酯的硝化及洗涤过程研究 ［J］. 化学推进剂与高分子材料，2019，17 (4)：60-65.

［5］　陈爽. 标准物质候选物 TEGDN 和 DEGDN 的研制与定值 ［D］. 绵阳：西南科技大学，2019.

［6］　陈沛，赵凤起，李上文，等. 二缩三乙二醇二硝酸酯的热分解性能 ［J］. 火工品，1999 (3)：5-10.

7.4　三羟甲基乙烷三硝酸酯

中文名称：三羟甲基乙烷三硝酸酯

英文名称：trimethylolethane trinitrate

中文别称：甲基异丁三醇三硝酸酯；1，3-丙二醇-2-（羟甲基）-2-甲基-三硝酸酯

英文别称：TMETN

分子式：$C_5H_9O_9N_3$

相对分子质量：255.13

结构式：如图

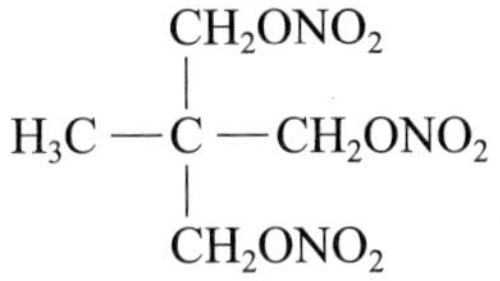

$$
\begin{array}{c}
CH_2ONO_2 \\
| \\
H_3C —C—CH_2ONO_2 \\
| \\
CH_2ONO_2
\end{array}
$$

CAS 登记号：3032-55-1

1. 物理性质

TMETN 为淡黄色浓稠透明油状液体，密度为 1.45～1.47 g/cm³（20 ℃），熔点为

－3 ℃，沸点为 182 ℃，折射率为 1.475 2（25 ℃），粘度为 0.156 Pa·s（20 ℃），可与乙醚、丙酮互混，溶于醇和许多其他有机溶剂，不溶于水和 95％的硫酸。

2. 化学性质

生成热为－1 600 kJ/kg（定压），－1 627.576 kJ/mol（定容），182 ℃开始分解，爆燃点 182 ℃，热值（Q_a）为＋5 108 J/g。易燃，燃烧热 10 978 kJ/kg，燃烧产物 CO、CO_2 和氮的氧化物。爆发点 5 s（235 ℃），爆温 3 227 ℃，爆热 5 171.42 kJ/kg，其燃烧和分解反应式为：

$$2C_5H_9O_9N_3 + 9O_2 \rightarrow 5CO + 5CO_2 + 6NO_2 + 9H_2O$$

$$2C_5H_9O_9N_3 \rightarrow 6CO + 4CO_2 + 3N_2 + 5H_2 + 4H_2O$$

3. 理化指标和检验方法

TMETN 理化指标和检验方法列于表 7-4。

表 7-4　TMETN 理化指标和检验方法

项目	指标	检验方法
TMETN 含量(％)	≥98.0	GC 法
水分(％)	≤0.5	变色硅胶干燥重量法
酸度(以 H_2SO_4 计)(％)	≤0.02	酸碱滴定法
皂化值(以 Na_2O 计)(％)	≤0.05	酸碱滴定法

4. 制备方法

以三羟甲基乙烷为原料，先将浓硫酸加入反应瓶中，依次加入浓硝酸、20％～40％的三羟甲基乙烷水溶液进行硝化。产物用二氯甲烷萃取，再用水洗涤 3 次，减压除二氯甲烷，得 TMETN。

$$\begin{array}{c}CH_2OH \\ | \\ H_3C-C-CH_2OH \\ | \\ CH_2OH\end{array} + 3HNO_3 \xrightarrow{H_2SO_4} \begin{array}{c}CH_2ONO_2 \\ | \\ H_3C-C-CH_2ONO_2 \\ | \\ CH_2ONO_2\end{array} + 3H_2O$$

5. 贮存、运输和应用

用内衬聚乙烯桶盛装，外面用钢桶进行装运。贮存于通风良好的防爆仓库。

TMETN 用一种可与之混溶的且溶于水的惰性稀释剂使之钝感后，就可以用普通的运输工具运输，以后用水稀释溶液，就可以使硝酸酯分离出来。

用作固体推进剂含能增塑剂。TEMTN 较硝化甘油撞击感度小，摩擦感度小，热安定性好。比硝化甘油制成的推进剂具有较好的机械强度，而且对温度的适应性较好。燃烧特性类似硝化甘油制成的推进剂。与硝化甘油混合使用可改进双基推进剂在高低温时的力学性能。它与三乙二醇二硝酸酯混合作为硝化纤维素的增塑剂。

6. 毒性与防护

毒性比硝化甘油小。通过皮肤或肺的吸收可引起血压降低及心动过速。它的蒸气被皮肤吸收会如硝化甘油那样引起头痛，和硝化甘油一样可以缓解心脏病。

7. 理化分析谱图

（1）红外光谱图

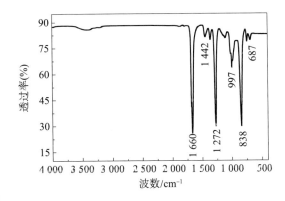

（2）热分析谱图

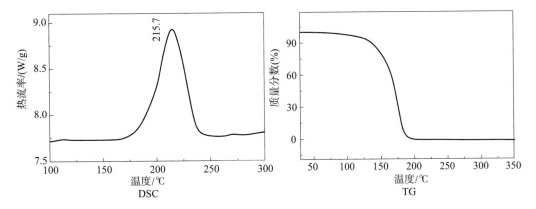

参 考 文 献

［1］　张杏芳. 国外火炸药原材料性能手册［M］. 北京：兵器工业出版社，1991：108-110.

［2］　A 达维纳. 固体火箭推进剂技术［M］. 张德雄，等译. 北京：宇航出版社，1997：452，498-500.

［3］　蒋芸. 复合固体推进剂原材料毒性与防护［M］. 乌鲁木齐：新疆科技卫生出版社，1996：98.

［4］　徐琰璐，薛金强，刘飞，等. 三羟甲基乙烷三硝酸酯的合成及应用［J］. 化学推进剂与高分子材料，2014，12（6）：70-72.

［5］　陈斌，汪伟，汪营磊，等. 一种三羟甲基乙烷三硝酸酯的制备方法：201711106759.8［P］. 2018-01-23.

［6］　赵凤起，陈沛，李上文，等. 三羟甲基乙烷三硝酸酯的热分解性能研究［J］. 火炸药学报，1999（3）：3-5.

［7］　田宇. TMETN 及 NGEC 在发射药中的应用研究［D］. 南京：南京理工大学，2019.

7.5　一缩二甘油四硝酸酯

中文名称：一缩二甘油四硝酸酯

英文名称：diglycerol tetranitre

中文别称：四硝二甘油，二甘油四硝酸酯

英文别称：DGTN

分子式：$C_6H_{10}N_4O_{13}$

相对分子质量：346.16

结构式：如图

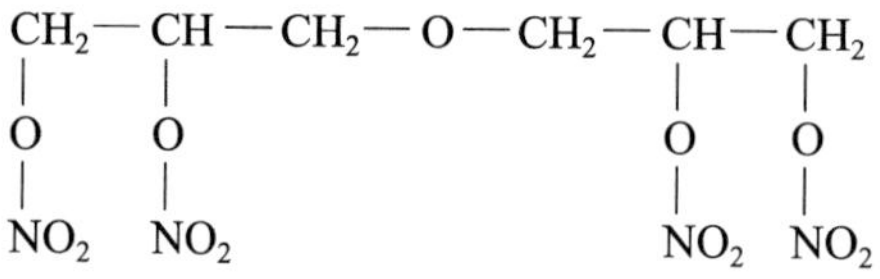

$$CH_2—CH—CH_2—O—CH_2—CH—CH_2$$
$$|\quad\quad|\quad\quad\quad\quad\quad\quad|\quad\quad|$$
$$O\quad\quad O\quad\quad\quad\quad\quad\quad O\quad\quad O$$
$$|\quad\quad|\quad\quad\quad\quad\quad\quad|\quad\quad|$$
$$NO_2\quad NO_2\quad\quad\quad\quad NO_2\quad NO_2$$

CAS 登记号：20600 - 96 - 8

1. 物理性质

黄色粘性油状液体。密度 1.52 g/cm³。不吸湿，不溶于水，易溶于乙醇和乙醚。

2. 化学性质

DGTN 的爆热 5 284 kJ/kg。氧平衡量 8.5%，撞击感度 1.5 N·m。分解峰温在 199~208 ℃之间，表观热分解活化能为 164.4 kJ/mol，受撞击、摩擦，遇明火或其他点火源极易燃烧爆炸。燃烧分解产物有 CO_2、CO、NO_2、NO、CH_4 和 H_2O，还有少量 CH_2O 生成。主要分解和燃烧反应式如下：

$$C_6H_{10}N_4O_{13} \rightarrow 4CO + 4NO + 3H_2O + CH_4 + CO_2$$

$$C_6H_{10}N_4O_{13} + 6O_2 \rightarrow 6CO_2 + 4NO_2 + 5H_2O$$

3. 理化指标和检验方法

DGTN 理化指标和检验方法列于表 7 - 5。

表 7 - 5　DGTN 理化指标和检验方法

项目	指标	检验方法
DGTN 含量（%）	≥98.0	GC 法
水分（%）	≤0.5	卡尔·费休法
酸度（以 H_2SO_4 计），%	≤0.02	酸碱滴定法

4. 制备方法

以硝酸铵为硝化剂，浓硫酸为脱水剂，一缩二甘油为前驱体，制备一缩二甘油四硝酸酯（DGTN）。

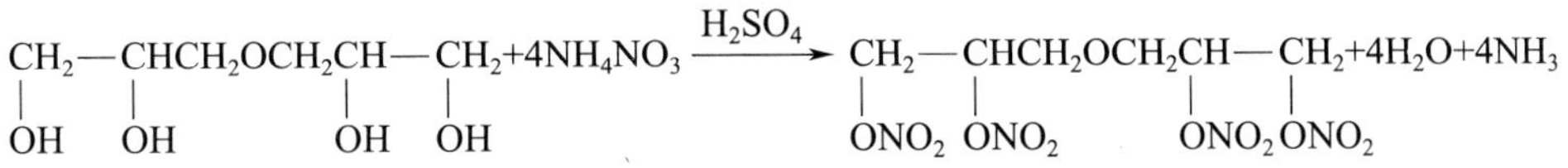

$$CH_2-CHCH_2OCH_2CH-CH_2+4NH_4NO_3 \xrightarrow{H_2SO_4} CH_2-CHCH_2OCH_2CH-CH_2+4H_2O+4NH_3$$

（结构式中：左侧各取代基为 OH OH OH OH，右侧各取代基为 ONO₂ ONO₂ ONO₂ ONO₂）

5. 贮存、运输和应用

用内衬聚乙烯桶盛装，外面用钢桶进行装运。贮存于阴凉、干燥、通风的爆炸品专用库房。远离火种、热源。应与氧化剂、活性金属粉末、酸类、食用化学品分开存放，切忌混储。采用防爆型照明、通风设施。禁止使用易产生火花的机械设备和工具。储区应备有泄漏应急处理设备和合适的收容材料。禁止振动、撞击和摩擦。

用作固体推进剂含能增塑剂。用作炸药和火药。

6. 毒性与防护

少量吸收即可引起剧烈的搏动性头痛，常有恶心、心悸，有时有呕吐和腹痛，面部发热、潮红，较大量产生低血压、抑郁、精神错乱。饮酒后，上述症状加剧，并可发生躁狂。皮肤、眼睛接触，用流动清水冲洗。吸入，迅速脱离现场至空气新鲜处。食入，饮足量温水，催吐、洗胃、导泻。如呼吸困难，应输氧。呼吸、心跳停止，立即进行心肺复苏术，就医。

消防人员须戴好防毒面具，在安全距离以外，在上风向用水或雾状水灭火，禁止用砂土压盖。遇大火切勿轻易接近。

7. 理化分析谱图

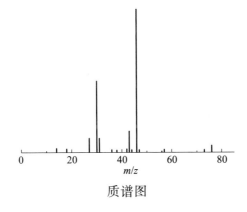

质谱图

参 考 文 献

[1]　王毅，宋小兰，刘晨丽，等．含能增塑剂—缩二甘油四硝酸酯的基本性能 [J]．固体火箭技术，2019，42（2）：198－204．

7.6　1，2-丙二醇二硝酸酯

中文名称：1，2-丙二醇二硝酸酯

英文名称：1，2－propanediol dinitrate

中文别称：丙二醇二硝酸酯；1，2-二硝酸丙二醇酯；丙烷-1，2-二硝酸酯

英文别称：PDN

分子式：$C_3H_6N_2O_6$

相对分子质量：166.1

结构式：如图

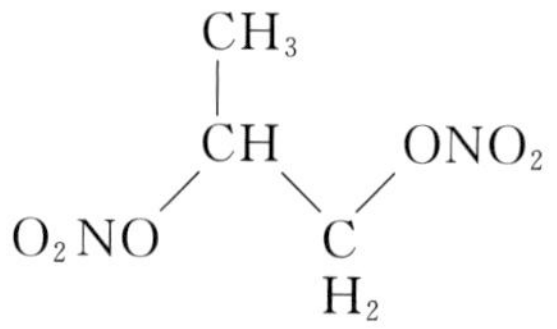

$$
\begin{array}{c}
CH_3 \\
| \\
O_2NO-CH \qquad ONO_2 \\
\quad\ \backslash\quad / \\
C \\
| \\
H_2
\end{array}
$$

CAS 登记号：6423－43－4

1. 物理性质

无色透明液体。密度为 1.423 g/cm³，熔点为－31 ℃，沸点为 189.1 ℃，蒸气压为 80 Pa（25 ℃），折射率为 1.451，易溶于有机溶剂而不溶于水。

2. 化学性质

闪点 84.3 ℃（闭口），98.5 ℃（开口），标准焓为－296.9 kJ/mol（25 ℃），爆热为 4 640.06 kJ/kg。可燃，易于与氧化剂反应。在碱中水解，反应式如下

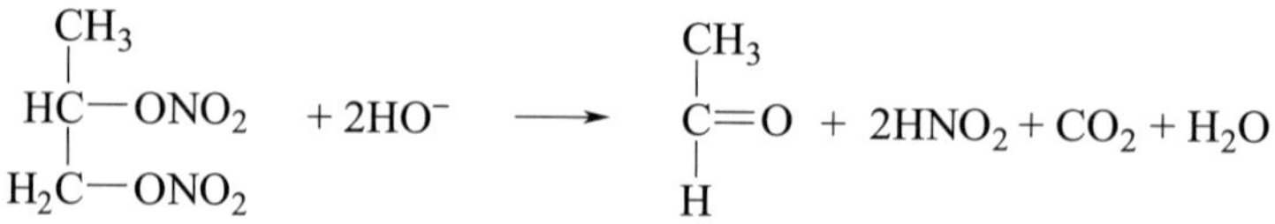

$$
\begin{array}{c}
CH_3 \\
| \\
HC-ONO_2 \\
| \\
H_2C-ONO_2
\end{array}
\ +2HO^- \longrightarrow
\begin{array}{c}
CH_3 \\
| \\
C=O \\
| \\
H
\end{array}
\ +\ 2HNO_2+CO_2+H_2O
$$

3. 理化指标和检验方法

PDN 理化指标和检验方法列于表 7－6。

表 7 - 6　PDN 理化指标和检验方法

项目	指标	检验方法
纯度(%)	99.70~100.30	氮素(气体)测定器法
氮(%)	16.82~16.92	元素分析仪法
酸度(按硫酸计)(%)	≤0.001	酸碱滴定
碱度(按碳酸钠计)(%)	≤0.001	酸碱滴定
水分(%)	≤0.50	卡尔·费休法
安定性/min	≥10	82 ℃下碘化钾淀粉试纸出现黄棕色

4. 制备方法

1) 反应物环氧丙烷在溶剂 CH_2Cl_2 中用 N_2O_5 进行硝化反应，反应时间 5 min，反应温度为 10~15 ℃，得到 PDN。反应方程式如下：

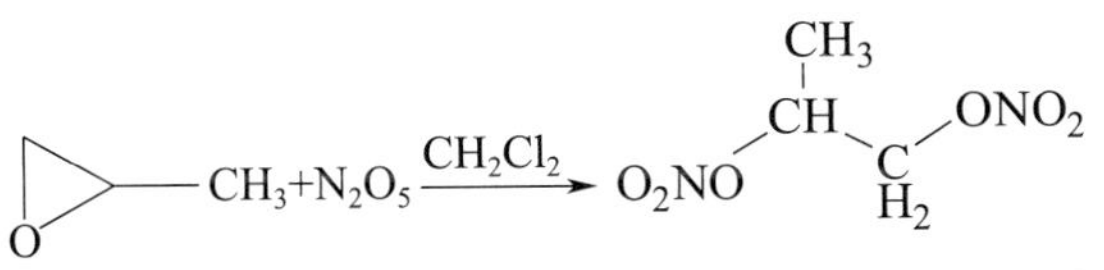

2) 以 1，2 -丙二醇为原料，在硝酸、硫酸混酸中进行硝化反应，得到 PDN。反应方程式如下：

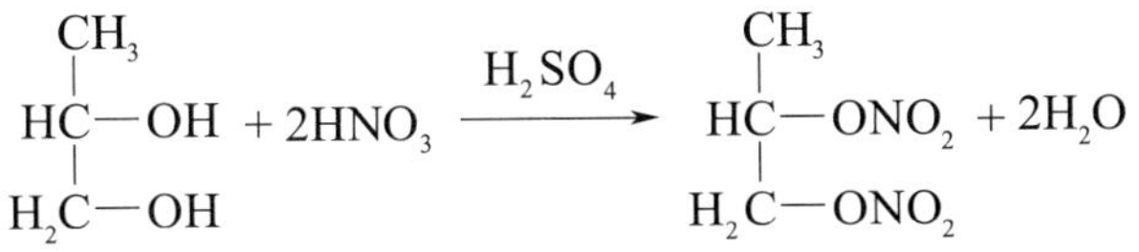

5. 贮存、运输和应用

采用聚乙烯塑料桶包装，贮存时上面覆盖 30 mm 水层，并放在阴凉、干燥处。储存的地方必须远离氧化剂。禁止振动、撞击和摩擦。运输过程中要确保容器不泄漏、不倒塌、不坠落、不损坏。不得与酸、碱、盐类、氧化剂、易燃可燃物、自燃物品、金属粉末等危险物品及钢铁材料器具混装。

用作固体推进剂含能增塑剂，亦用于炸药及爆炸性药品。广泛用作油墨、油漆、塑料、香料等工业的溶剂，如汽车烤漆中作为迟延性溶剂及酚醛树脂烘烤涂料的溶剂。

6. 毒性与防护

人吸收引起头痛，刺激眼结膜，均属于急性毒性。经动物皮下实验，能引起动物一般活动能力降低，如嗜睡，影响肺部、胸部、呼吸，血液毒性主要是形成高铁血红蛋白-碳氧血红蛋白血症。

7. 理化分析谱图

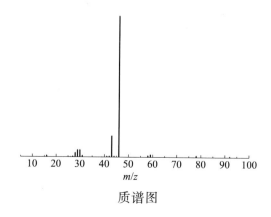

质谱图

参 考 文 献

［1］ 张杏芬 . 国外火炸药原材料性能手册［M］. 北京：兵器工业出版社，1991：102 - 103.

［2］ GOLDING P，MILLAR R W，PAUL N C，et al. Nitration by Oxides of Nitrogen，part 6：Preparation of Dinitrates and Polynitrates by Ring - Opening Nitration of Epoxides by Dinitrogen Pentoxide（N_2O_5）［J］. Tetrahedron，1993，49（32）：7037 - 7050.

［3］ 石飞，王庆法，张香文，等 . 1，2 -丙二醇二硝酸酯的绿色合成［J］. 火炸药学报，2007（2）：75 - 77.

［4］ 冉茂书 . 汽提法处理 1，2 -丙二醇二硝酸酯废水［J］. 化工环保，1988（3）：184 - 185.

［5］ 段慎修，施晓保，车小玲，等 . 分光光度法测定废水中 1，2 -丙二醇二硝酸酯（PGDN）的研究［J］. 环境污染与防治，1987（5）：40 - 42.

［6］ 汪营磊，刘卫孝，汪伟，等 . 微反应技术合成不敏感硝酸酯增塑剂 TMETN 和 PGDN［J］. 火炸药学报，2018，41（4）：359 - 362，368.

［7］ 黄文源，陈丽姝，栗廷栋 . 1，2 -丙二醇二硝酸酯：GJB 784 — 1989［S］. 北京：国防科学技术委员会，1989.

7.7　缩水甘油硝酸酯

中文名称：缩水甘油硝酸酯

英文名称：nitroglycide

中文别称：硝化缩水甘油

分子式：$C_3H_5O_4N$

相对分子质量：119.1

结构式：如图

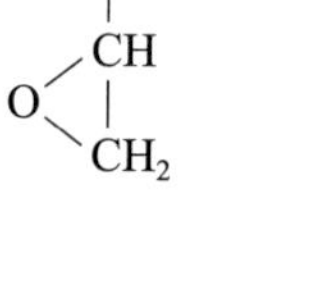

H₂C — ONO₂

O⟨ CH / CH₂

1. 物理性质

无色，和水一样清澈的液体。密度为 1.143 g/cm^3，熔点为 −54 ℃，沸点为 38～40 ℃（395～656 Pa），折射率：1.430～1.434，闪光点 72 ℃。极易挥发，不吸湿，溶于水（20 ℃时 5 g/100 g），可与乙醇、乙醚、丙酮、醋酸乙酯和硝化甘油混溶。

2. 化学性质

生成热为 −240.16 kJ/kg。能被热水水解。与浓硫酸接触时产生激烈反应，与浓硝酸反应放出大量的热，并生成硝化甘油和甘油二硝酸酯。

3. 理化指标和检验方法

缩水甘油硝酸酯理化指标和检验方法列于表 7－7。

表 7－7　缩水甘油硝酸酯理化指标和检验方法

项目	指标	检验方法
外观	白色或浅灰色结晶	目视法
含量(%)	≥98	GC 法
酸度	合格	甲基橙不变红
阿贝尔安定性实验/min	≥30(72 ℃) ≥15(75 ℃)	碘化钾淀粉试纸出现黄棕色

4. 制备方法

1）甘油氯醇法：由氯丙二醇在碱存在下反应而得。反应在 0 ℃左右进行，反应混合物分离出盐类后用减压蒸馏精制，即得纯缩水甘油，缩水甘油经硝酸硝化得缩水甘油硝酸酯。

2）烯丙醇法：用过氧化氢或过乙酸对烯丙醇环氧化可获得缩水甘油。采用过乙酸为环氧化剂时，反应速度较快，产物中缩水甘油极易与乙酸反应生成缩水甘油乙酸酯，使蒸馏分离困难，而且缩水甘油和乙酸的混合物在室温下能发生强烈放热反应引起爆炸，因此该法在工业上应用困难很大。过氧化氢作环氧化剂时，采用六价钨酸为催化剂，反应温度40～45 ℃，原料的摩尔配比为水∶烯丙醇∶过氧化氢＝33.5∶1.5∶1.0，过氧化氢催化剂用量为 1.5～2.0 g/mol，反应混合物 pH 值 4～5，反应停留时间为 2.5～3 h。缩水甘油经硝酸硝化得缩水甘油硝酸酯。

5. 贮存、运输和应用

用玻璃瓶子盛放。运输过程中要确保容器不泄漏、不倒塌、不坠落、不损坏。贮存温度 2～8 ℃，存放在通风良好的地方。保持容器密闭。不得与酸、碱、盐类、氧化剂、易燃可燃物、自燃物品、金属粉末等危险物品及钢铁材料器具混装。

用作固体推进剂含能增塑剂，可作为硝化纤维素的优良的增塑剂。用作天然油和乙烯基聚合物、破乳剂、染色分层剂的稳定剂，用于表面涂料、化学合成、杀菌剂。

6. 毒性与防护

吞咽和皮肤接触有害，可造成皮肤和眼刺激。吸入会中毒，可引起呼吸道疾病和导致遗传性缺陷，有致癌的可能。戴防护手套，穿防护服，戴防护眼罩、防护面具。

7. 理化分析谱图

（1）红外光谱图

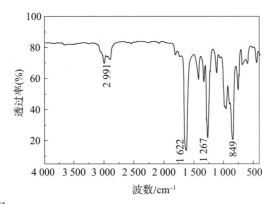

（2）核磁共振谱图

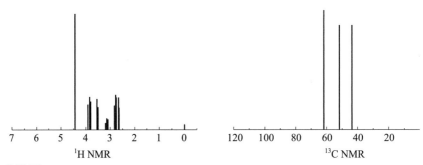

（3）质谱图

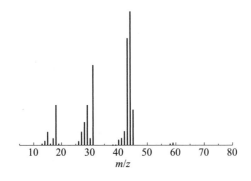

参 考 文 献

［1］ 张杏芬. 国外火炸药原材料性能手册［M］. 北京：兵器工业出版社，1991：111－112.

［2］ 邱少君，甘孝贤，樊慧庆. 缩水甘油硝酸酯的一锅法合成（英文）［J］. 含能材料，2005，13（4）：
　　 211－213.

［3］ 王庆法，石飞，张香文，等. 缩水甘油硝酸酯的绿色合成［J］. 火炸药学报，2009，32（2）：
　　 14－16.

［4］ 莫洪昌，甘孝贤，卢先明，等.. 缩水甘油醚硝酸酯的合成及表征［J］. 含能材料，2009，17（4）：
　　 396－398.

［5］ 韩世民，王伟，薛金强，等. 缩水甘油醚硝酸酯合成研究［J］. 化学推进剂与高分子材料，2011，
　　 9（5）：32－34.

7.8　邻苯二甲酸二环己酯

中文名称：邻苯二甲酸二环己酯
英文名称：diocyclohexyl phthalate
中文别称：酞酸二环己酯
英文别称：DCHP
分子式：$C_{20}H_{26}O_4$
相对分子质量：330
结构式：如图

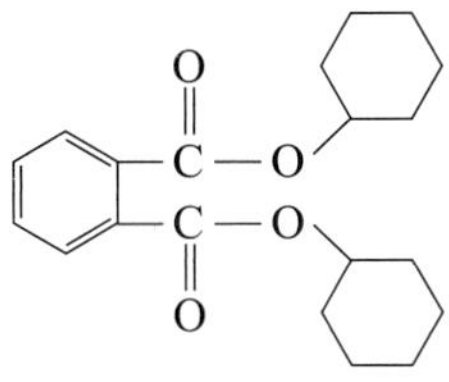

CAS 登记号：84－61－7

1. 物理性质

微具芳香气味的白色结晶粉末，凝固点 58 ℃，熔点 58～65 ℃，沸点 220～228 ℃，密度 1.148 g/cm³（25 ℃），折射率 1.485～1.524，溶于醇、酮、酯、氯代烃、甲苯、乙醚、石油及矿物油等有机溶剂，微溶于乙二醇和某些胺类，不溶于水。

2. 化学性质

可燃材料，着火点 240 ℃，燃烧热 0.20 kcal/mol，中等点火危险。与硝基纤维素、乙基纤维素、乙酸丁酸纤维素、氯乙烯-乙酸乙烯共聚物、聚乙烯醇缩丁醛、聚苯乙烯、聚甲基丙烯酸甲酯等树脂相容，与乙酸纤维素不容。

3. 理化指标和检验方法

邻苯二甲酸二环己酯理化指标和检验方法列于表 7 - 8。

表 7 - 8　邻苯二甲酸二环己酯理化指标和检验方法

项目	一级品指标	检验方法
色泽（APHA）	300	比色法
酯含量（%）	≥99.0	GC 法
密度/(g/cm³)(25 ℃)	1.148 ± 0.03	密度计
灰分（%）	≤0.10	燃烧重量法
酸度（以苯二甲酸计）（%）	≤0.01	酸碱滴定法

4. 制备方法

邻苯二甲酸酐与环己醇按比例混合，在催化剂十二烷基磺酸铁或硫酸氢钠和带水剂二甲苯存在下回流酯化。酯化后经中和、水洗、脱醇、干燥、粉碎、过筛获得成品。

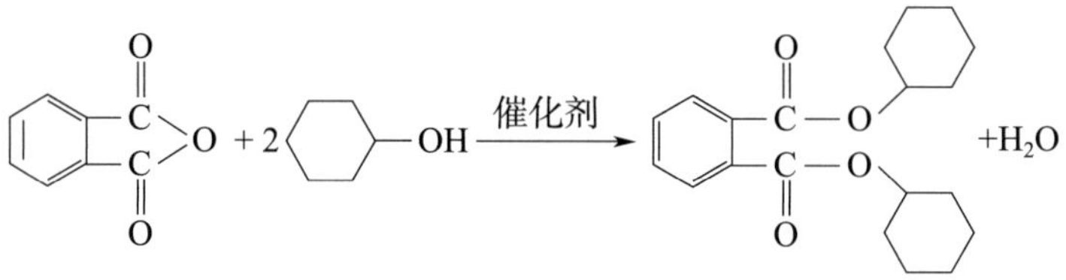

5. 贮存、运输和应用

用铁桶内衬塑料袋包装。贮存无特殊要求。按照一般可燃化学品规定运输。

用作 HTPB、聚氯乙烯推进剂增塑剂。作为聚氯乙烯、聚苯乙烯、丙烯酸树脂、硝酸纤维素主增塑剂。当与其他增塑剂并用时，可使塑料表面收缩而无空隙，因此可起到防潮、防止增塑剂挥发的作用，而且制品表面光滑，光泽度、韧性及手感特别好。与纤维素制成的漆，漆膜密封性好，渗水湿气低，不易被水抽出，漆膜光亮，附着牢固，可作防潮涂料。与 BBP 并用时，与丙烯酸酯类树脂制成的漆光稳定性好。与乙酸乙烯酯并用生产的热熔粘合剂，只需较短的压合时间和轻微的压力便可热合。特别适用于半硬质和硬质 PVC 的加工，对制品的刚性影响不大。在油墨油漆工业中，可制作印刷油墨。聚碳酸酯被其增塑后，可以图像热转移。

6. 毒性与防护

毒性低，毒性系数 $T = 500$。用含 25% DCHP 的橄榄油剂给大鼠直接经口染毒，24 h 内无死亡。7 日内的 LD50 为 30 mL/kg（体重）。给大鼠喂饲含 DCHP 10 mL/kg（体重）的饲料，经四代八个月，被试鼠的生长、繁殖、哺乳未见异常，也未发现致癌性。美国食品药物管理局（FDA）、意大利、德国、日本允许用于食品包装材料中。法国不允许用于接触食品的制品。

7. 理化分析谱图

（1）红外光谱图

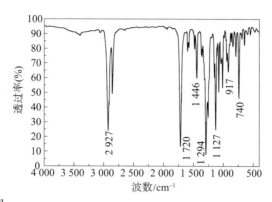

（2）核磁共振谱图

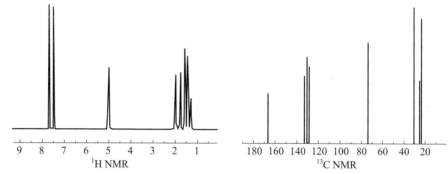

（3）质谱图

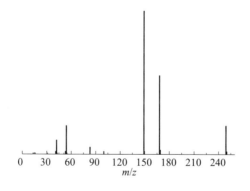

参 考 文 献

［1］ 石万聪，司俊杰，刘文国．增塑剂实用手册［M］．北京：化学工业出版社，2009：64-65.

［2］ 化学工业出版社．中国化工产品大全：上卷［M］．2 版，北京：化学工业出版社，1998：824.

［3］ 张宏生．邻苯二甲酸二环己酯的研制［J］．化学工程师，2000（2）：7-10.

［4］ 郑维彬，代玉林．邻苯二甲酸二环己酯的生产及应用［J］．湖北化工，2002（4）：29-31.

［5］ 陈赤阳，胡应喜，刘霞，等. 硫酸氢钠催化合成邻苯二甲酸二环己酯［J］. 北京石油化工学院学报，2004（1）：16-18.

［6］ 顾琳. 邻苯二甲酸二环己酯生物降解实验研究［D］. 长沙：湖南大学，2007.

［7］ 郑兴荣. 酯交换法合成邻苯二甲酸二环己酯的研究［J］. 广东化工，2011，38（7）：53-54.

［8］ 冯纪南，黄海英，邓斌. 邻苯二甲酸二环己酯的绿色催化合成研究［J］. 化学与生物工程，2011，28（6）：16-18.

7.9 邻苯二甲酸二正庚酯

中文名称：邻苯二甲酸二正庚酯

英文名称：diheptyl phthalate

中文别称：邻苯二甲酸二庚酯

英文别称：1，2-benzene dicarboxylic acid diheptyl ester，DHP

分子式：$C_{22}H_{34}O_4$

相对分子质量：362

结构式：如图

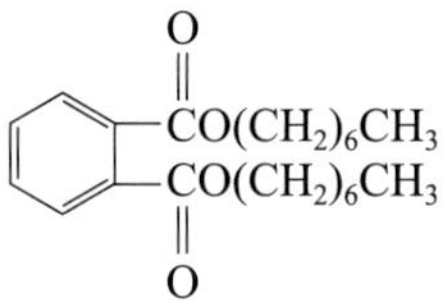

CAS 登记号：3648-21-3

1. 物理性质

无色透明油状液体，密度 0.992～0.995 g/cm³（20 ℃），折射率 $1.4847(n_D^{25})$，沸点 360 ℃，难溶于水，溶于苯、甲苯、石油、煤油等有机溶剂和油类。

2. 化学性质

DHP 的庚基主要由3-甲基己基、5-甲基己基以及少量的2，4-二甲基戊基构成。闪点 193～225 ℃，可燃，燃烧热 2996.0 kcal/mol，可与强氧化剂反应。

3. 理化指标和检验方法

DHP 理化指标和检验方法列于表 7-9。

表 7-9 DHP 理化指标和检验方法

项目		一级品	二级品	检验方法
色泽(APHA)	≤	40	120	比色法
含量(%)	≥	99.0	99.0	GC 法

续表

项目	一级品	二级品	检验方法
酸值/(mg KOH/g)　　≤	0.10	0.20	酸碱滴定法
相对密度（d_4^{25}）	0.991±0.003	0.991±0.003	密度计

4. 制备方法

苯酐与稍过量庚醇在硫酸催化下，加热回流酯化，生成邻苯二甲酸二庚酯。粗酯经中和、水洗、脱醇、脱色、压滤等精制过程得成品。反应式如下：

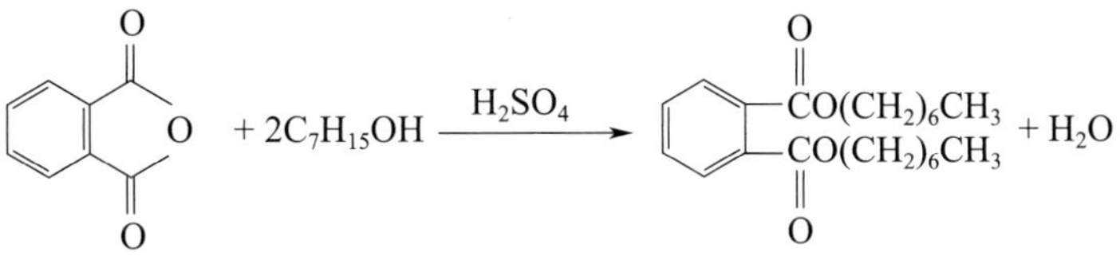

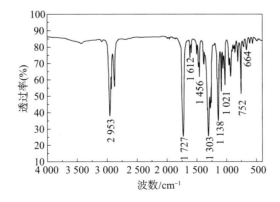

5. 贮存、运输和应用

铁桶包装，贮存于远离明火的地区，存放处不能放强氧化剂，通风良好，室温要较低。按照一般可燃化学品规定贮运。

用作 HTPB、聚氯乙烯推进剂增塑剂。聚氯乙烯主增塑剂，与树脂的相容性、加工性、增塑效率和耐寒性均较好。用其增塑的聚氯乙烯制品的表面光泽好，力学性能与用苯二甲酸辛酯增塑的制品基本相同。可作为 DBP 和 DOP 的代用品，挥发性和水抽出性较大。

6. 毒性与防护

毒性较低。法国、荷兰、日本允许用于食品包装材料。

7. 理化分析谱图

（1）红外光谱图

（2）核磁共振谱图

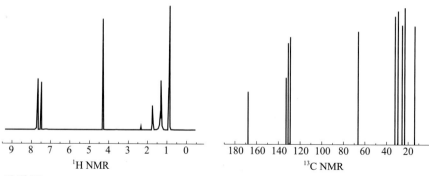

^{1}H NMR　　　　　　　^{13}C NMR

（3）质谱图

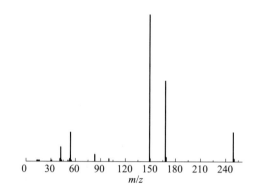

m/z

参 考 文 献

［1］　石万聪，司俊杰，刘文国．增塑剂实用手册［M］．北京：化学工业出版社，2009：26-28.

［2］　化学工业出版社．中国化工产品大全：上卷［M］．2版．北京：化学工业出版社，1998：824.

7.10　邻苯二甲酸二（2-乙基己）酯

中文名称：邻苯二甲酸二（2-乙基己）酯

英文名称：di（2-eythl heptyl）phthalate

中文别称：邻苯二甲酸二异辛酯，酞酸二异辛酯

英文别称：dioctyl phthalate；1，2-benzene dicarboxylic acid di（2-eythlheptyl）ester；DEHP；DOP

分子式：$C_{24}H_{38}O_4$

相对分子质量：390.57

结构式：如图

CAS登记号：117-81-7

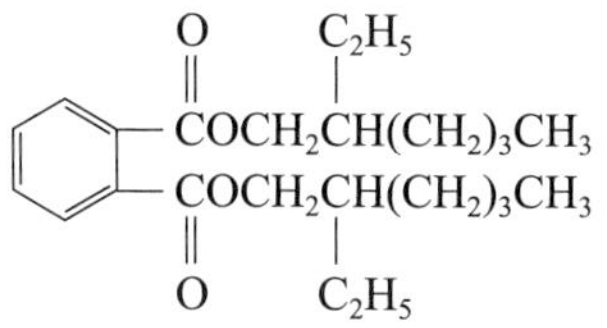

1. 物理性质

无色或黄色稳定的透明油状液体，有特殊气味，挥发度很低，不易水解。密度为 $0.986\ \text{g/cm}^3$，折射率（n_D^{25}）为 1.485 2，沸点为 $370\sim386.9\ ℃$，熔点为 $-16\ ℃$，凝固点为 $-50\sim-55\ ℃$，溶于丙酮、乙醚、甲醇、丁醇、甲乙酮、四氯化碳、环己烷、乙酸乙酯、甲苯、汽油、石脑油、矿物油，微溶于甘油、乙二醇及某些胺类。

2. 化学性质

可燃材料，中等点火危险，着火点 $240\ ℃$，闪点 $210\ ℃$（开杯）。

3. 理化指标和检验方法

DOP 理化指标和检验方法列于表 7-10。

表 7-10　DOP 理化指标和检验方法

项目	指　标		检验方法
	优良品	一级品	
色度（APHA）（Pt-Co 色号）　≤	30	40	比色法
酯含量(%)　　　　　　　≥	99.5	99.0	GC 法
密度/（g/cm³）（20 ℃）	0.982~0.988	0.982~0.988	密度计
酸度（以苯二甲酸计）(%)　≤	0.01	0.015	酸碱滴定法
体积电阻率/（Ω·cm）　　≥	$1×10^9$	—	比色法
水分（%）	0.10	0.12	卡尔·费休法

4. 制备方法

苯酐与稍过量的 2-乙基己醇（异辛醇）、硫酸（或甲苯磺酸）催化剂在负压下加热酯化，生成的水随醇一起流出，经冷凝分离，醇返回反应器，直至无水产生，酯化结束。粗酯经热碱液中和、水洗、脱醇、脱色、压滤得成品。反应式如下：

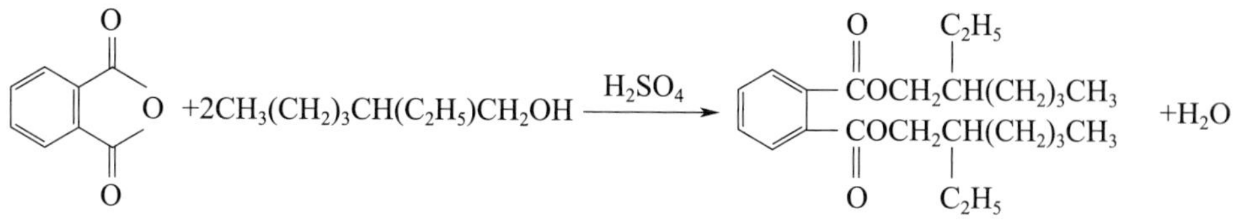

5. 贮存、运输和应用

铁桶包装。存放于阴凉通风处，防止漏水入桶。按照一般可燃化学品规定贮运。

在固体推进剂和火炸药中作增塑剂。是一种较理想的主增塑剂，在相容性、柔韧性、低挥发性及抗抽出性等方面性能全面优良，广泛用于聚氯乙烯、氯乙烯共聚物制造薄膜、板材片材、人造革、膜塑制品、增塑糊、电线电缆包皮等。是乙烯基树脂、聚乙烯－乙酸乙烯共聚物、乙酸丁酸纤维素、乙基纤维素、乙酸丙酸纤维素、硝基纤维素及达玛树脂的溶剂。也可作为合成橡胶的软化剂。

6. 毒性与防护

毒性较低。大鼠经口 LD50 为 30 600 mg/kg。法国、英国、日本、德国、荷兰等国允许用于接触食品（脂肪性食品除外）的塑料制品。美国允许用于食品包装用玻璃纸、涂料、粘合剂、橡胶制品。

7. 理化分析谱图

（1）红外光谱图

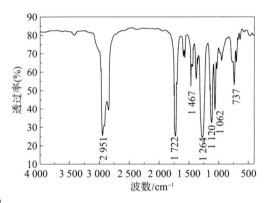

（2）核磁共振谱图

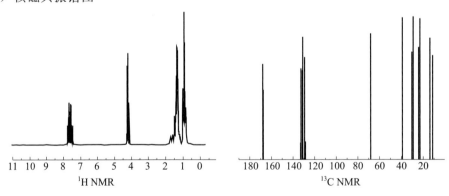

（3）质谱图

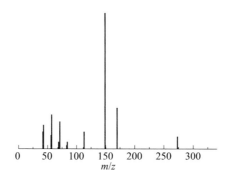

参 考 文 献

［1］　石万聪，司俊杰，刘文国．增塑剂实用手册［M］．北京：化学工业出版社，2009：39 - 45.

［2］　化学工业出版社．中国化工产品大全：上卷［M］．2 版．北京：化学工业出版社，1998：824 - 825.

［3］　张杏芳．国外火炸药原材料性能手册［M］．北京：兵器工业出版社，1991：142 - 143.

［4］　蒋芸．复合固体推进剂原材料毒性与防护［M］．乌鲁木齐：新疆科技卫生出版社，1996：103.

［5］　程时远，李盛彪，黄世强．胶粘剂［M］．北京：化学工业出版社，2001：23.

［6］　贺曼罗．环氧树脂胶粘剂［M］．北京：中国石化出版社，2004：118.

［7］　A 达维纳．固体火箭推进剂技术［M］．张德雄，等译．北京：宇航出版社，1997：438.

［8］　徐仲杰，孙雯，钟佳琪，等．稳定同位素内标试剂邻苯二甲酸二（2 - 乙基己）酯 - D_4 的合成［J］．
　　　化学试剂，2016，38（2）：178 - 180，185.

7.11　邻苯二甲酸二异辛酯

中文名称：邻苯二甲酸二异辛酯

英文名称：diisooctyl phthalate

中文别称：酞酸二异辛酯

英文别称：DOP；DIOP；1，2 - benzene dicarboxylic acid diisooctyl ester

分子式：$C_{24}H_{38}O_4$

相对分子质量：390.57

CAS 登记号：27554 - 26 - 3

结构式：DIOP 的两种结构如图

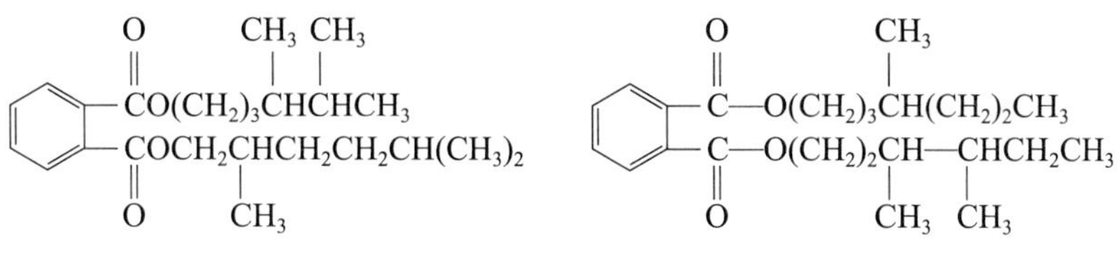

1. 物理性质

无色透明粘稠液体，微有气味。凝固点为 -45 ℃，沸点为 230 ℃（533.2 Pa），密度为 0.978 g/cm³（25 ℃），折射率为 1.486（25 ℃），溶于大多数有机溶剂，完全溶于汽油、矿物油，微溶于甘油、乙二醇及胺类。与大多数树脂有良好的相容性、高度溶解性、较低的挥发性和较低的凝胶温度。

2. 化学性质

热稳定性好、耐水解、耐紫外线。可燃，闪点 221 ℃，着火点 246 ℃，中等点火危险。

3. 理化指标和检验方法

DOP 理化指标和检验方法列于表 7 - 11。

表 7 - 11　DOP 理化指标和检验方法

项目	指　　标		检验方法
	分析纯	化学纯	
外观	透明液体	—	目视法
气味	温和	温和	嗅觉法
色度（APHA）（Pt - Co 色号）	≤25	≤50	比色法
酯含量（%）	≥99.0	≥98	GC 法
密度/（g/cm³）（20 ℃）	0.984±0.2	0.968±0.003	密度计
酸度（以 HAc 计）（%）	≤0.01（以苯二甲酸计）	≤0.01	酸碱滴定法
水分（%）	≤0.05	≤0.10	卡尔·费休法

4. 制备方法

苯酐与稍过量的异辛醇混合物在硫酸（或甲苯磺酸）催化剂和负压下加热酯化，生成的水随醇一起流出，经冷凝分离，醇返回反应器，直至无水产生，酯化结束。粗酯经热碱液中和、水洗、脱醇、脱色、压滤得成品。反应式如下：

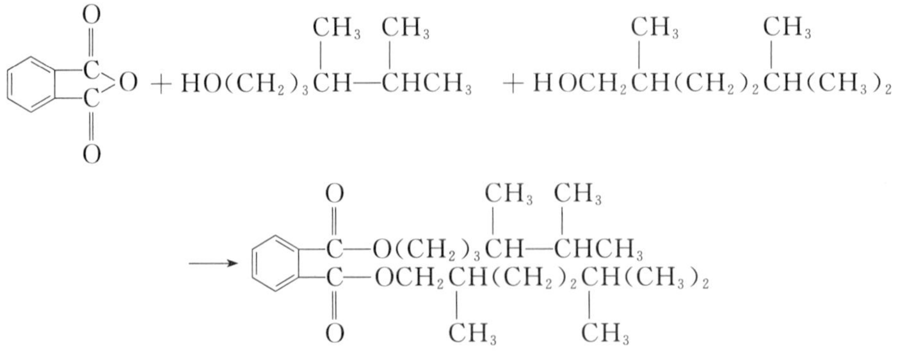

5. 贮存、运输和应用

铁桶包装，存放于阴凉通风处，防止漏水入桶。按照一般可燃化学品规定运输。

在固体推进剂、火炸药中作增塑剂。可作为聚氯乙烯、氯乙烯共聚物、纤维树脂和合成橡胶的主增塑剂。其性能、增塑效率及应用，基本与 DOP 相同，但中沸点比 DOP 高，空气挥发损失比 DOP 少。用其增塑的乙烯基薄膜、片材、分散体和挤出料的低温性能、柔软性、持久性、耐水抽出、耐水解、光热稳定性和电性能都很好。用其生产的增塑糊初始粘度低，储存粘度变化小，与 DOP 相比有较高的假塑性比，由于其相容性好，溶解力温和，很适宜生产有机溶胶。

6. 毒性与防护

毒性较低。大鼠经口 LD50 为 22.6 mL/kg。美国、法国、英国、日本、意大利、荷兰允许用于接触含水的食品包装材料，但不能用于接触油脂的食品包装材料和医用血浆管。

7. 理化分析谱图

（1）红外光谱图

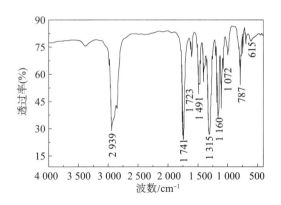

（2）质谱图

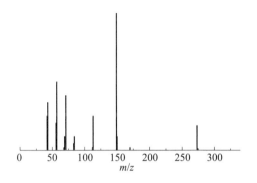

参 考 文 献

［1］　石万聪，司俊杰，刘文国 . 增塑剂实用手册 ［M］. 北京：化学工业出版社：2009：45 - 47.

［2］ 张杏芳 . 国外火炸药原材料性能手册 ［M］. 北京：兵器工业出版社，1991：144.

［3］ 蒋芸 . 复合固体推进剂原材料毒性与防护 ［M］. 乌鲁木齐：新疆科技卫生出版社，1996：104.

［4］ 国防科工委后勤部 . 火箭推进剂监测防护与污染治理 ［M］. 长沙：国防科技大学出版社，1993：101.

［5］ 訾俊峰 . 增塑剂邻苯二甲酸二异辛酯的催化合成研究进展 ［J］. 许昌学院学报，2007（2）：43－45.

7.12　邻苯二甲酸二正辛酯

中文名称：邻苯二甲酸二正辛酯

英文名称：di－n－octyl phthalate

中文别称：酞酸二正辛酯

英文别称：n－DOP；1，2－benzene dicarboxylic acid di－n－octyl ester

分子式：$C_{24}H_{38}O_4$

相对分子质量：390.57

结构式：如图

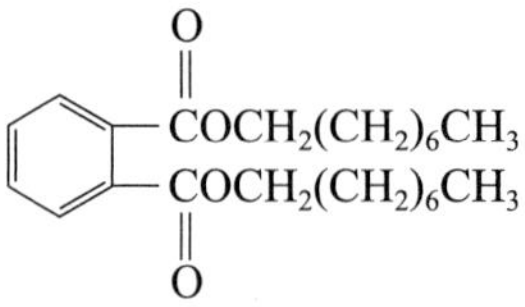

CAS 登记号：117－84－0

1. 物理性质

无色透明液体，密度为 0.978 g/cm³，折射率为 1.482，沸点为 416.36 ℃，熔点为 －25 ℃，溶于大多数有机溶剂和烃类，微溶于甘油、乙二醇和某些胺类，不溶于水。

2. 化学性质

耐水解，对光和热稳定。可燃，闪点 219 ℃，着火点 260 ℃，与氧化剂易发生反应。

3. 理化指标和检验方法

邻苯二甲酸二正辛酯的理化指标和检验方法列于表 7－12。

表 7－12　邻苯二甲酸二正辛酯的理化指标和检验方法

项目	指标		检验方法
	分析纯	化学纯	
外观	透明液体	—	目视法
气味	温和	温和	嗅觉法

续表

项目	指标		检验方法
	分析纯	化学纯	
色度(APHA)(Pt－Co 色号)	≤25	≤50	比色法
酯含量(%)	≥99.0	≥98	GC 法
相对密度(20 ℃)	0.984±0.2	0.968±0.003	密度计
酸度(以苯二甲酸计)(%)	≤0.01	≤0.01	酸碱滴定法
水分(%)	≤0.05	≤0.10	卡尔·费休法

4. 制备方法

苯酐与稍过量的正辛醇，在硫酸（或甲苯磺酸）催化剂和负压下加热酯化，生成的水随醇一起流出，经冷凝分离，醇返回反应器，直至无水产生，酯化结束。粗酯经热碱液中和、水洗、脱醇、脱色、压滤得成品。反应式如下：

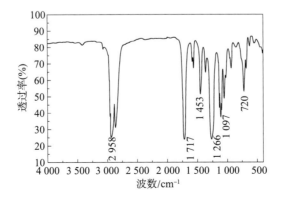

5. 贮存、运输和应用

铁桶包装，存放于阴凉通风处，防止漏水入桶，按照一般可燃化学品规定贮运。
在固体推进剂、火炸药中作增塑剂。用作增塑剂、溶剂、气相色谱固定液。

6. 毒性与防护

毒性较低。大鼠经口 LD50 为 22.6 mL/kg。美国、法国、英国、日本、意大利、荷兰允许用于接触含水的食品包装材料，但不能用于接触油脂的食品包装材料和医用血浆管。

7. 理化分析谱图

（1）红外光谱图

（2）核磁共振谱图

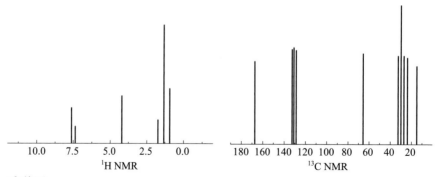

^{1}H NMR ^{13}C NMR

（3）质谱图

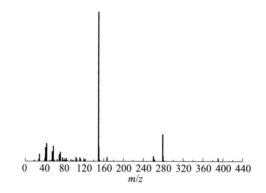

m/z

参 考 文 献

［1］ 石万聪，司俊杰，刘文国．增塑剂实用手册［M］．北京：化学工业出版社，2009：45－47.

［2］ 化学工业出版社．中国化工产品大全：上卷［M］．2版．北京：化学工业出版社，1998：825.

［3］ 蒋芸．复合固体推进剂原材料毒性与防护［M］．乌鲁木齐：新疆科技卫生出版社，1996：104.

［4］ 李双成，奚桢浩，赵玲．邻苯二甲酸二辛酯合成热力学及动力学研究［J］．化学反应工程与工艺，2015，31（5）：385－392.

［5］ 姚志臣，刘卫红，牛双双．邻苯二甲酸二辛酯增塑剂合成催化剂与工艺条件研究［J］．精细石油化工进展，2006（11）：19－22.

7.13　邻苯二甲酸二仲辛酯

中文名称：邻苯二甲酸二仲辛酯

英文名称：dicapryl phthalate

中文别称：酞酸二仲辛酯

英文别称：DCP；1，2－benzene dicarboxylic acid di－sec－capryl ester；di－sec－octyl phthalate；bis（1－methyl）heptyl phthalate

分子式：$C_{24}H_{38}O_4$

相对分子质量：390.57

结构式：如图

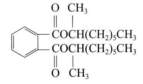

CAS 登记号：131 - 15 - 7

1. 物理性质

淡黄色、微具水果香气味的粘稠液体。密度为 0.966 g/cm^3，折射率为 1.480，凝固点为 $-60\ ℃$ 以下，沸点为 190 ℃（133.2 Pa），溶于许多普通有机溶剂，不溶水。

2. 化学性质

DOP 的同分异构体。闪点（开杯）201～206 ℃，210 ℃（599 Pa）开始分解，着火点227～230 ℃，耐热、耐光、耐户外暴露，可燃，中等点火危险。

3. 理化指标和检验方法

邻苯二甲酸二仲辛酯的理化指标和检验方法列于表 7 - 13。

表 7 - 13　邻苯二甲酸二仲辛酯的理化指标和检验方法

项目	指标	检验方法
气味	温和	嗅觉法
色泽（APHA）	≤50	比色法
酸度（以 HAc 计）（%）	≤0.01	酸碱滴定法
相对密度（20 ℃）	0.969±0.003	密度计
水分（%）	≤0.10	卡尔·费休法
酯含量（%）	99.6	GC 法
皂化值/（mg KOH/g）	277～287	酸碱滴定法

4. 制备方法

苯酐与稍过量的仲辛醇，在硫酸（或甲苯磺酸）催化剂负压下加热酯化，生成的水随醇一起流出，经冷凝分离，醇返回反应器，直至无水产生，酯化结束。粗酯经热碱液中和、水洗、脱醇、脱色、压滤得成品。反应式如下：

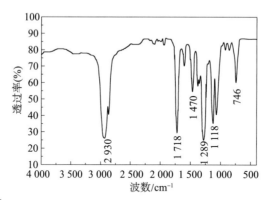

5. 贮存、运输和应用

铁桶包装，存放于阴凉通风处，防止漏水入桶，按照一般可燃化学品规定贮运。

在固体推进剂、火炸药中作增塑剂。PVC 和硝酸纤维素用增塑剂。是所有增塑剂中制备增塑糊最好的增塑剂。其一般性能类似于 DOP，具有较好的耐热、耐候、耐光性能，但增塑效率及耐油性较低。常用作 DOP 的代用品。

6. 毒性与防护

毒性较低。大鼠经口 LD50 为 22.6 mL/kg。美国、法国、英国、日本、意大利、荷兰允许用于接触含水的食品包装材料，但不能用于接触油脂的食品包装材料和医用血浆管。

7. 理化分析谱图

（1）红外光谱图

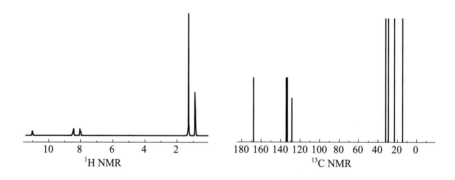

（2）核磁共振谱图

（3）质谱图

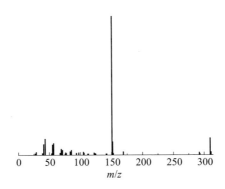

m/z

参 考 文 献

［1］　石万聪，司俊杰，刘文国．增塑剂实用手册［M］．北京：化学工业出版社 2009：48 - 49.

［2］　化学工业出版社．中国化工产品大全：上卷［M］. 2 版．北京：化学工业出版社，1998：825 - 826.

［3］　蒋芸．复合固体推进剂原材料毒性与防护［M］．乌鲁木齐：新疆科技卫生出版社，1996：105.

［4］　江林，马要耀，徐京生 .2012 邻苯二甲酸二仲辛酯市场分析［J］．山东化工，2013，42（4）：146 - 148.

7.14　邻苯二甲酸二正壬酯

中文名称：邻苯二甲酸二正壬酯

英文名称：dinonyl phthalate

中文别称：邻苯二甲酸二壬酯，酞酸二壬酯

英文别称：DNP；1，2 - benzenedicarboxylic acid dinonyl ester

分子式：$C_{26}H_{42}O_4$

相对分子质量：418.61

结构式：如图

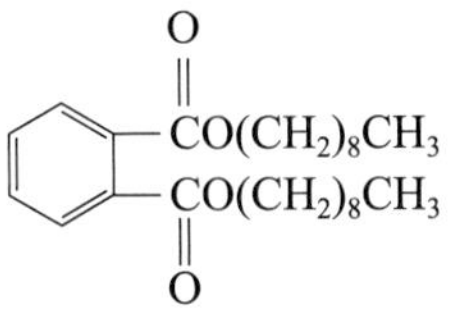

$$
\begin{array}{c}
\text{O} \\
\| \\
\text{CO(CH}_2)_8\text{CH}_3 \\
\text{CO(CH}_2)_8\text{CH}_3 \\
\| \\
\text{O}
\end{array}
$$

CAS 登记号：84 - 76 - 4

1. 物理性质

无色粘稠液体，密度为 0.968 g/cm³，沸点为 279～287 ℃，205～220℃（0.133 kPa），折射率（n_D^{20}）为 1.486，熔点为 52 ℃，溶于许多普通有机溶剂，不溶于水。

2. 化学性质

闪点（开杯）216 ℃，遇明火、高温、强氧化剂可燃，燃烧排放刺激性烟雾。

3. 理化指标和检验方法

DNP 的理化指标和检验方法列于表 7 - 14。

表 7 - 14 DNP 的理化指标和检验方法

项目	指标	检验方法
酯含量(%)	≥98	GC 法
密度/(g/cm³)(20 ℃)	0.968±0.003	密度计
皂化值/(mg KOH/g)	262	酸碱滴定法
酸度（以苯二甲酸计）（%）	≥0.05	酸碱滴定法

4. 制备方法

由邻苯二甲酸和正壬醇在酸催化剂存在下酯化而得。

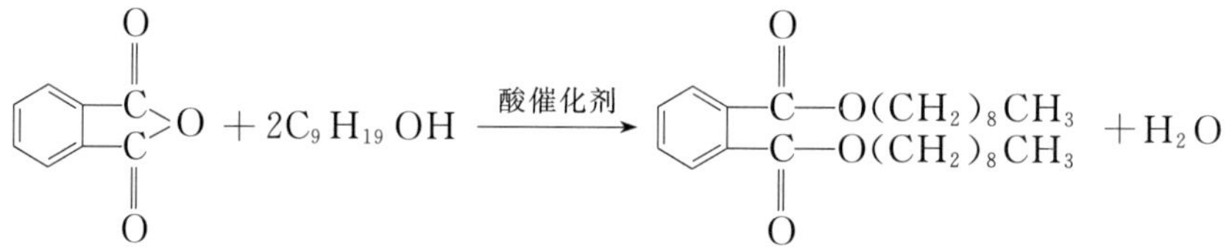

5. 贮存、运输和应用

铁桶包装，存放于阴凉通风处，防止漏水入桶，按照一般可燃化学品规定贮运。

在固体推进剂、火炸药中作增塑剂。主要用作乙烯基树脂的增塑剂。挥发度低、迁移性小，使被增塑的制品有良好的耐热、耐光、耐老化和电绝缘性能，耐水抽出性比 DOP 好，增塑效率比 DOP 约低 10%，耐寒性也较差，不适宜制作低温制品。可用作纤维素树脂和丁腈橡胶的增塑剂。是聚氯乙烯和其他乙烯塑料的增塑剂，也用作气液色谱分析的固定相等。

6. 毒性与防护

毒性较低。按一般化学品防护，戴橡胶手套、穿工作服、戴口罩。

7. 理化分析谱图

（1）红外光谱图

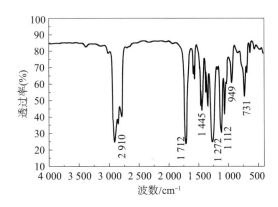

（2）质谱图

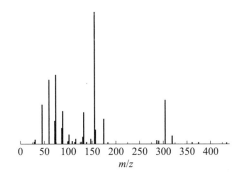

参 考 文 献

［1］ 石万聪，司俊杰，刘文国. 增塑剂实用手册［M］. 北京：化学工业出版社，2009：49 - 50.

［2］ 化学工业出版社. 中国化工产品大全：上卷［M］. 2 版. 北京：化学工业出版社，1998.

［3］ 卓润生，田来进，周世新. 钨硅杂多酸催化合成邻苯二甲酸二壬酯的研究［J］. 化学世界，1995
（3）：129 - 131.

7.15 邻苯二甲酸二异壬酯

中文名称：邻苯二甲酸二异壬酯

英文名称：diisononyl phthalate

英文别称：phthalate acid diisononyl ester，DINP

分子式：$C_{26}H_{42}O_4$

相对分子质量：418.61

结构式：常用的有两种，见下图

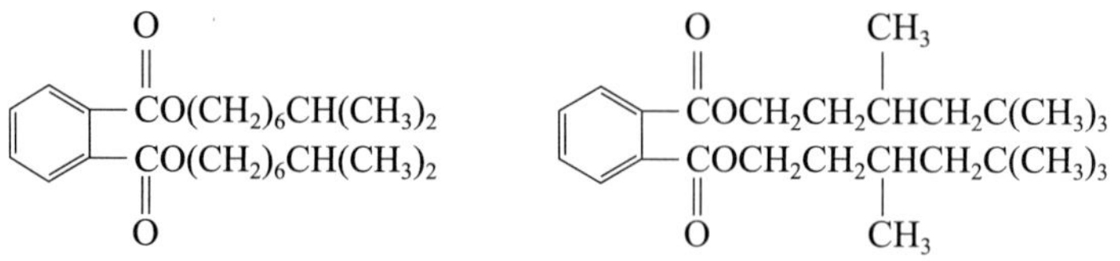

DINP-1   DINP-2

CAS 登记号：DINP - 1 ［68515 - 48 - 0］，DINP - 2 ［28553 - 12 - 0］

1. 物理性质

无色透明液体。密度为 $0.968\sim0.975$ g/cm^3，折射率 (n_D^{20}) 为 $1.480\sim1.487$，溶于许多普通有机溶剂，不溶于水。

2. 化学性质

闪点 205 ℃，遇明火、高温、强氧化剂可燃。

3. 理化指标和检验方法

DINP 的理化指标和检验方法列于表 7 - 15。

表 7 - 15 DINP 的理化指标和检验方法

项目		DINP - 1 ［68515 - 48 - 0］	DINP - 2 ［28553 - 12 - 0］	检验方法
色泽（APHA）（号）	≤	25	20	目视法
密度/(g/cm^3)(20 ℃)		0.969~0.975	0.968~0.975	密度计
加热减量（%）	≤	0.1	0.2	重量法
酯含量（%）	≥	99.7	99.6	LC 法
酸度（以苯二甲酸计）（%）	≤	0.01	0.02	酸碱滴定法
水分（%）	≥	0.1	0.05	卡尔·费休法
中沸点/℃(666.5 Pa)		245	255	沸点计
闪点/℃	≥	214	205	开口杯

4. 制备方法

由邻苯二甲酸酐和异壬醇在硫酸或非酸性催化剂存在下进行酯化反应，然后经中和、水洗、脱醇、气提、脱色、压滤获得成品。

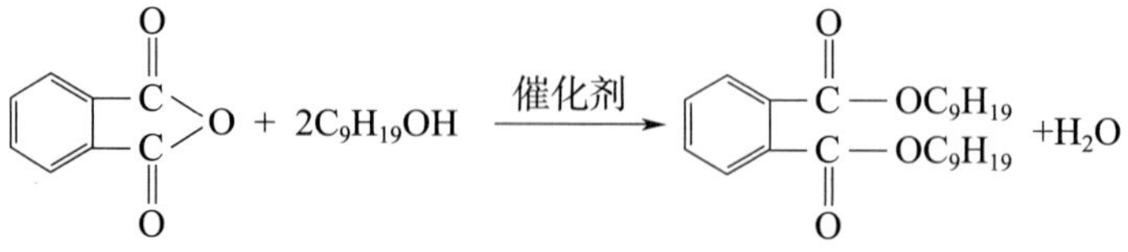

5. 贮存、运输和应用

铁桶包装,存放于阴凉通风处,防止漏水入桶,按照一般危险化学品规定贮运。

在固体推进剂、火炸药中作增塑剂。广泛用作乙烯基树脂、纤维素树脂和丁腈橡胶的通用增塑剂。挥发度低、迁移性小,使被增塑的制品有良好的耐热、耐光、耐老化和电绝缘性能。增塑效率比 DOP 稍差,耐寒性也较差,不适宜制作低温制品。

6. 毒性与防护

毒性较低。大鼠经口 LD50≥10 g/kg。吸入蒸气无异常反应。皮肤接触无刺激。

7. 理化分析谱图

(1) 红外光谱图

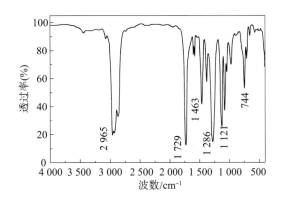

(2) 质谱图

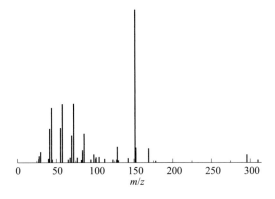

参 考 文 献

[1] 石万聪,司俊杰,刘文国.增塑剂实用手册 [M].北京:化学工业出版社,2009:50-56.

[2] 化学工业出版社.中国化工产品大全:上卷 [M].2 版.北京:化学工业出版社,1998:826-827.

[3] 陈莹莹,葛淑珍,黄健,等.增塑剂邻苯二甲酸二异壬酯对雄性小鼠生殖毒性的氧化损伤机制 [J].生态毒理学报,2018,13 (5):281-287.

［4］ 陶强. 分子印迹传感器对标本中塑化剂直接快速检测的研究 ［D］. 天津：天津科技大学，2016.

［5］ 汪多仁. 环氢化邻苯二甲酸二异壬酯的开发与应用进展 ［J］. 精细化工原料及中间体，2010（9）：28－33.

［6］ 王祖翔，蒋俊，杨霁，等. 高效液相色谱-串联质谱法检测食品中 6 种邻苯二甲酸酯 ［J］. 分析科学学报，2013，29（4）：551－555.

［7］ 曹昕伟，刘潇童，范宏成，等. DIDP 和 DINP 暴露对小鼠的免疫毒性作用 ［J］. 中国环境科学，2017，37（2）：740－744.

7.16　邻苯二甲酸二癸酯

中文名称：邻苯二甲酸二癸酯

英文名称：didecyl phthalate

中文别称：酞酸二癸酯

英文别称：DDP；1，2 - benzene dicarboxylic acid didecyl ester

分子式：$C_{28}H_{46}O_4$

相对分子质量：446

结构式：如图

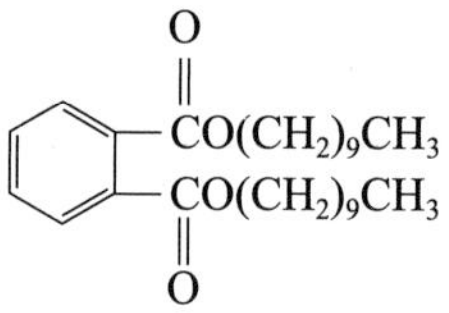

CAS 登记号：84－77－5

1. 物理性质

邻苯二甲酸二癸酯为微有气味的无色透明低粘度液体，挥发度较低（仅为 DOP 的 1/4）。密度 0.964 g/cm³，沸程 249～256 ℃（533.2Pa），凝固点为 －53 ℃，流动点为 －37 ℃，折射率（n_D^{20}）为 1.479，流速过快，容易产生和积聚静电。溶于许多普通有机溶剂，不溶于水。

2. 化学性质

着火点 266 ℃，闪点（开口杯）232 ℃，耐老化性能好，耐高温性更好。遇明火、高热可燃，与氧化剂可发生反应。若遇高热，容器内压增大，有开裂和爆炸的危险。

3. 理化指标和检验方法

DDP 的理化指标和检验方法列于表 7 - 16。

表 7 - 16　DDP 的理化指标和检验方法

项目		一级品	二级品	检验方法
色泽（APHA）	≤	50	120	比色法
酯含量(%)	≥	99.0	98.0	LC 法
酸度(以邻苯二甲酸计)(%)	≤	0.015	0.03	酸碱滴定法
密度/(g/cm³)(20 ℃)		0.964~0.970		密度计
加热减量(%)	≤	0.1	0.2	重量法
闪点/℃	≥	210	205	开口杯
水分(%)	≤	0.05		卡尔・费休法

4. 制备方法

由邻苯二甲酸酐和癸醇酯化而得。

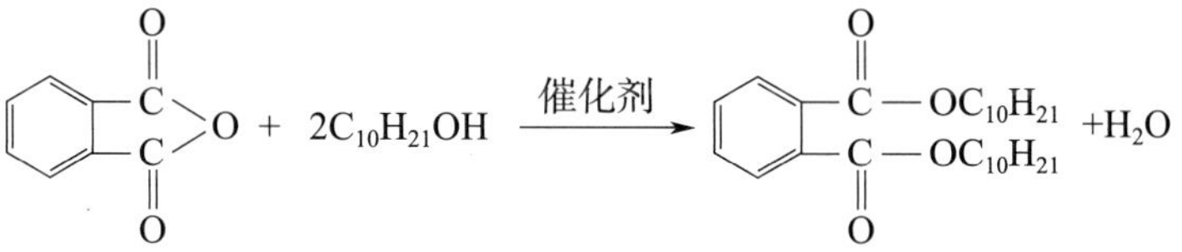

$$\text{邻苯二甲酸酐} + 2C_{10}H_{21}OH \xrightarrow{\text{催化剂}} \text{邻苯二甲酸二癸酯} + H_2O$$

5. 贮存、运输和应用

铁桶包装，存放于阴凉通风处，防止漏水入桶，按照危险品规定贮运。

在固体推进剂、火炸药中作增塑剂。可作为 PVC、乙烯基树脂、纤维素树脂和环氧树脂的增塑剂。与邻苯二甲酸二辛酯（DOP）相比，挥发性小，仅为 DOP 的四分之一，而且迁移性小，耐抽出性好。也用作气相色谱固定液，最高使用温度 150 ℃，能选择性地保留分离芳族化合物、不饱和化合物以及各种含氧化合物（醇、醛、酮及酯等）、卤代烃。

6. 毒性与防护

毒性较低。英国、意大利、荷兰、日本、美国许可用于制作食品包装材料。

7. 理化分析谱图

（1）红外光谱图

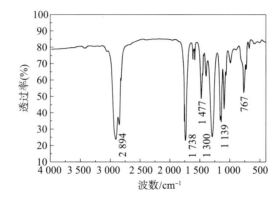

（2）核磁共振谱图

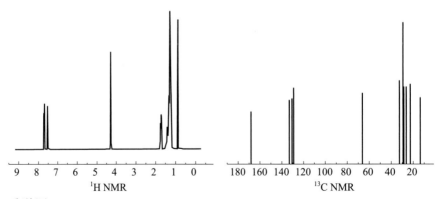

^{1}H NMR ^{13}C NMR

（3）质谱图

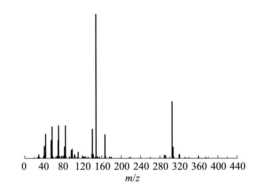

m/z

参 考 文 献

［1］ 石万聪，司俊杰，刘文国．增塑剂实用手册［M］．北京：化学工业出版社，2009：56-57.

［2］ 陈玉成，林东风，罗志敏，等．固体酸催化合成邻苯二甲酸二癸酯的研究［J］．南开大学学报
（自然科学版），2009，42（3）：71-75.

7.17　邻苯二甲酸二异癸酯

中文名称：邻苯二甲酸二异癸酯

英文名称：diisodecyl phthalate

中文别称：酞酸二异癸酯

英文别称：DIDP；1，2-benzene dicarboxylic acid diisodecyl ester

分子式：$C_{28}H_{46}O_4$

相对分子质量：446

结构式：如图

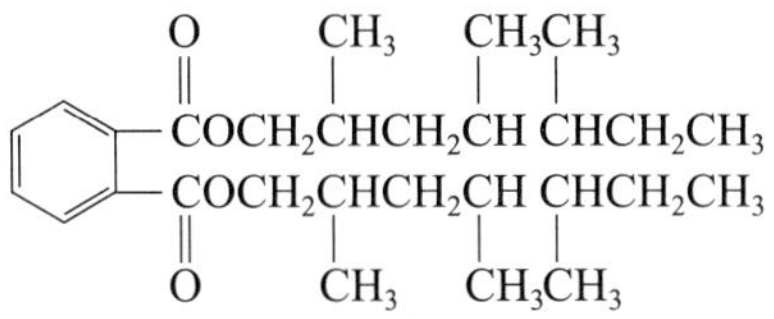

CAS 登记号：26761 - 40 - 0

1. 物理性质

粘稠状，几乎无色透明液体。沸点为 420 ℃（101.33 kPa），250～257 ℃（533.2 Pa），凝固点为 -65 ℃，密度为 0.961～0.969 g/cm³，折射率（n_D^{20}）为 1.483～1.484，微具温和气味。溶于醇、丙酮、乙醚、酯、芳香烃、脂肪烃和氯代烃等有机溶剂。微溶于甘油、乙二醇和某些胺类，不溶于水。

2. 化学性质

闪点（开杯）221～236 ℃，着火点 271 ℃，遇明火、高热可燃，与氧化剂可发生反应。

3. 理化指标和检验方法

DIDP 的理化指标和检验方法列于表 7 - 17。

表 7 - 17　DIDP 的理化指标和检验方法

项目		指　标		检验方法
		一级品	二级品	
色泽（APHA）	≤	50	120	比色法
酯含量（%）	≥	99.0	98.0	GC 法
酸度（以邻苯二甲酸计）（%）	≤	0.015	0.03	酸碱滴定法
密度/（g/cm³）（20 ℃）		0.964～0.970		密度计
加热减量（%）	≤	0.1	0.2	重量法
水分（%）		≤0.1	≤0.1	卡尔·费休法
闪点/℃	≥	210	205	开口法

4. 制备方法

由邻苯二甲酸酐和异癸醇在硫酸或非酸性催化剂催化下进行酯化而得。酯化液再经中和、水洗、脱醇、脱色、压滤得成品。

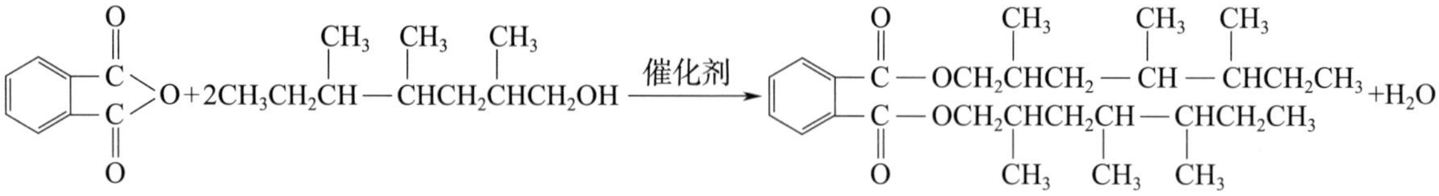

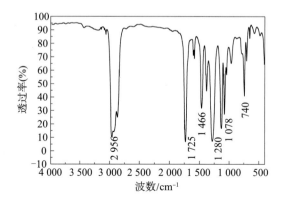

5. 贮存、运输和应用

铁桶包装，存放于阴凉通风处，防止漏水入桶，按照危险品规定贮运。

在固体推进剂、火炸药中作增塑剂。可作为乙烯基树脂、纤维素树脂、PVC 的主增塑剂，具有挥发性小，耐迁移性、耐抽出性、电绝缘性好的特点。但相容性、增塑效率、耐寒性差于 DOP。用其增塑的制品柔软度随温度变化较小。

6. 毒性与防护

毒性极低。毒性系数 $T = 1\,000$，大鼠一次染毒 63 mL/kg（体重）无死亡。英国、意大利、荷兰、日本、美国（FDA）允许用于制作食品包装材料。

7. 理化分析谱图

（1）红外光谱图

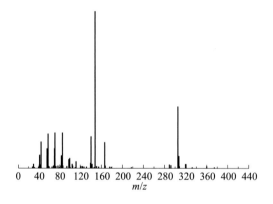

（2）质谱图

参 考 文 献

[1]　石万聪，司俊杰，刘文国. 增塑剂实用手册 [M]. 北京：化学工业出版社，2009：57－59.

[2]　化学工业出版社. 中国化工产品大全：上卷 [M]. 2 版. 北京：化学工业出版社，1998：827.

[3]　王祖翔，蒋俊，杨霁，等. 高效液相色谱-串联质谱法检测食品中 6 种邻苯二甲酸酯 [J]. 分析科学学报，2013，29（4）：551－555.

[4]　张也，李崇尧，刘蕾，等. 增塑剂邻苯二甲酸二异癸酯致小鼠肺组织氧化损伤作用 [J]. 生态毒理学报，2018，13（6）：242－249.

[5]　曹昕伟，刘潇童，范宏成，等. DIDP 和 DINP 暴露对小鼠的免疫毒性作用 [J]. 中国环境科学，2017，37（2）：740－744.

7.18　己二酸二己酯

中文名称：己二酸二己酯

英文名称：di－n－hexyl adipate

中文别称：己二酸二正己酯

英文别称：DNHA，dihexyl adipate

分子式：$C_{18}H_{34}O_4$

相对分子质量：314.46

结构式：如图

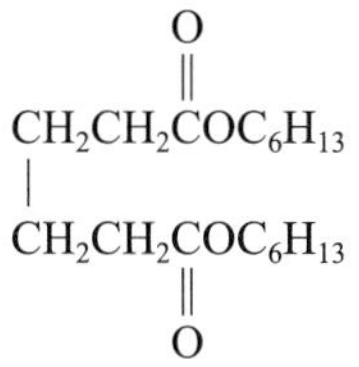

$$\begin{array}{c} O \\ \parallel \\ CH_2CH_2COC_6H_{13} \\ \mid \\ CH_2CH_2COC_6H_{13} \\ \parallel \\ O \end{array}$$

CAS 登记号：110－33－8

1. 物理性质

无色或浅黄色透明油状液体，微具特殊气味，密度为 0.956 g/cm^3，折射率（n_D^{25}）为 1.439，沸点为 205 ℃（1 066.4 Pa），沸程为 140～148 ℃（666.5 Pa），凝固点为－20 ℃，溶于丙酮、甲醇、矿物油、甲苯、植物油、乙酸乙酯及氯仿。微溶于水，不溶于甘油。

2. 化学性质

分子结构中烷基均为直链的，耐氧化性能比同系物中烷基为侧链的好。着火点 209 ℃，闪点 185 ℃（开口杯）、160 ℃（闭口杯）。

3. 理化指标和检验方法

己二酸二己酯的理化指标和检验方法列于表 7－18。

表 7 - 18　己二酸二己酯的理化指标和检验方法

项目	指标	检验方法
色泽（APHA）	≤50	比色法
酯含量（%）	≥99.0	GC 法
酸度（以 HAc 计）（%）	≤0.1	酸碱滴定法
水分（%）	≤0.02	卡尔·费休法
皂化值/（mg KOH/g）	315～358	酸碱滴定法

4. 制备方法

己二酸和己醇在催化剂下直接酯化生成己二酸二己酯。酯化温度为 146 ℃，酯化时间 4 h，温度达到 220 ℃时，酯化结束，降温精制得成品。催化剂除沿用酸催化外，改进的方法可用固体酸 SO_4^{2-} — MoO_3 — TiO_2、磺化苯磷酸锆、ⅣB 族元素化合物催化剂。

$$HOOC(CH_2)_4COOH + 2CH_3(CH_2)_4CH_2OH \xrightarrow{\text{催化剂}} \begin{array}{c} COOCH_2(CH_2)_4CH_3 \\ | \\ (CH_2)_4 \\ | \\ COOCH_2(CH_2)_4CH_3 \end{array} + 2H_2O$$

5. 贮存、运输和应用

铁桶包装，注意桶盖密封，置于阴凉处，注意防火、防晒、防潮，按一般化学品规定贮运。

在固体推进剂中作增塑剂。可作为聚氯乙烯、聚乙酸乙烯酯、硝酸纤维素、乙酸丁酸纤维素、聚乙烯醇缩丁醛的耐寒性增塑剂。具有低挥发性、耐老化的性质。

6. 毒性与防护

属微毒，对皮肤和眼睛有轻微刺激作用。美国允许用作聚氯乙烯和乙酸纤维素无毒增塑剂。

7. 理化分析谱图

（1）红外光谱图

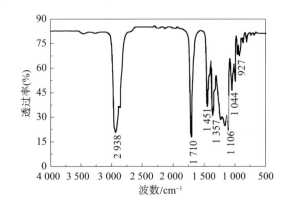

（2）质谱图

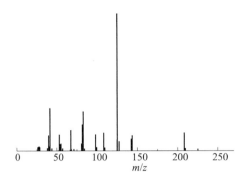

参 考 文 献

［1］　石万聪，司俊杰，刘文国．增塑剂实用手册［M］. 北京：化学工业出版社，2009：119 - 121.

［2］　王树清，高崇．耐寒性增塑剂己二酸二正己酯合成工艺研究［J］. 精细石油化工进展，2003（6）：49 - 51.

［3］　向启联，刘必芳．己二酸二正己酯的合成［J］. 湖北化工，1998（5）：3 - 5.

［4］　张成业，许烨，姚玉媛，等．己二酸二正己酯的合成［J］. 化工科技，2000（3）：29 - 31.

［5］　行春丽，成战胜．固体酸 SO_4^{2-} — MoO_3 — TiO_2 催化合成己二酸二正己酯［J］. 化工生产与技术，2005（1）：12 - 14，51.

［6］　罗必奎．磺化苯膦酸锆催化合成己二酸双酯［J］. 精细化工，1993（4）：15 - 17.

7.19　己二酸二（2 - 乙基己）酯

中文名称：己二酸二（2 - 乙基己）酯

英文名称：di - 2 - ethylhexyl adipate

中文别称：己二酸二异辛酯

英文别称：DOA，DEHA，diisooctyl adipate

分子式：$C_{22}H_{42}O_4$

相对分子质量：370.58

结构式：如图

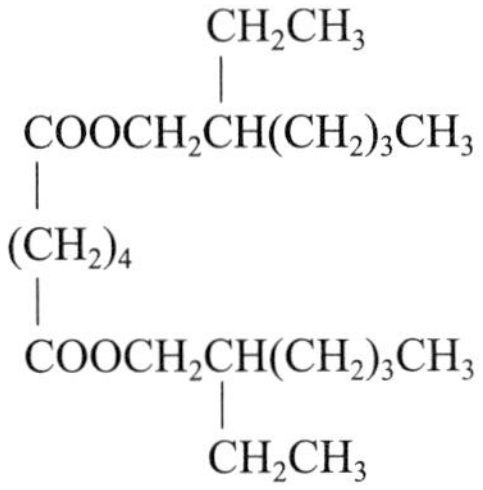

CH_2CH_3
|
$COOCH_2CH(CH_2)_3CH_3$
|
$(CH_2)_4$
|
$COOCH_2CH(CH_2)_3CH_3$
|
CH_2CH_3

CAS登记号：103 - 23 - 1

1. 物理性质

无色、澄清油状液体，微有气味。密度为 $0.922\sim0.927$ g/cm^3，折射率（n_D^{20}）为 1.447，凝固点为 -70 ℃，沸程为 $208\sim218$ ℃（533.2 Pa），热膨胀系数为 0.000 78/℃（$10\sim40$ ℃）。不溶于水，溶于乙醇、乙醚、丙酮、醋酸等大多数有机溶剂，微溶于一些胺类和多元醇。

2. 化学性质

着火点为 229 ℃，闪点为 192 ℃（开杯）。爆炸极限（空气中 242 ℃）小于 0.38%。

3. 理化指标和检验方法

DOA 国内外企业的理化指标和检验方法列于表 7-19。

表 7-19 己二酸二（2-乙基己）酯的理化指标和检验方法

项目	指　标				检验方法
	国内一级品	Rucoflex DOA	Hatcol DOA	Kodaflex DOA	
外观	—	透明澄亮液体	—	无不溶物或浑浊	目视法
气味	—	温和	温和	基本无味	嗅觉法
酯含量（%）	99.0	≥99.0	≥99.6	≥99.0	LC
外观（Po-Co）	50	≤25	≤50	≤20	比色法
酸度（以己二酸计）（%）		≤0.01	≤0.01	≤0.02	酸碱滴定
酸值/（mg KOH/g）	0.2	—	—	—	酸碱滴定
密度/（g/cm³）（20 ℃）	0.927±0.003	0.927±0.002	0.925±0.003	0.925~0.929	密度计
水分（%）	≤0.1	—	—	—	卡尔·费休法
皂化值/（mg KOH/g）	296~306	—	—	—	酸碱滴定
挥发度（%）	0.3	—	—	—	重量法

4. 制备方法

己二酸和 2-乙基己醇在催化剂（可用硫酸等强酸性催化剂，也可用非酸性催化剂）下直接酯化生成己二酸（2-乙基己）酯。粗酯经中和、水洗、脱醇、压滤等过程得成品。

$$\begin{array}{c}\text{COOH}\\|\\(\text{CH}_2)_4 \quad +2\text{C}_8\text{H}_{17}\text{OH} \xrightarrow{\text{催化剂}}\\|\\\text{COOH}\end{array}\begin{array}{c}\text{CH}_2\text{CH}_3\\|\\\text{COOCH}_2\text{CH}(\text{CH}_2)_3\text{CH}_3\\|\\(\text{CH}_2)_4 \qquad\qquad +2\text{H}_2\text{O}\\|\\\text{COOCH}_2\text{CH}(\text{CH}_2)_3\text{CH}_3\\|\\\text{CH}_2\text{CH}_3\end{array}$$

5. 贮存、运输和应用

铁桶包装，存放于阴凉通风处，防止漏水入桶，按照一般化学品规定贮运。

在固体推进剂中作增塑剂。为聚氯乙烯、氯乙烯共聚物、聚苯乙烯、硝酸纤维素、乙基纤维素、合成橡胶的优良耐寒增塑剂。增塑效率高，可赋予制品良好的低温柔软性和耐光性及手感。用于耐寒性农业薄膜、冷冻食品包装膜、电线电缆外皮、人造革及板材等。用其生产的户外水管制品长期暴露于热和紫外线下不易褪色或变色。但挥发性较大、耐水性、耐迁移性和电绝缘性能较差。

6. 毒性与防护

毒性极微。大鼠经口 LD50 为 3 000～6 000 mg/kg。对人的致死量约为 500 000 mg/kg，对皮肤及眼睛的刺激很轻微。美国、法国、意大利、荷兰、德国、日本允许用于食品和包装材料。英国规定，最大允许量为 40%。

7. 理化分析谱图

（1）红外光谱图

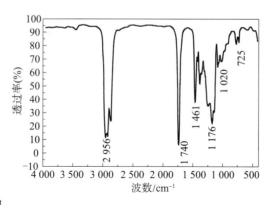

（2）核磁共振谱图

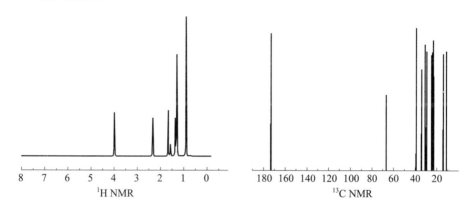

（3）质谱图

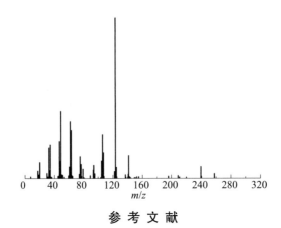

参 考 文 献

［1］　石万聪，司俊杰，刘文国．增塑剂实用手册［M］．北京：化学工业出版社，2009：124-129.

［2］　化学工业出版社．中国化工产品大全：上卷［M］．2版．北京：化学工业出版社，1998：626.

［3］　张杏芳．国外火炸药原材料性能手册［M］．北京：兵器工业出版社，1991：131-132.

［4］　张伟亚，王成云，杨左军．固相微萃取气相色谱-质谱法测定塑料浸泡液中己二酸二（2-乙基己基）酯［J］．分析测试学报，2003（6）：45-47.

［5］　陈志锋，孙利，雍炜，等．溶解沉淀-气相色谱法测定聚氯乙烯食品保鲜膜中增塑剂己二酸二（2-乙基）己酯（DEHA）含量［J］．中国卫生检验杂志，2006（7）：772-774.

［6］　张荣．催化合成己二酸二辛酯的高效生物质炭磺酸催化剂研究［D］．长沙：湖南师范大学，2016.

［7］　印秀云，李敢．己二酸二辛酯的合成研究［J］．广州化工，2014，42（13）：24-26.

［8］　邹艳红．固体酸催化合成己二酸二辛酯的研究［D］．长沙：湖南师范大学，2012.

7.20　壬二酸二（2-乙基己）酯

中文名称：壬二酸二（2-乙基己）酯

英文名称：di-（2-ethylhexyl）azelate

中文别称：壬二酸二异辛酯

英文别称：DIOZ，diisooctyl azelate

分子式：$C_{25}H_{48}O_4$

相对分子质量：412.66

结构式：如图

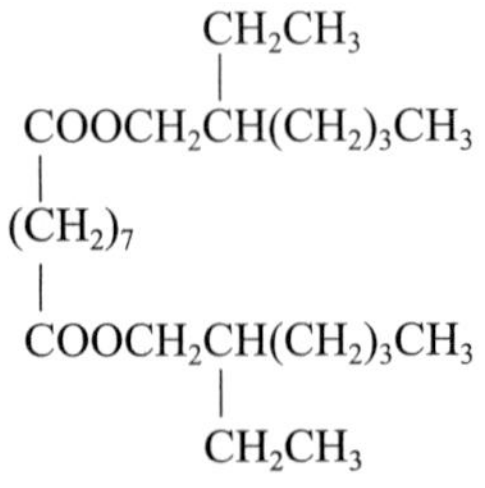

$$
\begin{array}{l}
CH_2CH_3\\
|\\
COOCH_2CH(CH_2)_3CH_3\\
|\\
(CH_2)_7\\
|\\
COOCH_2CH(CH_2)_3CH_3\\
|\\
CH_2CH_3
\end{array}
$$

CAS 登记号：103 - 24 - 2

1. 物理性质

近乎无色透明液体。密度为 0.919 g/cm^3，折射率（n_D^{25}）为 1.448，凝固点为-67.8 ℃，沸点为 237 ℃（666.5 Pa），376 ℃（101.33 kPa），挥发度低，溶于大多数有机溶剂。

2. 化学性质

着火点 249 ℃，自燃点 374 ℃，爆炸极限（空气中 266 ℃下限）0.28%（体积），闪点（开杯）227 ℃，对热和紫外线非常稳定。

3. 理化指标和检验方法

壬二酸二（2-乙基己）酯的理化指标和检验方法列于表 7 - 20。

表 7 - 20　壬二酸二（2 -乙基己）酯的理化指标和检验方法

项目	指标	检验方法
气味	无味	嗅觉法
外观	无不溶物或浑浊	目视法
酯含量(%)	≥99	GC 法
密度/(g/cm³)(25 ℃)	0.913～0.921	密度计
水分(%)	≤0.05	卡尔·费休法
色度(APHA)	≤75	比色法
酸度(以壬二酸计)(%)	≤0.03	酸碱滴定法

4. 制备方法

由油酸经臭氧化制壬二酸，再由壬二酸和 2-乙基己醇催化酯化而得。

1）壬二酸的制备：

a）臭氧的制备：压缩空气进入臭氧发生器，在 10 000～12 000 V 电压下无声放电生成臭氧。

b）油酸臭氧化得臭氧化物。

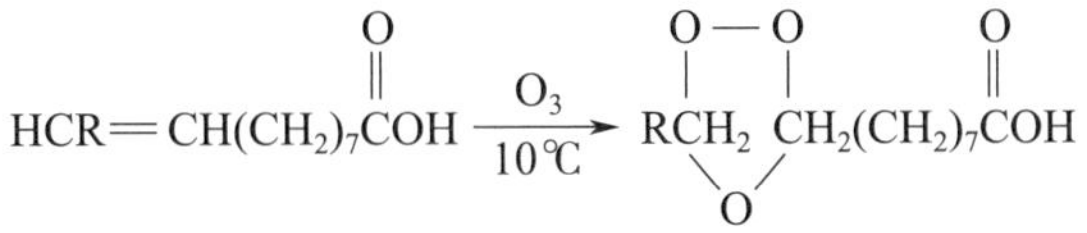

$$\text{HCR}=\text{CH(CH}_2)_7\text{COH} \xrightarrow[10℃]{O_3} \text{RCH}_2\text{CH}_2\text{(CH}_2)_7\text{COH}$$

臭氧化物催化分解氧化得壬二酸：

2）壬二酸和 2-乙基己醇催化酯化得壬二酸二（2-乙基己）酯。粗酯经碱洗、水洗、脱醇、精馏得成品。

$$RCH \overset{O-O}{\underset{O}{\triangle}} CH_2(CH_2)_7 \overset{O}{\underset{}{\parallel}} COH \xrightarrow[50\sim70℃]{催化剂} HO \overset{O}{\underset{}{\parallel}} C(CH_2)_7 \overset{O}{\underset{}{\parallel}} COH$$

$$\begin{array}{c} COOH \\ | \\ (CH_2)_7 \\ | \\ COOH \end{array} + 2C_8H_{17}OH \xrightarrow{H^+} \begin{array}{c} CH_2CH_3 \\ | \\ COOCH_2CH(CH_2)_3CH_3 \\ | \\ (CH_2)_7 \\ | \\ COOCH_2CH(CH_2)_3CH_3 \\ | \\ CH_2CH_3 \end{array} + 2H_2O$$

5. 贮存、运输和应用

铁桶包装，置于阴凉处，注意防火、防晒、防潮。按一般化学品规定贮运。

可用作固体推进剂和混合炸药的增塑剂。作为乙烯基树脂、纤维素树脂的耐寒增塑剂。粘度低、沸点高、增塑效率好，挥发性和迁移性小。耐光性、电绝缘性、粘度稳定性、耐寒性和热稳定性比 DOA 和 DOP 好。适用于制造人造革、薄膜、薄板、电线和电绝缘套。还可用作丁腈橡胶、丁苯橡胶、氯丁橡胶等合成橡胶的增塑剂。

6. 毒性与防护

微毒类。对皮肤有刺激。大鼠经口 LD50 为 8 720 mg/kg。小鼠经口 LD50≥25 600 mg/kg。美国、日本、荷兰允许用于聚氯乙烯及氯乙烯共聚物的食品包装材料中。

7. 理化分析谱图

（1）红外光谱图

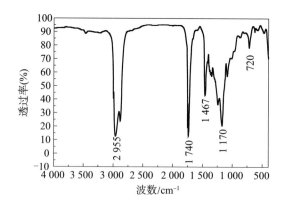

（2）核磁共振谱图

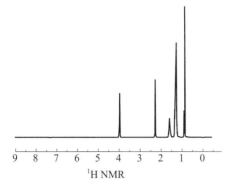

^{1}H NMR

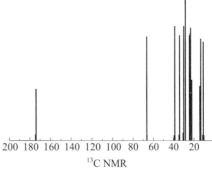

^{13}C NMR

（3）质谱图

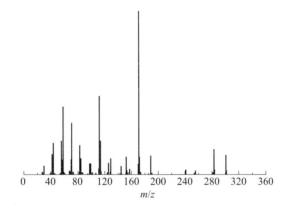

m/z

参 考 文 献

［1］　石万聪，司俊杰，刘文国. 增塑剂实用手册 ［M］. 北京：化学工业出版社，2009：152 - 154.

［2］　张杏芳. 国外火炸药原材料性能手册 ［M］. 北京：兵器工业出版社，1991：133 - 134.

［3］　王选伦，杨文青，林振宇，等. 壬二酸二辛酯对聚氯乙烯增塑体系性能的影响 ［J］. 塑料，2015，
　　　44（5）：32 - 34.

［4］　何祖慧，刘勇，成昕. $SO_4^{2-}/SnO_2 — TiO_2 — Al_2O_3$ 固体酸催化合成壬二酸二辛酯 ［J］. 应用化工，
　　　2013，42（4）：650 - 653.

7.21　壬二酸二（6 -甲基庚）酯

中文名称：壬二酸二（6 -甲基庚）酯

英文名称：di（6 - methyl heptyl）azelate

中文别称：壬二酸二异辛酯

英文别称：diisoctyl azelate，DIOZ

分子式：$C_{25}H_{48}O_4$

相对分子质量：412.65

结构式：如图

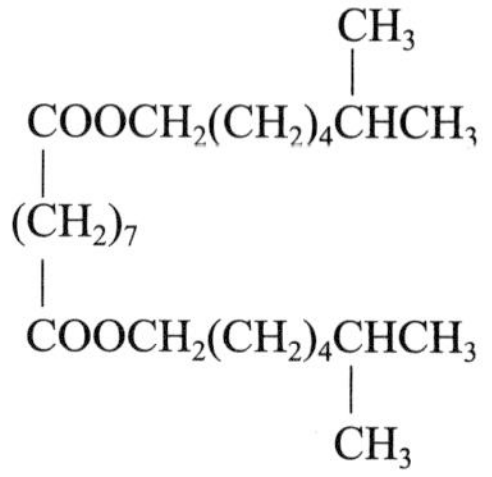

$$
\begin{array}{c}
CH_3 \\
| \\
COOCH_2(CH_2)_4CHCH_3 \\
| \\
(CH_2)_7 \\
| \\
COOCH_2(CH_2)_4CHCH_3 \\
| \\
CH_3
\end{array}
$$

CAS 登记号：26544 - 17 - 2

1. 物理性质

无色无味透明液体，密度为 0.913～0.921 g/cm³，凝固点为－68 ℃，沸点（666.5 Pa）为 235 ℃，折射率（n_D^{25}）为 1.448，溶于大多数有机溶剂。

2. 化学性质

闪点（开杯）213 ℃，光稳定性及热稳定性好。在酸中稳定，在碱中分解为酸和醇。

3. 理化指标和检验方法

壬二酸二（6-甲基庚）酯的理化指标和检验方法列于表 7 - 21。

表 7 - 21　壬二酸二（6-甲基庚）酯的理化指标和检验方法

项目	指标	检验方法
外观	无不溶物或浑浊	目视法
气味	无味	嗅觉法
色度（APHA）	≤75	比色法
酯含量（%）	≥99	GC 法
密度/(g/cm³)(25 ℃)	0.913～0.921	密度计
水分（%）	≤0.05	卡尔·费休法
羟值/(mmol/g)	≤4.0	乙酐法
酸度（以壬二酸计）（%）	≤0.11	≤0.03

4. 制备方法

1) 壬二酸的制备：0.6 MPa 的压缩空气经冷冻脱水后，再通过硅胶或分子筛干燥，然后进入臭氧发生器，在 10 000～12 000 V 电压下，无声放电生成臭氧。臭氧经水洗后与油酸在溶剂中进行臭氧化，反应温度在 10 ℃ 以下。臭氧化物于 50～70 ℃ 下进行分解氧化，催化剂为醋酸锰，用量为臭氧化物的 0.3%。用碱液从反应物中抽提出壬二酸，再经酸化、过滤、洗涤、烘干，即得壬二酸。

2) 壬二酸二辛酯的制备：将已制备的壬二酸投入反应釜，按摩尔比加入 2.5 倍的 6-

甲基庚醇，再加入投料量 0.3% 的硫酸，于 120～130 ℃，21.33 kPa 的压力下，反应 4 h。酯化至酸值小于 2 mg KOH/g 时，即用碳酸钠中和至酸值小于 0.15 mg KOH/g。然后将所得的粗酯进行减压蒸馏，收集 220～230 ℃（0.533 kPa）馏分，再用活性炭在 90～95 ℃ 进行脱色，过滤后，即得成品。

5. 贮存、运输和应用

铁桶包装，存放于阴凉通风处，按照一般可燃化学品规定贮运。

可用作固体推进剂和混合炸药的增塑剂。为聚氯乙烯、氯乙烯、醋酸乙烯共聚物、聚苯乙烯、聚醋酸乙烯酯、醋酸丁酸纤维素、硝酸纤维素、乙基纤维素优良的耐寒增塑剂。挥发性和迁移性小，具有优良的耐热性、耐寒性、耐光性、电绝缘性和对增塑糊的粘度稳定性。还可单独或与其他增塑剂配合用作丁腈橡胶、丁苯橡胶、氯丁橡胶等合成橡胶的增塑剂。

6. 毒性与防护

毒性低。美国、荷兰等国允许用于食品包装材料。

7. 理化分析谱图

（1）红外光谱图

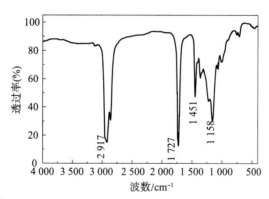

（2）核磁共振谱图

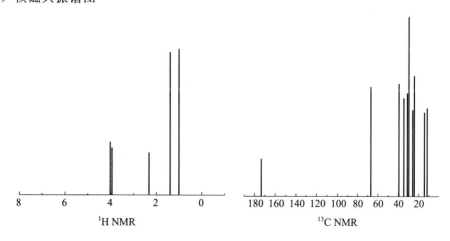

^{1}H NMR　　　　　　　　　　　^{13}C NMR

（3）质谱图

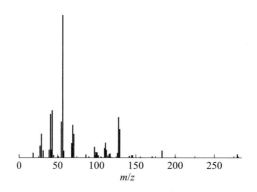

参 考 文 献

［1］　石万聪，司俊杰，刘文国. 增塑剂实用手册 ［M］. 北京：化学工业出版社，2009：147-148.
［2］　A 达维纳. 固体火箭推进剂技术 ［M］. 张德雄，等译. 北京：宇航出版社，1997：438.

7.22　癸二酸二（2-乙基己）酯

中文名称：癸二酸二（2-乙基己）酯
英文名称：di-2-ethylhexyl sebacate
中文别称：癸二酸二异辛酯
英文别称：diisooctyl sebacate, decanedioic bis-（2-ethylhexyl）-ester, DOS, KZ
分子式：$C_{26}H_{50}O_4$
相对分子质量：426.69
结构式：如图

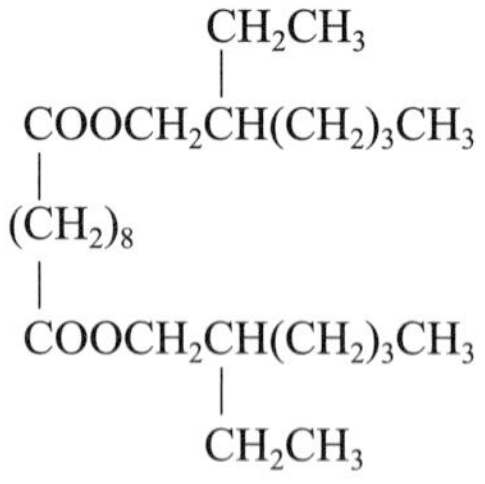

$$
\begin{array}{l}
CH_2CH_3 \\
| \\
COOCH_2CH(CH_2)_3CH_3 \\
| \\
(CH_2)_8 \\
| \\
COOCH_2CH(CH_2)_3CH_3 \\
| \\
CH_2CH_3
\end{array}
$$

CAS 登记号：122-62-3

1. 物理性质

无色或淡黄色油状液体，具有芳香味。密度为 0.911~0.919 g/cm³，折射率（n_D^{25}）为 1.447~1.451，凝固点为-48 ℃，沸点为 256 ℃ （666.5 Pa），295~298 ℃ （101.33 kPa），不溶于水，溶于乙醇、乙醚、丙酮、苯、酯类、芳香烃、脂肪烃等有机溶剂，微溶于一些胺类和多元醇。

2. 化学性质

着火点 257～263 ℃，闪点 235～246 ℃（开口杯），210 ℃（闭口杯），在酸中稳定，在碱中分解为酸和醇。

3. 理化指标和检验方法

KZ 理化指标和检验方法列于表 7-22。

表 7-22　KZ 理化指标和检验方法

项目	指标	检验方法	检验标准
外观	微黄色透明液体	目测	GJB 1967
色度(APHA)(铂-钴色号)	≤30	比色法	GB/T 1664
酯含量(%)	≥99.0	GC 法	HG/T 3502
酸度(以癸二酸计)(%)	≤0.01	酸碱滴定法	GB/T 1668
加热减量(%)	≤0.2	重量法	GB/T 1669
密度/(g/cm³)(20 ℃)	0.913～0.916	密度计	GB/T 4472
水分(%)	≤0.05	卡尔·费休法	GB/T 6283

4. 制备方法

癸二酸和 2-乙基己醇在硫酸催化下直接酯化生成癸二酸（2-乙基己）酯。粗酯经中和、水洗、脱醇、压滤等过程得成品。由于硫酸腐蚀性强，改用硫酸氢钾代替硫酸可避免上述缺点而且质量好。

$$\begin{array}{c} COOH \\ | \\ (CH_2)_8 \\ | \\ COOH \end{array} + 2C_8H_{17}OH \longrightarrow \begin{array}{c} CH_2CH_3 \\ | \\ COOCH_2CH(CH_2)_3CH_3 \\ | \\ (CH_2)_8 \\ | \\ COOCH_2CH(CH_2)_3CH_3 \\ | \\ CH_2CH_3 \end{array} + 2H_2O$$

5. 贮存、运输和应用

铁桶包装，置于阴凉处，注意防火、防晒、防潮，按一般化学品规定贮运。

可用作固体推进剂的增塑剂，高聚物粘结炸药（PBX）增塑剂，优良的耐寒增塑剂。增塑效率高，挥发性低，耐热、耐光及电绝缘性均较好。但迁移性较大，易被烃类溶剂抽出。耐水性较差。适于与邻苯二甲酸酯并用来制作耐寒电线和电缆料、人造革、薄膜、片材、板材和耐寒橡胶制品等。还可用作喷气发动机的润滑油脂。

6. 毒性与防护

毒性极微。大鼠经口 LD50 为 12.8～25.6 g/kg。欧美各国均许可用于食品包装材料中。对人致死剂量大约为 500 g，无致癌性。KZ 可引起湿疹性皮炎，应合理通风，佩戴机械过滤器呼吸器，佩戴手套，穿防护工作服，严防皮肤接触。着火时用水、泡沫、二氧化碳或四氯化碳灭火。

7. 理化分析谱图

（1）红外光谱图

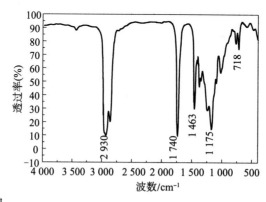

（2）核磁共振谱图

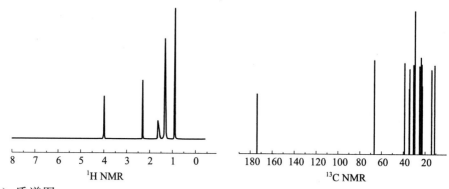

（3）质谱图

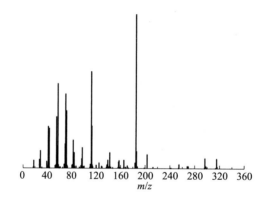

参 考 文 献

［1］　石万聪，司俊杰，刘文国．增塑剂实用手册［M］．北京：化学工业出版社，2009：152－154．

［2］　化学工业出版社．中国化工产品大全：上卷［M］．2 版．北京：化学工业出版社，1998：627．

［3］　张杏芳．国外火炸药原材料性能手册［M］．北京：兵器工业出版社，1991：136－137．

［4］　蒋芸．复合固体推进剂原材料毒性与防护［M］．北京：新疆科技卫生出版社：1996，101．

［5］　许月霞，范勤锡，郭俊昌．葵二酸二（2－乙基己）酯规范：GJB 1967—1994 ［S］．洛阳：化学工
　　　业部黎明化工研究院，1994．

［6］　王梦蛟，龚怀耀，薛广智．橡胶工业手册　第二分册　配合剂［M］．修订版．北京：化学工业出
　　　版社，1989：374－375．

［7］　国防科工委后勤部．火箭推进剂监测防护与污染治理［M］．北京：国防科技大学出版社，
　　　1993：100．

［8］　王诗路，赵国明，刘辉，等．固定化脂肪酶催化合成葵二酸二（2－乙基己基）酯［J］．化学反应
　　　工程与工艺，2012，28 （4）：330－334．

7.23　磷酸三（2－乙基己）酯

中文名称：磷酸三（2－乙基己）酯

英文名称：tri（2－ethylhexyl）phosphate

中文别称：磷酸三辛酯

英文别称：phosphoric acid tri（2－ethylhexyl）ester，trioctyl phosphate，TOP，TOF

分子式：$C_{24}H_{51}O_4P$

相对分子质量：434

结构式：如图

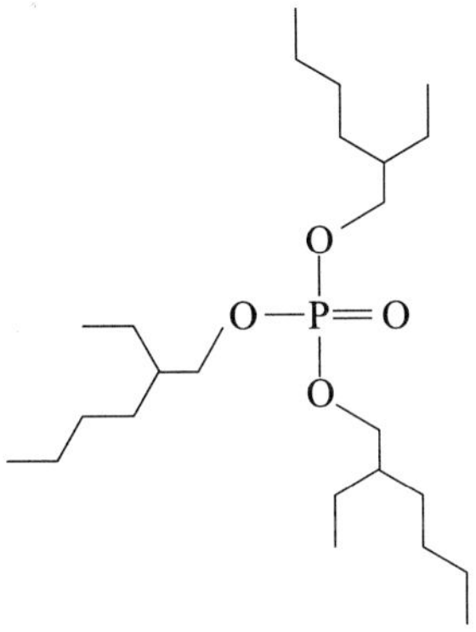

CAS 登记号：78－42－2

1. 物理性质

近于无色的液体，微有气味，密度为 0.920～0.926g/cm³，沸点为 220～250 ℃，凝固点为 －70 ℃，折射率（n_D^{25}）为 1.443 4，不溶于水，溶于醇、苯等，可与矿物油和汽油混溶。

2. 化学性质

闪点 207～210 ℃。

3. 理化指标和检验方法

磷酸三辛酯的理化指标和检验方法列于表 7 - 23。

表 7 - 23　磷酸三辛酯的理化指标和检验方法

项目	指标	检验方法
含量	≥98.5%	GC
酸值/(mg KOH/g)	≤0.1	酸碱滴定法
密度/(g/cm³)(20 ℃)	0.924～0.927	密度计法
色泽	≤100	比色法
折射率(20 ℃)	1.439～1.445	折射率计法
闪点/℃	≥185	开口法
水分/(%)	≤0.1	卡尔·费休法

4. 制备方法

由三氯氧磷与 2 -乙基己醇反应而得。

$$POCl_3 + 3C_3H_{17}OH \longrightarrow OP(C_8H_{17}O)_3 + 3HCl$$

2 -乙基己醇和三氯化磷在 10 ℃ 以下混料，逐渐升温到 60 ℃，真空排除反应生成的水和氯化氢，反应完毕用碱中和、水洗、减压蒸馏得成品。酯化时加入 $TiCl_4$ 催化剂，可减少 2 -乙基己醇投入量和提高产品收率。反应中未酯化的醇可以采用循环生产法继续利用。

5. 贮存、运输和应用

玻璃瓶包装，置于阴凉干燥库房中，远离火源，按有毒化学品规定贮运。

可用作固体推进剂绝热层的增塑剂，是氯丁橡胶和合成橡胶最好的耐寒增塑剂，在 −38.2 ℃ 仍保持液态和流动态。TOF 能减小乙烯基塑料在高温时的粘性、−70 ℃ 低温时的抗冲击性和柔软性。在低温使用时，其难燃性和防霉性比己二酸二辛酯好。PVC 配方中含有等量的 TOF 和 DOP 时，有自动灭火的效能。广泛应用于乙烯基树脂溶液涂料、模塑、挤出和压延配方、乙烯基电线绝缘、合成橡胶及纤维素塑料。TOF 与 PVC 的低温相容性比其他任何低温增塑剂都好。当只有 TOF 一种增塑剂时，糊料的初始粘度特别低，放置 30 天，糊料粘度增加很少。在高剪切和低剪切时糊料也基本不膨胀。由于 TOF 的低粘度和 PVC 的强溶解力，TOF 是生产硬质乙烯基糊的理想分散剂。TOF 与氯磺化聚乙烯和氯化聚乙烯混合可用作层材料。

6. 毒性与防护

微毒，对皮肤和眼睛无刺激。大鼠经口 LD50 为 37 000 mg/kg，小鼠经口 LD50≥ 12 800 mg/kg。美国食品药品管理局允许用于食品包装材料的粘合剂中。法国允许用于接触食品的塑料制品，但用量须在塑料的 0.5％以内，TOF 的纯度须在 99％以上。着火用泡沫、二氧化碳、干粉、砂土扑灭。

7. 理化分析谱图

（1）红外光谱图

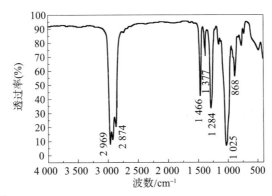

（2）核磁共振谱图

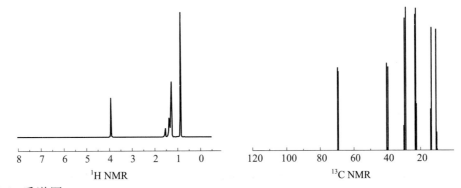

^{1}H NMR　　　　　　　　　　^{13}C NMR

（3）质谱图

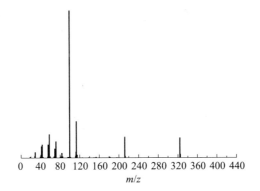

m/z

参 考 文 献

［1］　石万聪，司俊杰，刘文国．增塑剂实用手册［M］．北京：化学工业出版社，2009：236-237.

［2］　化学工业出版社．中国化工产品大全：上卷［M］．2版．北京：化学工业出版社，1998.

［3］　高尚．磷酸辛酯的绿色合成及性能研究［D］．沈阳：沈阳工业大学，2019.

［4］　高清伟．磷酸三丁酯和磷酸三异辛酯的合成及其固定化研究［D］．天津：河北工业大学，2015.

［5］　韩秀山．磷酸三辛酯的生产及在双氧水生产中的应用［J］．四川化工与腐蚀控制，2002（3）：26-27.

［6］　韩秀山．磷酸三辛酯的合成研究［J］．塑料助剂，1998（2）：12-17.

7.24　磷酸三苯酯

中文名称：磷酸三苯酯

英文名称：triphenyl phosphate

英文别称：TPP，phosphoric acid triphenyl ester

分子式：$C_{18}H_{15}O_4P$

相对分子质量：326.30

结构式：如图

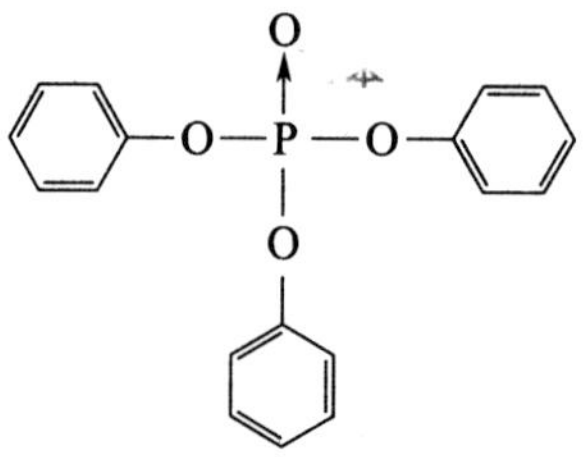

CAS登记号：115-86-6

1. 物理性质

白色针状结晶，微有芳香气味，熔融时呈清亮无色的液体。密度 1.20 g/cm³，沸点 407~410 ℃（101.33 kPa），245 ℃（1 333 Pa），220 ℃（666.5 Pa），折射率（n_D^{25}）1.563，能与大多数有机溶剂、稀释剂、植物油互溶，是许多树脂的优良溶剂，易溶于苯、氯仿、乙醚、乙醇、丙酮等有机溶剂，不溶于水和石油烃，表 7-24 为磷酸三苯酯在有机溶剂中的溶解度。

表 7-24　磷酸三苯酯在有机溶剂中的溶解度（35 ℃）

（单位：g/100 cm³溶剂）

溶剂	溶解度	溶剂	溶解度	溶剂	溶解度
丙酮	340	乙醇	160	甲乙酮	350
苯	230	二氯乙烷	400	矿物油	22

续表

溶剂	溶解度	溶剂	溶解度	溶剂	溶解度
正丁醇	135	汽油	2.7	松节油	36
邻二氯苯	320	亚麻籽油	13	二甲苯	230
乙酸乙酯	270				

2. 化学性质

闪点 225 ℃（开口杯），磷酸三苯酯在酸性条件下比较稳定，在碱性条件下发生皂化反应。与氢氧化钡醇溶液一同煮沸时，生成二苯基磷酸钡。在冷却情况下用硝酸（相对密度 1.5）进行硝化，主要生成磷酸三（4-硝基苯基）酯。用硝酸和硫酸的混酸进行硝化时，生成磷酸三（2，4-二硝基苯基）酯。磷酸三苯酯与碳酸钾一同加热时生成苯酚和少量的二苯醚及氧杂蒽酮。与氧化钙、氧化铝或氧化锌加热时，生成苯酚和苯杂蒽。用氧化镁处理，生成少量的二苯醚。磷酸三苯酯用乙醇钠处理，生成磷酸二乙酯的钠盐和乙基苯醚。

3. 理化指标和检验方法

磷酸三苯酯理化指标和检验方法列于表 7-25。

表 7-25　磷酸三苯酯理化指标和检验方法

项目	指标	检验方法
外观	白色结晶粉末或片状	目视法
色度（APHA）（Pt-Co 色号）　≤	40	比色法
热稳定性（APHA）（Pt-Co 色号）　≤	75	比色法
结晶点/℃　　　　　　　　　≥	48.5	熔点仪
酸值/（mg KOH/g）　　　　≤	0.05	酸碱滴定法
游离酚（以苯酚计）（%）　≤	0.05	碘量法

4. 制备方法

1）苯酚与三氯化磷反应生成亚磷酸三苯酯，再与氯气反应生成二氯代磷酸三苯酯，然后水解生成磷酸三苯酯，再经水洗、碱中和、浓缩、减压蒸馏等过程得成品。

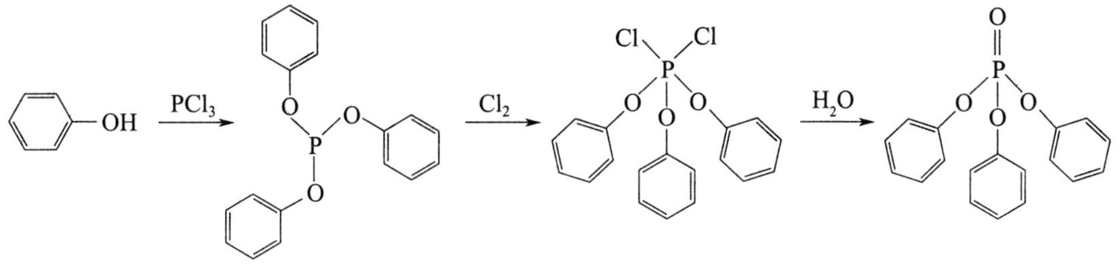

2）苯酚甲苯溶液与三氯氧磷和氢氧化钠水溶液于 60 ℃左右反应，生成磷酸三苯酯，再经水洗、碱中和、常压蒸馏、减压蒸馏、冷却、结晶、粉碎得成品。

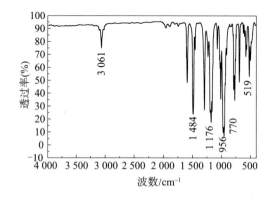

5. 贮存、运输和应用

木桶或铁桶内衬塑料袋包装，按有毒危险化学品规定贮运，置于阴凉干燥库房中，远离火源。

可用作固体推进剂绝热层的阻燃性增塑剂。是硝化纤维、醋酸纤维（片基）、聚氯乙烯、橡胶的增塑剂，以及粘胶纤维中樟脑的不燃性代用品。用 TPP 生产的涂布织物，可用作火车上的扶手、靠枕、矿山风帘布。纤维素被增塑后，可作为液晶显示器吸收红外线膜、偏光板保护膜、摄像胶卷基底膜。

6. 毒性与防护

毒性较小。大鼠经口 LD50 为 6.4 g/kg。对人体红细胞乙酰胆碱酯酶有轻度抑制作用。对皮肤无刺激，也不易被皮肤吸收。空气中最小允许浓度为 3 mg/m³。美国 FDA 标准允许用于食品的包装材料粘合剂中，一般不允许用于接触食品的制品。

7. 理化分析谱图

（1）红外光谱图

（2）核磁共振谱图

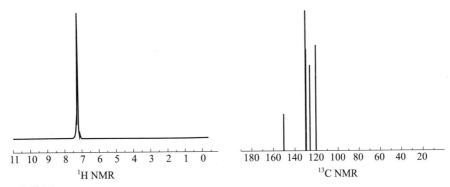

^{1}H NMR　　　　　　　　　　^{13}C NMR

（3）质谱图

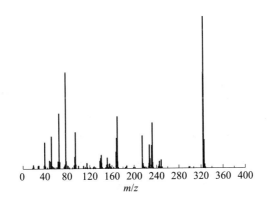

m/z

参 考 文 献

［1］　石万聪，司俊杰，刘文国．增塑剂实用手册［M］．北京：化学工业出版社，2009：240-243.

［2］　化学工业出版社．中国化工产品大全：上卷［M］．2版．北京：化学工业出版社，1998：639-640.

［3］　张杏芳．国外火炸药原材料性能手册［M］．北京：兵器工业出版社，1991：136-137.

［4］　蒋芸．复合固体推进剂原材料毒性与防护［M］．乌鲁木齐：新疆科技卫生出版社：1996：101.

［5］　全国橡胶与橡胶制品标准化技术委员会化学助剂分技术委员会．磷酸三苯酯：HG/T 2688—2005
　　　［S］．北京：化学工业出版社，2005.

［6］　陆华，谢明超．磷酸三苯酯的合成研究［J］．广东化工，2016，43（18）：82，69.

［7］　李秀平，贾晓川，李晶．磷酸三苯酯的应用及合成方法研究进展［J］．精细石油化工，2013，30
　　　（4）：83-86.

［8］　沈宏一，曹飞，武红丽，等．相转移催化合成磷酸三苯酯［J］．塑料助剂，2007（3）：14-16.

7.25　磷酸三甲酚酯

中文名称：磷酸三甲酚酯

英文名称：tricresyl phosphate

中文别称：磷酸三甲苯酯，三甲酚磷酸酯

英文别称：tritolyl phosphate，TTP，TCP

分子式：$C_{21}H_{21}O_4P$

相对分子质量：368.1

CAS 登记号：1330 - 78 - 5（混合物），78 - 30 - 8（邻）

结构式：如图，含有邻、间、对三种异构体

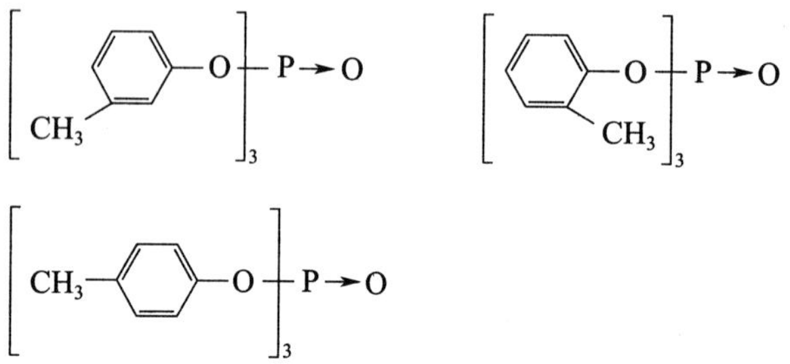

1. 物理性质

磷酸三甲酚酯是邻（o）、间（m）、对（p）甲酚磷酸酯三种异构体混合物。无色、无臭油状液体。密度为 1.165 g/cm³，折射率（n_D^{25}）为 1.556，凝固点为 −35 ℃，沸点为 420 ℃（101.33 kPa），295 ℃（1 732.9 Pa），235～255 ℃（533.2 Pa），不溶于水，溶于甘油、大多数有机溶剂和植物油、蓖麻油、亚麻油、桐油、烃类和稀释剂。能溶解合成树脂、酸胶、苯二甲酸树脂、环己酮甲醛树脂、松香、虫胶，能使这些物质产生耐水功能。磷酸三 - o - 甲酚酯，熔点 8 ℃；磷酸三 - p - 甲酚酯，熔点 18 ℃；磷酸三 - m - 甲酚酯，常温为液体。

2. 化学性质

一种很稳定的化合物，遇光稍微变黄。420～440 ℃沸腾伴有少量分解，老化时，不发生酸解。有阻燃性，尤其对硝酸纤维素效果更明显。

3. 理化指标和检验方法

TCP 理化指标和检验方法列于表 7 - 26。

表 7 - 26　TCP 理化指标和检验方法

项目	一级品	二级品	检验方法
外观（目测）	无色透明液体		目视法
色度（APHA）（Pt - Co 色号）　≤	100	250	比色法
相对密度（d_4^{20}）　≤	1.185	1.187	密度计
酸值/（mg KOH/g）　≤	0.15	0.25	酸碱滴定法
加热后减量（%）　≤	0.10	0.20	重量法

续表

项目		一级品	二级品	检验方法
加热后色泽（Pt－Co）	≤	450	—	比色法
加热后酸值/(mg KOH/g)	≤	0.25	0.40	酸碱滴定法
闪点（%）	≥	225	220	开口杯法
游离甲酚含量（%）	≤	0.15	0.20	碘量法

4. 制备方法

由三氯氧磷与混合甲酚反应而成。甲酚与三氯化磷在低温下反应生成亚磷酸三甲苯酯，再与氯气反应生成二氯代磷酸三甲苯酯，然后水解生成磷酸三甲苯酯。最后经水洗、碱中和、浓缩和减压蒸馏得成品。

5. 贮存、运输和应用

锌桶包装，置于阴凉干燥库房中，远离火源，按有毒化学品规定贮运。

可用作固体推进剂的增塑剂，是乙烯基树脂和硝化纤维素重要的增塑剂，是合成橡胶、聚氯乙烯、聚酯、聚烯烃和软质聚氨酯泡沫塑料的阻燃剂。能赋予高聚物良好的耐磨性、耐候性、防霉性、耐辐射性及电性能。还可用作汽油添加剂、润滑油添加剂及液压油。

6. 毒性与防护

具有中等毒性，对眼、皮肤粘膜有刺激作用。操作人员应穿戴防护用具。

7. 理化分析谱图

（1）红外光谱图

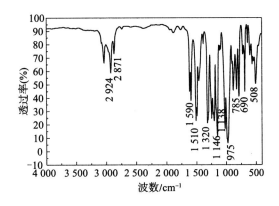

（2）核磁共振谱图

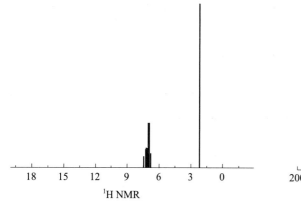 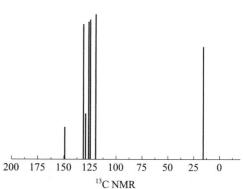

（3）质谱图

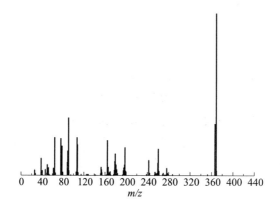

参 考 文 献

［1］　石万聪，司俊杰，刘文国. 增塑剂实用手册［M］. 北京：化学工业出版社，2009：240-243.

［2］　化学工业出版社. 中国化工产品大全：上卷［M］. 2版. 北京：化学工业出版社，1998：639-640.

［3］　张杏芳. 国外火炸药原材料性能手册［M］. 北京：兵器工业出版社，1991：136-137.

［4］　蒋芸. 复合固体推进剂原材料毒性与防护［M］. 乌鲁木齐：新疆科技卫生出版社，1996：101.

［5］　全国危险化学品管理标准化技术委员会. 磷酸三甲苯酯危险特性分类方法：GB/T 38229—2019［S］. 北京：中国标准出版社，2019.

［6］　刘多强，冀德坤，易玉峰，等. 气相色谱法测定磷酸三甲苯酯异构体含量［J］. 化学分析计量，2017，26（6）：19-22.

［7］　王海兰. 磷酸三甲苯酯的职业危害与防护［J］. 现代职业安全，2013（12）：104-105.

7.26　硬脂酸

中文名称：硬脂酸

英文名称：stearic acid

中文别称：十八酸，十八烷酸，脂蜡酸，正构十八碳酸

英文别称：octadecanoic acid，SA，YS

分子式：$C_{18}H_{36}O_2$

相对分子质量：284.48

结构式：如图

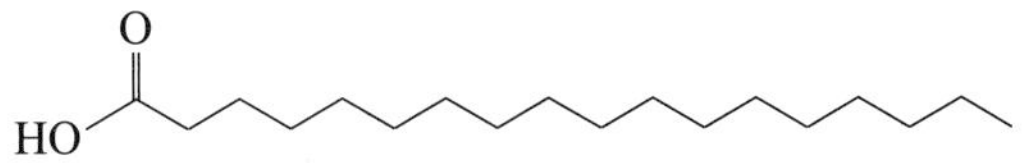

CAS 登记号：57 - 11 - 4

1. 物理性质

为带有光泽的白色柔软小片，工业品呈白色或微黄色颗粒或块，略带脂肪气味。密度 $0.838\sim0.941\ \text{g/cm}^3$，熔点 $69\sim71\ ℃$，沸点 $376.1\ ℃$（$101.325\ \text{kPa}$），$228.7\ ℃$（$1.33\ \text{kPa}$），折射率（n_D^{25}）$1.429\ 9$，微溶于冷水，溶于酒精、丙酮，易溶于苯、甲苯、氯仿、乙醚、四氯化碳、二硫化碳、醋酸戊酯，可溶于乙醇，不溶于水。$20\ ℃$时，$100\ \text{mL}$ 溶剂中溶解度为水 $0.000\ 29\ \text{g}$，乙醇 $4.7\ \text{g}$，苯 $20\ \text{g}$，氯仿 $50\ \text{g}$，四氯化碳 $16.6\ \text{g}$。

2. 化学性质

为硬脂酸与软脂酸的混合物并含少量油酸，闪点 $196.1\ ℃$（闭口杯），$218.3\ ℃$（开口杯），$383\ ℃$分解。硬脂酸是一种高级饱和脂肪酸，硬脂酸具有一般有机羧酸的化学通性，和烧碱起作用，生成硬脂酸钠，是一种肥皂。

3. 理化指标和检验方法

硬脂酸理化指标和检验方法列于表 7 - 27。

表 7 - 27　硬脂酸理化指标和检验方法

项目	指　标		检验方法
	一级品	二级品	
C_{18}含量（%）	62～68	60～70	GC 法
皂化值/（mg KOH/g）	206～211	203～214	酸碱滴定
酸值/（mg KOH/g）	205～210	202～212	酸碱滴定
碘值/（g I/100 g）　　≤	2	4	碘量法
色度（APHA）　　≤	100	400	分光光度法
凝固点/℃	57～62	≥54	熔点仪
水分（%）　　≤	0.1	0.1	干燥重量法
无机酸（%）　　≤	0.001	0.001	比色法

4. 制备方法

工业硬脂酸的生产方法主要有分馏法和压榨法两种。在硬化油中加入分解剂，然后水

解得到粗脂肪酸，再经水洗、蒸馏、脱色即得成品。同时副产甘油。

$$(C_{17}H_{35}COO)_3C_3H_5 + 3H_2O \xrightarrow{\text{水解剂}} 3C_{17}H_{35}COOH + C_3H_5(OH)_3$$

5. 贮存、运输和应用

用硬纸箱或编织袋内衬塑料袋包装，贮存于阴凉、干燥、通风处，注意远离火源和氧化剂，按照一般化学品规定贮运，严禁与氧化剂、还原剂、碱类、食用化学品等混装混运。

用于推进剂绝热层的增塑剂，在炸药中用作钝感剂，在黑火药中用作缓燃剂，在火焰喷射器燃料中作胶凝剂，法国在硝胺炸药中用作润滑剂，还可作为粘合剂。橡胶工业中，是天然胶、合成胶（丁基胶除外）及胶乳的硫化活性剂，能促使碳黑、氧化锌等粉状配合剂在胶料中均匀分散。又能与氧化锌或碱性促进剂反应增加其活性。塑料工业中用作增塑剂、稳定剂及润滑剂。纺织工业中用作纱线润滑剂及用来制造丝光膏柔软剂。医药上用于配制软膏、栓剂等，此外，还可用于制造化妆品、蜡烛、防水剂、脱模剂、抛光剂、消泡剂、金属浮选剂、油漆平光剂、蜡纸打光剂等产品，是油溶性颜料的溶剂，也是制造硬脂酸酯及硬脂酸盐的原料。

6. 毒性与防护

无毒，可燃，中等着火危险。用水、泡沫和干式化学灭火剂或四氯化碳灭火。

7. 理化分析谱图

（1）红外光谱图

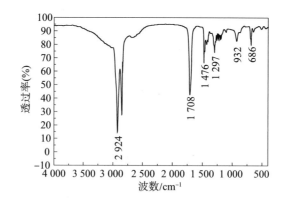

（2）核磁共振谱图

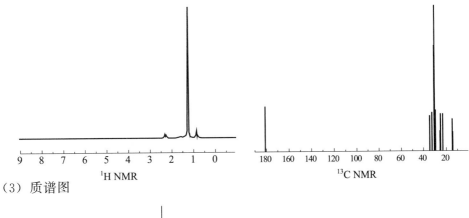

^{1}H NMR　　　　　　　　　　　　　　^{13}C NMR

（3）质谱图

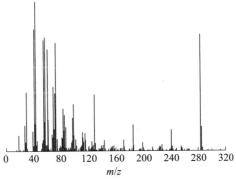

m/z

参 考 文 献

［1］　化学工业出版社．中国化工产品大全：上卷［M］．2 版．北京：化学工业出版社，1998：216．

［2］　张杏芳．国外火炸药原材料性能手册［M］．北京：兵器工业出版社，1991：277．

［3］　王梦蛟，龚怀耀，薛广智．橡胶工业手册　第二分册　配合剂［M］．修订版．北京：化学工业出版社，1989：364 - 367．

［4］　沈健．硬脂酸市场展望［J］．日用化学品科学，2006，29（12）：1 - 3．

［5］　全国表面活性剂和洗涤用品标准化技术委员会．工业硬脂酸：GB/T 9103—2013［S］．北京：中国标准出版社，2013．

［6］　全国表面活性剂和洗涤用品标准化技术委员会．工业硬脂酸试验方法：GB/T 9104—2008［S］．北京：中国标准出版社，2008．

［7］　宋心琦．实用化学化工辞典［M］．北京：宇航出版社，1995：573．

［8］　GEORGE W GOKEL．有机化学手册（原著第二版）［M］．张书圣，温永红，丁彩凤，等译．北京：化学工业出版社，2006：460 - 498．

［9］　韩金勇，崔风杰．脂肪酸氢化制硬脂酸的可行性研究［J］．化工科技市场，2001（4）：25，24．

7.27　三乙酸甘油酯

中文名称：三乙酸甘油酯

英文名称：glycerin triacetate

中文别称：三醋酸甘油酯，三醋精，甘油三乙酸酯

英文别称：glyceryl trinitrate，TA

分子式：$C_9H_{14}O_6$

相对分子质量：218.21

结构式：如图

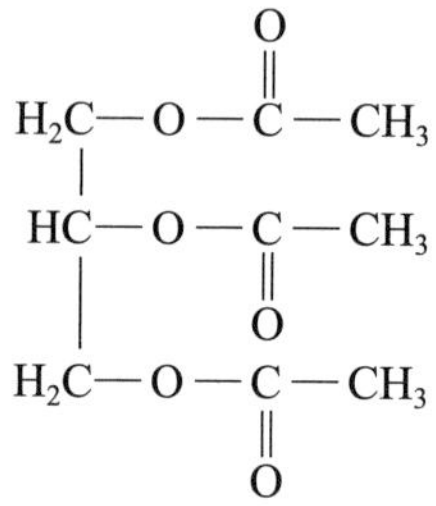

$$
\begin{array}{c}
\begin{array}{cccccc}
& & & & O & \\
& & & & \parallel & \\
H_2C & - & O & - & C & - CH_3 \\
| & & & & & \\
HC & - & O & - & C & - CH_3 \\
| & & & & \parallel & \\
& & & & O & \\
H_2C & - & O & - & C & - CH_3 \\
& & & & \parallel & \\
& & & & O &
\end{array}
\end{array}
$$

CAS 登记号：102-76-1

1. 物理性质

无色无嗅油状液体。密度为 1.156～1.163 g/cm³，熔点为 −78 ℃，沸点为 258～260 ℃，折射率为 1.430 7（20 ℃），微溶于水，可与甲醇、乙醇、乙醚、氯仿、苯混溶，溶于丙酮，稍溶于水，25 ℃时在水中溶解度为 5.9 g/100 mL，不溶于矿物油、二硫化碳、石油醚。

2. 化学性质

生成热为 −3 458.0 kJ/kg（定压），−3 468.5 kJ/kg（定容），可燃，燃烧热为 62 931 kJ/kg，爆热为 −5 372 kJ/kg，闪点为 153 ℃（开口杯），137.7 ℃（闭口杯），点火温度为 432 ℃，可与氧化剂反应燃烧。

3. 理化指标和检验方法

TA 理化指标和检验方法列于表 7-28。

表 7-28　TA 理化指标和检验方法

项目	指标	检验方法
三乙酸甘油酯含量(%)	≥99.0%	GC 法
酸度（按乙酸计）（%）	≤0.010%	酸碱滴定法
水分（%）	≤0.050	卡尔·费休法
色度（APHA）（Pt-Co 色号）	≤15	比色法
密度/(g/cm³)	1.154～1.164	密度计
折射率（20 ℃）	1.430～1.435	折光率计

续表

项目	指标	检验方法
砷（As）/（µg/g）	≤1.0	比色法/荧光光度法
铅（Pb）/（µg/g）	≤5.0	分光度计法

4. 制备方法

由醋酐在 100 ℃与热甘油酯化后经真空蒸馏提纯而得。反应式如下：

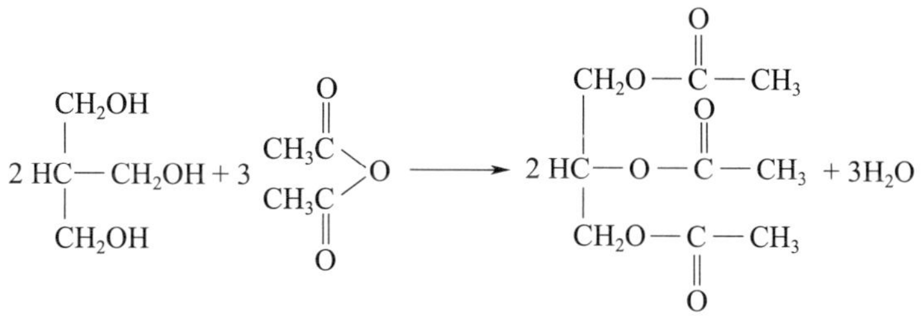

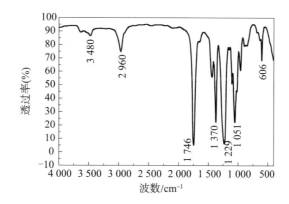

5. 贮存、运输和应用

镀锌铁桶包装，贮存于阴凉干燥处，注意防晒防火，存放处不能放强氧化剂，且通风要良好，室温要较低。

用作固体推进剂的增塑剂，单基药、混合炸药和浇铸双基推进剂中用作增塑剂和消焰剂。用作硝化纤维素的增塑剂、醋酸纤维素的溶剂，还可作为冷却剂。用于香料固定剂、溶剂和增韧剂，也用于化妆品、医药和染料生产。

6. 毒性与防护

低毒。着火时用水、泡沫、二氧化碳或四氯化碳灭火。

7. 理化分析谱图

（1）红外光谱图

（2）核磁共振谱图

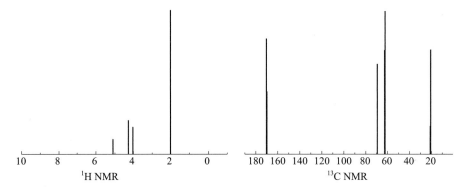

^{1}H NMR　　　　　　　　　　　　　　　^{13}C NMR

（3）质谱图

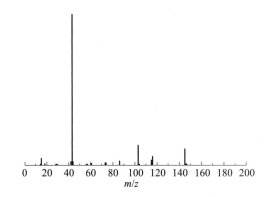

m/z

参 考 文 献

［1］　张杏芳. 国外火炸药原材料性能手册［M］. 北京：兵器工业出版社，1991：136－37.

［2］　A 达维纳. 固体火箭推进剂技术［M］. 张德雄，等译. 北京：宇航出版社，1997：498－500.

［3］　贺曼罗. 环氧树脂胶粘剂［M］. 北京：中国石化出版社，2004：119.

［4］　白漫，齐景娟，朱思雨，等. 离子液体催化甘油合成三醋酸甘油酯［J］. 华侨大学学报（自然科学版），2017，38（3）：356－361.

［5］　熊国焱，李军，刘璇，等. 全氟磺酸树脂/SiO$_2$催化合成三醋酸甘油酯［J］. 山东化工，2014，43（10）：29－31.

［6］　汪多仁. 新型超强酸催化合成三醋酸甘油酯及其应用［J］. 精细化工原料及中间体，2012（1）：24－29.

［7］　胡建，马文展. 三醋酸甘油酯绿色合成工艺［J］. 应用化工，2008（7）：787－789.

［8］　全国烟草标准化技术委员会烟用材料分技术委员会. 烟用三乙酸甘油酯：YC/T 144—2018［S］. 北京：中国标准出版社，2018.